国家出版基金项目
NATIONAL PUBLICATION FOUNDATION

现代水声技术与应用丛书
杨德森 主编

水下复杂噪声源声矢量测试与分析技术

胡 博 时 洁 时胜国 著

科学出版社
龍門書局
北 京

内 容 简 介

本书从水下复杂噪声源测试分析需求出发，以提升噪声源定位精度和分辨率、降低测试系统复杂度、获得更好测试性能为目的，介绍基于矢量信息的水中近场声全息和波束形成技术，并提供若干应用实例。本书在反映国内外有关水下噪声源测试与分析研究成果的同时，重点介绍作者及其研究团队取得的自主研究成果。

本书可供从事噪声与振动控制、振动噪声测试分析、阵列信号处理等领域工作的专业人员阅读，也可作为高等院校相关专业教师和研究生的参考用书。

图书在版编目（CIP）数据

水下复杂噪声源声矢量测试与分析技术 / 胡博，时洁，时胜国著. —北京：龙门书局，2023.11

（现代水声技术与应用丛书 / 杨德森主编）

国家出版基金项目

ISBN 978-7-5088-6358-0

Ⅰ. ①水… Ⅱ. ①胡… ②时… ③时… Ⅲ. 水下声源－噪声测量 Ⅳ. ①TB53

中国国家版本馆 CIP 数据核字（2023）第 219029 号

责任编辑：王喜军 霍明亮 张 震 / 责任校对：王萌萌
责任印制：徐晓晨 / 封面设计：无极书装

科 学 出 版 社
龍 門 書 局 出版

北京东黄城根北街 16 号
邮政编码：100717
http://www.sciencep.com

三河市春园印刷有限公司印刷
科学出版社发行 各地新华书店经销

*

2023 年 11 月第 一 版 开本：720 × 1000 1/16
2023 年 11 月第一次印刷 印张：15 3/4
字数：327 000

定价：138.00 元

（如有印装质量问题，我社负责调换）

"现代水声技术与应用丛书"
编 委 会

丛 书 序

海洋面积约占地球表面积的三分之二，但人类已探索的海洋面积仅占海洋总面积的百分之五左右。由于缺乏水下获取信息的手段，海洋深处对我们来说几乎是黑暗、深邃和未知的。

新时代实施海洋强国战略、提高海洋资源开发能力、保护海洋生态环境、发展海洋科学技术、维护国家海洋权益，都离不开水声科学技术。同时，我国海岸线漫长，沿海大型城市和军事要地众多，这都对水声科学技术及其应用的快速发展提出了更高要求。

海洋强国，必兴水声。声波是迄今水下远程无线传递信息唯一有效的载体。水声技术利用声波实现水下探测、通信、定位等功能，相当于水下装备的眼睛、耳朵、嘴巴，是海洋资源勘探开发、海军舰船探测定位、水下兵器跟踪导引的必备技术，是关心海洋、认知海洋、经略海洋无可替代的手段，在各国海洋经济、军事发展中占有战略地位。

从 1953 年中国人民解放军军事工程学院（即“哈军工”）创建全国首个声呐专业开始，经过数十年的发展，我国已建成了由一大批高校、科研院所和企业构成的水声教学、科研和生产体系。然而，我国的水声基础研究、技术研发、水声装备等与海洋科技发达的国家相比还存在较大差距，需要国家持续投入更多的资源，需要更多的有志青年投入水声事业当中，实现水声技术从跟跑到并跑再到领跑，不断为海洋强国发展注入新动力。

水声之兴，关键在人。水声科学技术是融合了多学科的声机电信息一体化的高科技领域。目前，我国水声专业人才只有万余人，现有人员规模和培养规模远不能满足行业需求，水声专业人才严重短缺。

人才培养，著书为纲。书是人类进步的阶梯。推进水声领域高层次人才培养从而支撑学科的高质量发展是本丛书编撰的目的之一。本丛书由哈尔滨工程大学水声工程学院发起，与国内相关水声技术优势单位合作，汇聚教学科研方面的精英力量，共同撰写。丛书内容全面、叙述精准、深入浅出、图文并茂，基本涵盖了现代水声科学技术与应用的知识框架、技术体系、最新科研成果及未来发展方向，包括矢量声学、水声信号处理、目标识别、侦察、探测、通信、水下对抗、传感器及声系统、计量与测试技术、海洋水声环境、海洋噪声和混响、海洋生物声学、极地声学等。本丛书的出版可谓应运而生、恰逢其时，相信会对推动我国水声事业的发展发挥重要作用，为海洋强国战略的实施做出新的贡献。

在此，向60多年来为我国水声事业奋斗、耕耘的教育科研工作者表示深深的敬意！向参与本丛书编撰、出版的组织者和作者表示由衷的感谢！

中国工程院院士　杨德森

2018年11月

自　序

水中舰艇及水下航行器的声隐身性能是世界公认的衡量现代舰艇总体性能最重要的指标之一。如何有效地对水下航行器噪声源进行精确定位与识别，并在频域和空间域（又称空域）评估水下航行器各主要噪声源的贡献大小，从而有针对性地采取减振降噪措施，成为安静型水下航行器研制、全生命周期噪声状态测试的一项关键技术。

水下大型复杂噪声源具有声源尺度大、频率低、噪声源间耦合关系复杂等特点，同时与空气中应用相比，水下的测试环境、测试系统和测试过程也要更加复杂，这一系列问题无疑都对噪声源测试和分析算法提出了较高的要求。本书针对这一实际工程应用遇到的迫切问题，从水下复杂结构噪声源测试需求角度出发，对近场声全息、波束形成和水下复杂噪声源实验研究结果等内容进行梳理和完善，提出在获得矢量声压-振速联合信息基础上，采用近场声全息和波束形成对水下大型复杂噪声源进行测试与分析，目的是有效地提升噪声源定位精度和分辨率，增强对相邻信道的抑制及抗干扰能力，提升工程应用便利性、稳健性和适用性，降低水中噪声源测试系统的复杂性，最终获得更好的测试性能。

本书在深入研究国内外相关理论成果的基础上，结合作者及其研究团队多年来的科研成果，对噪声源定位原理、算法及试验等进行系统深入的介绍。本书共 11 章，具体章节安排如下：第 1 章为绪论，对应用于噪声源定位的声全息与波束形成技术发展现状进行总结；第 2 章介绍基于声压、质点振速和声强测量的水中平面与柱面近场声全息，给出相应的有限离散算法；第 3 章介绍水中局部测量近场声全息，为大尺寸柱状或类柱状噪声源定位提供可靠的理论依据；第 4 章介绍水中非共形面声源重构的近场声全息，给出波叠加法和亥姆霍兹最小二乘法的近场声全息算法；第 5 章介绍近场声全息分辨率增强技术，主要包括统计最优近场声全息分辨率增强法和波叠加法近场声全息分辨率增强法；第 6 章介绍水中运动声源声全息空间识别算法；第 7 章介绍近场基阵理论与聚焦波束形成原理，并介绍基于组合阵列的近场源参数估计算法；第 8 章围绕提高噪声源定位分辨率的问题，介绍矢量阵高分辨聚焦波束形成算法；第 9 章介绍几种具有高稳健性的 MVDR 高分辨聚焦波束形成算法，提高高分辨聚焦波束形成在环境与模型失配下的稳健性；第 10 章介绍运动声源稀疏重构聚焦波束形成，探讨利用运动孔径扩展和稀疏重构算法提高测试性能的思路与算法；第 11 章介绍水下噪声源声全息与聚焦测试实例。

本书的第 2～6 章由胡博撰写，第 7～10 章由时洁撰写，第 1 章和第 11 章由时胜国撰写。全书由胡博和时洁统稿。在本书撰写过程中，作者得到了哈尔滨工程大学水声工程学院杨德森院士的指导，部分成果内容得到方尔正教授、洪连进教授、张揽月教授、李思纯教授、莫世奇研究员的大力支持，孙玉、郭晓霞、陈欢等研究生对本书亦有贡献，在此一并表示感谢。

本书的研究工作先后获得国家自然科学基金项目（52171333，52271342，52250344）的资助，在此表示感谢。

书中涉及的水下噪声源声矢量测试与分析技术内容较广，由于作者能力有限，不足之处在所难免，敬请读者批评指正。

作　者

2023 年 9 月

目　录

第1章 绪　　论

舰艇及水下航行器的声隐身性能是世界公认的衡量现代舰艇总体性能最重要的指标之一。随着科学技术的进步，舰艇及水下航行器的声隐身性能已经取得了长足进步，各国均推出了各种安静型、低噪声舰艇及水下航行器，其辐射噪声强度不断下降，水下辐射噪声级已经接近，甚至低于海洋环境噪声的水平。如何有效地对水下航行器噪声源进行精确定位与识别，并从频域和空间域上查明航行器各主要噪声源的来源与贡献大小，从而有针对性地采取减振降噪措施，成为安静型水下航行器研制、全生命周期噪声状态测试的一项关键技术（图 1.1）。水下航行器噪声源中的强噪声源主要集中在中低频，且噪声源间耦合关系复杂，对噪声源定位识别算法的空间分辨率有较高的要求。目前，舰艇及水下航行器的水下噪声源定位识别技术还是以水声技术为主要手段，各国都非常重视该技术的发展，并结合各种信号处理技术，对其水下辐射噪声场进行测试与分析。

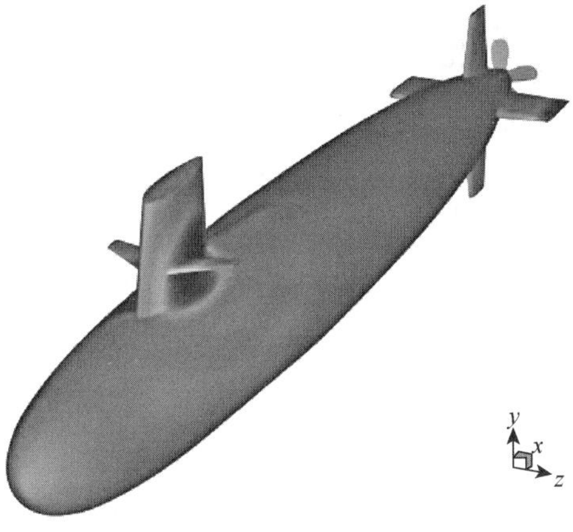

图 1.1　潜艇噪声源测试定位识别

对于舰艇水下噪声特性测试及分析，遇到的第一个问题就是如何获得声源的声辐射特性。目前，水下目标隐身技术的发展使得常规声场信息获取手段面临许多困难，而近年来出现的矢量水听器为解决这一问题提供了思路。矢量水听器[1-3]由声压水听器和质点振速水听器复合而成，它能够共点、同步测量声场的声压标量和质点振速矢量，使得联合处理声标量场和矢量场共同携带的环境与目标信息成为可能。同时，如果将矢量水听器组成阵列[4, 5]，在阵元个数较少的情况下，矢量阵的阵处理效果要优于常规水听器阵列。因此，矢量水听器的出现为声场信息的获取提供了便利。

在准确地获得声源的声辐射特性的基础上，另一个也是最为关键的问题是要准确地识别和定位噪声源，并重构声源的空间声场分布。20 世纪 70 年代开始，两种声场分析算法——近场声全息和波束形成得到了广泛的研究与应用。与各种传统的声场分析和声源识别算法相比，这两种算法更加全面地利用了声场信息，即不仅利用了声波的强度信息，还利用了声波的相位信息，因此可以获得二维空间中任何感兴趣位置的声场信息并且具有更强的分辨能力。近场声全息（near-field acoustic holography，NAH）作为一种理论与实践紧密结合的声场处理技术，为我们提供了一种有力的工具。NAH 技术是完全建立在声辐射理论（即声波的产生和传播理论）基础上的一种重要的声源定位和声场可视化技术，它可以在低频获得高分辨率的重构图像和丰富的声场信息。NAH 从最初的平面、柱面等简单形状声源分析，发展到任意形状声源的分析，为理论上难以计算或无法计算的不规则形状、复杂结构的振动与辐射问题，提供有效的测量与分析手段。波束形成（beamforming，BF）是一种基于传感器阵列测量的信号处理技术。根据声波到达阵列各个阵元的声传播特性，阵列产生对观测声场的空间采样。波束形成可以将采集的声信号经过空域滤波等处理，绘制出离阵列一定距离的噪声源分布声图像，从而确定强噪声源空间位置分布，并判断各个噪声源强度的相对大小，从而达到对噪声源进行声学定位、贡献分析与识别的目的。

矢量水听器及其阵列技术可以准确地获得共点同步的声压标量和振速矢量，而近年来的一系列研究表明，近场声全息和近场聚焦波束形成在利用声压振速结合及利用声强的声场变换过程中，能获得更好的声源分布重构效果，效果十分明显。本书将近场声全息和波束形成各自优点与矢量水听器及其阵列技术相结合，对解决水下舰艇及水下航行器噪声源定位与识别技术难题提供了新的思路和算法，不仅具有丰富的理论价值，而且具有广阔的实际应用前景。

1.1　声全息与波束形成概述

1.1.1　声全息概述

全息术是为了记录和显示图像而把干涉与衍射理论结合起来的一门技术。全息术作为一种显示不可见辐射场的技术，是一种可以用来进行场重构的、非常直观的场研究手段，所以吸引了很多学者从事全息技术的研究。1948 年，著名匈牙利物理学家、诺贝尔奖获得者 Gabor[6]在从事电子显微镜的改进工作时，试图借助光学技巧来消除电子透镜像差对显微镜成像质量的影响，以期突破电子显微镜0.4nm 的理论分辨率极限，提出全息技术的概念。1965 年，Leith 等[7]对 Gabor 提出的全息术进行了重要的改进，解决了 Gabor 全息术中存在孪生像的问题，并提出了 Leith-Upatnieks 全息术。全息照相术记录的是一个由稳定的参考光和经被测物体反射的光线之间的干涉图像，它可以通过捕获二维全息面上的信息重构出真实的三维图像，因而它可以提供更多的信息，可以更加直观地将被测物体图像和实际物体进行比较，也更加便于观察。至今全息术应用的范围越来越广，如电子全息术、X 射线全息术、光全息术、微波全息术、声全息术等。

对于声全息术，由于声波与光波在传播特性上有相似的规律，所以这种波前重构原理同样适用于声波，只不过由于两种波的性质不同，它们形成与记录全息图的算法和材料及重构图像的方式也各有自己的特点，经过 40 多年的发展，声全息成为一种声场重构和可视化的有效技术。

1. 传统声全息

声全息以声辐射理论为基础，可以分为传统声全息和近场声全息，按成像距离的不同可以分为常规声全息、远场声全息和近场声全息。

根据瑞利的声辐射理论，声辐射的波动方程和电磁辐射的波动方程具有相同的形式，因而从数学意义上讲，两个方程的解是等价的，其中一个方程的解所具有的特性同样适用于另一个，也就是说声和光一样都具有波动性。常规声全息成像技术一般包括获得物体的声全息图和由声全息图重构物体可见像。为了获得物体的全息图，必须同时具备两束相干声波，一束照射到物体上透过物体后称为物波，另一束声波称为参考波，最后通过物波和参考波的干涉效应，得到重构物的可见像。传统声全息的全息图获取算法及重构算法与光全息类似，即首先借助于光学照相或数字记录设备记录物体辐射（或衍射）声压和相干参考波的干涉图（全息图），然后用一个适当的光源照射全息图或通过计算变换得到反映声压分布的三维像。传统声全息能用于结构振动研究和噪声源定位，但是由于全息图必须在离源几个波长以外（即在菲涅耳区）记录，所记录的数据只包含了声源辐射声波的低阶波数成分，因此丢失了很重要的另一部分幅度随距离按指数规律衰减的高空间频率的倏逝波（evanescent wave）信息成分，使重构分辨率受波长的限制。

20 世纪 70 年代末，出现了远场声全息（far-field acoustic holography）算法。其特点是全息记录平面与全息重构平面的距离远远大于声波的波长，即其全息数据是在被测声源产生声场的辐射或散射声场的菲涅耳区和夫琅禾费区获得的。远场声全息通过包围源的全息测量面做声压全息测量，然后利用源面和全息面之间的空间场变换关系，由全息面上的复声压重构源面的声场，并可由此预报辐射源外任一点的声压、振速及声强。由于观察点离声源很远，声源和观察点声压之间的关系可以大大简化，因而具有计算简单的特点。但是，这种算法是通过测量离声源很远的声压场来重构源面声压及振速场的，要求全息面到源面的距离大于声源的尺寸，通常在几个波长的范围，其所记录的数据只包含了声源辐射声波的低波数成分，却丢失了高波数成分，与常规声全息一样，全息重构分辨率受到波长的限制，不适用于高分辨率的场合。

2. 近场声全息

在早期的声全息理论中，重构分辨率是受声波波长的限制，按瑞利判据其极限为半波长，由于不能提供足够的噪声源位置和噪声传播路径信息，因此其成像能力不能得到充分发挥。针对这一缺陷，1980 年，Williams 等[8, 9]提出广义声全息（generalized acoustic holography）的理论和算法，因该理论和算法的实现需要在被测对象的近场记录全息数据，所以人们常称其为近场声全息。近场声全息采用近场测量，通常全息面到源面的距离只是波长的几分之一，是在紧靠被测声源物体表面的测量面上记录全息数据。由于是近场测量，所以在测量系统的动态范围选取适当的情况下，除记录了声源辐射的传播波（propagating wave）成分，还可以充分地记录声场中随传播距离按指数规律迅速衰减的高波数或倏逝波成分，故其分辨率不受瑞利判据的限制，因此重构分辨率可以很高。

近场声全息是完全建立在声辐射理论（即声波的产生和传播理论）基础上的一种重要声源定位和声场可视化技术，它不仅可以识别和定位噪声源，也可以预测声源在声场中的辐射特性，为实际的噪声振动分析提供丰富的声源与声场信息，因而它既是比声强测量技术优越的声源定位技术，也是拥有常规声辐射计算功能的声场预测技术。凭借其算法简单、重构声场信息丰富、采样间隔受限小等特点，近场声全息已广泛地应用于水中低频噪声源的定位与识别、声源特性的判别、散射体结构表面特性及结构模态振动等的研究。

1.1.2　波束形成概述

波束形成是一种基于传感器阵列测量的信号处理技术，在雷达、声呐等阵列中具有广泛的应用。根据声波到达阵列各个阵元的声传播特性，声学阵列对观测声场进行空间采样。波束形成可以将采集的声信号经过时延及相移补偿、空域滤波、空间谱、声场逆变换等处理，绘制出离阵列一定距离的声源所在空间区域的噪声源分布声图像。

波束形成技术具有以下主要优点：①波束形成的应用条件较为宽容，并不要求阵列的孔径必须大于被测物体，也不需要限定声源与测量基阵之间的距离。仅是在实际应用中，为了获得较高的空间分辨率，在条件允许的情况下应尽可能地扩大基阵孔径和减小测量距离，适用于中高频、大尺寸噪声源或者不可以在接近表面位置测量的声源；②波束形成算法在阵列选取上十分灵活，可以采用规则或非规则阵列进行测量，可以在中高频段通过阵型优化手段，利用较少的声传感器达到较好的定位效果；③波束形成可以通过时延补偿手段解决宽带声源定位问题，算法简单易行且稳健性高，更容易满足实际工程应用的要求；④常规波束形成算法受到瑞利限的限制，对空间位置接近声源的空间分辨能力有限。为了获得更高的空间分辨率，需要提高分析频率、扩大基阵孔径或者减少测量距离。寻求具有更高分辨率的波束形成算法对于提高噪声源定位识别性能十分重要。波束形成算法扩展性强，易于与先进的高分辨空间谱估计、自适应波束形成等优秀阵列信号处理算法相结合，提高波束形成在噪声源定位识别中的应用效果。

需要注意的是，波束形成和近场声全息在对声源进行定位时，都是从接收到的声场信号来推算声源或是空间任意位置声场信息的工作，属于声学逆问题。从声场变换的角度来看，原始的声全息算法是一种无参数估计算法，而利用阵列信号处理的波束形成则是参数化估计算法。同时需要说明的是，波束形成算法对声场进行重构，不能得到各种声场参数的精确值，而只能反映声场中各声源强度大小的相对值，所以可以利用波束形成算法进行噪声源定位识别，但却不能精确地重构辐射声场。因此，综合利用两种算法在低频和中高频段重构声场信息丰富、分辨率高、信息处理灵活、测试效率高、工程实用性强等特点，发挥两者优势，并将两种算法互相补充，对解决水下复杂噪声源测试与分析实际应用问题具有非常重要的意义。

1.2　近场声全息发展概述

自诞生之日起，近场声全息就得到人们的普遍关注，并取得了一系列的研究成果和巨大进展。总结其发展历程，主要体现在全息算法的发展和全息测量算法的发展两个方面。

1.2.1　基于空间声场变换的近场声全息

针对传统声全息技术的局限性，1980 年 Williams 和 Maynard[9]提出了一种广义声全息的理论，由于该理论的测量要求非常严格，其测量面到源面的距离是波长的几分之一，在测量系统的动态范围选择适当的情况下，可以充分地记录测量全息面上声场的低波数和高波数成分，因此常被称为近场声全息。利用测量面上的声压、源面上的声压与格林函数的卷积关系，将二维快速傅里叶变换用于亥姆霍兹（Helmholtz）方程，实现空间域到波数域的快速变换，从而能由全息面上的声压重构得到源面上的声压、振速、声强分布及远场指向性等声场量，实现了声场重构，充分地体现了 NAH 在非接触振动测量和声源识别、定位方面的潜力。之后，Maynard 等[10]与 Veronesi 和 Maynard[11]对近场声全息的理论基础、物理过程、数字算法实现、实验及其存在的误差进行了较系统的研究，对水下有限自由弹性矩形板的近场声强进行了计算，指出了 NAH 发展过程中可能会遇到的声源尺寸大于传声器阵列尺寸、混响声场、不规则声源辐射等问题，并给出指导性意见[12, 13]。

由于空间傅里叶变换的本征函数是正交函数系，因此很容易地将基于直角正交坐标系的空间傅里叶变换推导出的平面近场声全息推广到声源面为其他正交坐标面的近场声全息重构中，利用球面汉克尔（Hankel）函数和球面贝塞尔（Bessel）函数可以得到柱面-柱面和球面-球面之间的空间声场变换。1987 年，Williams 和 Dardy[14]将 NAH 推广到柱坐标系，提出研究柱形声源的广义柱面近场声全息。同时，Williams 等利用柱状源声辐射理论，将柱状或类柱状声源辐射的声波在柱面波函数上分解，给出全息变换的数学表达和物理解释[14-16]。随后 Kim Y H 和 Kim S M[17]及 Lee 等[18]将柱面 NAH 应用到寺庙内大钟和气流声源声辐射特性的研究。Lee 等[19, 20]根据球坐标系提出球面 NAH，其实现算法与其他两种 NAH 有很大的不同，不能借助快速傅里叶变换进行计算。

与传统声全息相比，近场声全息最大的优点之一是充分地利用了声场的倏逝波成分，从而大大提高了全息重构的分辨率。但是由于倏逝波的传播特性，又往往对测量条件要求苛刻，影响了重构结果的精度，使得该算法存在不适定问题。引起不适定问题的最重要的两个影响因素便是测量噪声和全息测量距离。针对这种情况，国内外研究学者多采用空间域和波数域滤波的方法以保证重构精度。1986 年，Feischer 和 Axelrad[21]提出了一种波数域的维纳滤波窗函数。美国宾夕法尼亚州立大学的 Veronesi 和 Maynard[11]提出了一种空间频域滤波函数来处理全息面数据，从而解决了在很短距离情况下的不适定问题。随后，Williams 和 Fink[22]、Hald[23]分别提出了空间与声压或振速约束的迭代窗，分别适用于无障碍板和有障碍板的平面式声源，但这两种窗的计算量非常大。Zhang 等[24]提出一种最小二乘法波数域滤波函数，该函数对测量距离的适应性较强，但在高、低边带处的光滑性差。针对因测量距离增加使全息面空间频域能量泄漏而导致的不适定问题，罗禹贡等[25]进行了基于倏逝波衰减特性的空间频域滤波器研究，分析了由测量距离增大造成的全息面空间频域能量泄漏过大而引起的不适定问题。Kwon 和 Kim[26]通过对窗函数所产生的偏差进行泰勒级数展开近似，导出一个最小误差窗，并与通用的窗函数进行了性能比较。1995 年，Bai[27]提出在 k-空间加维纳（Wiener）滤波窗滤波并进行反复递归的算法，其效果与文献[28]中的效果相当。

之后，Ramapriya 等[29]根据维格纳（Wigner）变换算法测量传播的声信号，该算法可有效地重构源面并稳定内置滤波器的数据，在维格纳函数中编码的方向分量可被用于在亚波长尺度上读取源平面和测量平面之间的距离。唐波等[30]通过改变窗函数的截止波数，改善了格林函数高低边带的光滑性，减小了因大距离正向重构产生的误差，从而抑制了传统的加窗所导致的声场重构误差。莫登沅等[31]采用比常规窗具有更好性能的空间域、波数域联合迭代滤波窗，可有效地消除重构面边缘的误差，抑制声场逆向重构误差，但迭代法运算时间长，影响效率。白宗龙[32]对哈里斯（Harris）滤波窗函数进行改进，提高了声场重构精度，但没有分析窗函数抑制边缘误差的能力。杨枭杰等[33]利用三种滤波窗函数分别进行滤波，比较了反向重构声场误差的大小及抑制边缘误差的能力，得出哈里斯滤波窗函数反向重构性声场幅值误差最小，但抑制边缘误差能力差的结论。

图 1.2 为三种滤波的窗反向重构声场误差。

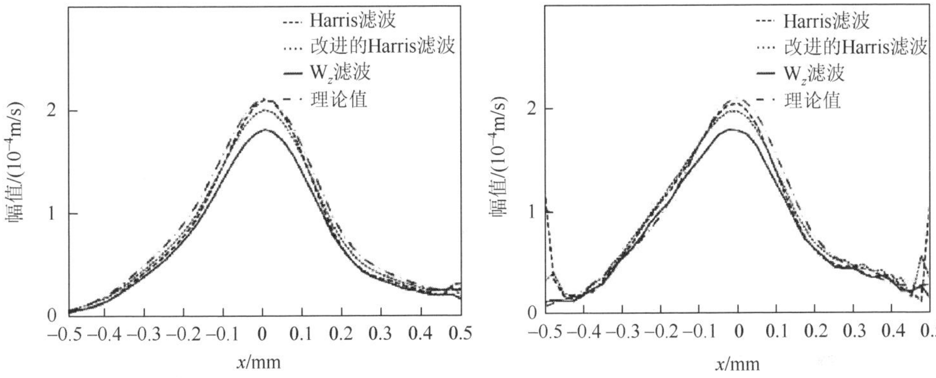

(a) 反向重构距离为5cm　　(b) 反向重构距离为7cm

图 1.2　三种滤波的窗反向重构声场误差

运动声源是一种广泛存在的噪声源，而对这些噪声源进行研究需要考虑更多的问题。20 世纪 90 年代，Sakamoto 等[34, 35]采用基于球面波反向传播原理的远场声全息算法，对运动汽车的轮胎噪声进行研究和分析，最先获得该领域的研究成果。声源的运动产生多普勒（Doppler）频移导致辐射噪声的频谱边带重叠，严重影响NAH的变换效果，他们用带通滤波和反卷积运算消除了这种影响。Kim等[36-40]将声全息算法应用在运动车辆声场分析中并进行了一系列的研究，他们提出利用移动框架技术对接收到的信号进行处理，改进后形成了适用于窄带噪声分析的移动框架声全息技术，并且应用在对车辆加速通过的噪声研究中。Ruhala 和Swanson[41]进行了在运动介质中的平面声全息技术的研究，发现如果声源和测量面以同样的速度移动，频域多普勒效应是不存在的，但存在波数域多普勒效应。

Dong 等[42]提出了一种运动介质贴片近场声全息算法，该算法不仅可以通过声场外推减少有限孔径效应引起的影响，而且改进了吉洪诺夫（Tihonov）正则化滤波器和噪声估计算法，该算法非常适合运动介质中的声场重构，并且考虑了流动方向平行于和垂直于全息图表面的两种情况。特别是在垂直情况下，改进了 z 方向上波数分量的表达式，使该算法适用于高马赫数下的运动介质。此后，Dong 等[43]基于运动介质中的实时近场声全息算法，通过正向传播来预测非平稳声场，通过向后传播来识别运动介质中的非平稳源。Miao 等[44]研究了基于三角测量的运动声源定位算法，移除扫描声源平面上的假设声源处的多普勒效应，并计算移动时间差，通过最小化偏差矩阵定位声源。

图 1.3 为运动声源的 NAH 研究。

图 1.3　运动声源的 NAH 研究

杨殿阁等[45-49]通过对共轭波传播的研究获得更为精确的重构公式，研究了阵列测试分析的声全息算法和消除多普勒效应的技术，对汽车的运动辐射噪声源进行了识别。此后又提出了基于近场声全息理论的运动声源识别算法[50]，采用时域多普勒消除原理和近场声全息重构原理对运动声场进行重构分析，实现了对运动声源的准确识别。时胜国等[51]通过对近场声全息运动声源识别理论的研究，提出了声压、振速测量的运动声源识别算法，该算法用于水下声源识别，可以减少传统测量算法的工作量，缩短测量时长。张永斌[52]提出一种基于等效声源的运动声源辐射声场计算算法——移动等效源法。利用移动等效源法的 NAH，解决了任意形状运动声源的 NAH 重构和预测。杨德森等[53]研究了移动框架技术和最小二乘法近场声全息算法，完成声场重算，实现了对任意形状运动声源的声场分析。

近场声全息测量理论需要在无限大的孔径上进行，但在实际过程中只能在有限大的孔径上进行测量，这势必导致声压波数域的波谱泄漏。另外，由于算法本身的原因，基于快速傅里叶变换的近场声全息还存在着卷绕误差。为此，很多改进算法被相继提出，Williams 等[8]针对测量孔径有限所引起的问题进行研究，包括在声源面振速重构过程中的误差等。目前，有两种算法可以减少上述误差对声场重构的影响：①在有限测量数据外围补零的算法；②基于全息面的数据外推算法。补零算法可以减少卷绕误差带来的影响，但是，它不能解决虚拟测量孔径边缘处的数据不连续问题。Saijyou 和 Yoshikawa[54]对数据外推技术进行了研究，提出基于时域和波数域的两种新的数据外推算法。Lee 和 Bolton[55]将平面局部近场声全息推广到柱坐标系，比较了平面与柱坐标系中补零的异同点，阐述了如何进行柱面数据外推等具体问题。Thomas 和 Pascal[56]利用小波对局部声场的声压数据进行预处理，然后利用基于快速傅里叶变换的近场声全息重构局部声场。降低测量孔径对重构精度影响的另外一种算法是补丁NAH，Williams 等[57, 58]通过对 NAH 中近场概念的进一步研究，提出了一种新的 Patch NAH 的概念。这种算法允许测量的传感器阵列比声源小，一方面降低了测量孔径的有限大小引起的重构误差，另一方面也降低了测量成本，节约了测量时间。Hald[59, 60]提出了统计最优近场声全息（statistically optimized near-field acoustical holography，SONAH）算法，该算法将声场表示为平面波和倏逝波的线性叠加，然后利用最小均方误差准则，由测量点声压数据求解叠加系数，最后利用这些平面波、倏逝波和叠加系数重构声场。SONAH 除了可以实现局部声场重构，还有很多其他的优点：SONAH 对可视范围以外的声源具有低的灵敏度；与 NAH 相比，统计最优近场声全息具有更优的低频性能，可以实现空间声场的实时映射。齐观坛等[61]提出联合局部近场声全息，将基于波叠加法的数据外推与内插技术结合，扩大了测量孔径，提高了声场重构精度。孙超等[62]针对神经网络的全息声压外推与插值问题，通过神经网络训练数据，解决了有限测量孔径的重构误差问题。

图 1.4 为统计最优平面近场声全息（statistically optimized planar near-field acoustic holography，SOPNAH）和统计最优柱面近场声全息（statistically optimized cylindrical near-field acoustic holography，SOCNAH）算法研究。

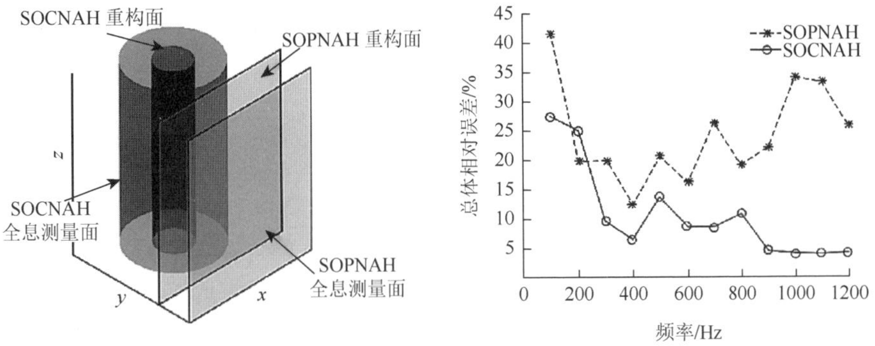

图 1.4 统计最优平面近场声全息和统计最优柱面近场声全息算法研究

哈尔滨工程大学的何祚镛[63]开展了关于水下正交共形结构近场声全息的研究工作，利用微机控制水听器扫描，在消声水槽中进行薄板被激振动表面声全息重构研究。中国科学院武汉物理与数学研究所开展了空气声学平面到平面全息场重构的研究工作[64]，着重分析了 NAH 成像物理过程，在平面 NAH 对振动物体的振动模态及其辐射场成像研究方面取得了不俗的进展和成果。何元安等[65-67]建立了平面声全息的全空间变换原理和算法，给出了 NAH 变换中主要参数之间的定量关系，进行了滤波窗的性能优化分析，并提出了改进的远场指向性快速计算算法，研制了一套多通道水声声全息测量系统，完成了水下大面积平面发射声基阵的近场声全息实验，给出了声基阵各阵元及全阵的辐射声功率、基阵远场空间指向性图和指向性参数等。程广福等[68]针对水中柱壳结构表面声源定位问题，提出了柱面多参考源的统计最优近场声全息法。Zhou 等[69]基于近场声全息原理，采用水下阵列扫描的算法对水下大型声源的辐射声场进行了测量。Ji 和 Jiang[70]对水中航行体的噪声源识别与定位问题进行了研究，基于近场声全息提出了一套水下测量系统，并采用水听器阵列对水中航行体的水下噪声进行定位。张磊等[71]将近场声全息的声源识别过程转化为线性系统的求解过程，研究了水下振动声源识别算法中面临的不适定问题，探明声源识别中不适定问题产生的根源。刘强等[72]基于半自由场平面近场声全息的基本原理，对水面舰船水下辐射噪声进行了反演，着重研究了由螺旋桨噪声和流噪声的数据获得的重构结果与重构距离之间的关系。刘文章等[73]采用声全息技术建立了由近场声预报远场辐射噪声的算法，对于水下复杂圆柱壳结构，只需对声源的表面近场噪声进行一次性全息扫描，就可以推算得到远场辐射噪声的指向性、声源级和辐射声功率等声学参数量。万海波等[74]采用柱面近场声全息，研究了水下航行器舱段模型的柱面近场声全息试验研究，得到了舱段内部电磁激振器的水下辐射声场和位置信息。

1.2.2 基于边界元法的近场声全息

在基于傅里叶变换的近场声全息技术中，源面形状必须是规则或近似规则的，它需要与所取的正交坐标系的坐标面相一致，即全息共形重构。但实际的振动结构形状是各种各样的，找不到满足相应边界条件的格林（Green）函数来实现源面声全息，很多情况下正交共形反演的声全息难以实现。为此，非共形面 NAH 计算算法的研究随之出现，并成为近年来近场声全息研究的一个热点。

图 1.5 为非共形面重构。在非共形面 NAH 计算算法中，1989 年由 Veronesi 和 Maynard[13]提出的用边界积分法实现任意形结构声源面近场全息重构技术是一种有效的全息计算算法。该算法将声源面用一系列的平面单元来近似，并假定每个单元上的声压和法向振速为常量，分别将外部亥姆霍兹积分方程和表面亥姆霍兹积分方程近似为一个代数方程组。该算法的关键是如何确定本征频率及选取一组内点。

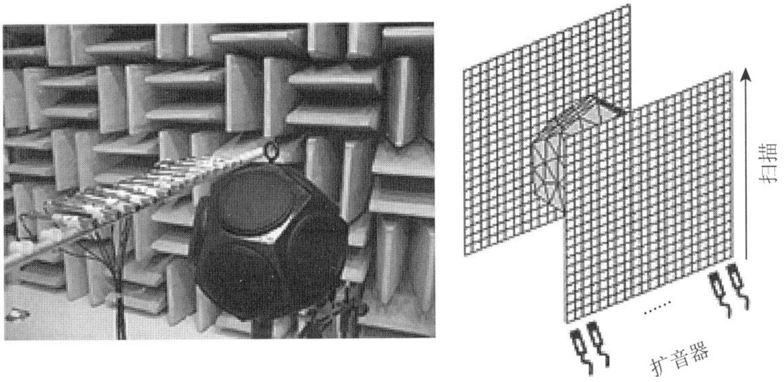

(a)　　(b)

图 1.5　非共形面重构

利用上面类似算法，文献[75]、[76]对轴对称结构进行了共形声场变换研究，源面与测量面均取共轴对称面，并且比较了最小二乘法和奇异值分解法在求解源面法向振速分布过程中的有效性。研究表明，基于边界积分的声场空间变换中，奇异值分解法的求解效果要优于最小二乘法，这也说明奇异值分解法比较适合具有病态性的矩阵求逆。为了更好地抑制病态矩阵对声场重构结果的影响，很多学者进一步研究了结构振动声辐射与奇异值分解之间的关系，其中 Kim 和 Lee[77]同样采用边界积分等式来实现声源的重构和三维声场的预测，并对空气中的换能器振动与声特性进行了研究。Photiadis[78]和 Borgiotti[79]比较了奇异值分解和波数域滤波在声辐射计算中的关系，研究表明，对一个连续振动结构噪声源，在声场描述中，奇异值分解所提供的展开是一种多级展开，它对应于结构振动的波数空间分析，奇异值分解的奇异值数对应于结构的模态数，奇异值的大小对应于结构各阶模态的辐射效率的均方值；强辐射模态对应于高波数域，弱辐射模态对应于低波数域，建立了奇异值与波数空间的关系；去掉某些奇异值的过程等价于结果的辐射场在波数域上的滤波，将影响远场指向性的波束宽度。

控制逆问题中解决误差影响的有效算法是正则化算法。正则化处理的基本思想实际上是采取滤波方式来控制传递矩阵的奇异值分解各项中对重构结果贡献小而又对误差非常敏感的各项影响。Kim 和 Ih[80]首先将吉洪诺夫正则化算法应用于内部 NAH 问题。随后，Ih 等[81-83]提出采用迭代正则化算法来改进边界元法，解决了原算法求逆过程不稳定而引起重构结果出现较大偏差的问题，并且该算法利用部分已知法向振速数据进行重构，提高了声场的重构精度。2001 年，Williams[84]集中讨论了各种正则化算法在平面、圆柱面、球面及其他共形面的内部和外部 NAH 中的应用。文献[84]就各种正则化途径的重构精度进行了比较，在此基础上提出一种修正吉洪诺夫正则化算法，研究表明该算法优于其他正则化算法。Antoni[85]提出了一种基于贝叶斯法的新正则化算法。Xiao[86]采用新算法确定最优正则化参数，通过添加一个具有零强度的虚拟点源，增强了将源强度与全息图表面上测量的强度相关联的转移矩阵，可以正确、简单地确定 NAH 重构的正则化参数。Chelliah 等[87]比较了几种不同正则化参数选择算法的性能。肖友洪等[88]结合固定参数法与吉洪诺夫法，对声场在不同信噪比下进行重构，实现声源准确定位，且避免了广义交叉验证（generalized cross-validation，GCV）法正则化参数选取过程中的波动问题。李凌志等[89]研究了平面近场中几种不同的吉洪诺夫正则化参数，认为参数在测量距离、信噪比等不同条件下选取各不相同。

国内外学者利用边界元法在工程实践中进行了进一步的研究。Williams 等[90]在涡轮螺旋桨飞机机身内壁的共形面上测量声压，他们借用了商业化的边界元软件，并对机舱前后两端的部分做了特殊处理，揭示出发动机噪声向机舱内的结构传播路径和空气传播路径。Kim 等[91]通过在源和接收器之间放置刚性散射体，增加了源和接收器间的传输路径数量，能够在较少的固定传感器位置进行测量，并用比以前更少的实验工作量监测源条件。国内的相关研究最早开展于哈尔滨工程大学，暴雪梅等[92, 93]开展了水下结构的双平面测量或局部测量的非共形 BEM（boundary element method，边界元法）重构场的精度分析研究。商德江[94]对任意形结构非共形面全息场变换进行了计算模拟和精度分析，指出在平面-球面、双平面-球面非共形变换及球面-球面共形变换中，单平面-球面变换偏差最大，双平面-球面变换偏差和球面-球面共形变换偏差几乎相等，这方面研究成果可以作为声场逆问题和空间场重构问题的理论研究基础。

1.2.3 基于波叠加法的近场声全息

在声辐射计算的问题中，为了寻找边界元法的有效替代算法，Koopmann 等[95-97]提出了基于简单源替代的波叠加算法。其主要思想是任何物体辐射的声场可以由置于该辐射体内部若干个不同大小源强的简单源产生的声波场叠加代替，而这些源强可以通过匹配辐射体表面上的法向振速得到。在声辐射问题中，场中的声压与质点振速必须同时满足波动方程和辐射体表面上预定的边界条件，而波叠加算法就是寻求这样的近似解来满足这样的边值问题，该算法通过在声辐射体内放置若干个满足波动方程的声源来近似表面上的边界条件，可以证明该算法和边界元法在理论上是等效的。该算法由于不需要求解边界积分方程，从而避免了烦琐的各阶奇异积分处理，大大降低了数值实现的难度，易于实际使用和实施推广。

图 1.6 为波叠加法球形虚拟等效源与三种不同全息面的示意图。

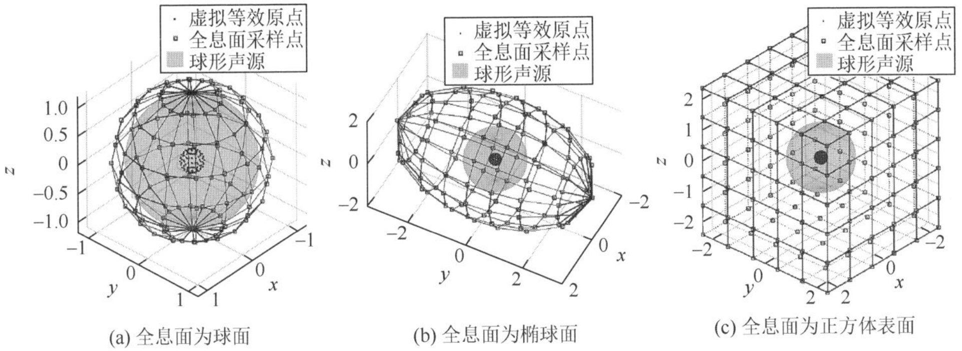

图 1.6 波叠加法球形虚拟等效源与三种不同全息面的示意图

于飞等[98-100]提出了基于波叠加算法的内、外声全息技术，并深入研究和解决了其实施过程中的若干关键问题。针对基于常规波叠加算法的近场声全息在相干声场和半自由声场重构与预测过程中的局限性，李卫兵等[101-103]提出了基于联合波叠加算法的相干声场重构技术和基于波叠加算法的半自由声场全息技术。研究结果表明：与常规波叠加算法相比，基于联合波叠加算法的声全息技术能很好地解决单个相干声源的全息重构与预测问题，该技术也可以作为一种声场分离算法，解决全息面两侧都有声源和半自由声场环境下的全息重构与预测问题，拓宽了全息技术的应用范围。

Zhang 等[104]研究了重构非平稳声场的时域平面波叠加算法，利用实测声压和时域传播核矩阵的右伪逆估计虚声源平面上声压的时波数谱，然后将虚声源平面上估计的声压时波数谱与各波数处的时域传播核之间的所有时间卷积叠加并进行重构。Geng 等[105]通过时域平面波叠加法，建立场压力与虚源平面上正常加速度谱及冲击板平面上的正常加速度谱，实现受冲击板的瞬态振动和声辐射重构，为全面了解受冲击板的振动和声辐射提供了重要的信息。此后，Geng 等[106]利用了多步时域平面波叠加算法来求解虚拟源平面上的时波数压力谱，来稳定非平稳声场的重构过程。王冉等[107]联合波叠加和统计最优近场声全息，在全息面两侧都存在声源情况下，以更少的测点数实现空间声场分离，克服了近场声全息的局限性。何伟等[108]提出基于多球域波叠加法的补丁（patch）近场声全息，采用多个球形虚拟源配置域解决了全息数据外推问题，提高外推精度。

1.2.4 基于亥姆霍兹方程最小二乘法的近场声全息

处理任意形结构声源辐射问题的另外一种途径是等效源算法。这种算法的基本思想是采用一系列定位的基本源（即等效源），如单极子源和偶极子源等，代替真实声源。通过声压、振速等测量参数，以及等效源所产生的合成值间强加的相容性（或协调性）条件，可以得到这些声源的理想分布。这种算法的优势之一是在大多数情况下，对声场建模需要的自由度数少，克服了边界元法计算效率差的缺陷。亥姆霍兹积分方程最小均方误差法是等效源算法的一种典型算法。

1987 年，Chao[109]利用早期关于声场的正交函数适配算法，提出了一种用于声场逆变换研究的基于正交函数适配的最小平方误差算法。该算法将声场近似成一组正交完备函数的线性组合，利用最小二乘误差准则对所获得的声压数据进行求解，得到展开式中的特定系数，从而可以确定声场中包括源面上的声压或振速分布。Wang 和 Wu[110]对上述的正交函数匹配算法做了更为深入和详细的研究，提出用亥姆霍兹方程最小二乘法来实现对振动体外声辐射问题的分析，在最小二乘意义下，选取球函数为基本函数，利用空间点上的声压来匹配球面波函数的待定系数，实现基于最小二乘法的空间声压场重构技术。Leach 和 Wu[111]分析了保龄球在随机信号激励下的声辐射特性，并将重构的源面与声场中某些点处的声压数据和测量数据进行比较，最后在文献[111]中讨论关于重构项数的选取问题。随后，Zhao 和 Wu[112]将该算法应用于半自由场重构，研究了最小二乘法中测点数目和球面波源的位置优化等问题。在实际应用的过程中也发现了最小二乘法的缺点：最小二乘法是一种近似算法，对非球形类物体进行重构时，其球面波源函数的扩展序列将会发散，影响重构精度。最小二乘法的重构精度依赖于声源面振速的复杂性。由于扩展函数的收敛性在高频时变差，所以最小二乘法对于高频的重构效果不好[113, 114]。郭小霞[115]基于最小二乘法局部近场声全息的理论进行研究，从数学的角度证明了利用一系列球面波函数的加权和近似声场的完备性，最后分别采用声压阵列和矢量水听器阵列进行了水池试验和湖试近场声全息测量研究。张鹏等[116]利用最小二乘法对球坐标系下的非球面声场进行了测量，重构自由空间的声辐射场。

1.2.5　近场声全息测量算法及系统的发展

全息原理引入声学不久，人们很快就认识到，声学中本来就有性能完善的各种线性检测器，如传声器、水听器、接收换能器等。因此，国内外的相关学者从近场声全息的基本理论出发，研究了几种具有代表性的测量算法，归纳起来包括以下三种。

（1）单参考源传递法。在 NAH 测量技术中，全息面上的复声压幅值测量比较容易，用传声器或水听器直接测量即可，但复声压相位较难获取，针对这一问题，人们较常用的算法是选取一个与源保持一定相位关系的固定参考信号，全息面上各点的声压相位可以由扫描测量传声器信号同参考信号之间的传递函数获得。这种算法的特点是对单频和宽带相干声场比较适用，对非完全相干声场，由于无法用一个固定的相位函数来描述场中一点的相位变化关系，因而该算法不再适用。Williams 等[22, 117]设计了传声器阵列自动扫描装置，并采用该测量技术完成了水下声源的NAH分析。陈允峰等[118]在模拟机器故障过程中使用单参考源下的传感器阵列进行扫描，应用声全息技术准确地定位模拟故障位置。

（2）多参考源的互谱测量法。该算法要求参考传声器的数目要大于等于潜在噪声源的数目。它通过建立声场的互谱表示，并利用矩阵的奇异值分解（singular value decomposition，SVD）技术及主谱能量分析将全息面上的非完全相干声场分解为对应各个潜在噪声源的复声压场的分量，对每组分量先进行NAH变换，再进行能量叠加来获得源面或其他位置的场量。Hald等[119, 120]在对动力系统或车辆噪声的分析过程中，实现了宽带源的NAH变换，消除了实验中大量的地面反射的影响。余婧妮[121]运用傅里叶变换和源强模拟声全息技术，开发出了一套能够实现全息数据采集和全息变换的系统，搭建了一套完整的实验平台，通过参考源信号与测量节点信号互谱的算法获得全息面上复声压的相位，最终实现声场的重构和预测。

（3）基于声强测量的近场声全息。与直接声压幅值和相位获得算法相比，该算法无须参考声压信号就可以由测得的二维声强分量重构出全息复声压相位分布，可以在很宽的频率范围内研究声源特性。正是基于上述原因，该算法不只限于在源激励是可控的实验室里使用，它还可以满足辐射噪声是宽带、稳态的工业声源的全息测量要求。Mann和Pascal[122]将该技术应用到工业空气压缩机的声源特性分析中。陈心昭等[123, 124]对声强测量系统进行了研究，已研制出低成本、高精度的声强测量系统。Nejade[125]研究了基于声强测量的全息成像算法的可行性及其局限性。胡博等[126]利用基于矢量阵的声强测量的宽带声全息技术进行水下实验，使用该技术对水中柱形声源进行声场重构噪声源识别和定位，为实际工程的应用提供了可靠依据。

图1.7为NAH测量阵列，图1.8为NAH分析软件。

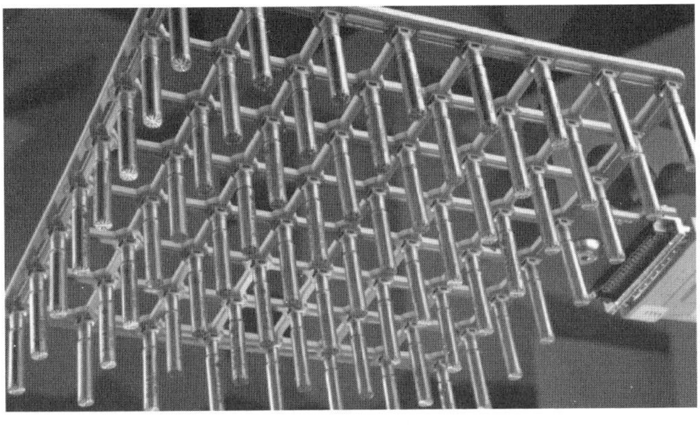

图1.7　NAH测量阵列

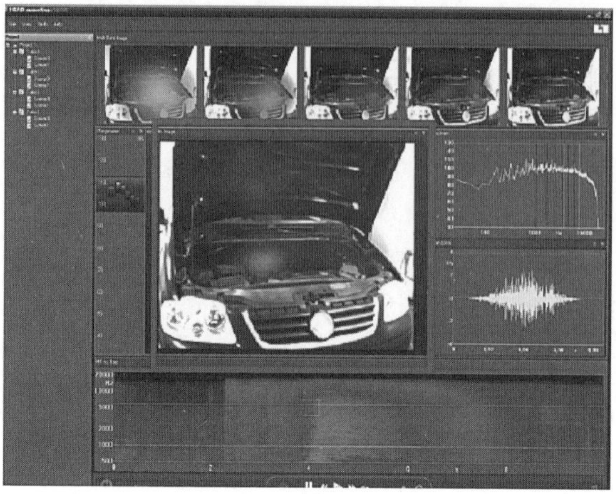

图 1.8　NAH 分析软件

除了以上几种算法，人们常用的测量算法还有大型阵列快照法[76, 127, 128]和移动测量法[38, 129]。其中，大型阵列快照法采用一个由大量的传声器组成的平面接收阵列在一次测量过程中完成全息平面上全部复声压数据的采集。其优点是精度高、速度快，无须参考信号，而缺点是系统构成复杂，工作量大，成本较高，不利于工程实际推广。移动测量法是在一行或一列上均匀布置若干个传声器构成一个测量列（或行），通过逐列（逐行）移动来测量全息平面上的声压信号，它的优点是设备构成简单，方便易行，所需的测量传感器数量较少，后续的放大、记录和处理设备的数量较少，但测量精度不如大型阵列快照法，测量时移动定位精度也不易保证，测量时间仍较长，不适用于瞬态或辐射特性变化快的声源的全息复声压测量。在大多数的实验测量和工程应用中都采用扫描法，虽然 Jacobsen 和 Liu[130]曾采用 Microflown 公司生产的 p-u 矢量阵列进行扫描声场测量，取得了很好的重构效果，但文献[130]中的研究结果和测量技术都只限于空气中使用，而由于水中测量环境和测量过程的复杂性，长久以来并没有一种水声测量设备能够进行水中矢量全息测量，这使得近场声全息的水中应用遇到了极大的困难。

图 1.9 为水中全息测量系统。随着以上近场声全息测量算法的发展，相应的测量系统和软件也相继研制成功。最早出现的是由宾夕法尼亚大学建立的可供空气中快照全息测量的和水下扫描全息测量的两套测量系统。20 世纪 90 年代，近场声全息测量系统逐渐走向商业化，其中几个具有代表性的系统是 B&K 公司[131]研制的一整套包括扫描装置、测量装置、数据采集装置到分析软件的系统，LORHA 公司与 METRAVIB RDS 公司合作开发的 MTS Sound Explorer 测量分析系统，LMS 公司开发的 LMS CADA-X 分析系统，以及 Microflown、HEAD 公司开

发的 NVH 系列测量系统。可以说经过多年的探索研究，近场声全息测量系统及其软件取得了长足的进步。

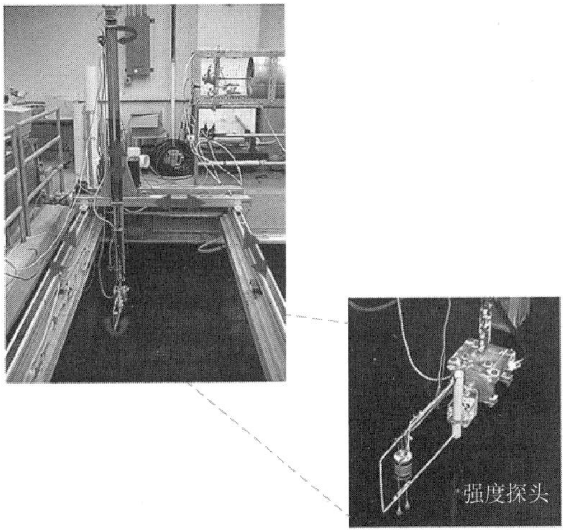

图 1.9 水中全息测量系统

美国 dBV（Decibel Voltage）舰船水下噪声特征识别系统是一款基于近场声全息的舰船水下噪声特征采集、精细化识别与分析系统（图 1.10）。该系统由水听器阵、自动扫描装置、数据采集系统和水下声全息分析软件组成。该系统除了可测量声压、声强、振动量，还采用声场变换算法，既可以反向重构声源面声场，实现对声源的定位，也可以正向重构测量面外部声场，实现对远场声辐射的预测。此外，该系统还有多声源的识别、定位、排序与筛选功能。该系统无须设置在广阔水域范围，可在泊位进行测量分析，因此解决了在实际测量中难以满足远场测量条件的难题。该系统的水听器阵最多支持 256 个阵元，阵元最小间隔为 12cm，测

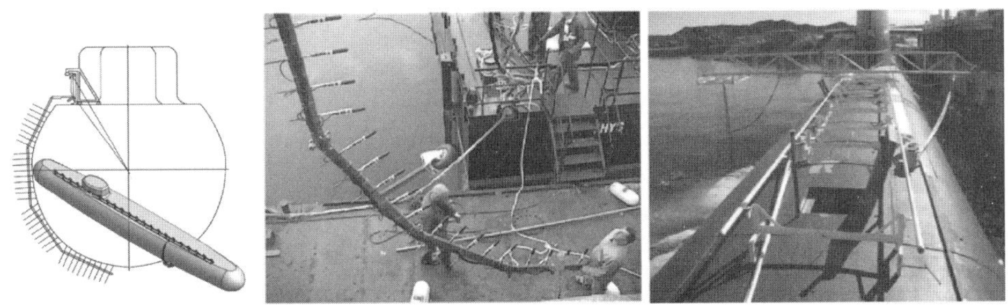

(a) (b) (c)

图 1.10 dBV 舰船水下噪声特征识别系统

试带宽为 200～6000Hz；在 1m×10m 的测量物上，该系统可取得优于 20cm 的空间分辨率。系统的自动扫描装置由导轨、滑台、扫描阵列支架和导向/稳定机构组成，可以实现艇身长度方向的滑动和扫描。导轨上装有滑台驱动装置，该装置由步进电机、减速器和定位传感器组成，用户可以通过系统的软件对滑台驱动装置进行设置和监控。dBV 舰船水下噪声特征识别系统可被应用于舰船的噪声评估与声源定位，并已被法国 DCNS 集团及意大利 CETENA 集团采用。

1.3　波束形成发展概述

波束形成在噪声源测试方面具有信息处理灵活、测试效率高、工程实用性强等特点。波束形成技术发展主要体现在阵型优化和波束形成算法改进等方面。

1.3.1　阵型优化

阵列的几何结构决定了该阵列的空域滤波特性和声源定位性能。阵型优化主要涉及阵列结构、阵元数目、阵列孔径、频率范围等因素。从不同空间声场获取声信息，可将阵型设计成一维、二维或三维。其中，一维阵列形式简单、规模较小，但只能在一个维度上定位噪声源，性能受限。三维阵型可在整个空间声场中对任意位置的声源进行定位，均匀分布的球形阵列[132]和随机分布的球形阵列[133]是三维空间噪声源定位的首选，其实际应用包括研究房间声场的辐射特性或对舱室内部声场进行重构等[134]。二维平面阵列与线阵相比，可以获取声场中更多的空间信息，与三维阵型相比，系统复杂度相对较低，可以满足大多数实际噪声源识别定位场合的要求。因此，通过二维阵列确定某平面主要噪声源分布被广泛地应用。在二维阵型设计中传感器有多种布置方式，其中最简单的阵型为平面矩形阵列、十字形阵列、嵌套阵列等。这些阵列传感器按照相同的方式排列形成冗余阵列，当定位声源频率超过阵列最大截止频率时往往会发生空域混叠[135]。因此，二维平面阵列设计向着非冗余阵列方向发展，具有一定形状的最优随机阵列可以提高噪声源定位的准确性。

目前，针对不同的应用环境和对象，在飞机、高速列车、汽车、机械设备、语音、水下舰艇等领域使用的阵列均呈现阵列形式朝多维发展的趋势，并产生了多种阵列设计算法。Piet 和 Elias[136]利用 40 个传感器的平面阵列对飞机机身进行了噪声源识别定位。乔渭阳和 Ulf [137]基于 111 个传感器的平面阵列实现了飞机进场着陆过程的噪声源识别定位。褚志刚等[138]探究了包含十字轴、圆形和随机分布的不同阵列形式下波束形成的声源定位性能。Arcondoulis 和 Liu[139]

提出了一种互谱波束形成阵列设计的算法，去除导致点扩展函数主瓣宽度和最大旁瓣电平乘积频率平均最小的传感器，减少了阵列的传感器数量。Hald[140]对比了随机阵列和轮阵列的定位识别性能。文献[141]中综合分析了均匀矩形面阵、均匀圆环阵、阿基米德（Archimedes）螺旋阵、对数螺旋线阵、指数螺旋线阵、多螺旋线阵、多臂螺旋线阵、轮阵等多种典型二维阵列阵型与波束图，如表 1.1 所示。

表 1.1　典型二维阵列阵型与波束图对比表

	阵型	三维波束图	二维伪彩图
均匀矩形面阵	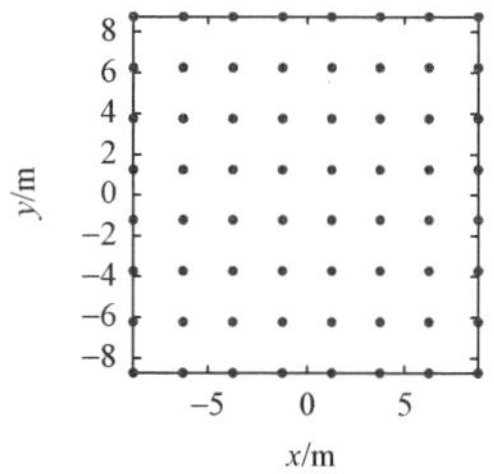	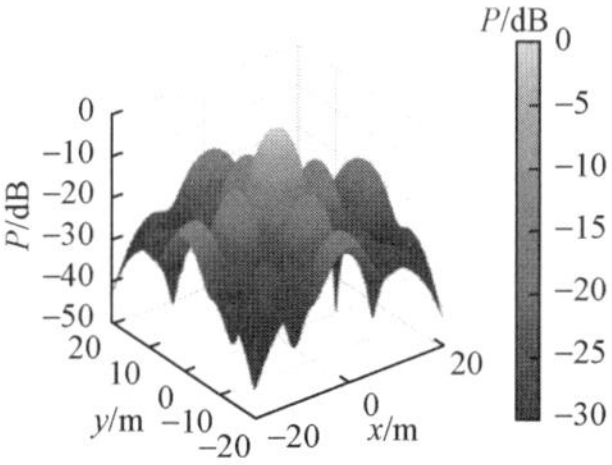	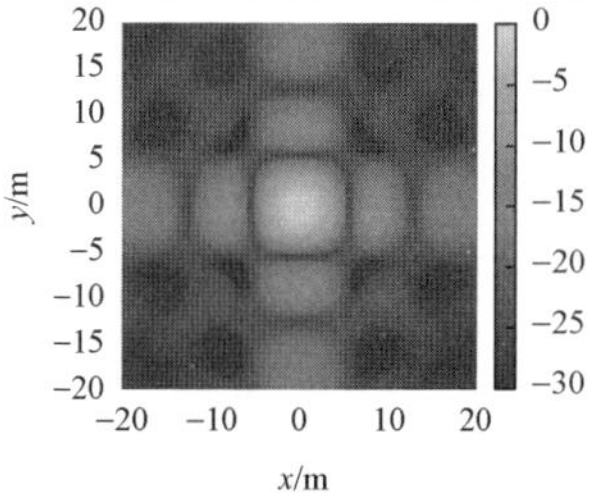
均匀圆环阵	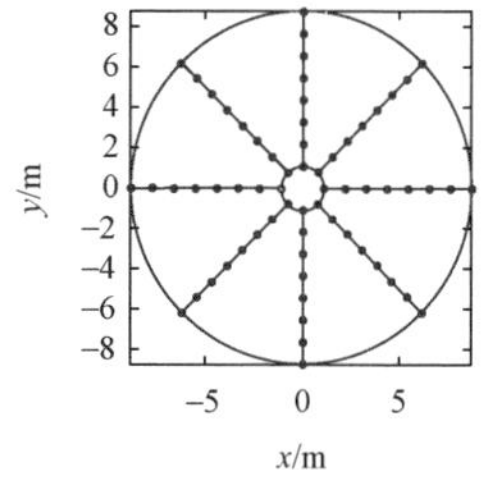	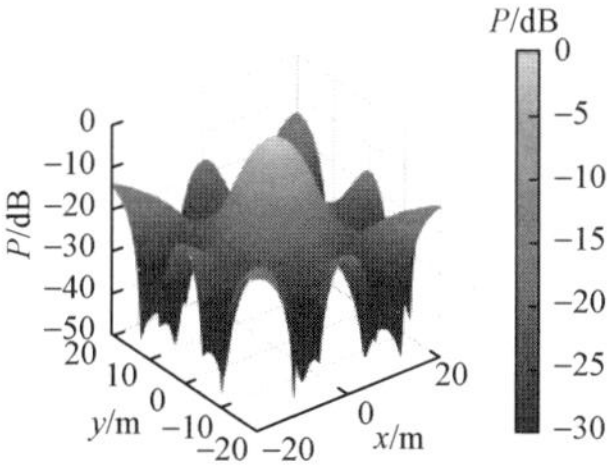	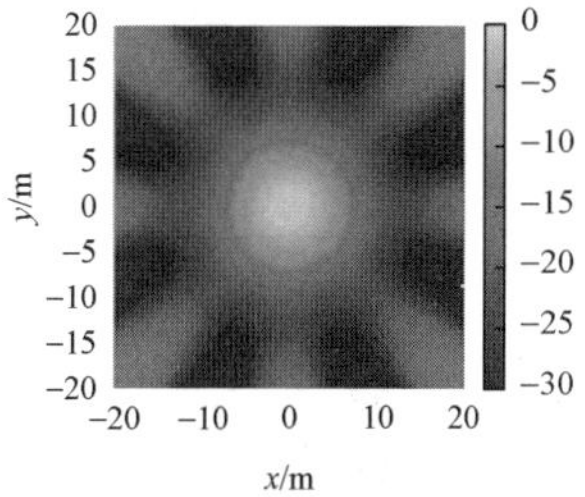
阿基米德螺旋阵	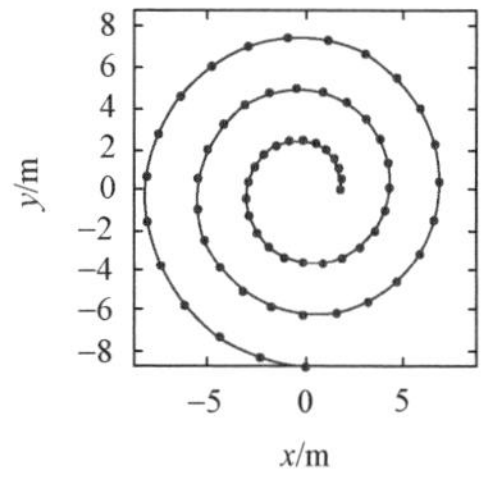	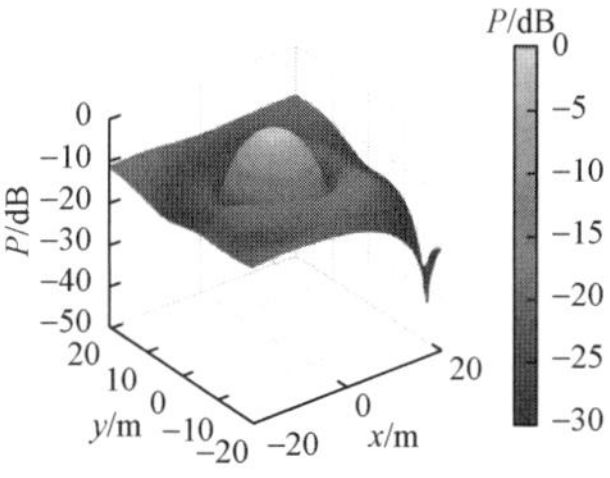	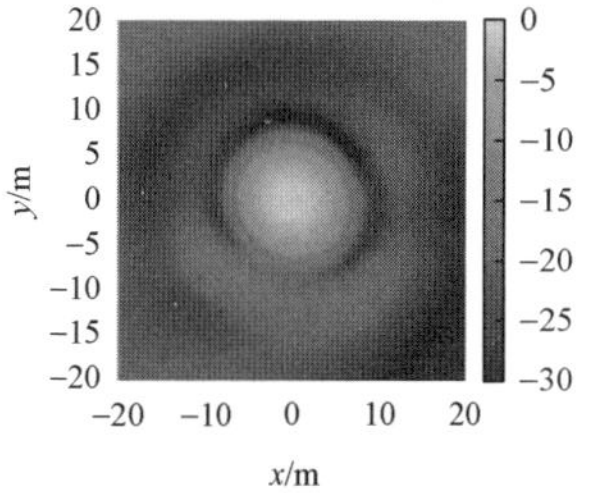
对数螺旋线阵	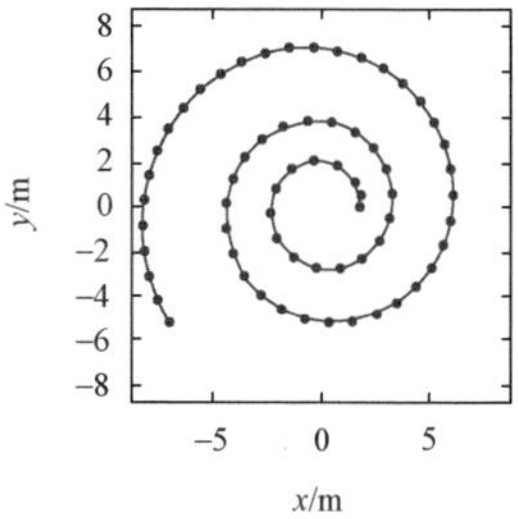	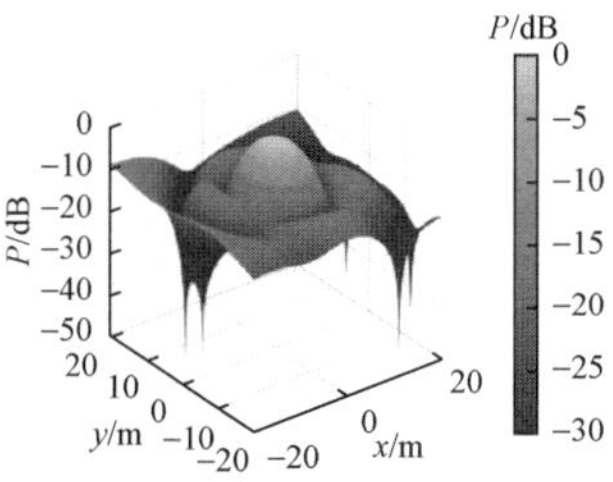	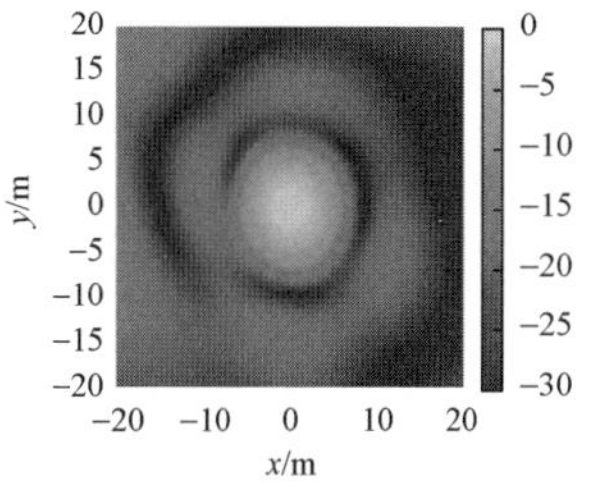

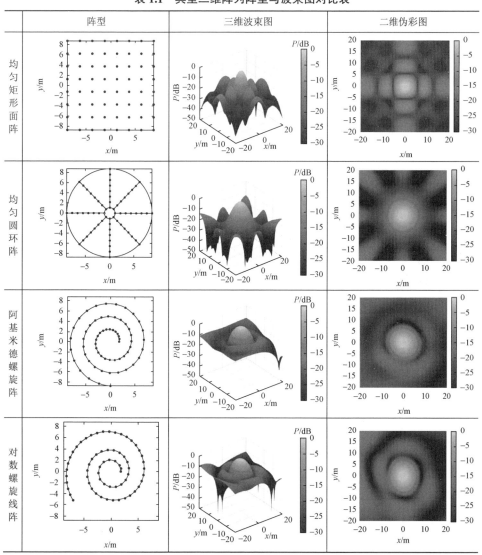

续表

	阵型	三维波束图	二维伪彩图
指数螺旋线阵	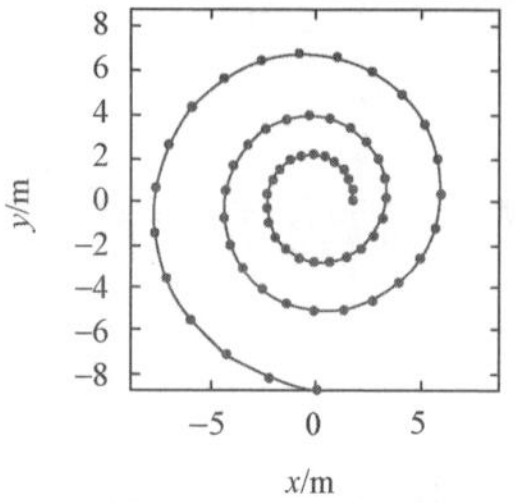	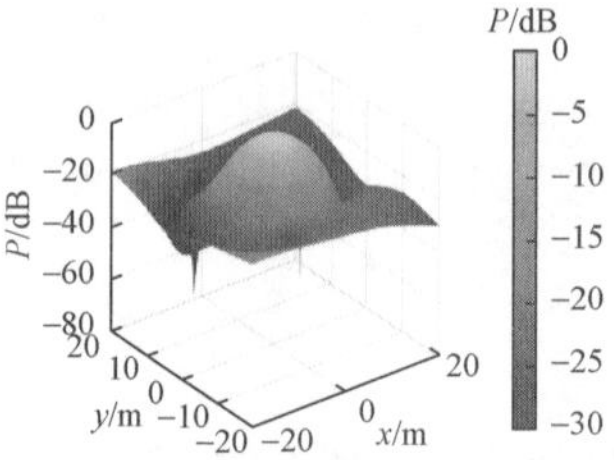	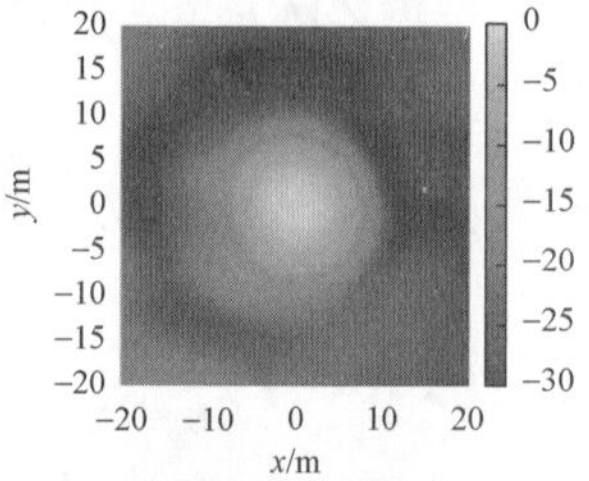
多螺旋线阵	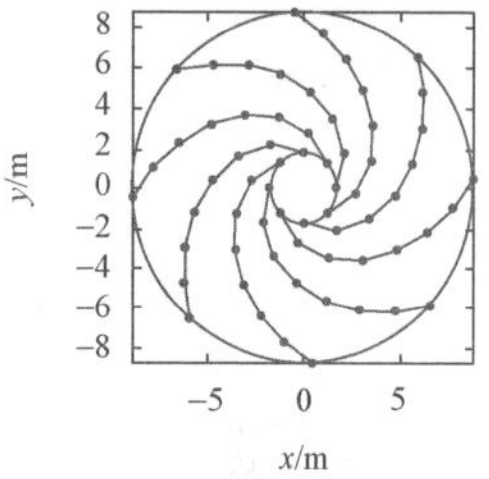	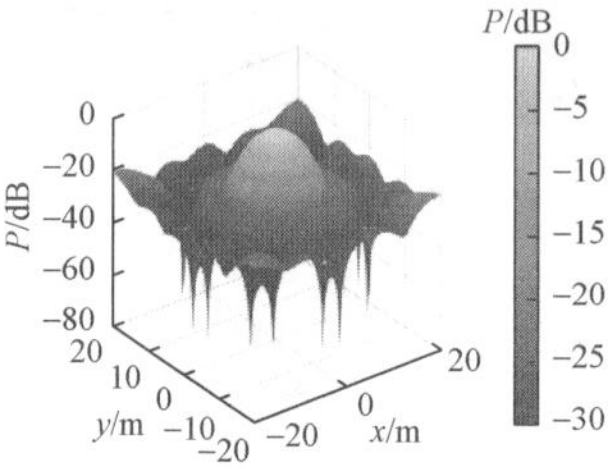	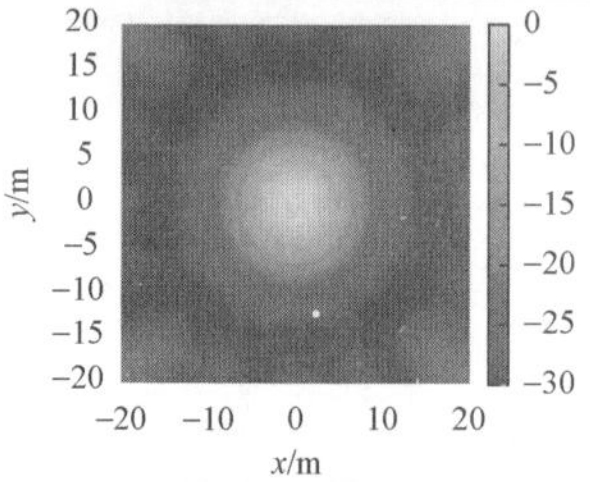
多臂螺旋线阵	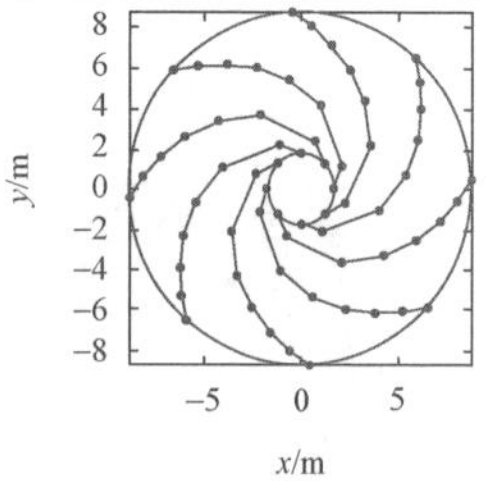	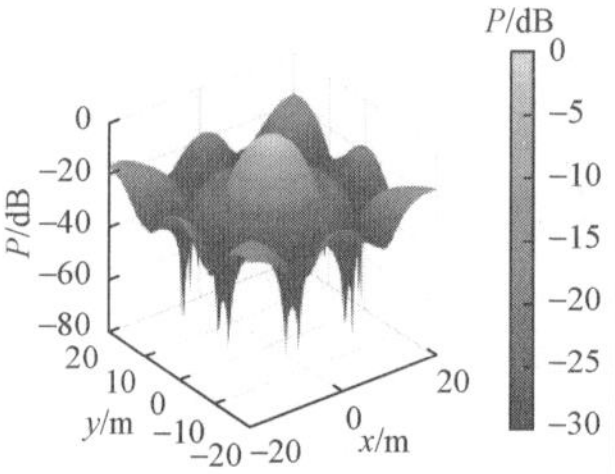	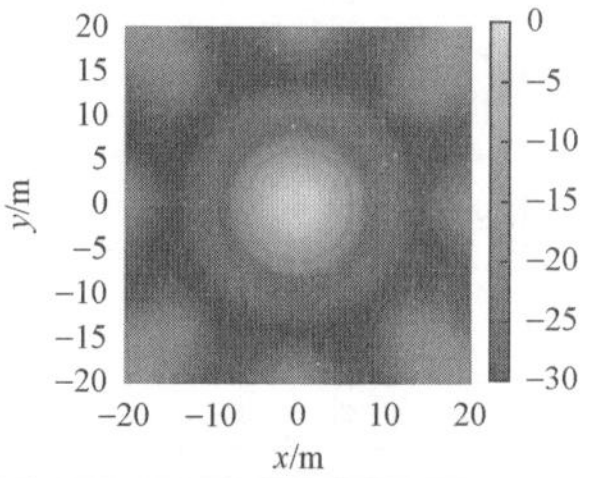
轮阵	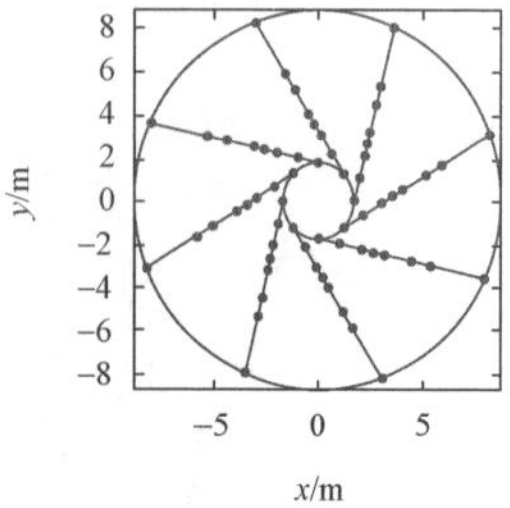	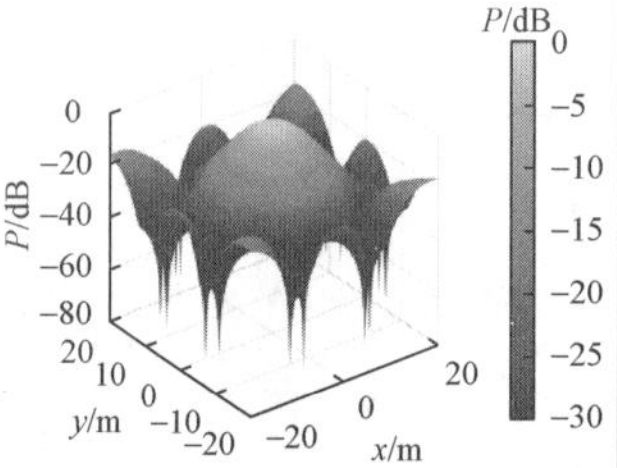	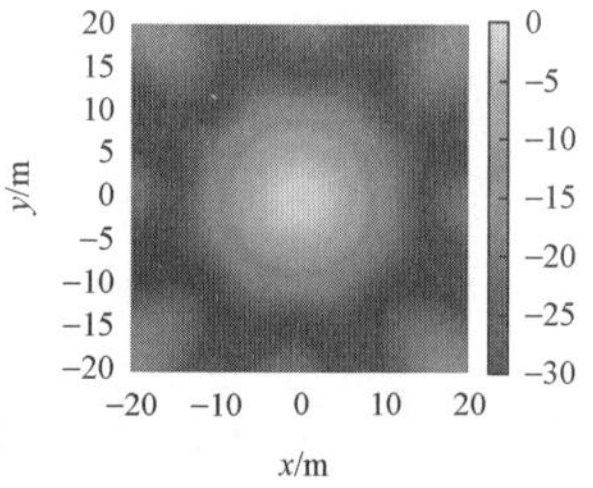

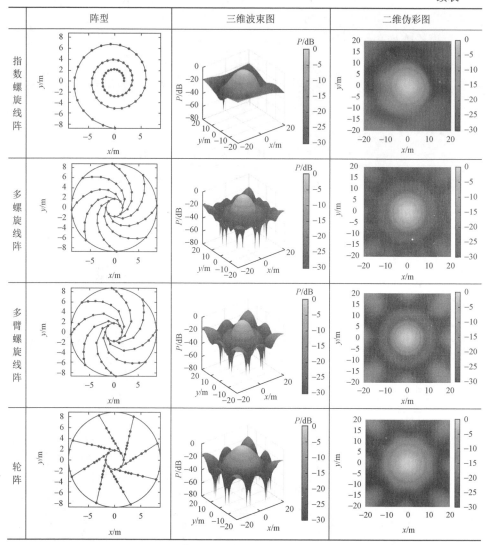

在实际的声源定位中，如果采用均匀矩形面阵的声源定位动态范围设置不当，旁瓣将会对声源定位产生影响。阵列还需要考虑空间混叠现象，严重的空间混叠现象往往出现在规则阵列（冗余阵列）中。而当传感器布置更倾向于随机、形成非规则阵列（非冗余阵列）时，其指向性函数图中仅有一个主瓣，而无明显的旁瓣，这能有效地抑制旁瓣形成，在可识别的频率范围内抑制空域混叠和旁瓣的能力更强。总之，不规则或非周期的阵列比规则阵列有增强主瓣、抑制旁瓣的能力，这也是有些领域工程应用中常将阵列设计成随机阵列和螺旋形阵列的原因。

刻画阵列性能的主要参数如下所示。

1）分辨率

分辨率表示波束形成的空间分辨能力，即分离空间角度（远场）或位置（近场）接近的声源的能力。阵列信号处理中常用的瑞利（Rayleigh）限判据指出，当一个声源引起的孔径平滑函数（aperture smoothing function，ASF）的峰值落在另一个声源引起的孔径平滑函数的第一个零点时，可以准确地分辨来自不同方向或位置的两个非相干源。考虑波数为 k_1 和 k_2 的两个单位振幅平面波入射到具有某特定孔径平滑函数的阵列上，最小可分辨角度 $R(\theta)$ 可以表示为

$$R(\theta)=\frac{zR_k\lambda}{2\pi}\frac{1}{\cos^3\theta} \tag{1.1}$$

式中，R_k 为波数平面上主峰到阵列指向性图第一个最小值之间的距离，即主瓣宽度；θ 为偏离主轴方向的角度；λ 为波长。对于主轴方向，主瓣宽度为

$$R_{k,\theta=0^\circ}=a\frac{2\pi}{D} \tag{1.2}$$

式中，线性孔径 a 为 1，圆形孔径 a 为 1.44；D 为线性孔径宽度和圆形孔径直径。

此外，近场波束形成具有在方位和距离等维度上分辨声源位置的能力。理论上，垂直于阵列的距离分辨率（或称为纵向分辨率、深度分辨率）远低于平行于阵列的方位分辨率（或称为横向分辨率）。

2）最大旁瓣级和主旁瓣比

最大旁瓣级（maximum side lobe level，MSL）参数描述了阵列抑制来自阵列未导向（远场）/聚焦（近场）方向上声源的能力。指向性（也称方向性）图中的旁瓣是来自非导向/聚焦方向的局部极大值，在声图像中可以产生假峰（也称伪峰）。MSL 描述最高旁瓣级大小，在一个随机分布的 n 元阵列中，平均旁瓣级约为主瓣强度的 $1/n$ [142]，最大旁瓣级 MSL[143]为

$$\mathrm{MSL}=-10\lg\frac{1}{n} \tag{1.3}$$

主旁瓣比（main lobe-to-side lobe ratio，MSR）表示主瓣与最大旁瓣高度之比。通常对指向性图进行归一化，取对数尺度，则主瓣峰值高度为 0dB，旁瓣比主瓣低若干分贝，MSR 就是主瓣和最大旁瓣之间的级差。

1.3.2　经典波束形成

经典波束形成算法主要包括常规波束形成、自适应波束形成、谱分解波束形成、反卷积波束形成等。

1. 常规波束形成

常规波束形成可以通过时域或频域两种形式实现。时延求和波束形成依赖于源与接收点之间的空间位置关系。无论源相对于接收点是在远场还是近场，时延求和波束形成都通过将阵列虚拟地导向或聚焦到特定方向（远场平面波传播）或空间中的特定点（近场球面波传播）来寻求声传播相位/延迟补偿。当聚焦于与源所在位置不同的任意点时，经过所有接收点相位/延迟补偿并求和后的信号不会产生同相叠加，从而导致波束形成的输出小于源所在位置时产生的波束形成输出。波束形成输出在第 p 个任意空间点和 t 时刻的瞬时响应可以表示为

$$bf(\boldsymbol{x}_p,t)=\frac{1}{M}\sum_{m=1}^{M}\omega_m A_m(\boldsymbol{x}_p,\boldsymbol{x}_m)p_m\left(t-\frac{\left|\boldsymbol{x}_p-\boldsymbol{x}_m\right|}{c}\right) \tag{1.4}$$

式中，p_m 为第 m 个传感器的声压信号；ω_m 为第 m 个接收点的权系数或影响因子；$A_m(\boldsymbol{x}_p,\boldsymbol{x}_m)=4\pi\left\|\boldsymbol{x}_p-\boldsymbol{x}_m\right\|$ 为幅度缩放因子；c 为介质中的声速；ω_m 为传感器响应系数。

时域波束形成形式可以转化为频域波束形成形式：

$$\mathrm{BF}(\boldsymbol{x}_p,\omega_k)=\frac{1}{M}\sum_{m=1}^{M}\omega_m A_m(\boldsymbol{x}_p,\boldsymbol{x}_m)\boldsymbol{P}_m(\omega_k)\mathrm{e}^{\mathrm{j}\omega_k\frac{\left|\boldsymbol{x}_p-\boldsymbol{x}_m\right|}{c}} \tag{1.5}$$

式中，$\boldsymbol{P}_m(\omega_k)$ 为第 m 个接收点处声压信号在角频率 ω_k 处的频域表示。式（1.5）的矩阵形式为

$$\mathrm{BF}(\boldsymbol{x}_p,\omega_k)=\boldsymbol{g}^{\mathrm{H}}\boldsymbol{W}\boldsymbol{P} \tag{1.6}$$

式中，上标 H 表示复共轭转置；矩阵 $\boldsymbol{W}$ 是一个对角矩阵，其元素是权系数；$\boldsymbol{P}$ 是一个矢量，第 m 个元素是在 $\boldsymbol{x}_m$ 处的复声压 $\boldsymbol{P}_m=q\boldsymbol{g}(\boldsymbol{x}_m-\boldsymbol{x}_s)$，$q$ 为位于 $\boldsymbol{x}_s$ 处的源强；$\boldsymbol{g}$ 为导向矢量，$\boldsymbol{g}(\boldsymbol{x}_m-\boldsymbol{x}_s)=\dfrac{1}{\left|\boldsymbol{x}_p-\boldsymbol{x}_m\right|}\mathrm{e}^{\mathrm{j}k\left|\boldsymbol{x}_p-\boldsymbol{x}_m\right|}$ 为导向矢量元素。

考虑 M 元阵列接收信号的矩阵形式，$\boldsymbol{P}=q\boldsymbol{g}$。直接波束形成器的目的是通过最小化 $\left\|\boldsymbol{P}-q\boldsymbol{g}\right\|^2$ 来确定源位置 $\boldsymbol{x}_s$ 处的 q 值。其最小二乘解为

$$\hat{q}=\frac{\boldsymbol{g}^{\mathrm{H}}\boldsymbol{P}}{\left\|\boldsymbol{g}\right\|^2} \tag{1.7}$$

得到源功率为

$$\mathrm{BF}_{\mathrm{cb}}=\frac{\boldsymbol{g}^{\mathrm{H}}\boldsymbol{P}}{\left\|\boldsymbol{g}\right\|^2}\left(\frac{\boldsymbol{g}^{\mathrm{H}}\boldsymbol{P}}{\left\|\boldsymbol{g}\right\|^2}\right)^{\mathrm{H}}=\frac{\boldsymbol{g}^{\mathrm{H}}\boldsymbol{P}\boldsymbol{P}^{\mathrm{H}}\boldsymbol{g}}{\left\|\boldsymbol{g}\right\|^4}=\frac{\boldsymbol{g}^{\mathrm{H}}\boldsymbol{C}\boldsymbol{g}}{\left\|\boldsymbol{g}\right\|^4} \tag{1.8}$$

式中，$\boldsymbol{C}$ 是声压的互谱密度矩阵（cross spectral density matrix，CSM）。式（1.8）中的波束形成算法称为频域常规波束形成（conventional beamforming，CB）。在

稳定声场中，CSM 包含平均自谱和互谱。可从 CSM 中去除自谱，即从 CSM 中去除对角线元素，各个通道之间的自噪声不相干，通过去除自谱可消除自噪声干扰。Christensen 和 Hald[144]提出了互谱波束形成和去自谱波束形成，并针对不同阵列形式进行了性能分析。杨洋等[145]针对发动机噪声源进行了去自谱波束形成定位性能验证。

2. 自适应波束形成

自适应波束形成（adaptive beamforming，AB）包括各种旨在优化阵列某些可控变量的技术，如优化调整传感器阵列的权重因子或相位等，以提高分辨率、MSL 等性能。自适应波束形成的实现过程，是在关心的声源焦点方向上保持预定的灵敏度，确保由该方向入射的信号不会被抑制或消除，而尽可能地抑制或消除与关心的声源焦点不同方向上入射的信号，以便在保证关心方向性能不变的前提下能对干扰进行抑制，因此具有高指向性和低旁瓣的特点。其主要代表有最小二乘（least mean square，LMS）法[146]、最小方差无畸变响应（minimum variance distortionless response，MVDR）法[147]等。

为了提高自适应波束形成算法的鲁棒性与实时性，文献[148]中介绍了一种线性约束最小方差（linearly constrained minimum variance，LCMV）波束形成，用于对阵列性能的实时优化。Yu 和 Yeh[149]开发了一种基于广义特征空间的波束形成器（generalized eigenspace-based beamformer，GEIB），该波束形成器利用相关矩阵的特征结构来提高 LCMV 波束形成性能。Dmochowski 等[150]提出了一种基于 LCMV 的频谱估计时空框架，以减少不需要的噪声和混响对目标声信号的影响。Stoica 等[151]和 Li 等[152, 153]提出了导向矢量不确定条件下的 Capon 波束形成器鲁棒性实现算法。Dougherty[154]提出了 Capon 波束形成的改进形式，便于将自适应波束形成算法应用于噪声源定位中。时洁[155]研究了矢量阵高分辨 MVDR 聚焦波束形成算法，用于提高在水下噪声源定位中的分辨率。

3. 谱分解波束形成

谱分解波束形成主要包括正交波束形成（orthogonal beamforming，OB）和函数波束形成（functional beamforming，FB）等。在实际应用中遇到的噪声源有可能是由不同机制产生的（如气动、热或机械等），因此声源是不同属性的源。假设这些声源在时间上和空间上不相关，则可以认为它们是正交的，因此声场可以用这些正交分量的总和来近似。Sarradj 和 Schulze[156]提出了正交波束形成算法，通过对互谱矩阵特征值分解来计算每个正交分量，实现了不同噪声源的分离提取。Pan 等[157]提出一种多极正交波束形成算法，实现了非均匀辐射噪声源的高分辨声成像。Dougherty[158]提出了 FB 算法，该算法仅使用了 32 个传感器组成的阵列，在相对较远的观测距离上利用该算法对飞机着陆噪声进行测试。该算法相对于 CB，实现了约 30 倍的动态范围和约 6 倍的空间分辨率的改善。文献[159]介绍了刚性球形阵列对室内/舱室进行源定位的函数波束形成算法。

4. 反卷积波束形成

反卷积算法可以提高阵列的分辨率并减少旁瓣，但与经典波束形成算法相比所需的计算量较大。每个波束形成的声图像都可以看作由阵列几何形状的影响而存在旁瓣的图像，该图像在阵元位置为 (x,y) 处的波束输出实际上是某个位于位置 (x_s,y_s) 的声源分布函数 $q(x_s,y_s)$ 和点分布函数 $p_s(x,y|x_s,y_s)$ 的卷积：

$$b(x,y)=\sum_{(x_s,y_s)} q(x_s,y_s)p_s(x,y|x_s,y_s) \tag{1.9}$$

反卷积算法的目的是在 $q(x_s,y_s)>0$ 约束下找到满足式（1.9）的源分布。Dougherty 和 Stoker[160]最早在阵列声学测量中使用 CLEAN 算法，该算法是基于迭代算法从原始声图像中消除点扩展函数（point spread function，PSF）峰值以获得更为干净的声图像。当声场可以建模为多个点源的线性叠加时，这种技术是有较大优势的，但是在存在多个非点源、非均匀指向性源等情况时会使得波束形成结果受到影响。为了克服上述问题，Sijtsma[161]提出了基于源相干性（source coherence，SC）的 CLEAN-SC 算法，该算法反复移除与主声源空间相干的部分声源图像，从而提高空间分辨率和动态范围，被广泛地应用于声图像增强上[162, 163]。Döbler 等[164]使用三个阵列（5m×3m 阵列，每个配备 192 个传感器）中的每一个计算波束形成图，并将生成的图合并到包围保时捷 Panamera S 车身的三维（3-dimensional，3D）表面上，表明 CLEAN-SC 是针对该特定应用的有效反卷积算法。

图 1.11 为汽车三维波束形成测量系统布放及结果。

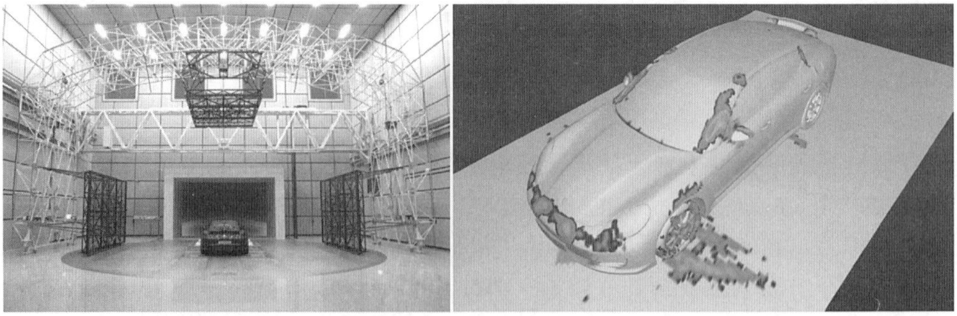

(a) 测量系统布放　　(b) 三维波束形成结果图

图 1.11　汽车三维波束形成测量系统布放及结果[164]

声源成像反卷积（deconvolution approach for the mapping of acoustic sources，

DAMAS）算法是一种迭代反卷积算法[165]，计算量较大，继而发展了DAMAS-C[166]、DAMAS2和DAMAS3[167, 168]等快速算法。结合压缩感知类算法，可以减少计算量，并保证空间分辨率和适用性。Yardibi等[169]利用基于稀疏约束的声源映射反卷积（DAMAS with sparsity constrain，SC-DAMAS）算法来求解DAMAS逆问题，提高了空间分辨率和鲁棒性，并降低了计算成本。Chu等[170]提出了一种基于稀疏约束的强背景噪声声成像鲁棒性超分辨率（a robust super-resolution SC-DAMAS，SC-RDAMAS）算法，对SC-DAMAS进行了改进，根据源功率的稀疏分布，自适应地导出了稀疏性参数，降低了计算成本，并通过汽车风洞试验验证了该算法的有效性。Padois和Berry[171]提出一种正交匹配追踪反卷积波束形成（orthogonal matching pursuit applied to DAMAS，OMP-DAMAS）算法，较SC-DAMAS降低了计算成本。Ma和Liu[172]提出一种基于小波变换的压缩计算网格的DAMAS（DAMAS with wavelet compression computational grid，DAMAS-CG1）算法，随后又发展了基于常规波束形成的压缩计算网格DAMAS（DAMAS with compression computational grid based on the conventional beamforming，DAMAS-CG2）算法[173]和基于函数波束形成的压缩计算网格DAMAS（DAMAS with computational grid compressed based on FB，DAMAS-CG3）算法[174]，用于解决DAMAS-CG1复杂源易发生混叠的问题，并进一步提高计算速度。

在水下阵列应用中，Yang[175, 176]将反卷积算法与波束形成相结合，提出一种高增益稳健反卷积波束形成技术，并应用到声压阵和圆阵的处理中，对反卷积波束形成的稳健性、分辨率和增益方面进行了验证。Sun等[177, 178]针对矢量阵PSF的移变性，将DAMAS算法应用到矢量阵中，获取水下目标的声图像。

1.3.3 逆波束形成

逆波束形成与常规波束形成处理声源定位问题的方式完全不同。常规波束形成是将每个源与其他源彼此不相关，在某些聚焦区域上实施扫描的波束形成器，通过波束形成输出最大值确定潜在的声源位置；逆波束形成则旨在一次性地解决所有源的问题，即找到能够近似传感器位置处声压分布的最佳源分布。由于可考虑源与源之间存在相互影响，因此逆算法可以处理相关/不相关、简单源/空间分布源等更为复杂情况下的源分布求解问题。逆波束形成相对于常规波束形成算法具有若干优点，除了更高的动态范围和更好的分辨率，最重要的是可以提供源强度的定量结果，只要给出源的适当先验信息[179, 180]，如稀疏条件（源分布由少数非零分量主导），则逆波束形成可以考虑所有源贡献进行一次求逆，得到更准确的强度定量结果。

Suzuki[181, 182]提出了广义逆波束形成（generalized inverse beamforming，GIBF），

并进一步提出了 L_1 范数广义逆波束形成算法，并针对不同声源类型进行了数值验证。广义逆波束形成算法的核心是通过阵列数据互谱矩阵的特征值分解，得到与其特征值和特征向量相关的模态向量，建立模态向量与噪声源分布之间的声学传递方程，通过 L_p 范数最小化问题求解该方程组得到噪声源分布。随后，Zavala 等[183, 184]对 GIBF 进行了改进，引入了一个在计算过程的每次迭代中进行估计的自动正则化因子，可以计算得到相关声源强度。Presezniak 等[185]提出了一种加权矩阵算法以增加 GIBF 的动态范围，从而使其能够分辨更近距离的声源。Colangeli 等[186]分析了用于 GIBF 的最佳正则化策略。Dougherty[187]给出了一个用于评估射流噪声的 GIBF 公式，利用迭代重加权最小二乘（iteratively reweighted least squares，IRLS）[188, 189]算法获得稀疏解。Oudompheng 等[190]分析了广义逆波束形成算法和迭代求解等效源算法，并分析了两者的理论来源及声源强度估计过程中的参数选取差异。Padois 等[191]提出了一种混合的广义逆波束形成算法，在迭代过程引入与波束输出相关的正则化矩阵修正迭代结果，使其能有效地提高声源定位精度。Colangeli 等[192]基于非相干声源模型提出了一种改进广义逆波束形成算法，该算法基于广义逆波束形成结合主成分分析对部分相干的噪声源进行识别。Shi 等[193]将双迭代广义逆波束形成的高分辨能力与声矢量阵声压振速联合信息处理的抗相干干扰能力相结合，提高了声源识别准确性和稳健性，解决了传统算法空间分辨率不高与相干声源处理能力不足的问题。

1.4　矢量水听器技术发展概述

矢量水听器是由传统的声压水听器和质点振速水听器复合而成的，可以同步、共点测量声场空间一点处的声压和质点振速的三个正交分量，这不仅有助于改善水声系统的性能，而且也拓宽了信号处理空间。矢量水听器具有良好的低频指向性、较强的抑制各向同性噪声能力等诸多优点，为解决水下声场的全面声学信息获取问题提供了新的思路和算法。和相同阵型的声压阵相比，矢量水听器阵具有更好的检测和估计性能，或者在相同的技术指标要求下，矢量水听器阵体积显著小于声压阵体积，避免复杂的设备，设备体积显著减小。随着矢量水听器技术的日益成熟，该技术已被广泛地应用于水声各领域，主要应用基本涵盖了海洋环境特性、各种声呐系统、舰艇辐射噪声测量、噪声源测试分析等领域。

矢量水听器由于结构设计上的不同，可以分成同振和不动外壳两种。在同振矢量水听器工作时，声波使得水听器拥有惯性从而引起传感器壳体的敏感元件有一些改变，而不是其敏感元件直接接收声波[194]；不动外壳型的矢量水听器则恰恰与之相反，其敏感元件直接感应声波[195]。矢量水听器依据换能原理也能分成各种结构的传感器。最常见的就是电容式、电动式、压电式、电磁式及光纤式等几种[196]。根据测量的物理量的差异进行划分，矢量水听器一般可分为声压梯度型、位移型、振速型、振动加速度型[197, 198]。质点振速实际上是利用了振速传感器或积分电路作用在加速度水听器来工作的；与之具有很大区别的是，振速则是通过声压梯度的变化并利用了线性欧拉方程进行结合，通过两个互相靠近但不会贴合的声压传感器从而获得声压梯度，最终获得了质点振速的实际测量值[199]。

美国、俄罗斯等国家投入大量精力对矢量水听器工程制作和应用技术进行研究，经过多年的努力，关于声矢量水听器的物理基础和工程制作等方面的问题已基本解决，性能稳定的矢量水听器已进入工程应用阶段。俄罗斯等海军大国在这方面发展较早且速度很快，1983 年，苏联研制出用于水下低辐射噪声目标的监测系统 CTAC_496，此测量系统的核心设备就是矢量水听器。20 世纪 90 年代初，俄罗斯研制出 TAJ1C-8 矢量水听器声呐浮标系统，并在日本海、库页岛和堪察加半岛附近海域顺利投入测量工程应用[200]；后来俄罗斯又研制出 Swallow 声呐浮标系统，并在加利福尼亚海域进行了系统有效性验证的海上试验。除此之外，为了加强矢量水听器的广泛性认识，1995 年，美国物理学会（American Institute of Physics，AIP）组织编制了一本关于描述矢量水听器性能及其使用的科技报告，报告也指出采用矢量水听器是解决低噪声水下目标辐射噪声测量问题的有效算法[201, 202]。

国内有关矢量水听器的相关工作始于 1997 年，哈尔滨工程大学在国内首次系统地开展了矢量水听器专题研究，并于 1998 年和 2000 年进行了国内最早的矢量水听器的外场试验[190]，对单矢量水听器远程弱信号检测、方位估计和目标跟踪等方面的性能进行了研究。在国内水声界，包括哈尔滨工程大学、中国科学院声学研究所、中国船舶集团有限公司第七二六研究所、中国船舶集团有限公司第七一五研究所、中国船舶重工集团有限公司第七六〇研究所，以及西北工业大学、东南大学、南京大学、中国人民解放军海军工程大学、浙江大学等单位都在积极地进行矢量水听器相关理论与技术的研究。

矢量水听器比声压水听器具有更多优势，其中包括了以下几点：①只需要使用一个矢量水听器，就可以获得目标方位、空间位置等信息。②矢量水听器的抗干扰性能非常优良，可以应用在多种工作环境中。③能够有效地改善常规声压均匀线阵处理过程中产生的左右舷模糊。④矢量水听器同声压水听器相比，一定程度上降低了自身的体积和重量。

由矢量水听器构成的阵列，相比传统的声压水听器阵列，也具有很大的优势：①由矢量水听器构成的阵列实际的工作目标是获得由矢量信号构成的信号场，因此相比常规的阵列信号处理，矢量阵列信号处理获取的声场信息更丰富，性能也更优越；②矢量水听器阵列因为存在各种输出信号，所以阵列拥有较多的多余信息，在同等条件下，可以获得更好的方位分辨率；③矢量水听器阵列和高分辨方位技术在信号处理上进行结合，就可以有效地降低信噪比门限；④单矢量水听器具有抑制左右舷模糊的能力，可以利用其组成阵列用于消除常规声压阵列信号处理过程中存在的类似问题。基于以上优势，矢量水听器及其阵列拥有广阔的发展前景和应用价值。

参 考 文 献

[1] Shchurov V A，Ilyichev U I，Kuleshov V P，et al. The interaction of energy flows of underwater ambient noise and local source. The Journal of the Acoustical Society of America，1991，90（2）：1002-1004.

[2] Shchurov V A. Coherent and diffusive fields of underwater acoustic ambient noise. The Journal of the Acoustical Society of America，1991，90（2）：991-1001.

[3] 贾志富. 同振球型声压梯度水听器的研究. 应用声学，1997，16（3）：20-25.

[4] Nehorai A，Paldi E. Acoustic vector-sensor array processing. The Journal of the Acoustical Society of America，1994，42（9）：2481-2491.

[5] Hochwald B，Nehorai A. Identifiability in array processing models with vector-sensor applications. IEEE Transactions on Signal Processing，1996，44（1）：83-95.

[6] Gabor D. A new microscope principle. Nature，1948，161（1）：777-779.

[7] Leith E N，Upatnieks J，Hildebrand P，et al. Requirement for a wave front reconstruction television facsimile system. Journal of the SMPTE，1965，74（10）：893-896.

[8] Williams E G，Maynard J D，Skudrzyk E. Sound reconstruction using a microphone array. The Journal of the Acoustical Society of America，1980，68（1）：340-344.

[9] Williams E G，Maynard J D. Holographic imaging without wavelength resolution limit. Physical Review Letters，1980，45：554-557.

[10] Maynard J D，Williams E G，Lee Y. Near-field acoustic holography：Ⅰ. Theory of generalized holography and development of NAH. The Journal of the Acoustical Society of America，1985，78（4）：1395-1413.

[11] Veronesi W A，Maynard J D. Near-field acoustic holography（NAH）Ⅱ. Holographic reconstruction algorithms and computer implemention. The Journal of the Acoustical Society of America，1987，81（5）：1307-1322.

[12] Weinreich G，Arnold E B. Method for measuring acoustic radiation fields. The Journal of the Acoustical Society of America，1980，68（2）：404-411.

[13] Veronesi W A，Maynard J D. Digital holography reconstruction of sources with arbitrarily shaped surfaces. The Journal of the Acoustical Society of America，1989，85（2）：588-598.

[14] Williams E G，Dardy H D. Generalized near-field acoustical holography for cylindrical geometry：Theory and experiment. The Journal of the Acoustical Society of America，1987，81（2）：389-407.

[15] Stepanishen P R，Chen H W. Near-field pressure and surface intensity for cylindrical vibrators. The Journal of the Acoustical Society of America，1984，76（3）：942-948.

[16] Canel S M，Chassaugnon C. Radial extrapolation of wave fields by spectral methods. The Journal of the Acoustical Society of America，1984，76（6）：1823-1828.

[17] Kim Y H，Kim S M. An analysis of the sound radiation characteristics of the King Song-Dok bell using cylinder acoustic holography. The Journal of the Acoustical Society of Korea，1997，16（4）：94-100.

[18] Lee M，Bolton J S，Mongeau L. Application of cylindrical near-field acoustical holography to the visualization of aero-acoustic sources. The Journal of the Acoustical Society of America，2003，114（2）：842-858.
[19] Lee J C. Spherical acoustical holography of low frequency noise sources. Applied Acoustics，1996，48（1）：85-95.
[20] Devries L A，Bolton J S，Lee J C. Acoustical holography in spherical coordinates for noise sources identification. Proceedings of INTER-NOISE and NOISE-CON Congress and Conference，Yokohama，1994：935-940.
[21] Feischer H，Axelrad V. Restoring an acoustic source from pressure data using Wiener filtering. Acta Acustica United with Acoustica，1986，60（2）：172-175.
[22] Williams E G，Fink R G. Nearfield acoustical holography using an underwater automated scanner. The Journal of the Acoustical Society of America，1985，78（2）：789-798.
[23] Hald J. Reduction of spatial windowing effects in acoustic holography. Proceedings of INTER-NOISE and NOISE-CON Congress and Conference，Yokohama，1994：1887-1890.
[24] Zhang D J，Xia X，Yan J. A new method for low frequency NAH-nearfield acoustic holography. Proceedings of 14th ICA，Beijing，1992.
[25] 罗禹贡，郑四发，杨殿阁. 基于倏逝波衰减特性的空间频域滤波器研究. 声学技术，2004，23（1）：54-66.
[26] Kwon H S，Kim Y H. Minimization of bias error due to windows in planar acoustic holography using a minimum error window. The Journal of the Acoustical，1995，198（4）：2104-2111.
[27] Bai M R. Acoustical source characterization by using recursive Wiener filtering. The Journal of the Acoustical，1995，97（5）：2657-2663.
[28] Li J F，Pascal J C，Carles C. A new *K*-space optimal filter for acoustic holography. Proceedings of 3rd International Congress on Air and Structure Borne Sound and Vibration，Paris，1994：1059-1066.
[29] Ramapriya D M，Gradoni G，Creagh S C，et al. Nearfield acoustical holography—a Wigner function approach. Journal of Sound and Vibration，2020，486：115593.
[30] 唐波，苑秉成，徐瑜. *K* 空间抽样格林函数在正向重构时的误差分析. 鱼雷技术，2012，20（2）：95-99.
[31] 莫登沅，周其斗，谷高全，等. 声全息重构中的滤波窗优化设计. 海军工程大学学报，2017，29（3）：109-112.
[32] 白宗龙. 基于近场声全息的多声源定位系统设计与实现. 哈尔滨：哈尔滨工业大学，2016.
[33] 杨枭杰，郭世旭，王月兵，等. 基于近场声全息振速重构的 3 种滤波方法比较. 中国测试，2020，46（2）：40-45.
[34] Sakamoto I，Tanaka T，Miyake T. Noise source identification on an operating vehicle by acoustic holography—Part I：Investigation of noise source identification accuracy by using mock-up tires. JSAE Review，1995，3（16）：325.
[35] Sakamoto I，Tanaka T. Application of acoustic holography to measurement of noise on an operating vehicle. SAE Technical Paper，1993：930199.
[36] Park S H，Kim Y H. Visualization of pass-by noise by means of moving frame acoustic holography. The Journal of the Acoustical Society of America，2001，110（5）：2326-2339.
[37] Park S H，Kim Y H. Effects of the speed of moving noise sources on the sound visualization by means of moving frame acoustic holography. The Journal of the Acoustical Society of America，2000，108（6）：2719-2728.
[38] Park S H，Kim Y H. An improved moving frame acoustic holography for coherent bandlimited noise. The Journal of the Acoustical Society of America，1998，104（6）：3179-3189.
[39] Kwon H S，Kim Y H. Moving frame technique for planar acoustic holography. The Journal of the Acoustical Society of America，1998，103（4）：1734-1741.
[40] Kim Y H，Park S H. Moving frame acoustic holography for the visualization of pass-by noise. Proceedings of the

1998 National Conference on Noise Control Engineering，Daejeon，1998：655-660.
[41] Ruhala R J，Swanson D C. Planar near-field acoustical holography in a moving medium. The Journal of the Acoustical Society of America，2002，112（2）：420-429.
[42] Dong B C，Bi C X，Zhang X Z，et al. Patch nearfield acoustic holography in a moving medium. Applied Acoustics，2014，86：71-79.
[43] Dong B C，Bi C X，Zhang X Z，et al. Real-time nearfield acoustic holography in a uniformly moving medium. Journal of Sound and Vibration，2017，410：364-377.
[44] Miao F，Yang D，Wen J，et al. Moving sound source localization based on triangulation method. Journal of Sound and Vibration，2016，385：93-103.
[45] 刘锋，杨殿阁，郑四发，等. 利用声全息方法识别噪声源问题中声源幅值修正的研究. 声学学报，2002，27（3）：263-266.
[46] 郑凯，郑四发，杨殿阁，等. 声全息分析噪声场的空间频域重建算法. 清华大学学报（自然科学版），2002，42（2）：247-250.
[47] 罗禹贡，杨殿阁，郑四发，等. 应用动态声全息方法识别轿车的行驶噪声源. 汽车工程，2003，25（6）：595-598.
[48] 杨殿阁，刘峰，郑四发，等. 声全息方法识别汽车运动噪声. 汽车工程，2001，5（23）：329-331.
[49] 杨殿阁，郑四发，罗禹贡，等. 运动声源的声全息识别方法. 声学学报，2002，27（4）：357-362.
[50] 罗禹贡，杨殿阁，郑四发，等. 基于近场声全息理论的运动声源动态识别方法. 声学学报，2004，29（3）：226-230.
[51] 时胜国，郭小霞，王佳典，等. 矢量阵测量统计最优近场声全息的运动声源识别方法与实验研究. 哈尔滨工程大学学报，2010，31（7）：888-894.
[52] 张永斌. 基于等效源法和质点振速测量的近场声全息技术. 合肥：合肥工业大学，2010.
[53] 杨德森，郭小霞，时胜国，等. 基于亥姆霍兹方程最小二乘法的运动声源识别研究. 振动与冲击，2012，31（4）：5.
[54] Saijyou K，Yoshikawa S. Reduction methods of the reconstruction error for large-scale implementation of near-field acoustical holography. The Journal of the Acoustical Society of America，2001，110（4）：2007-2023.
[55] Lee M，Bolton J S. Patch near-field acoustical holography in cylindrical geometry. The Journal of the Acoustical Society of America，2005，118（6）：3721-3732.
[56] Thomas J H，Pascal J C. Wavelet preprocessing for lessening truncation effects in nearfield acoustical holography. The Journal of the Acoustical Society of America，2005，118（2）：851-860.
[57] Williams E G. Continuation of acoustic near-fields. The Journal of the Acoustical Society of America，2003，113（3）：1273-1281.
[58] Williams E G，Houston B H，Herdic P C. Fast Fourier transform and singular value decomposition formulations for patch nearfield acoustical holography. The Journal of the Acoustical Society of America，2003，114（3）：1322-1333.
[59] Hald J. Patch holography in cabin environments using a two-layer handheld array with an extended SONAH algorithm. Proceedings of Euronoise，Tampere，2006.
[60] Hald J. Patch near-field acoustical holography using a new statistically optimal method. Proceedings of INTER-NOISE and NOISE-CON Congress and Conference，New York，2003：2203-2210.
[61] 齐观坛，张春良，岳夏. 基于数据外推与内插的联合局部近场声全息. 科学技术与工程，2014，14（35）：1-4，15.
[62] 孙超，何元安，商德江，等. 全息数据外推与插值技术的极限学习机方法. 哈尔滨工程大学学报，2014，35（5）：

544-551.

[63] 何祚镛. 声学逆问题——声全息场变换技术及源特性判别. 物理学进展，1996，16（3）：600-612.

[64] 张德俊. 近场声全息对振动体及其辐射场的成像. 物理学进展，1996，16（34）：613-623.

[65] 何元安，何祚镛，商德江，等. 基于平面声全息的全空间场变换：II. 水下大面积平面发射声基阵的近场声全息实验. 声学学报，2003，28（1）：45-51.

[66] 何元安，何祚镛. 基于平面声全息的全空间场变换：I. 原理与算法. 声学学报，2002，27（6）：507-512.

[67] 何元安，何祚镛. 用声场空间变换识别水下噪声源. 应用声学，2000，19（2）：9-13.

[68] 程广福，肖斌，王志伟，等. 柱面多参考统计最优近场声全息研究. 哈尔滨工程大学学报，2011，32（1）：90-97.

[69] Zhou L N，Ding S C，Lou J J，et al. Simulation and analysis of the radiated acoustic field measurement of the underwater vehicle based on NAH. Advanced Materials Research，2012，503（1）：1575-1579.

[70] Ji Q，Jiang P. Design of measurement system for underwater vehicle based on NAH. Advanced Materials Research，2014，904（1）：420-423.

[71] 张磊，曹跃云，杨自春. 迭代总体最小二乘正则化的近场声全息方法研究. 振动与冲击，2016，35（21）：96-101.

[72] 刘强，王永生，苏永生，等. 基于近场声全息的舰船水下辐射噪声识别研究. 压电与声光，2013，35（6）：779-781，785.

[73] 刘文章，严斌，吴文伟. 基于声全息法的水下复杂圆柱壳体远场辐射声场计算及试验验证. 纪念《船舶力学》创刊二十周年学术会议，无锡，2017：8.

[74] 万海波，朱石坚，楼京俊，等. 基于柱面近场声全息的水下航行器辐射声场重构. 噪声与振动控制，2015，35（2）：19-23.

[75] Borgiotti G V，Sarkissian A，Williams E G，et al. Conformal generalized near-field acoustic holography for axisymmetric geometries. The Journal of the Acoustical Society of America，1990，88（1）：199-209.

[76] Sarkissian A. Near-field acoustic holography for an axisymmetric geometry：A new formulation. The Journal of the Acoustical Society of America，1990，88（2）：961-966.

[77] Kim G T，Lee B H. 3D sound source reconstruction and field reprediction using the Helmholtz integral equation. Journal of Sound and Vibration，1990，136（2）：245-261.

[78] Photiadis D M. The relationship of singular value decomposition to wave-vector filtering in sound radiation problems. The Journal of the Acoustical Society of America，1990，88（2）：1152-1159.

[79] Borgiotti G V. The power radiated by a vibrating body in an acoustic fluid and its determination from boundary measurements. The Journal of the Acoustical Society of America，1990，88（4）：1884-1893.

[80] Kim B K，Ih J G. On the reconstruction of the vibro-acoustic field over the surface enclosing an interior space using the boundary element method. The Journal of the Acoustical Society of America，1996，100（5）：3003-3016.

[81] Kang S C，Ih J G. Use of nonsingular boundary integral formulation for reducing errors due to near-field measurements in the boundary element method based near-field acoustic holography. The Journal of the Acoustical Society of America，2001，109（4）：1320-1328.

[82] Kang S C，Ih J G. The use of partially measured source data in near-field acoustical holography based on the BEM. The Journal of the Acoustical Society of America，2000，107（5）：2472-2479.

[83] Kim B K，Ih J G. Design of an optimal wave-vector filter for enhancing the resolution of reconstructed source field by near-field acoustical holography(NAH). The Journal of the Acoustical Society of America，2000，107（6）：3289-3297.

[84] Williams E G. Regularization methods for near-field acoustical holography. The Journal of the Acoustical Society of America，2001，110（4）：1976-1988.

[85] Antoni J. Bayesian focusing：A unified approach to inverse acoustic radiation. Proceedings of ISMA，2010.

[86] Xiao Y. A new method for determining optimal regularization parameter in near-field acoustic holography. Shock and Vibration，2018：1-13.

[87] Chelliah K，Raman G，Muehleisen R T. An experimental comparison of various methods of nearfield acoustic holography. Journal of Sound and Vibration，2017（403）：21-37.

[88] 肖友洪，陈艺凡，班海波，等. 低信噪比环境下声场重建的正则化方法改进. 哈尔滨工程大学学报，2020，41（11）：1657-1662.

[89] 李凌志，李骏，卢炳武，等. 平面近场声全息中正则化参数的确定. 声学学报，2010，35（2）：169-178.

[90] Williams E G，Houston B H，Herdic P C，et al. Interior near-field acoustical holography in flight. The Journal of the Acoustical Society of America，2000，108（4）：1451-1463.

[91] Kim S I，Ih J G，Jeong J H. Use of additional scattering bodies in the NAH based on the inverse BEM. Proceedings of INTER-NOISE and NOISE-CON Congress and Conference，Seogwipo，2003.

[92] 暴雪梅，何祚镛. 目标散射场全息重建方法研究. 声学学报，2000，25（3）：254-264.

[93] 暴雪梅. 以边界元为基础的非共形全息声场变换方法研究. 哈尔滨：哈尔滨工程大学，1995.

[94] 商德江. 水声全息场的任意变换方法及源定位研究. 哈尔滨：哈尔滨船舶工程学院，1994.

[95] Fahnline J B，Koopmann G H. A numerical solution for the general radiation problem based on the combined methods of superposition and singular-value decomposition. The Journal of the Acoustical Society of America，1991，90（5）：2808-2819.

[96] Song L，Koopmann G H，Fahnline J B. Numerical errors associated with the method of superposition for computing acoustic fields. The Journal of the Acoustical Society of America，1991，89（6）：2625-2633.

[97] Koopmann G H，Song L，Fahnline J B. A method for computing acoustic fields based on the principle of wave superposition. The Journal of the Acoustical Society of America，1989，86（6）：2433-2438.

[98] 于飞，陈剑，李卫兵，等. 一种稳健的全波数声场重构技术. 中国科学：技术科学，2004，34（9）：1069-1080.

[99] 于飞，陈心昭，李卫兵，等. 空间声场全息重建的波叠加方法研究. 物理学报，2004，53（8）：2607-2613.

[100] 于飞. 基于波叠加方法的声全息技术与声学灵敏度分析. 合肥：合肥工业大学，2005.

[101] 李卫兵. 基于统计最优和波叠加方法的近场声全息技术研究. 合肥：合肥工业大学，2006.

[102] 李卫兵，陈剑，毕传兴，等. 联合波叠加法的全息理论与实验研究. 物理学报，2006，55（3）：1260-1270.

[103] 李卫兵，陈剑，于飞，等. 基于波叠加方法的半自由声场全息理论. 中国科技论文在线优秀论文，2005，11：563.

[104] Zhang X Z，Thomas J H，Bi C X，et al. Reconstruction of nonstationary sound fields based on the time domain plane wave superposition method. Proceedings of the Acoustics，2012，132（4）：2427.

[105] Geng L，Zhang X Z，Bi C X. Reconstruction of transient vibration and sound radiation of an impacted plate using time domain plane wave superposition method. Journal of Sound and Vibration，2015，344（1）：114-125.

[106] Geng L，Ma J，Zhang X Z，et al. A multistep time-domain plane wave superposition method for stabilizing the reconstruction of the non-stationary sound field. Mechanical Systems and Signal Processing，2019，121（1）：913-928.

[107] 王冉，陈进，贾文强，等. 基于波叠加与统计最优近场声全息的单面声场分离技术. 振动与冲击，2012，31（22）：112-117.

[108] 何伟，向宇，李晓妮，等. 基于多球域波叠加法的 Patch 近场声全息. 广西工学院学报，2013，24（1）：33-37.

[109] Chao Y C. An implicit least-square method for the inverse problem of acoustic radiation. The Journal of the

Acoustical Society of America，1987，81（5）：1288-1292.
[110] Wang Z，Wu S F. Helmholtz equation-least-squares method for reconstructing the acoustic pressure field. The Journal of the Acoustical Society of America，1997，102（4）：2020-2032.
[111] Leach K，Wu S. Visualization of sound radiation from a bowling ball. Proceedings of ASME，Las Vegas，1999：209-215.
[112] Zhao X，Wu S F. Reconstruction of vibroacoustic fields in half-space by using hybrid near-field acoustical holography. The Journal of the Acoustical Society of America，2005，117（2）：555-565.
[113] Semenova T，Wu S F. On the choice of expansion functions in the Helmholtz equation least-squares method. The Journal of the Acoustical Society of America，2005，117（2）：701-710.
[114] Semenova T，Wu S F. The Helmholtz equation least-squares method and Rayleigh hypothesis in near-field acoustical holography. The Journal of the Acoustical Society of America，2004，115（4）：1632-1640.
[115] 郭小霞. 水下结构辐射噪声源快速诊断识别研究. 哈尔滨：哈尔滨工程大学，2012.
[116] 张鹏，匡正，吴鸣，等. 球坐标系下声场分离的低频辐射声场测量技术. 网络新媒体技术，2014，3（4）：49-52.
[117] Williams E G，Dardy H D，Fink R G. A technique for measurement of structure-borne intensity in plates. The Journal of the Acoustical Society of America，1985，78（6）：2061-2068.
[118] 陈允锋，刘超，吕曜辉. 基于新型传感器阵列的声全息测试分析方法研究. 传感器与微系统，2017，36（8）：55-58.
[119] Hald J，Ginn K B. Vehicle noise investigation using spatial transformation of sound fields. Sound and Vibration，1989，23（4）：38-42.
[120] Hald J，Ginn K B. STSF-practical instrumentation and applications. B & K Technical Review，1989，2（1）：1-27.
[121] 佘婧妮. 基于 ARM9 的傅里叶变换——源强模拟声全息技术的实验研究. 柳州：广西科技大学，2015.
[122] Mann Iii J，Pascal J C. Locating noise sources on an industrial air compressor using broadband acoustical holography from intensity measurements(BAHIM). Noise Control Engineering Journal，1992，39（1）：3-12.
[123] 陈心昭，王再平，刘正士，等. 传递函数法修正声强测量系统相位不匹配误差的研究. 仪器仪表学报，1994，15（4）：405-409.
[124] 王再平，陈心昭. 前置放大器输入阻抗对声强探头相位特性的影响. 计量学报，1993，14（4）：313-317.
[125] Nejade A. Reference-less acoustic holography techniques based on sound intensity. Journal of Sound and Vibration，2014，333（16）：3598-3608.
[126] 胡博，杨德森，孙玉. 采用矢量阵测量的水中宽带近场声全息技术研究. 振动与冲击，2010，29（5）：128-132，245.
[127] Nitadori K，Mano K，Kamata H. An experimental underwater acoustic imaging system using multi-beam scanning. Acoustical Imaging，1980，8（1）：249-266.
[128] Sutton J L. A tutorial on underwater acoustic imaging. Acoustical Imaging，1979，16（2）：599-630.
[129] 楼红伟，姜俊奇，何祚镛. 水听器线列阵近场声压测量误差实验研究. 应用声学，2001，20（3）：11-17.
[130] Jacobsen F，Liu Y. Near field acoustic holography with particle velocity transducers. The Journal of the Acoustical Society of America，2005，118（5）：3139-3144.
[131] 蒋伟康，高田博，西择男. 声近场综合试验解析技术及其在车外噪声分析中的应用. 机械工程学报，1998，34（6）：77-85.
[132] Rigelsford J M，Tennant A. A 64 element acoustic volumetric array. Applied Acoustics，2000，61（4）：469-475.
[133] Gower B N，Ryan J G，Stinson M R. Measurements of directional properties of reverberant sound fields in rooms

using a spherical microphone array. The Journal of the Acoustical Society of America，2004，116（4）：2138-2148.
[134] Meyer A，Dobler D. Noise source localization within a car interior using 3D-microphone arrays. Berlin Beamforming Conference，Berlin，2006：1-7.
[135] Chiariotti P，Martarelli M，Castellini P. Acoustic beamforming for noise source localization：Reviews，methodology and applications. Mechanical Systems and Signal Processing，2019，120：422-448.
[136] Piet J F，Elias G. Airframe noise source localization using a microphone array. Proceedings of 3rd AIAA/CEAS Aeroacoustics Conference，Atlanta，1997：1643.
[137] 乔渭阳，Ulf Michel. 二维传声器阵列测量技术及其对飞机进场着陆过程噪声的实验研究. 声学学报，2001，26（2）：161-188.
[138] 褚志刚，杨洋，蒋忠翰. 波束形成传声器阵列性能研究. 传感技术学报，2011，24（5）：665-670.
[139] Arcondoulis E，Liu Y. An iterative microphone removal method for acoustic beamforming array design. Journal of Sound and Vibration，2019，442：552-571.
[140] Hald J. A comparison of compressive equivalent source methods for distributed sources. The Journal of the Acoustical Society of America，2020，147（4）：2211-2221.
[141] Prime Z，Doolan C. A comparison of popular beamforming arrays. Annual Conference of the Australian Acoustical Society 2013，Victor Harbor，2013：151-157.
[142] Marvasti F. Nonuniform Sampling：Theory and Practice. Boston：Springer，2001.
[143] Steinberg B D. Principles of Aperture and Array System Design：Including Random and Adaptive Arrays. New York：Wiley-Interscience，1976.
[144] Christensen J J，Hald J. Improvements of cross spectral beamforming. Proceedings of INTER-NOISE and NOISE-CON Congress and Conference，Seogwipo，2003：2652-2659.
[145] 杨洋，褚志刚，倪计民，等. 除自谱的互谱矩阵波束形成的噪声源识别技术. 噪声与振动控制，2011，31（4）：145-148.
[146] Widrow B，Mantey P E，Griffiths L J，et al. Adaptive antenna systems. Proceedings of the IEEE，1967，55（12）：2143-2159.
[147] Capon J. High-resolution frequency-wavenumber spectrum analysis. Proceedings of the IEEE，1969，57（8）：1408-1418.
[148] Frost O L. An algorithm for linearly constrained adaptive array processing. Proceedings of the IEEE，1972，60（8）：926-935.
[149] Yu J L，Yeh C C. Generalized eigenspace-based beamformers. IEEE Transactions on Signal Processing，1995，43（11）：2453-2461.
[150] Dmochowski J，Benesty J，Affes S. Linearly constrained minimum variance source localization and spectral estimation. IEEE Transactions on Audio，Speech，and Language Processing，2008，16（8）：1490-1502.
[151] Stoica P，Wang Z，Li J. Robust Capon beamforming. IEEE Signal Processing Letters，2003，10（6）：172-175.
[152] Li J，Stoica P，Wang Z. On robust Capon beamforming and diagonal loading. IEEE Transactions on Signal Processing，2003，51（7）：1702-1715.
[153] Li Y，Ma H，Yu D，et al. Iterative robust Capon beamforming. Signal Processing，2016，118：211-220.
[154] Dougherty R P. A new derivation of the adaptive beamforming formula. Proceedings of 7th Berlin Beamforming Conference，Berlin，2018：S6.
[155] 时洁. 基于矢量阵的水下噪声源近场高分辨定位识别方法研究. 哈尔滨：哈尔滨工程大学，2009.
[156] Sarradj E，Schulze C. Practical application of orthogonal beamforming. Proceedings of 6th European Conference

on Noise Control，Tampere，2006.
[157] Pan X，Wu H，Jiang W. Multipole orthogonal beamforming combined with an inverse method for coexisting multipoles with various radiation patterns. Journal of Sound and Vibration，2019，463：114979.
[158] Dougherty R P. Functional beamforming for aeroacoustic source distributions. Proceedings of 20th AIAA/CEAS Aeroacoustics Conference，Atlanta，2014：3066.
[159] Yang Y，Chu Z，Shen L，et al. Functional delay and sum beamforming for three-dimensional acoustic source identification with solid spherical arrays. Journal of Sound and Vibration，2016，373：340-359.
[160] Dougherty R，Stoker R. Sidelobe suppression for phased array aeroacoustic measurements. Proceedings of 4th AIAA/CEAS Aeroacoustics Conference，Toulouse，1998：2242.
[161] Sijtsma P. CLEAN based on spatial source coherence. International Journal of Aeroacoustics，2007，6(4)：357-374.
[162] Quayle A，Graham W，Dowling A，et al. Mitigation of beamforming interference from closed wind tunnels using CLEAN-SC. Proceedings of 2nd Berlin Beamforming Conference，Berlin，2008：10.
[163] Sijtsma P，Snellen M. High-resolution CLEAN-SC. Proceedings of 6th Berlin Beamforming Conference，Berlin，2016：S1.
[164] Döbler D，Ocker J，Puhle C. On 3D-beamforming in the wind tunnel. Proceedings of BeBeC，Berlin，2016：S10.
[165] Brooks T F，Humphreys W M. A deconvolution approach for the mapping of acoustic sources(DAMAS) determined from phased microphone arrays. Journal of Sound and Vibration，2006，294（4）：856-879.
[166] Brooks T，Humphreys W. Extension of DAMAS phased array processing for spatial coherence determination (DAMAS-C). Proceedings of 12th AIAA/CEAS Aeroacoustics Conference，Cambridge，2006：2654.
[167] Dougherty R. Extensions of DAMAS and benefits and limitations of deconvolution in beamforming. Proceedings of 11th AIAA/CEAS Aeroacoustics Conference，Monterey，2005：2961.
[168] Brusniak L. DAMAS2 validation for flight test airframe noise measurements. Proceedings of 2nd Berlin Beamforming Conference，Berlin，2008：11.
[169] Yardibi T，Li J，Stoica P，et al. Sparsity constrained deconvolution approaches for acoustic source mapping. The Journal of the Acoustical Society of America，2008，123（5）：2631-2642.
[170] Chu N，Picheral J，Monhammad-Djafari A，et al. A robust super-resolution approach with sparsity constraint in acoustic imaging. Applied Acoustics，2014，76（1）：197-208.
[171] Padois T，Berry A. Orthogonal matching pursuit applied to the deconvolution approach for the mapping of acoustic sources inverse problem. The Journal of the Acoustical Society of America，2015，138（6）：3678-3685.
[172] Ma W，Liu X. Improving the efficiency of DAMAS for sound source localization via wavelet compression computational grid. Journal of Sound and Vibration，2017，395：341-353.
[173] Ma W，Liu X. DAMAS with compression computational grid for acoustic source mapping. Journal of Sound and Vibration，2017，410：473-484.
[174] Ma W，Liu X. Compression computational grid based on functional beamforming for acoustic source localization. Applied Acoustics，2018，134：75-87.
[175] Yang T. Deconvolved conventional beamforming for a horizontal line array. IEEE Journal of Oceanic Engineering，2017，43（1）：160-172.
[176] Yang T. Performance analysis of superdirectivity of circular arrays and implications for sonar systems. IEEE Journal of Oceanic Engineering，2018，44（1）：156-166.
[177] Sun D J，Ma C，Yang T，et al. Improving the performance of a vector sensor line array by deconvolution. IEEE Journal of Oceanic Engineering，2020，45（3）：1063-1077.

[178] 孙大军，马超，梅继丹，等. 反卷积波束形成技术在水声阵列中的应用. 哈尔滨工程大学学报，2020，41（6）：860-869.
[179] 梅继丹，石文佩，马超，等. 近场反卷积聚焦波束形成声图测量. 声学学报，2020，45（1）：15-28.
[180] Leclere Q，Pereira A，Bailly C，et al. A unified formalism for acoustic imaging techniques：Illustrations in the frame of a didactic numerical benchmark. Proceedings of 6th Berlin Beamforming Conference，Berlin，2016：D5.
[181] Suzuki T. Generalized inverse beam-forming algorithm resolving coherent/incoherent，distributed and multipole sources. Proceedings of 29th AIAA Aeroacoustics Conference，Vancouver，2008：2954.
[182] Suzuki T. L1 generalized inverse beam-forming algorithm resolving coherent/incoherent，distributed and multipole sources. Journal of Sound and Vibration，2011，330（24）：5835-5851.
[183] Zavala P A G，De Roeck W，Janssens K，et al. Generalized inverse beamforming investigation and hybrid estimation. Proceedings of 3rd Berlin Beamforming Conference，Berlin，2010：10.
[184] Zavala P A G，De Roeck W，Janssens K，et al. Generalized inverse beamforming with optimized regularization strategy. Mechanical Systems and Signal Processing，2011，25（3）：928-939.
[185] Presezniak F，Zavala P A G，Steenackers G，et al. Acoustic source identification using a generalized weighted inverse beamforming technique. Mechanical Systems and Signal Processing，2012，32：349-358.
[186] Colangeli C，Chiariotti P，Janssens K. Uncorrelated noise sources separation using inverse beamforming. Experimental Techniques，Rotating Machinery，and Acoustics，2015，8：59-70.
[187] Dougherty R P. Improved generalized inverse beamforming for jet noise. International Journal of Aeroacoustics，2012，11（3/4）：259-289.
[188] Chartrand R，Yin W. Iteratively reweighted algorithms for compressive sensing. Proceedings of 2008 IEEE International Conference on Acoustics，Speech and Signal Processing，Las Vegas，2008：3869-3872.
[189] Daubechies I，DeVore R，Fornasier M，et al. Iteratively reweighted least squares minimization for sparse recovery. Communications on Pure and Applied Mathematics：A Journal Issued by the Courant Institute of Mathematical Sciences，2010，63（1）：1-38.
[190] Oudompheng B，Pereira A，Picard C，et al. A theoretical and experimental comparison of the iterative equivalent source method and the generalized inverse beamforming. Proceedings of 5th Berlin Beamforming Conference，Berlin，2014：12.
[191] Padois T，Gauthier P A，Berry A. Inverse problem with beamforming regularization matrix applied to sound source localization in closed wind-tunnel using microphone array. Journal of Sound and Vibration，2014，333（25）：6858-6868.
[192] Colangeli C，Chiariotti P，Janssens K，et al. A microphone clustering approach for improved generalized inverse beamforming formulation. Proceedings of INTER-NOISE and NOISE-CON Congress and Conference，Dubrovnik，2015：770-780.
[193] Shi S G，Gao Y，Yang D，et al. An improved generalized inverse beamforming-noise source localization method using acoustic vector sensor arrays. IEEE Sensors Journal，2021，21（14）：16222-16235.
[194] 苗晓楠. 矢量传感器在信道特性研究中的应用. 哈尔滨：哈尔滨工程大学，2008.
[195] 陈新华. 矢量阵信号处理技术研究. 哈尔滨：哈尔滨工程大学，2004.
[196] 胡佳飞. 光-磁基弱磁测量传感器技术研究. 长沙：国防科学技术大学，2008.
[197] 赵微. 矢量传感器阵高分辨方位估计及其稳定性研究. 哈尔滨：哈尔滨工程大学，2008.
[198] 尹燕. 基于矢量传感器目标检测和方位估计. 南京：东南大学，2008.
[199] 王之程. 舰船噪声测量与分析. 北京：国防工业出版社，2004.

[200] 杨德森. 利用声矢量水听器实现对水下目标辐射噪声测量中的研究. 中国声学学会 2002 年全国声学学术会议，桂林，2002：92-93.

[201] 杨德森，战国辰，刘星. 低噪声水下目标辐射噪声测量的新方法研究. 中国声学学会 2001 年青年学术会议，上海，2001：245-247.

[202] 贾志富. 全面感知水声信息的新传感器技术——矢量水听器及其应用. 声学换能器技术专题，2009，38（3）：157-168.

第 2 章　水中平面和柱面近场声全息

近场声全息通过空间声场变换技术重构三维空间声压场、振速场、声强矢量场，并能预报远场指向性。由于是近场测量，除记录了声源辐射的传播波成分外，还可充分地记录声场中随传播距离按指数规律迅速衰减的高波数成分，由于该成分含有振动体的细节信息，所以利用其重构的分辨很高，可获得不受波长限制的高分辨率图像。

声波有矢量场（振速）和标量场（声压），当近场声全息在水中测量应用时，传统的设备只采用声压水听器或声压阵列拾取声压信息进行处理，而忽略了振速和声强这两个同样带有声场信息的量，如果可以获得声场中的矢量信号，就可以获得更详细的声场信息，从而可以更好地对声场进行分析。本章基于空间傅里叶变换的近场声全息，分别介绍基于声压、质点振速和声强测量的水中平面与柱面近场声全息重构算法，在此基础上给出相应的有限离散算法。

2.1　声场中的基本关系式

假设在空间声场中存在一个如图 2.1 所示的封闭表面 S，它位于密度为 ρ、声速为 c 的无限域流体介质中，表面 S 包围着感兴趣的三维空间 D_{i}，外部区域为 D_{e}，则在 D_{e} 中声压场满足的波动方程为

$$\nabla^2 p(\boldsymbol{r},t)-\frac{1}{c^2}\frac{\partial^2 p(\boldsymbol{r},t)}{\partial t^2}=0 \tag{2.1}$$

式中，$p(\boldsymbol{r},t)$ 为空间点的复声压；∇ 为梯度符号。根据时域信号处理理论，随时间变化的时域信号可以通过时域傅里叶变换分解成一系列周期信号之和，据此可以将式（2.1）进行傅里叶变换，推导出波动方程在频域中的表达形式——亥姆霍兹方程：

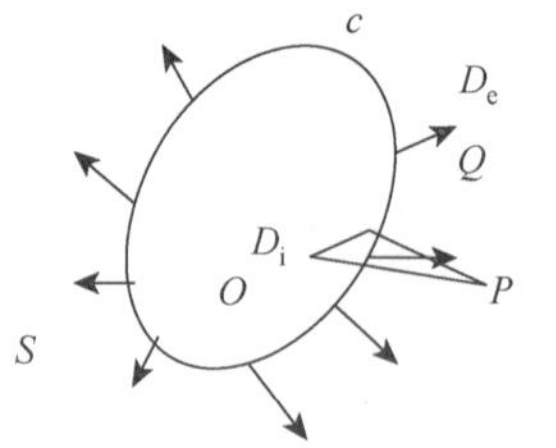

图 2.1　结构辐射问题示意图

$$\nabla^2 p(\boldsymbol{r},\omega)+k^2 p(\boldsymbol{r},\omega)=0 \tag{2.2}$$

式中，$k=\omega/c=2\pi/\lambda$ 为流体介质中自由场波数，ω 为声波的角频率，λ 为特征波长。包围声源的任意封闭曲面 S 之外的空间点 $\boldsymbol{r}$ 处的声压 $p(\boldsymbol{r})$ 可由曲面 S 上的声压和其法向导数得到，则有下面的关系式：

$$\alpha \cdot p(\boldsymbol{r}) = \iint_S \left[\frac{\partial p(\boldsymbol{r}_S)}{\partial n} \cdot g(\boldsymbol{r}, \boldsymbol{r}_S) - p(\boldsymbol{r}_S) \cdot \frac{\partial g(\boldsymbol{r}, \boldsymbol{r}_S)}{\partial n} \right] \mathrm{d}S(\boldsymbol{r}_S) \tag{2.3}$$

式中，$\frac{\partial}{\partial n}$ 表示 S 面上外法线方向偏导数；$\boldsymbol{r}_S$ 为 S 面上的点；g 为自由空间的格林函数。对于光滑表面，式（2.3）中的系数 α 与场点的位置有关，其取值为

$$\alpha = \begin{cases} 4\pi, & P \in D_{\mathrm{e}} \\ 2\pi, & P \in S \\ 0, & P \in D_{\mathrm{i}} \end{cases} \tag{2.4}$$

利用表面 S 上声压 p 与法向振速 v_z 的关系式，则有

$$\frac{\partial p}{\partial n} = -\mathrm{j}\rho c k v_z \tag{2.5}$$

将式（2.5）代入式（2.3）中，可以得出

$$\alpha \cdot p(\boldsymbol{r}) = \iint_S [p(\boldsymbol{r}_S) \cdot \frac{\partial g(\boldsymbol{r}, \boldsymbol{r}_S)}{\partial n} + \mathrm{j}\rho c k v_z(\boldsymbol{r}_S) \cdot g(\boldsymbol{r}, \boldsymbol{r}_S)] \mathrm{d}S(\boldsymbol{r}_S) \tag{2.6}$$

式（2.6）是研究结构表面声场与外部声场相互变换的基本关系式。

2.2　平面近场声全息基本理论

在近场声全息中最具代表性的是平面近场声全息，该理论易于理解和分析，可以借助快速傅里叶变换算法实现，是声全息中比较成熟可靠的一种技术。首先，全息面（测量面）用 H 来表示，重构面（源面）用 S 来表示，源面 S 可以是包围声源的任何表面。平面近场声全息变换就是利用一个合适的测量面及测量面上的信息来获得三维空间域声场。如果在全息平面上测量的是复声压数据，即为狄利克雷（Dirichlet）边界条件；如果测量的是全息面上法向质点速度场，则为诺伊曼（Neumann）边界条件。简要描述近场全息技术所需要的一些假设：

（1）声源产生的波场 $p(\boldsymbol{r},t)$ 在重构空间中满足齐次波动方程；

（2）存在一个表面 S 包围一个三维空间区域，格林函数在 S 内满足亥姆霍兹方程，在 S 上格林函数为 0 或其法向导数为 0，表面 S 的局部在无穷远处；

（3）存在一个全息表面，它是一个可以与 S 面重合或平行于 S 面的面，对 H 上所有的点和所有的时间 t，其上的声压都可测得或已知。

2.2.1　狄利克雷边界条件下的解

瑞利根据平面边界条件下格林函数和亥姆霍兹-基尔霍夫（Kirchhoff）积分方程的特点，通过选用两种特殊的格林函数，将亥姆霍兹-基尔霍夫积分方程化为分

别具有第一类边界条件和第二类边界条件的积分方程，即瑞利第一积分方程和第二积分方程。首先选取格林函数在 S 上满足狄利克雷边界条件，在其辐射面上的数值为零，即

$$g(\boldsymbol{r},\boldsymbol{r}_S)=0 \tag{2.7}$$

将式（2.7）代入式（2.3）可以得到

$$p(\boldsymbol{r})=-\frac{1}{4\pi}\iint_S p(\boldsymbol{r}_S)\cdot\frac{\partial g(\boldsymbol{r},\boldsymbol{r}_S)}{\partial n}\mathrm{d}S(\boldsymbol{r}_S) \tag{2.8}$$

可以得到满足上述条件的格林函数为

$$g(\boldsymbol{r},\boldsymbol{r}_S)=\frac{1}{r}\mathrm{e}^{\mathrm{j}kr}-\frac{1}{r'}\mathrm{e}^{\mathrm{j}kr'} \tag{2.9}$$

式中

$$r=\sqrt{(x-x')^2+(y-y')^2+(z-z')^2}\ ,r'=\sqrt{(x-x')^2+(y-y')^2+(2z_S-z-z')^2} \tag{2.10}$$

并且 (x',y',z') 为源面上的坐标点，源面位于 z_S 处。将式（2.9）进一步求偏导并转化，令 $g_{\mathrm{D}}(\boldsymbol{r},\boldsymbol{r}_S)=-\dfrac{1}{4\pi}\dfrac{\partial g(\boldsymbol{r},\boldsymbol{r}_S)}{\partial n}$，可以得到狄利克雷边界条件下的格林函数为

$$g_{\mathrm{D}}(\boldsymbol{r},\boldsymbol{r}_S)=-\frac{1}{4\pi}\frac{\partial g(\boldsymbol{r},\boldsymbol{r}_S)}{\partial n}=(z-z_S)(1-\mathrm{j}kr)\frac{\mathrm{e}^{\mathrm{j}kr}}{2\pi r^3} \tag{2.11}$$

将式（2.11）代入式（2.8）中，则可以进一步简化为

$$p(\boldsymbol{r})=\iint_S p(\boldsymbol{r}_S)\cdot g_{\mathrm{D}}(\boldsymbol{r},\boldsymbol{r}_S)\mathrm{d}S \tag{2.12}$$

或写成直角坐标系下的具体形式

$$p(x,y,z)=\int_{-\infty}^{\infty}\int_{-\infty}^{\infty}p(x_S,y_S,z_S)\cdot g_{\mathrm{D}}(x-x_S,y-y_S,z-z_S)\mathrm{d}x_S\mathrm{d}y_S \tag{2.13}$$

式（2.13）表明了如何由已知声源平面上的声压和我们选择的格林函数计算声场中声压的过程，所以它就是由“源”求“场”的正问题的数理模型。特别地，式（2.13）适用于所有 $z>z_S$ 的空间，具体来说，就是由声源所在的 $z=z_S$ 平面上的声压，可以求出 $z>z_S$ 空间任意平面上的声压。再来分析式（2.13）所包含的频率成分及其变换关系，利用二维傅里叶变换的一般关系式

$$P(k_x,k_y,z)=\int_{-\infty}^{+\infty}\int_{-\infty}^{+\infty}p(x,y,z)\cdot\mathrm{e}^{-\mathrm{j}(k_x x+k_y y)}\mathrm{d}x\mathrm{d}y \tag{2.14}$$

$$p(x,y,z)=\frac{1}{4\pi^2}\int_{-\infty}^{\infty}\int_{-\infty}^{\infty}P(k_x,k_y,z)\cdot\mathrm{e}^{\mathrm{j}(k_x x+k_y y)}\mathrm{d}k_x\mathrm{d}k_y \tag{2.15}$$

式中，$P(k_x,k_y,z)$ 为 $p(x,y,z)$ 的角谱。

对式（2.12）两边进行二维空间傅里叶变换后，并利用卷积定理，可以推导出

$$P(k_x,k_y,z)=P(k_x,k_y,z_S)\cdot G_{\mathrm{D}}(k_x,k_y,z-z_S) \tag{2.16}$$

式中，$P(k_x,k_y,z_S)$ 与 $G_D(k_x,k_y,z-z_S)$ 分别为 $p(x,y,z_S)$ 和 $g_D(x,y,z-z_S)$ 的傅里叶变换。需要说明的是，在时-空域中，波动信号是时间和空间点坐标的函数，借助数学上的傅里叶变换，采用核函数 $e^{j\omega t}$，将时域信号变换到频率域中，可以表示成一系列不同频率分量的组合。类似地，采用核函数 e^{jkr}，空间波函数可以变成波数-频率谱函数对波数和角频率的积分形式，波数空间又简称为 k-空间。其物理含义为有限面声源辐射的空间波函数表示成以波数-频率谱为波幅的不同平面波分量组合。借助函数积分表或通过波动方程，还可以得到狄利克雷边界条件下的格林函数的空间傅里叶变换表达式：

$$G_D(k_x,k_y,z-z_S)=e^{jk_z(z-z_S)} \tag{2.17}$$

式中

$$k_z=\begin{cases}\sqrt{k^2-{k_x}^2-{k_y}^2}, & k\geqslant\sqrt{k_x^2+k_y^2}\\ j\sqrt{{k_x}^2+{k_y}^2-k^2}, & k<\sqrt{k_x^2+k_y^2}\end{cases} \tag{2.18}$$

式中，k_x、k_y 分别为空间频率域（或称 k 空间）中沿 x 方向、y 方向的波数分量，因此，一组 (k_x,k_y) 值对应于 k 空间某一确定方向传播的平面波。故式（2.16）可以理解为在 $z=z_S$ 的源平面上，存在振幅为 $P(k_x,k_y,z_S)$、传递函数为 $G_D(k_x,k_y,z-z_S)$ 的一系列平面波的叠加。如果已知源平面上的声压分布，利用瑞利第一积分方程可以求出平面声源辐射半空间中任意点的声压。

2.2.2 诺伊曼边界条件下的解

格林函数的另一种选取算法是使其在平面 S 上的法向导数为 0，即

$$\frac{\partial g(\boldsymbol{r},\boldsymbol{r}_S)}{\partial n}=0 \tag{2.19}$$

于是式（2.3）转化为

$$p(\boldsymbol{r})=\frac{1}{4\pi}\iint_S\frac{\partial p(\boldsymbol{r}_S)}{\partial n}\cdot g(\boldsymbol{r},\boldsymbol{r}_S)\mathrm{d}S \tag{2.20}$$

进而可以得到满足上述条件的格林函数为

$$g(\boldsymbol{r},\boldsymbol{r}_S)=\frac{1}{r}e^{jkr}+\frac{1}{r'}e^{jkr'} \tag{2.21}$$

故选取诺伊曼边界条件下的格林函数为

$$g_N(\boldsymbol{r},\boldsymbol{r}_S)=\frac{e^{-jkr}}{2\pi r} \tag{2.22}$$

式中，$r=\sqrt{(x-x')^2+(y-y')^2+(z-z')^2}$。则式（2.20）可以进一步简化为

$$p(x,y,z)=\int_{-\infty}^{\infty}\int_{-\infty}^{\infty}\frac{\partial p(x_S,y_S,z_S)}{\partial n}\cdot g_N(x-x_S,y-y_S,z-z_S)\mathrm{d}x_S\mathrm{d}y_S \tag{2.23}$$

根据欧拉方程，可得

$$\frac{\partial p(x_S,y_S,z_S)}{\partial n}=\frac{\partial p(x_S,y_S,z_S)}{\partial z}=\mathrm{j}\omega\rho v_z(x_S,y_S,z_S) \tag{2.24}$$

将式（2.24）代入式（2.23）可得由源平面法向速度v_z表示的源辐射声场的辐射公式：

$$p(x,y,z)=\mathrm{j}\omega\rho\int_{-\infty}^{\infty}\int_{-\infty}^{\infty}v_z(x_S,y_S,z_S)\cdot g_N(x-x_S,y-y_S,z-z_S)\mathrm{d}x_S\mathrm{d}y_S \tag{2.25}$$

再对式（2.25）两边进行二维空间傅里叶变换后，可得

$$P(k_x,k_y,z)=\rho ckV_z(k_x,k_y,z_S)\cdot G_N(k_x,k_y,z-z_S) \tag{2.26}$$

式中，$V_z(k_x,k_y,z_S)$与$G_N(k_x,k_y,z-z_S)$分别为$v_z(x,y,z_S)$和$g_N(x,y,z-z_S)$的傅里叶变换。同理，还可以得到诺伊曼边界条件下的格林函数的傅里叶变换为

$$G_N(k_x,k_y,z-z_S)=\mathrm{e}^{\mathrm{j}k_z(z-Z_S)}/k_z \tag{2.27}$$

由此可知，如果已知源平面上的质点振速分布，利用瑞利第二积分方程可以求出平面声源辐射空间中任意一点的声压。

2.2.3　基于声压测量的声场重构

通过以上分析可知，如果给出源平面上的声压或速度分布，通过瑞利第一积分方程和第二积分方程可以重构这个声场的声压分布。因此$z=z_H>0$，可将式(2.17)与式（2.18）分别代入式（2.16）和式（2.26）中，得到

$$P(k_x,k_y,z)=P(k_x,k_y,z_S)\cdot\mathrm{e}^{\mathrm{j}k_z(z-z_S)} \tag{2.28}$$

$$P(k_x,k_y,z)=\mathrm{j}\omega\rho V_z(k_x,k_y,z_S)\cdot\mathrm{e}^{\mathrm{j}k_z(z-z_S)}/k_z \tag{2.29}$$

当时，式（2.28）、式（2.29）分别表示平面$z=z_H$上的声压与$z=z_S=0$边界面的声压和法向质点振速之间的关系。其实，由式（2.28）、式（2.29）对于任意的两平面$z=z_H$和$z=z_S$（$z_H>z_S>0$）可以建立更一般的关系

$$P(k_x,k_y,z_H)=P(k_x,k_y,z_S)\cdot\mathrm{e}^{\mathrm{j}k_z(z_H-z_S)} \tag{2.30}$$

$$P(k_x,k_y,z_H)=\rho ckV_z(k_x,k_y,z_S)\cdot\mathrm{e}^{\mathrm{j}k_z(z_H-z_S)}/k_z \tag{2.31}$$

由式（2.30）、式（2.31）可知根据$z=z_S$平面的声压或法向质点振速可以预测出更远处$z=z_H$的声压信息，通过欧拉公式可以很方便地推导出$z=z_H$面上的法向振速，由此，可以进一步地推导出声强及远场的指向性等。已知$z=z_H$（全息面）

的声压数据也可以反演更近表面 $z=z_S$（重构面）的声压和法向质点振速。此时，可以得到平面近场声全息重构的基本公式：

$$P(k_x,k_y,z_S)=P(k_x,k_y,z_H)\cdot \mathrm{e}^{-\mathrm{j}k_z(z_H-z_S)} \tag{2.32}$$

$$V_z(k_x,k_y,z_S)=k_z P(k_x,k_y,z_H)\cdot \mathrm{e}^{-\mathrm{j}k_z(z_H-z_S)}/(\rho ck) \tag{2.33}$$

令通过声压数据重构声压的格林函数为 G_{pp}，令通过声压数据重构法向质点振速的格林函数为 G_{pu}，分别表示如下：

$$G_{\mathrm{pp}}(k_x,k_y,z-z_S)=\mathrm{e}^{-\mathrm{j}k_z(z_H-z_S)} \tag{2.34}$$

$$G_{\mathrm{pu}}(k_x,k_y,z-z_S)=k_z\mathrm{e}^{-\mathrm{j}k_z(z_H-z_S)}/(\rho ck) \tag{2.35}$$

此时，对于 $z>z_H$ 平面上的声场重构，可以有如下的卷积积分形式：

$$p(x,y,z)=\int_{-\infty}^{\infty}\int_{-\infty}^{\infty}p(x_H,y_H,z_H)\cdot g_D(x-x_H,y-y_H,z-z_H)\mathrm{d}x_H\mathrm{d}y_H \tag{2.36}$$

当 $z>z_H$ 时，式（2.36）表示了声场的正向重构公式，它可以实现从全息面直到远场的重构，格林函数 $G_D(k_x,k_y,z-z_H)$ 为正向传递因子。

当 $z_S<z<z_H$ 时，式（2.36）表示声场的逆向重构，此时式（2.36）并不严格成立，因为反方向的无穷大重构空间是有源的，必须采用角谱关系式来实现逆向重构，此时格林函数记为 $G_D^{-1}(k_x,k_y,z_H-z)$。

上面推导了基于声压测量的平面近场声全息的基本公式，由式（2.32）和式（2.33），将测量的声压数据进行傅里叶变换就可以得到重构面上任意点处的复声压和法向振速。从以上推导可知，格林函数包含许多频率成分，当 $k\geqslant\sqrt{k_x^2+k_y^2}$ 时，k 表示空间中的低频成分，这些低频的平面波在沿 z 方向传播的过程中仅相位发生周期性改变而振幅不变化，其在理论上可传至无穷远处，称为单元平面波。而当 $k<\sqrt{k_x{}^2+k_y{}^2}$ 时，k 表示空间中的高频成分，这些波在沿 z 方向传播的过程中，振幅随着距离增加以指数规律衰减，当距离增加到与声波波长 λ 相近时，其振幅趋于零，故称为倏逝波。这种关系说明，要获得源面声场的精确反演，H 面上声压的测量必须尽量保留衰减波的成分，只有近场测量才能保证这一点，近场声全息变换正是要体现这一点。同时，在此特别定义 $k=\sqrt{k_x^2+k_y^2}$ 时，k 是空间频率域中划分传播平面波与倏逝波范围的边界，称为辐射圆的半径，由 $k_x^2+k_y^2=k^2$ 可知，在 k 空间中 z 平面内的波场确定如下：位于辐射圆内的波数矢量由幅值 $P(k_x,k_y,z_S)$ 乘以因子 $\mathrm{e}^{\mathrm{j}k_z z}$ 确定；辐射圆外的波数矢量由幅值 $P(k_x,k_y,z_S)$ 乘以因子 $\mathrm{e}^{-\mathrm{j}k_z z}$ 确定。

2.2.4　基于质点振速测量的声场重构

根据欧拉公式的二维空间傅里叶变换，本节能直接得到平面波声压角谱和法向质点振速角谱之间的关系：

$$V_z(k_x,k_y,z)=\frac{k_z}{\rho ck}P(k_x,k_y,z) \tag{2.37}$$

式（2.17）与式（2.27）分别给出了在狄利克雷和诺伊曼边界条件下格林函数的傅里叶变换，进一步得到基于声压测量的源面声压和法向振速的逆变换公式，基于质点振速测量的平面近场声全息技术的基本原理，也可以将式（2.37）分别代入式（2.32）和式（2.33）中，可以得到基于质点振速测量的声场重构基本公式：

$$V_z(k_x,k_y,z_S)=V_z(k_x,k_y,z_H)\cdot \mathrm{e}^{-\mathrm{j}k_z(z_H-z_S)} \tag{2.38}$$

$$P(k_x,k_y,z_S)=\rho ckV_z(k_x,k_y,z_H)\cdot \mathrm{e}^{-\mathrm{j}k_z(z_H-z_S)}/k_z \tag{2.39}$$

令通过质点振速重构法向振速的格林函数为 G_{uu}，令通过法向振速重构声压的 k-空间格林函数为 G_{up}，分别表示如下：

$$G_{\mathrm{uu}}(k_x,k_y,z-z_S)=\mathrm{e}^{-\mathrm{j}k_z(z_H-z_S)} \tag{2.40}$$

$$G_{\mathrm{up}}(k_x,k_y,z-z_S)=\rho ck\mathrm{e}^{-\mathrm{j}k_z(z_H-z_S)}/k_z \tag{2.41}$$

上面推导了基于质点振速测量的平面近场声全息的基本公式。将式（2.35）、式（2.41）与式（2.17）、式（2.27）进行对比，可以发现，G_{up} 与 G_N^{-1} 的差别仅仅在于一个常数因子 ρck，而与 G_{D}^{-1} 相比，G_{pu}、G_{up} 除了指数项，还有附加的 $k_z/(\rho ck)$、$\rho ck/k_z$ 因子。为了了解波数域内格林函数的各自特点，图 2.2 给出了在全息面为 1m×1m 的平面上、重构频率为 1kHz、重构距离 d_z 分别为 0.1λ 和 3λ 时，波数域内格林函数 G_{pu}、G_{up} 的分布图形。由图 2.2 可以看出：重构过程中位于辐射圆之外的倏逝波衰减能量很大，呈指数衰减趋势。重构距离 d_z 决定了 k-空间格林函数的形状，即平缓程度，当重构距离 d_z 较小时，G_{up} 和 G_{pu} 角谱在辐射圆之外变化平缓，随着重构距离 d_z 的增加，在辐射圆附近格林函数的角谱将产生突变，而且辐

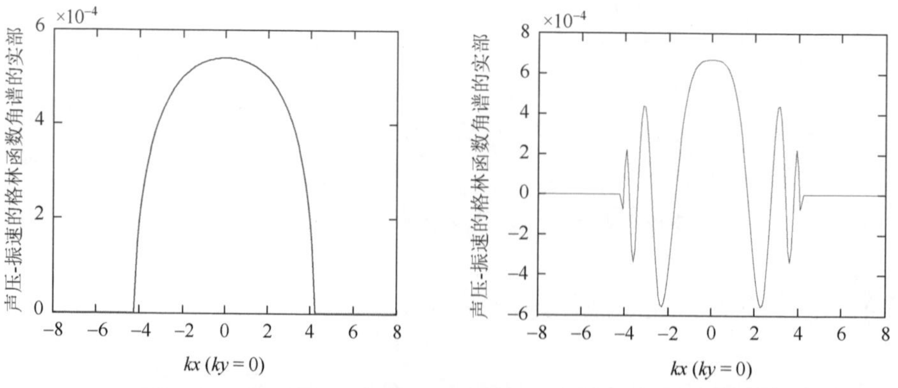

(a) $d_z=0.1\lambda$，G_{pu}的实部　　(b) $d_z=3\lambda$，G_{pu}的实部

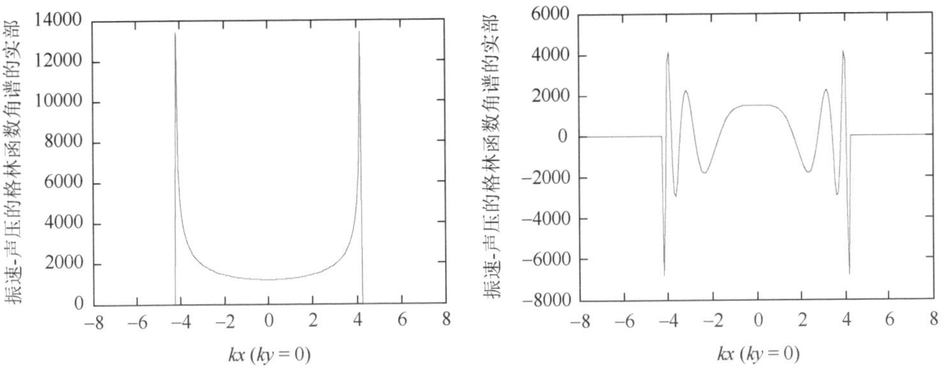

(c) $d_z = 0.1\lambda$，G_{up}的实部　　(d) $d_z=3\lambda$，G_{up}的实部

图 2.2　波数域内格林函数 G_{pu} 与 G_{up} 的实部分布图形

射圆内角谱的实部快速振荡，这种突变在进行傅里叶逆变换时将在实空间域导致重构信号剧烈波动，产生极大的重构误差。因此，这是必须在近场测量条件下近场声全息才能获得更好的重构效果的原因。

最后，从声场重构的物理意义出发，探讨不同重构算法的特点。由式（2.32）和式（2.38）可知，全息面和源面都可以看作各次源波的叠加，因此在重构过程中，需要将相应全息面上的各次源波进行幅值修正和相位补偿。对于 $k \geqslant \sqrt{k_x^2 + k_y^2}$ 的传播波，由于在传播过程中只是相位发生了变化，所以重构时将按 $\mathrm{e}^{-\mathrm{j}k_z z}$ 对其相位进行补偿，而不修正其幅值。对于 $k < \sqrt{k_x^2 + k_y^2}$ 的倏逝波，由于在传播过程中只是幅值发生了衰减，所以重构时将对其幅值按 $\mathrm{e}^{k_z z}$ 进行修正，但不补偿相位。对于重构的振速结果来说，由于利用声压信息重构振速，所以利用了平面波的阻抗特性来对幅值进行转换，由式（2.35）可知，对于 $k \geqslant \sqrt{k_x^2 + k_y^2}$ 的传播波，其相位将按 $\mathrm{e}^{-\mathrm{j}k_z z}$ 进行补偿，而幅值却按 $k_z / (\rho c k)$ 进行转换。对于 $k < \sqrt{k_x^2 + k_y^2}$ 的倏逝波，不仅按 $k_z \mathrm{e}^{k_z z} / (\rho c k)$ 对其幅值进行了修正和转换，而且对相位补偿了 $\pi / 2$。尤其对于声压重构的振速结果，由于重构理论中采用了平面波阻抗特性来将声压转换为质点振动速度，所以只有当被研究声源的声阻抗特性满足 $z \approx \rho c$ 且相位按 $\theta \approx kr$ 变化时，重构结果的精度才能满足要求。

2.2.5　重构表达式的离散化处理

平面近场声全息的假设条件为无限连续的实空间，即要求全息平面无限大，变量 x 和 y 在无限实空间域中是连续的。但全息数据的获取与重构的数学计算都要求变量和数据是有限离散的，具体实施时先通过在空间离散点上采集声压，离散化后借助快速傅里叶变换（fast Fourier transform，FFT）计算，最后进行傅里叶逆变换实现源面的声场重构。

近场平面声息技术原理图如图 2.3 所示。

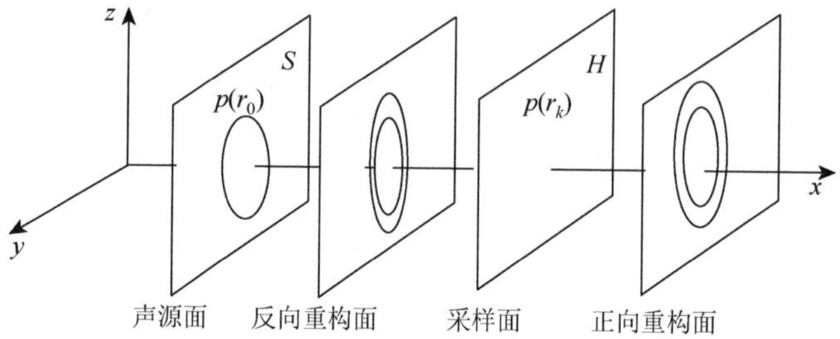

图 2.3　近场平面声息技术原理图

假设采样面 z_H 平行于声源面 z_S，且 $z_H > z_S$，重构面上复声压可以表示成全息面上的复声压与格林函数的卷积积分：

$$p(x,\ y,\ z)=\int_{-\infty}^{\infty}\int_{-\infty}^{\infty}p(x_H,\ y_H,\ z_H)\cdot g(x-x_H,\ y-y_H,\ z-z_H)\mathrm{d}x_H\mathrm{d}y_H \quad (2.42)$$

这里只研究狄利克雷条件下的全息重构技术，将格林函数 g_{D} 均简记为 g，并将全息平面上的声压 $p(x,y,z_H)$ 用 $p_H(x,y,z_H)$ 来表示。为了得到相应的有限离散计算表达式，需要对全息测量面的孔径及测量参数进行假设和限定。

假设 1：在全息面上的有限全息孔径之外，声压信号为零或小到可以忽略。

如果全息面的孔径尺寸为 $L_x \times L_y$，那么复声压可以表示为

$$p(x,y,z_H)=\begin{cases}p_H(x,y,z_H), & |x|\leqslant L_x,|y|\leqslant L_y\\ 0, & \text{其他}\end{cases} \quad (2.43)$$

在此假设下，无限、连续的二维声场重构卷积变成有限区间上的二维卷积积分：

$$p(x,y,z)=\int_{-L_x/2}^{L_x/2}\int_{-L_y/2}^{L_y/2}p_H(x,y,z_H)\cdot g(x-x_H,y-y_H,z-z_H)\mathrm{d}x_H\mathrm{d}y_H \quad (2.44)$$

假设 2：用一有限的、离散的复声压序列来近似全息面上的连续复声压场。

在实际声场重构过程中，声源面是有限的。为了满足倏逝波的测量要求，将全息面设置在靠近声源面处，只要全息尺寸选择合理，这两个假设都能成立。

对于孔径为 $L_x \times L_y$ 的全息面，本节将其划分成 $N \times N$ 个大小为 $\Delta x \times \Delta y$ 的平面网格子块，用整数 $l_1, l_2 = 0,1,\cdots,N-1$ 来标记 x 和 $N \times N$ 方向的子块序号，假设将各子块上的声压视为该子块上声压的平均值，这样就得到 $N \times N$ 个有限、离散的全息声压阵列 $p_H(l_1,l_2,z_H)$。全息平面上网格子块的划分及测点分布示意图见图 2.4。

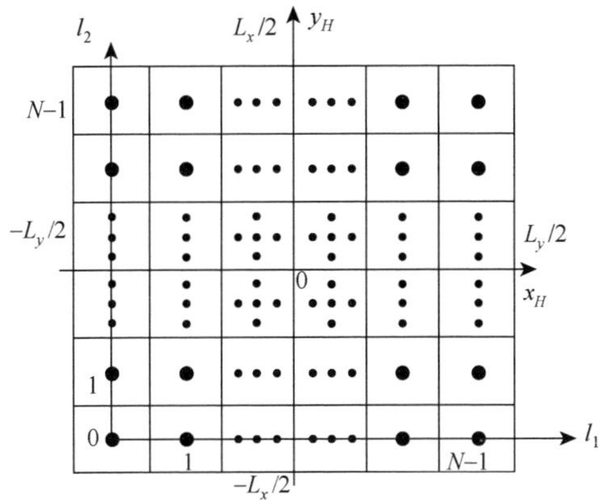

图 2.4　全息平面上网格子块的划分及测点分布示意图

设 (x_{l_1},x_{l_2}) 是全息平面上第 (l_1,l_2) 个子块的中心坐标，根据前面的网格划分有

$$x_{l_1}=\left(l_1+\frac{1}{2}-\frac{N}{2}\right)\Delta x,\quad y_{l_2}=\left(l_2+\frac{1}{2}-\frac{N}{2}\right)\Delta y \tag{2.45}$$

在重构平面上取重构窗口 $-L_x/2<x<L_x/2$，$-L_y/2<y<L_y/2$，同样将其划分成同样大小的平面网格，用序列号 $n_1,n_2=0,1,2,\cdots,N-1$ 来标记。取各子块中心点作为重构点中心，坐标为 (x_{n_1},y_{n_2})，则

$$x_{n_1}=\left(n_1+\frac{1}{2}-\frac{N}{2}\right)\Delta x,\quad y_{n_2}=\left(n_2+\frac{1}{2}-\frac{N}{2}\right)\Delta y \tag{2.46}$$

将式（2.45）和式（2.46）代入式（2.44）变成有限离散的求和表达式，通过变换，简化可得近场声全息重构的有限离散表达式：

$$p(n_1,n_2,z)=\sum_{l_1=0}^{N-1}\sum_{l_2=0}^{N-1}p_H(l_1,l_2,z_H)g(n_1-l_1,n_2-l_2,z-z_H) \tag{2.47}$$

式中，格林函数 $g(n_1-l_1,n_2-l_2,z-z_H)$ 的取值为 $[0,N-1]$。这就给出了平面近场声全息重构的有限离散算法公式，下面介绍有限离散条件下的具体傅里叶变换过程。

为了快速求取重构面的声压，常采取二维离散傅里叶变换通过循环卷积运算来实现二维线性卷积求解。在实际重构计算时，首先要对二维有限离散全息复声压信号 $p_H(l_1,l_2,z_H)$ 进行二维傅里叶变换以得到全息复声压信号的角谱，由离散傅里叶变换的周期性可知，二维全息序列的离散傅里叶变换操作隐含着将离散全息序列周期延拓的过程，延拓使全息场由真实全息图和孔径外的虚图构成。因为重构过程是对格林函数与全息场进行卷积运算，如果具有空间无限外延性的实空间格林函数与周期延拓后的全息场相卷积，全息孔径外的全息信号的虚像将卷绕回孔径内的重构声场，在结果中将产生卷绕误差。如果将格林函数在有限空间内有限离散化，再利用二维离散傅里叶变换通过卷积运算实现线性卷积求解，由于循环卷积中是将两个卷积的序列延拓成无穷的周期序列再进行卷积计算的，将导致上述的卷绕误差转化为重构混叠误差。如果采用实空间格林函数通过二维离散傅里叶变换进行离散重构，那么一定存在混叠误差，这属于算法误差。在多维数字信号处理中，为了避免循环卷积中这种固有的误差，在求两个序列的线性卷积时，需要先将两个序列补零处理后再进行傅里叶变换，最后由循环卷积能够获得无混叠误差的线性卷积结果。

为了实现误差分离得到有效的重构结果，有必要根据全息数据和格林函数样本构成的具体特点，对重构卷积与离散傅里叶变换的循环卷积关系加以分析，研究如何才能由离散傅里叶变换准确地得到重构卷积结果而不受上述问题的影响。由二维傅里叶变换理论可知，通过长度 $2N$ 的离散傅里叶变换可以准确地求出线性卷积在 $[0,N-1]$ 内的结果。由于在进行长度为 $2N\times 2N$ 的二维离散傅里叶变换时，离散全息复声压序列和格林函数序列的取值区间必须在 $[0,2N-1]$ 内，而格林函数离散序列的取值区间在 $[-N,N-1]$ 上，$p_H(l_1,l_2)$ 的取值区间为 $[0,N-1]$，需要对全息声压序列进行补零，且对格林函数序列进行周期延拓转换。

对二维离散全息复声压序列 $p_H(l_1,l_2)$ 补零处理后形成了序列 $p'_H(l_1,l_2)$：

$$p'_H(l_1,l_2)=\begin{cases}p_H(l_1,l_2), & 0\leqslant l_1\leqslant N-1,0\leqslant l_2\leqslant N-1\\ 0, & N\leqslant l_1\leqslant 2N-1\text{或}N\leqslant l_2\leqslant 2N-1\end{cases}\tag{2.48}$$

对格林函数序列在区间 $[-N,N-1]$ 上进行周期延拓，利用二维离散序列的周期延拓性，可以获得二维离散傅里叶变换时用到的取值范围为 $[0,2N-1]$ 的二维离散格林函数序列 $g'(n_1-l_1,n_2-l_2)$，设 $m_1=n_1-l_1$，$m_2=n_2-l_2$，两个区间的对应关系如图 2.5 所示。

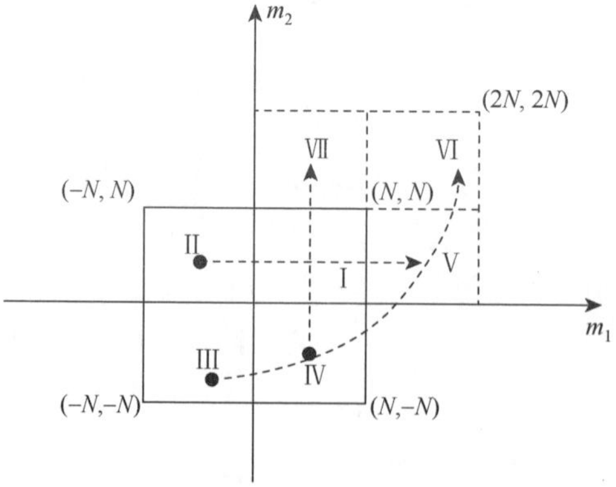

图 2.5　格林函数序列转换关系示意图

$$g'(m_1,m_2)=\begin{cases}g(m_1,m_2), & 0\leqslant m_1\leqslant N-1, 0\leqslant m_2\leqslant N-1\\ g(m_1,m_2-2N), & 0\leqslant m_1\leqslant N-1, N\leqslant m_2\leqslant 2N-1\\ g(m_1-2N,m_2), & N\leqslant m_1\leqslant 2N-1, 0\leqslant m_2\leqslant N-1\\ g(m_1-2N,m_2-2N), & N\leqslant m_1\leqslant 2N-1, N\leqslant m_2\leqslant 2N-1\end{cases} \tag{2.49}$$

通过二维傅里叶变换的周期性，可以证明 $g(m_1,m_2)$ 与 $g'(m_1,m_2)$ 的二维傅里叶变换结果的一致性。所以本节可以得到通过二维离散傅里叶变换进行正向离散重构的完整表达式：

$$\begin{aligned}&p(n_1,n_2,z)\big|_{N\times N}\\&=\{\mathrm{IDFT}_{2N\times 2N}\{\mathrm{DFT}_{2N\times 2N}[p'_H(l_1,l_2,z_H)\cdot \mathrm{DFT}_{2N\times 2N}[g'(m_1,m_2,z-z_H)]]\}\}\big|_{N\times N}\end{aligned} \tag{2.50}$$

当进行逆向重构时，即重构面位于源平面和全息平面之间，满足 $z_S<z<z_H$ 时，同理可以得到此时的实空间离散格林函数为

$$g(m_1,m_2,z_H-z)=\int_{(m_1-1/2)\Delta x}^{(m_1+1/2)\Delta x}\int_{(m_2-1/2)\Delta y}^{(m_2+1/2)\Delta y} g(x',y',z_H-z)\mathrm{d}x'\mathrm{d}y' \tag{2.51}$$

同理，按式（2.49）进行转换得到 $g'(m_1,m_2,z_H-z)$。进而可以得到进行逆向离散重构的完整表达式：

$$\begin{aligned}&p(n_1,n_2,z)\big|_{N\times N}\\&=\{\mathrm{IDFT}_{2N\times 2N}\{\mathrm{DFT}_{2N\times 2N}[p'_H(l_1,l_2,z_H)\cdot \mathrm{DFT}_{2N\times 2N}[g'(m_1,m_2,z_H-z)]]\}\}\big|_{N\times N}\end{aligned} \tag{2.52}$$

2.3　柱面近场声全息基本理论

在水声工程领域，柱状和类柱状声源是经常遇到的声源结构，如潜艇、鱼雷、水下无人航行器（unmanned underwater vehicle，UUV）等，对于柱状和类柱状声源的声场重构，必须采用柱面近场声全息才能获得声源面真实的声场分布。

2.3.1　柱坐标系下亥姆霍兹方程及其解

在理想流体介质中，稳态小振幅声波的亥姆霍兹方程（省略时间因子 $\mathrm{e}^{-\mathrm{j}\omega t}$）为

$$\nabla^2 p(\boldsymbol{r})+k^2 p(\boldsymbol{r})=0 \tag{2.53}$$

令 $x=r\cos\theta$，$y=r\sin\theta$ 可以将直角坐标系转换为柱坐标系，图 2.6 为柱坐标系。

在柱坐标系下拉普拉斯（Laplace）算子 ∇^2 可以表示为

$$\nabla^2=\frac{\partial^2}{\partial r^2}+\frac{1}{r}\frac{\partial}{\partial r}+\frac{1}{r^2}\frac{\partial^2}{\partial\theta^2}+\frac{\partial^2}{\partial z^2} \tag{2.54}$$

可以采用分离变量的算法求解式（2.53），解的形式为

$$p(r,\theta,z)=p_r(r)\cdot p_\theta(\theta)\cdot p_z(z) \tag{2.55}$$

将式（2.54）代入坐标变换后的亥姆霍兹方程，可得柱坐标系下的亥姆霍兹方程为

$$\frac{1}{p_r}\frac{\mathrm{d}^2p_r}{\mathrm{d}r^2}+\frac{1}{rp_r}\frac{\mathrm{d}p_r}{\mathrm{d}r}+\frac{1}{r^2p_\theta}\frac{\mathrm{d}^2p_\theta}{\mathrm{d}\theta^2}+\frac{1}{p_z}\frac{\mathrm{d}^2p_z}{\mathrm{d}z^2}+k^2=0 \tag{2.56}$$

式中，p_z 与 p_θ 分别只与 z 和 θ 有关，可以重新记为

$$\frac{\mathrm{d}^2p_r}{\mathrm{d}r^2}+\frac{1}{r}\frac{\mathrm{d}p_r}{\mathrm{d}r}+\left(k_r^2-\frac{n^2}{r^2}\right)p_r=0 \tag{2.57}$$

式中，当 $k_z^2\leqslant k^2$ 时，$k_n=\sqrt{k^2-k_z^2}$；当 $k_z^2>k^2$ 时，$k_n=\mathrm{j}\sqrt{k_z^2-k^2}$ 。k_z 与 k_n 分别为轴向波数和径向波数。当 $k_z^2\leqslant k^2$ 时，式（2.57）为贝塞尔（Bessel）方程，其行波解为

$$p(r)=C_1H_n^{(1)}(k_rr)+C_2H_n^{(2)}(k_rr) \tag{2.58}$$

式中，$H_n^{(1)}$、$H_n^{(2)}$ 分别代表 n 阶第一类球面汉克尔（Hankel）函数和第二类球面汉克尔函数；C_1 和 C_2 为未知数并分别对应向外发散的波和向内收敛的波，还可以得到亥姆霍兹方程在柱坐标系下的行波解为

$$p(r,\theta,z)=\sum_{n=-\infty}^{+\infty}\mathrm{e}^{\mathrm{j}n\theta}\frac{1}{2\pi}\int_{-\infty}^{+\infty}[D_n^{(1)}(k_z)H_n^{(1)}(k_rr)\mathrm{e}^{\mathrm{j}k_zz}+D_n^{(2)}(k_z)H_n^{(2)}(k_rr)\mathrm{e}^{\mathrm{j}k_zz}]\mathrm{d}k_z \tag{2.59}$$

对于式（2.59），若考虑向外辐射问题，只需要求出未知数 $D_n^{(1)}(k_z)$；若考虑向内辐射问题，只需要求出未知数 $D_n^{(2)}(k_z)$。

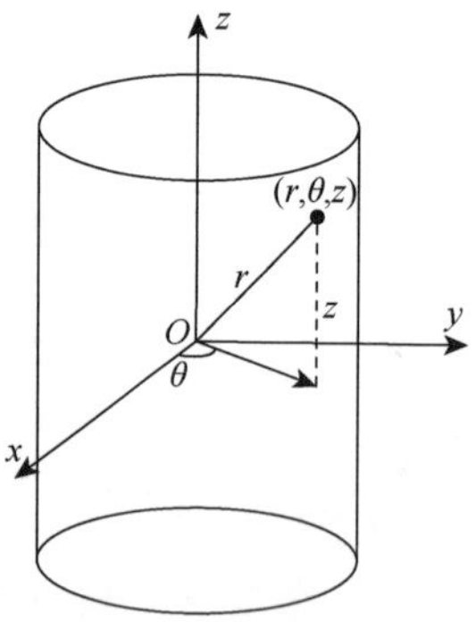

图 2.6　柱坐标系

2.3.2　基于声压测量的柱面近场声全息

在柱坐标系下，令 $P_n(r,n,k_z)$ 为 $p(r,\theta,z)$ 的二维傅里叶变换，则有

$$P_n(r,n,k_z)=\frac{1}{2\pi}\int_0^{2\pi}\mathrm{e}^{-\mathrm{j}n\theta}\mathrm{d}\theta\int_{-\infty}^{\infty}\mathrm{e}^{-\mathrm{j}k_z z}p(r,\theta,z)\mathrm{d}z \tag{2.60}$$

式中，$\mathrm{e}^{-\mathrm{j}n\theta}$ 和 $\mathrm{e}^{-\mathrm{j}k_z z}$ 称为柱面波函数；n 为周向波数。同时，可以给出其傅里叶逆变换为

$$p(r,\theta,z)=\sum_{n=-\infty}^{+\infty}\frac{1}{2\pi}\int_{-\infty}^{\infty}P_n(r,n,k_z)\mathrm{e}^{\mathrm{j}n\theta}\mathrm{e}^{\mathrm{j}k_z z}\mathrm{d}k_z \tag{2.61}$$

本节着重考虑外辐射问题，同时若将傅里叶级数也看作广义傅里叶变换，那么 $D_n^{(1)}(k_z)H_n^{(1)}(k_r r)$ 便可以看作 $p(r,\theta,z)$ 的二维傅里叶变换，则有

$$P_n(k_z,r)=D_n^{(1)}(k_z)H_n^{(1)}(k_r r) \tag{2.62}$$

对于 $r=r_S$，$r=r_H$（$r_S<r_H$），未知数 $D_n^{(1)}(k_z)$ 是唯一的，故可以得到全息面声压 $P_n(k_z,r_H)$ 和重构面上声压 $P_n(k_z,r_S)$ 的二维傅里叶变换关系为

$$P_n(k_z,r_S)=\frac{H_n^{(1)}(k_r r_S)}{H_n^{(1)}(k_r r_H)}P_n(k_z,r_H) \tag{2.63}$$

由欧拉公式，可以得到重构面上的径向振速 $v_n(r_S,\theta,z)$ 同该面上的声压之间的关系为

$$\begin{aligned}V_n(k_z,r_S)&=\frac{1}{\mathrm{j}\rho ck}\frac{\partial}{\partial r}P_n(k_z,r)\Big|_{r=r_S}\\&=\frac{1}{\rho c}\frac{-\mathrm{j}}{k}\left(\frac{\partial}{\partial r}e_r+\frac{n}{r}e_\theta+\frac{k_z}{z}e_z\right)\Big|_{r=r_S}P_n(k_z,r_S)\end{aligned} \tag{2.64}$$

式中，$V_n(k_z,r_S)$ 是径向振速 $v_n(r_S,\theta,z)$ 分布的二维傅里叶变换。进一步可以得到重构面上的径向振速分布同全息面上的声压分布之间的关系为

$$V_n(k_z,r_S)=\frac{k_r}{\mathrm{j}\rho ck}\frac{H_n'(k_r r_S)}{H_n^{(1)}(k_r r_H)}P_n(k_z,r_H) \tag{2.65}$$

式中，$H_n'(k_r r_S)$ 为 $H_n^{(1)}(k_r r)$ 对 r 的偏导数。

2.3.3　基于振速测量的柱面近场声全息

根据 2.2.4 节相关理论，可以推导出基于振速测量的声场重构基本公式。将式（2.63）的左右两边同时对 r_S 求导后代入式（2.63），则有

$$V_n(k_z,r_S)=\frac{1}{\mathrm{j}\rho ck}\frac{P_n(k_z,r_H)k_r H_n'(k_r r_S)}{H_n^{(1)}(k_r r_H)} \tag{2.66}$$

将式（2.62）的左右两边同时对 r_H 求导后代入式（2.64），则有

$$V_n(k_z,r_H)=\frac{1}{\mathrm{j}\rho ck}\frac{P_n(k_z,r_S)k_r H_n'(k_r r_H)}{H_n^{(1)}(k_r r_S)} \tag{2.67}$$

将式（2.66）和式（2.67）相比可得基于振速测量的重构面径向振速的变换公式：

$$V_n(k_z,r_S)=\frac{H_n'(k_r r_S)}{H_n'(k_r r_H)}V_n(k_z,r_H) \tag{2.68}$$

将式（2.64）代入式（2.68）可得基于振速测量的重构面声压的变换公式：

$$P_n(k_z,r_S)=\frac{\mathrm{j}\rho ck}{k_r}\frac{H_n^{(1)}(k_r r_S)}{H_n'(k_r r_H)}V_r(k_z,r_H) \tag{2.69}$$

以上推导了基于振速测量的柱面近场声全息的基本公式。

2.4　基于声强测量的柱面近场声全息基本理论

声强测量是近些年来在声学测量领域发展起来的一项技术，同声压测量相比，声强测量具有更大的优越性。首先，声压是标量，而声强是矢量，声强包括了更丰富的信息。其次，声压测量受背景噪声影响大，而声强测量受背景噪声影响小，测量精度高，适合现场测量。基于以上特点，Loyau[1]提出了基于声强测量的宽带近场声全息（broadband acoustic holography from intensity measurement，BAHIM）。与传统算法相比，该算法无须参考声压信号就可由测得的二维声强重构出全息复声压相位分布，因此可以在很宽的频率范围内研究声源特性。正是基于上述原因，这种算法不仅限于实验室里使用，而且还可以满足宽带稳态工业声源的全息测量要求。

2.4.1　声强场的基本关系式

声场中质点随着声波的传播而振动，同时，介质的密度也发生变化，因此在声波传播过程中，介质中各点的能量也发生变化。振动引起动能变化，形变引起位能变化，这种由于声波传播而引起的介质能量的增量称为声能。显然声能是介质运动的机械能。

试计算声场中任意体积元 V_0 中介质在声波作用下获得的能量。静止状态介质的压强为 P_0，密度为 ρ_0，声波作用时压强、密度和振速为 P_0+p 、 $\rho_0+\rho_1$ 和 v 。静止状态的小质团质量为 $m_0=\rho_0 V$ 。声波作用下质团振速由 $v(t_0)=0$ 变到 $v(t)=v$ 。因此质团获得动能

$$E_k=\int_{v(t)=0}^{v(t)=v}\mathrm{d}W=\frac{1}{2}m_0v^2=\frac{1}{2}\rho_0v^2V_0 \tag{2.70}$$

质团的体积在声波作用下由 V_0 变为 $V = m_0 / \rho$，获得位能 E_p：

$$E_p = -\int_{V_0}^{V} \Delta P \mathrm{d}V \tag{2.71}$$

因为小振幅波 $\mathrm{d}V = -\dfrac{\mathrm{d}\rho}{\rho_0} V_0$， $\Delta P = c^2(\rho - \rho_0)$ ，所以

$$E_p = -\int_{V_0}^{V} \Delta P \mathrm{d}V \approx \int_{\rho_0}^{\rho} c^2(\rho - \rho_0) \mathrm{d}\rho \frac{V_0}{\rho_0} = \frac{V_0}{2\rho_0} c^2 (\rho - \rho_0)^2 \tag{2.72}$$

由于 $p = c^2(\rho - \rho_0)$，所以

$$E_p \approx \frac{p^2}{2\rho_0 c^2} V_0 \tag{2.73}$$

小质团在声波作用下获得的总能量为 $E_k + E_p$。定义介质由于声波作用而得到的能量为声场中的声能，单位体积的声能称为声能密度 E。则声场中的声能密度 E 为

$$E = \frac{E_k + E_p}{V_0} = \frac{1}{2}\rho_0 v^2 + \frac{1}{2}\frac{p^2}{\rho_0 c^2} \tag{2.74}$$

声场中各点声压、振速值不同，因而各点声能密度不等，又因声压、振速是时间的函数，因此声能密度 E 也随时间变换。从能量守恒观点看，由振源输出的机械能除部分被介质或界面吸收外，其余都以介质振动的声能形式保留在声场中。

波在介质中传播时，相应的能量随着振动状态沿波的传播方向传输。因此本节引入介质中能流的概念。设想在理想介质中发射一脉冲声，如果介质损失很小，那么随着脉冲传播，声波能量也向前传输，站在波传播方向的一些观测者都陆续收到一个脉冲声波。因此声波传播过程中声能是从一个区域流向另一个区域的。定义单位时间内通过与声波能量传播方向垂直的单位面积的声能为声能流密度，其表示了声波能量的强度。在时域中，它被称为瞬时声强，定义为

$$\boldsymbol{I}(\boldsymbol{r},t) = p(\boldsymbol{r},t) \cdot v(\boldsymbol{r},t) \tag{2.75}$$

显然声强是一个矢量。

$$\nabla \cdot \boldsymbol{I} = \frac{\partial I_x}{\partial x} + \frac{\partial I_y}{\partial y} + \frac{\partial I_z}{\partial z} \tag{2.76}$$

为各个方向流出该区域的声能量的和，称为声强的散度。

由此可见，声能通过单位面积的瞬时值在数量上等于该点声压和质点振速的乘积。在谐和振动情况下，声场中各点声压和振速频率相同，但相位不一定相同。因此声压振速乘积可正可负。当它为正时，表示能流沿波传播方向流出；当它为负时，表示能流向波传播方向的反方向流动。当振源面能流为正时，表示振源对介质做正功，即振源辐射声能；当振源面能流为负时，表示振源做负功，即声场把能量交还给振源。

取能流密度的时间平均值表示声波能量的强度，简称声波强度，通常以 I 表示之。

$$I(\boldsymbol{r},t)=\frac{1}{T}\int_0^T p(\boldsymbol{r},t)v(\boldsymbol{r},t)\mathrm{d}t \tag{2.77}$$

即声场中任意一点的声波强度是通过与能流方向垂直的单位面积上的声能量。显然，在谐和律变化的声场中，声波强度取决于声压和振速的振幅值和它们之间的相位差。

$$I(\boldsymbol{r},t)=\frac{1}{2}p(\boldsymbol{r},t)v(\boldsymbol{r},t)\cos\varphi_0 \tag{2.78}$$

式中，φ_0 为 p 和 v 之间的相位差。设声压和质点振速的幅度用复指数表示，即 $p=p_a\mathrm{e}^{\mathrm{j}\omega t+\varphi_p}$，$v=v_a\mathrm{e}^{\mathrm{j}\omega t+\varphi_v}$，则时均声强的幅度为

$$I(\boldsymbol{r},t)=\frac{1}{2}\mathrm{Re}\{p(\boldsymbol{r},t)v^*(\boldsymbol{r},t)\} \tag{2.79}$$

上述声强仅表示了声场在一个方向的能量流动，若在三维声场中，则声强在 x 方向、y 方向和 z 方向上的声强幅度为

$$\begin{cases} I_x(\boldsymbol{r},t)=\dfrac{1}{2}\mathrm{Re}\{p(\boldsymbol{r},t)v_x^*(\boldsymbol{r},t)\} \\ I_y(\boldsymbol{r},t)=\dfrac{1}{2}\mathrm{Re}\{p(\boldsymbol{r},t)v_y^*(\boldsymbol{r},t)\} \\ I_z(\boldsymbol{r},t)=\dfrac{1}{2}\mathrm{Re}\{p(\boldsymbol{r},t)v_z^*(\boldsymbol{r},t)\} \end{cases} \tag{2.80}$$

注意，只有当声压和速度信号为单频简谐信号时，才能写成式（2.80）的形式。并且式（2.80）可以推广到包含实部和虚部的复数声强，即

$$I(\boldsymbol{r},t)=\frac{1}{2}p(\boldsymbol{r},t)v^*(\boldsymbol{r},t) \tag{2.81}$$

对空间声场中非单频的限带信号，通过傅里叶变换将其分解成一系列简谐信号的叠加。在任意频率 ω 处，若将声压和质点振速信号的复幅值记为 $P(x,y,z,\omega)$ 和 $V(x,y,z,\omega)$，则该频率下时间平均声强为

$$I(x,y,z,\omega)=\frac{1}{2}P(x,y,z,\omega)V^*(x,y,z,\omega) \tag{2.82}$$

2.4.2 基本原理

本书关注的重点是水中柱状和类柱状声源，因此这里介绍基于声强测量的柱面近场声全息基本理论。在柱坐标系下，根据欧拉方程，声压和质点振速存在如下关系：

$$\frac{\partial[v(r,\theta,z,t)]}{\partial t}=-\frac{1}{\rho}\nabla p(r,\theta,z,t) \tag{2.83}$$

将式（2.83）两边取傅里叶变换，可得欧拉方程的频域表达式：

$$V(r,\theta,z,\omega)=-\frac{\mathrm{j}}{\omega\rho}\nabla P(r,\theta,z,\omega) \tag{2.84}$$

式中，$P(r,\theta,z,\omega)$ 为复数。将幅值 $|P(r,\theta,z,\omega)|$ 简记为 $|P|$，相位 $\varphi(r,\theta,z,\omega)$ 简记为 φ，则

$$P(r,\theta,z,\omega)=|P|\mathrm{e}^{\mathrm{j}\varphi} \tag{2.85}$$

由式（2.85），可以导出声压梯度 $\nabla P(r,\theta,z,\omega)$：

$$\nabla P(r,\theta,z,\omega)=|P|\mathrm{e}^{\mathrm{j}\varphi}(\nabla P/|P|+\mathrm{j}\nabla\varphi) \tag{2.86}$$

将式（2.86）代入式（2.84），再代入式（2.82）可得

$$I(r,\theta,z,\omega)=\frac{|P|^2}{2\rho\omega}\nabla\varphi+\frac{\mathrm{j}}{4\rho\omega}\nabla(|P|^2) \tag{2.87}$$

式（2.87）表明，声强由两个分量组成，即有功声强分量和无功声强分量。有功声强分量和声场相位分布的空间梯度有关，而无功声强分量和声压幅度平方分布的空间梯度有关。由于声波传播的波前定义为相位相等的波阵面，因而有功声强分量垂直于声波传播的波前，此时不存在无功声强，只有有功声强，这种情况只是在理想介质中的平面波存在。

由柱面近场声全息原理可知，在声源附近取 2 个柱面，分别为柱面 S 和柱面 H，其中，S 为重构面，H 为全息面，则全息面上任意一点处的声压、声强和相位记为 $P(r_H,\theta,z,\omega)$、$I(r_H,\theta,z,\omega)$ 和 $\varphi(r_H,\theta,z,\omega)$。由于有功声强中包含相位梯度的信息，如果知道空间声场的有功声强和声压幅值的分布，那么可以求出相位梯度 $\nabla\varphi(r_H,\theta,z,\omega)$，它们之间的关系为

$$I(r_H,\theta,z,\omega)=\frac{1}{2\omega\rho}|P(r_H,\theta,z,\omega)|^2\cdot\nabla\varphi(r_H,\theta,z,\omega) \tag{2.88}$$

由于全息柱面的半径 r_H 和重构频率 ω 保持不变，为了简便起见，在以下相位梯度求解算法的推导中，常量 r_H 和 ω 略去不写。对式（2.88）中的相位梯度 $\nabla\varphi(r_H,\theta,z,\omega)$ 分别以 θ 方向和 z 方向上分量的形式写出，有

$$\frac{1}{r}\frac{\partial\varphi(\theta,z)}{\partial\theta}\theta+\frac{\partial\varphi(\theta,z)}{\partial z}z=-k(B_\theta(\theta,z)\theta+B_z(\theta,z)z) \tag{2.89}$$

对式（2.89）的两边进行关于 θ 和 z 的二维空间域连续傅里叶变换，并利用傅里叶变换的微分性质，有

$$\varphi(n,k_z)=-\frac{\mathrm{j}k\left\langle\dfrac{n}{r_H}\right\rangle}{\left\langle\dfrac{n}{r_H}\right\rangle^2+k_z^2}B_\theta(n,k_z)-\frac{\mathrm{j}kk_z}{\left\langle\dfrac{n}{r_H}\right\rangle^2+k_z^2}B_z(n,k_z) \tag{2.90}$$

式中，$\varphi(n,k_z)$为全息柱面上复声压相位分布的波数空间角谱；n与k_z分别为θ和z在波数域内所对应的周向波数和轴向波数。

$$B_\theta(n,k_z)=\int_{-\infty}^{+\infty}\int_{-\infty}^{+\infty}b_\theta(\theta,z)\mathrm{e}^{-\mathrm{j}(n\theta+k_z z)}\mathrm{d}\theta\mathrm{d}z\text{，}\quad B_z(n,k_z)=\int_{-\infty}^{+\infty}\int_{-\infty}^{+\infty}b_z(\theta,z)\mathrm{e}^{-\mathrm{j}(n\theta+k_z z)}\mathrm{d}\theta\mathrm{d}z \tag{2.91}$$

$$b_\theta(\theta,z)=\frac{2\rho cI_\theta(\theta,z)}{|p(\theta,z)|^2}\text{，}\quad b_z(\theta,z)=\frac{2\rho cI_z(\theta,z)}{|p(\theta,z)|^2} \tag{2.92}$$

式中，$I_\theta(\theta,z)$和$I_z(\theta,z)$为全息柱面上有功声强$I(\theta,z)$在θ方向和z方向上的分量。其中，$I_\theta(\theta,z)$可由$I_x(\theta,z)$和$I_y(\theta,z)$分量来确定，即

$$I_\theta(\theta,z)=I_y(\theta,z)\cos\theta-I_x(\theta,z)\sin\theta \tag{2.93}$$

对式（2.90）进行傅里叶逆变换就可以得到全息面上复声压相位的实空间分布：

$$\varphi(\theta,z)=\frac{1}{2\pi}\sum_{n=-\infty}^{+\infty}\int_{-\infty}^{+\infty}\varphi(n,k_z)\mathrm{e}^{\mathrm{j}n\theta}\mathrm{e}^{\mathrm{j}k_z z}\mathrm{d}k_z \tag{2.94}$$

由以上计算可知，柱面声强测量宽带近场声全息是基于柱面近场声全息而延伸出来的获取全息复声压信号的一种手段，其基本思想是：首先可以通过水听器直接得到全息柱面上各点的声压幅值$|p_H(r_H,\theta,z)|$、周向声强分量$I_\theta(\theta,z)$和轴向声强分量$I_z(\theta,z)$；其次通过式（2.90）和式（2.94）求得全息面上复声压相位分布，进而可以确定全息面上复声压信号$|p_H(r_H,\theta,z)|\mathrm{e}^{\mathrm{j}\varphi(r_H,\theta,z)}$；最后应用柱面近场声全息便可求得重构面上复声压幅值$p_S(r_S,\theta,z)$。

2.4.3　有限离散算法

以上给出了基于声强测量的柱面近场声全息求解算法，可以通过声强计算，求出全息面上的复声压相位，进而得到复声压分布。但应该注意到的是，在计算过程中，正向和逆向二维傅里叶变换都是在连续的无穷积分下得到的，推导过程中并没有任何的假设和近似，因此结果是严格准确的，在实际应用过程中，只能对全息柱面进行有限点数的声强测量，同时，在利用计算机进行数据处理时也需要离散和有限的数据，为此，就需要把上述算法公式转换为有限、离散的表达形式，以便在今后的数据处理过程中更方便地运用。

为了方便起见，选取柱体的对称中心为柱坐标原点，柱的中心轴为坐标系

z 轴，设全息柱轴向长度为 L_z，重构柱面轴向长度为 L。图 2.7 为全息柱面重构示意图。

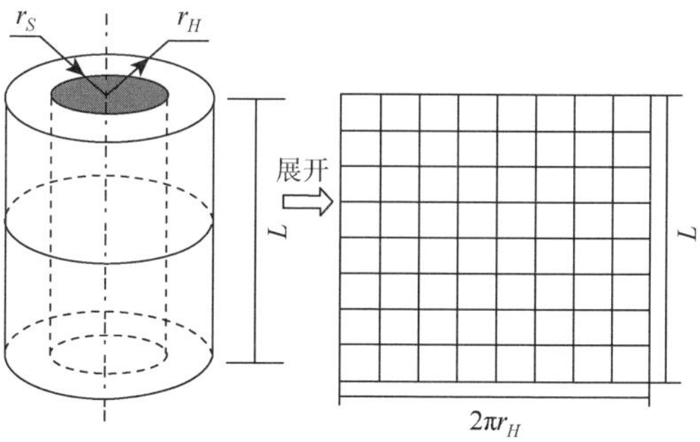

图 2.7　全息柱面重构示意图

首先考虑一个无限长柱体，其半径为 r_H，在这个无限长柱体上有感兴趣的全息柱，其轴向为 $[-L_z/2, L_z/2]$，轴向积分范围变为 3 个区域，此时 $p(r,\theta,z)$ 的二维傅里叶变换公式为

$$P(r_H,n,k_z)=\frac{1}{2\pi}\int_0^{2\pi}\left(\int_{-\infty}^{-L_z/2}+\int_{-L_z/2}^{L_z/2}+\int_{L_z/2}^{+\infty}\right)p(r_H,\theta,z)\mathrm{e}^{-\mathrm{j}n\theta}\mathrm{e}^{-\mathrm{j}k_z z}\mathrm{d}\theta\mathrm{d}z \tag{2.95}$$

从式（2.95）中的积分方程可以看到，其积分区间为 $[-\infty,+\infty]$，即准确的积分方程是在包围声源的无限大完整封闭面上得到的，然而在应用过程中，考虑到测量条件的限制，往往全息面不可能是包围声源的封闭面，即实际的积分范围只能是有限大的，因此，全息柱体的有限性和声场的无限性差异就成为目前阻碍柱面近场声全息应用过程中一个非常棘手的问题。为此，在其他算法中通常将刚性圆柱障板有限长的条件简化为无限长的条件。而在近场声全息中考虑到测量柱面边界点处声压应至少低于中心处声压 10～20dB，或测量面边界点上测得的声压必须要接近于 0，从而符合全息面的声压在全息面的边缘要有足够大的衰减的要求。可以依照 Maynard 等[2]的算法，在实际应用过程中，将测量面尺寸扩展至重构柱体长度的几倍大以满足以上要求。

针对以上问题，本节对一有限长柱体上点声源的声压幅值进行了仿真重构，其中全息柱面长度为重构柱面长度的 4 倍，设 $L_z=4L=8\text{m}$，点声源频率为 1500Hz。在仿真过程中，对柱体边缘处理时需要注意的是，由于柱体是有限长的，其边缘在不同类型条件的限制下，柱体中传播的波不仅和柱体介质的作用有关，还和柱边缘的边界条件有关，由于边界阻抗突变，柱内波在边界点处会发生声反射现象，因而在柱中形成驻波，但通常由于柱长在足够大的情况下，这种在柱体边界处引起的声反射系数都很小，因此可以视为这种由于介质变化引起的声反射现象为正常声信号的噪声干扰。图 2.8 给出了点源在有限长柱体上沿母线方向的全息声压重构图，与全息面的中心区域相比，全息重构的边界点声压幅值至少下降了 10dB，其中在轴向[−2, 2]的区域内，声压幅值下降了 12.5dB，这个长度占到了整个全息柱体总长度的 50%，在轴向[−3, 3]的区域内，声压幅值下降了 13.3dB，这个长度占到了整个全息柱体总长度的 75%。由此可见，当全息柱面长度为重构柱面长度 2～3 倍时就可以满足全息面的边缘要有足够大的衰减的要求，进而有效地减小重构面的声反射干扰和泄漏误差，提高重构精度。

图 2.9 给出了全息柱长度 L_z 由 L 增大到 $5L$ 时，全息面中心与边缘处的声压幅值降幅变化。可以看到随着 L_z 的增大，声压降幅由 9.7dB 逐渐增大，几乎都满足边界点声压低于中心 10～20dB 的要求。但同时应当看到的是，全息孔径的增大也会带来数据量过大，测量耗时等问题，因此全息面尺寸的选择也应因地制宜。

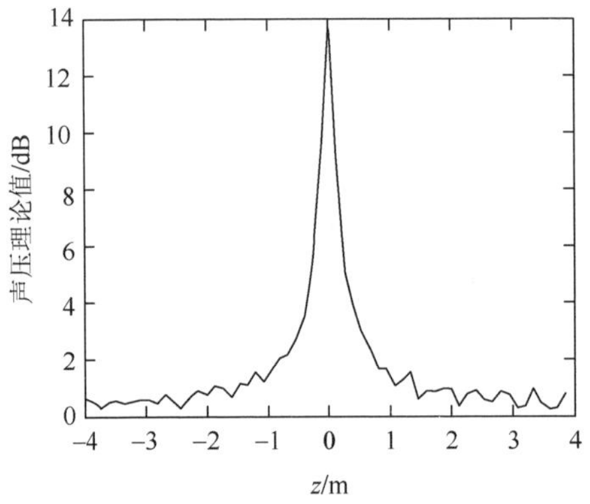

图 2.8　点源在有限长柱体上沿母线方向的全息声压重构图

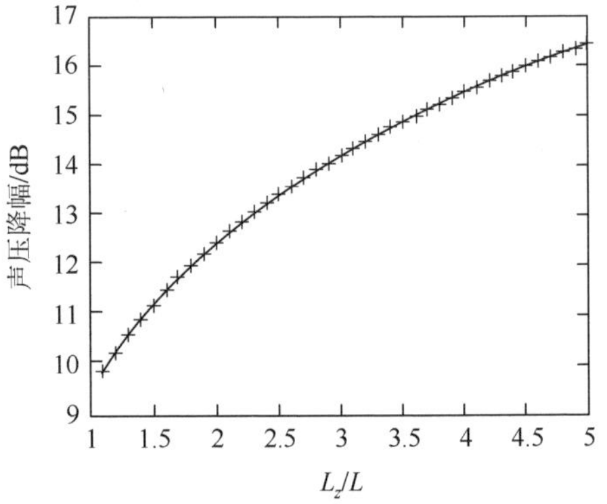

图 2.9　全息面中心与边缘处的声压幅值降幅变化图

从以上结论可知，对于复声压 $p(r_H,\theta,z)$，其在轴向 $(L_z/2,+\infty)$ 和 $(-\infty,-L_z/2)$ 内可以近似为零或小到可以忽略不计，此时式（2.94）满足

$$\int_{L_z/2}^{+\infty} p(r_H,\theta,z)\mathrm{e}^{-\mathrm{j}k_z z}\mathrm{d}z \approx 0 ,\quad \int_{-\infty}^{-L_z/2} p(r_H,\theta,z)\mathrm{e}^{-\mathrm{j}k_z z}\mathrm{d}z \approx 0 \tag{2.96}$$

因此，式（2.95）变为

$$\begin{aligned} P(r_H,n,k_z) \approx P(n,k_z) &= \frac{1}{2\pi}\int_0^{2\pi}\left(0+\int_{-L_z/2}^{L_z/2}+0\right)p(r_H,\theta,z)\mathrm{e}^{-\mathrm{j}n\theta}\mathrm{e}^{-\mathrm{j}k_z z}\mathrm{d}\theta\mathrm{d}z \\ &= \frac{1}{2\pi}\int_0^{2\pi}\int_{-L_z/2}^{L_z/2} p(r_H,\theta,z)\mathrm{e}^{-\mathrm{j}n\theta}\mathrm{e}^{-\mathrm{j}k_z z}\mathrm{d}\theta\mathrm{d}z \end{aligned} \tag{2.97}$$

接下来，将图 2.7 中半径为 r_H 的全息柱面划分成 $N\times N$ 个大小相同的网格，假设每个网格上的声压和声强等参量都是常量。全息柱面的半径为 r_H，周向角为

$[-\pi,\pi]$，轴向长度为 L_z，轴向采样间隔为 $\Delta z = L_z / N$，周向的测量间隔角为 $\Delta\theta = 2\pi / N$，并定义：

$$\theta = l\cdot\Delta\theta,\quad z = m\cdot\Delta z \tag{2.98}$$

式中，$l,m = -N/2,-N/2+1,\cdots,0,1,\cdots,N/2-1$。在经过如此假设和离散处理后，式（2.91）可以近似为

$$\begin{cases} B_\theta \approx \tilde{B}_\theta(n,k_z) = \displaystyle\sum_{l=-N/2}^{N/2-1}\sum_{m=-N/2}^{N/2-1} b_\theta(l\Delta\theta, m\Delta z)\mathrm{e}^{-\mathrm{j}(nl\Delta\theta + k_z m\Delta z)}\Delta\theta\Delta z \\ \tilde{B}_z(r\Delta n, s\Delta k_z) = \displaystyle\sum_{l=-N/2}^{N/2-1}\sum_{m=-N/2}^{N/2-1} b_z(l\Delta\theta, m\Delta z)\mathrm{e}^{-\mathrm{j}2\pi(rl+sm)/N}\Delta\theta\Delta z \end{cases} \tag{2.99}$$

根据抽样定理，波数 $n\in[-\pi/\Delta\theta,\pi/\Delta\theta]$，$k_z\in[-\pi/\Delta z,\pi/\Delta z]$，在此波数范围内，同样取 N 个离散值，有

$$n = r\cdot\Delta n,\quad k_z = s\cdot\Delta k_z$$

式中，$r,s = -N/2,-N/2+1,\cdots,0,1,\cdots,N/2-1$；$k$ 空间波数分辨率 Δn 和 Δk_z 为 $\Delta n = 2\pi/\theta = 2\pi/(N\Delta\theta)$，$\Delta k_z = 2\pi/L_z = 2\pi/(N\Delta z)$。此时式（2.99）可以写成

$$\begin{cases} \tilde{B}_\theta(r\Delta n, s\Delta k_z) = \displaystyle\sum_{l=-N/2}^{N/2-1}\sum_{m=-N/2}^{N/2-1} b_\theta(l\Delta\theta, m\Delta z)\mathrm{e}^{-\mathrm{j}2\pi(rl+sm)/N}\Delta\theta\Delta z \\ \tilde{B}_z(r\Delta n, s\Delta k_z) = \displaystyle\sum_{l=-N/2}^{N/2-1}\sum_{m=-N/2}^{N/2-1} b_z(l\Delta\theta, m\Delta z)\mathrm{e}^{-\mathrm{j}2\pi(rl+sm)/N}\Delta\theta\Delta z \end{cases} \tag{2.100}$$

考虑二维有限离散傅里叶变换的定义，设 $b(l',m')$ 为有限长二维离散信号，$B(r',s')$ 是其二维有限离散傅里叶变换，根据定义，有

$$\begin{cases} B(r',s') = \displaystyle\sum_{l'=0}^{N-1}\sum_{m'=0}^{N-1} b(l',m')\mathrm{e}^{-\mathrm{j}2\pi(r'l'+s'm')/N} \\ b(l',m') = \dfrac{1}{N^2}\displaystyle\sum_{l'=0}^{N-1}\sum_{m'=0}^{N-1} B(r',s')\mathrm{e}^{\mathrm{j}2\pi(r'l'+s'm')/N} \end{cases} \tag{2.101}$$

式中，$l',m',r',s' = 0,1,\cdots,N-1$。

比较式(2.100)和式(2.101)的取值范围可以发现，二维傅里叶变换中 $b(l',m')$ 对应的实空间范围为 $[0,N-1]$，而 $b_\theta(\theta,z)$ 和 $b_z(\theta,z)$ 取样范围是 $-N/2\sim N/2-1$，这样就与式（2.100）定义的二维有限离散傅里叶变换并不一致，虽然通过直接移序可以得到二维傅里叶变换所需的序列，但由离散傅里叶变换的性质可知，这种移序势必导致相位的变化，这是在进行复声压信号处理时所不希望的。因此，为了采用 FFT 进行快速数值计算，需要将式（2.100）的取值区间进行变换，使其与标准二维 DFT 的采样区间一致才可以。为此，本节进行如下变量代换：

$$l' = l + N/2,\quad m' = m + N/2,\quad r' = r + N/2,\quad s' = s + N/2$$

式中，$l',m' = 0,1,2,\cdots,N-1$；$r',s' = 0,1,2,\cdots,N-1$。代入式（2.100）中得到

$$
\begin{aligned}
&\tilde{B}_\theta[(r'-N/2)\Delta n,(s'-N/2)\Delta k_z]\\
&=\Delta\theta\Delta z\sum_{l'=0}^{N-1}\sum_{m'=0}^{N-1}b_\theta[(l'-N/2)\Delta\theta,(m'-N/2)\Delta z]\cdot e^{-j2\pi[(r'-N/2)(l'-N/2)+(s'-N/2)(m'-N/2)]/N}\\
&=\Delta\theta\Delta z\sum_{l'=0}^{N-1}\sum_{m'=0}^{N-1}b_\theta[(l'-N/2)\Delta\theta,(m'-N/2)\Delta z]\cdot e^{-j2\pi[(r'l'+s'm')/N]}e^{-j\pi[(r'+l'+s'+m')]}e^{-jN\pi}
\end{aligned}
\tag{2.102}
$$

式中，$e^{-j\pi}=-1$，则 $e^{-j\pi(r'+s'+l'+m')}=-1^{(r'+s'+l'+m')}$。当 N 取偶数时，$e^{-jN\pi}=1$，则式(2.102)变成

$$
\begin{aligned}
&\tilde{B}_\theta[(r'-N/2)\Delta n,(s'-N/2)\Delta k_z]\\
&=\Delta\theta\Delta z(-1)^{(r'+s')}\sum_{l'=0}^{N-1}\sum_{m'=0}^{N-1}(-1)^{(l'+m')}\cdot b_\theta[(l'-N/2)\Delta\theta,(m'-N/2)\Delta z]e^{-j2\pi(r'l'+s'm')/N}
\end{aligned}
\tag{2.103}
$$

定义 $b'_\theta(l',m')=(-1)^{(l'+m')}b_\theta[(l'-N/2)\Delta\theta,(m'-N/2)\Delta z]=(-1)^{(l'+m')}b_z(l\Delta\theta,m\Delta z)$，式（2.103）变为

$$
\begin{aligned}
&\tilde{B}_\theta[(r'-N/2)\Delta n,(s'-N/2)\Delta k_z]\\
&=\Delta\theta\Delta z(-1)^{(r'+s')}\sum_{l'=0}^{N-1}\sum_{m'=0}^{N-1}b'_\theta(l',m')e^{-j2\pi(r'l'+s'm')/N}=\Delta\theta\Delta z(-1)^{(r'+s')}\mathrm{DFT}[b'_\theta(l',m')]
\end{aligned}
\tag{2.104}
$$

同理，对式（2.100）中的另一个式子也有同样的结果。整理后，可得

$$
\begin{cases}
\tilde{B}_\theta[r\Delta n,s\Delta k_z]=\Delta\theta\Delta z(-1)^{(r'+s')}\mathrm{DFT}[b'_\theta(l',m')]\\
\tilde{B}_z[r\Delta n,s\Delta k_z]=\Delta\theta\Delta z(-1)^{(r'+s')}\mathrm{DFT}[b'_z(l',m')]
\end{cases}
\tag{2.105}
$$

式中，

$$
b'_\theta(l',m')=(-1)^{(l'+m')}b_\theta(l\Delta\theta,m\Delta z),\quad b'_z(l',m')=(-1)^{(l'+m')}b_z(l\Delta\theta,m\Delta z)
\tag{2.106}
$$

其中，$l,m,r,s=-N/2,-N/2+1,\cdots,N/2-1$；$l',m',r',s'=0,1,2,\cdots,N-1$。此时，式（2.90）的离散形式可以表示为

$$
\tilde{\varphi}(r\Delta n,s\Delta k_z)=-\frac{jk\left(\dfrac{r\Delta n}{r_H}\right)}{\left(\dfrac{r\Delta n}{r_H}\right)^2+(s\Delta k_z)^2}\tilde{B}_\theta(r\Delta n,s\Delta k_z)-\frac{jks\Delta k_z}{\left(\dfrac{r\Delta n}{r_H}\right)^2+(s\Delta k_z)^2}\tilde{B}_z(r\Delta n,s\Delta k_z)
\tag{2.107}
$$

可知 $\tilde{\varphi}(r\Delta n,s\Delta k_z)$ 的二维傅里叶逆变换为

$$
\varphi(l\Delta\theta,m\Delta z)=\frac{1}{4\pi^2\Delta\theta\Delta z}\sum_{r=-N/2}^{N/2-1}\sum_{s=-N/2}^{N/2-1}\tilde{\varphi}(r\Delta n,s\Delta k_z)e^{j2\pi(rl+sm)/N}
\tag{2.108}
$$

在对复声压相位 $\tilde{\varphi}(r\Delta n,s\Delta k_z)$ 进行二维傅里叶逆变换之前，考虑到 r 和 s 的取值为

$-N/2 \sim N/2-1$，因此为了在数值计算中利用有限离散傅里叶逆变换，也需要采用与前面同样的取值代换处理算法，得到变换结果为

$$\begin{cases} \tilde{\varphi}'(r',s') = (-1)^{(r'+s')}\tilde{\varphi}(r\Delta n, s\Delta k_z) \\ \varphi[l\Delta\theta, m\Delta z] = \dfrac{1}{\Delta\theta\Delta z}(-1)^{(l'+m')}\mathrm{IDFT}[\tilde{\varphi}'(r',s')] \end{cases} \tag{2.109}$$

式中，$l,m,r,s=-N/2,-N/2+1,\cdots,0,1,\cdots,N/2-1;\ l',m',r',s'=0,1,2,\cdots,N-1$。

从以上推导过程可以看出，本节的离散算法实际上是实空间和波数空间采样范围的一个代换过程，不仅阐明了标准二维傅里叶变换与实际离散过程之间的关系，而且给出了利用全息柱面上复声压相位的离散表达式的推导过程，由式(2.105)、式（2.107)、式（2.109）可以得到复声压相位的离散计算表达式。本节在计算机上进行了基于声强测量的宽带柱面近场声全息的实现，通过实测声压幅值与计算声压相位，重构出重构面上的复声压分布。

参 考 文 献

[1] Loyau T. Broadband acoustic holography reconstruction from acoustic intensity measurements：Ⅰ. Principle of the method. The Journal of the Acoustical Society of America，1988，84（5）：1744-1750.

[2] Maynard J D，Williams E G，Lee Y. Near-field acoustic holography：Ⅰ. Theory of generalized holography and development of NAH. The Journal of the Acoustical Society of America，1985，78（4）：1395-1413.

第 3 章　水中局部测量近场声全息

近场声全息已广泛地用于噪声源定位与识别、低频场源特性的判别、散射体结构表面特性及结构模态振动等的研究。但是，基于空间傅里叶变换的近场声全息技术还存在声漏现象、卷绕误差和窗效应等算法固有的缺陷[1]。为了避免以上现象发生，一般是将测量面孔径扩展至重构面的几倍，还可以通过补零的方式来减小以上误差，而对于实际应用中经常遇到的水面舰艇、潜艇、火车、飞机等大型结构声源，要满足这样的测量孔径要求是极其费时和费力的，并且很多场合下被测声源都不能在很长的时间内保持其辐射特性的稳定性。针对这一限制问题，在常规近场声全息的基础上发展出了基于小尺寸局部测量的近场声全息算法，这在一定程度上降低了对全息孔径尺寸的要求，允许全息孔径小于实际声源面积（仅覆盖局部源面），并在小全息孔径条件下给出源面上对应区域的高精度重构结果，甚至给出源的重构面尺寸大于全息孔径的重构结果，该算法为水下大型结构噪声源重构带来了极大的方便。

局部测量近场声全息可以分为两方面理解：首先，它是一种可以在小全息测量孔径条件下实施的近场声全息，通过对在较小测量孔径内测得的声压数据进行外推，可以获得较大测量孔径内的声压数据近似值，从而间接地增大了测量孔径，改善了测量声压在全息孔径边缘处的非连续性，从而保证结果具有足够的精度；其次，可以仅对声源面上局部区域进行测量，全息孔径仅覆盖局部源面，重构区域也可以是局部源面，而不需要像常规近场声全息一样必须测量整个声源声场，对整个声源进行建模计算，这就使得我们可以仅对感兴趣部分进行分析。本章介绍统计最优平面近场声全息、统计最优柱面近场声全息及一步 Patch 近场声全息，为大尺寸柱状或类柱状物体的噪声源定位识别问题提供可靠的理论依据。

3.1　统计最优平面近场声全息

Hald[2, 3]提出了统计最优近场声全息（statistically optimized near-field acoustical holography，SONAH）方法。该方法直接通过空间域中全息面上复声压的线性叠加来计算重构面上的复声压和法向质点振速，该方法不存在卷积运算，所以可以从根本上解决窗效应和卷绕误差问题，即对测量孔径面积的要求没有基于空间声场变换的近场声全息那么严格，可以在局部测量孔径的条件下对声源面进行重构。由于这种线性变换算法中没有涉及傅里叶变换和逆变换，因此统计最优近场声全息从根本上解决了声漏和卷绕误差问题，提高了重构精度。

3.1.1 平面传播波与倏逝波

由基于空间声场变换的近场声全息理论可知：当 $z>0$ 的空间为自由声场（即所有声源均位于负半空间）时，近场范围内且在 $z>0$ 的空间范围内的任何平面的声压量或振速量都可以看作无数空间波数域的平面波传播波和高波数倏逝波的叠加。对复声压量进行分析，可以得到

$$p(\boldsymbol{r})=\frac{1}{4\pi^2}\int_{-\infty}^{+\infty}\int_{-\infty}^{+\infty}P(\boldsymbol{K})\varPhi_K(\boldsymbol{r})\mathrm{d}\boldsymbol{K} \tag{3.1}$$

式中，$\boldsymbol{K}$ 为 (k_x,k_y,k_z) 的波数矢量，k_x 为 x 方向的波数分量，k_y 为 y 方向的波数分量，k_z 为 z 方向的波数矢量；$P(\boldsymbol{K})$ 为平面声压角谱；$\varPhi_K(\boldsymbol{r})$ 为空间波数域的单元平面波。且有

$$\varPhi_K(\boldsymbol{r})=\boldsymbol{\varPhi}_K(x,y,z)=\mathrm{e}^{-\mathrm{j}(k_x+k_y+k_z)} \tag{3.2}$$

当波数矢量取值不同时，单元平面波的性质也将产生变化，由式（3.2）可以看出，k_z 的取值决定了单元平面波的性质。

当 $k^2\geqslant k_x^2+k_y^2$ 时，k_z 为实数，$\varPhi_K(\boldsymbol{r})$ 由式（3.3）表示：

$$\varPhi_K(\boldsymbol{r})=\mathrm{e}^{-\mathrm{j}(k_x x+k_y y+|k_z|z)} \tag{3.3}$$

此时，$\varPhi_K(\boldsymbol{r})$ 的物理含义是具有单位幅值且传播方向为 (k_x,k_y,k_z) 矢量方向的平面传播波。如果不考虑传播介质造成的衰减，那么平面传播波不随传播距离的增加而衰减。

当 $k^2<k_x^2+k_y^2$ 时，k_z 为纯虚数，$\varPhi_K(\boldsymbol{r})$ 由式（3.4）表示：

$$\varPhi_K(\boldsymbol{r})=\mathrm{e}^{-\mathrm{j}(k_x x+k_y y)}\cdot\mathrm{e}^{-|k_z|z} \tag{3.4}$$

这种情况下 $\varPhi_K(\boldsymbol{r})$ 随着距离 z 的增加呈指数衰减，衰减系数为 $\mathrm{e}^{-|k_z|z}$，传播方向为 (k_x,k_y)，对应的声波传播方式是以相位不变且幅值随 z 轴距离增大而迅速减小的倏逝波方式传播，对应成分是高波数成分的声波。

3.1.2 基于声压测量的统计最优平面近场声全息

根据上述讨论，当 $z\geqslant 0$ 区域为自由场时，式（3.3）成立，由式（3.4）可以得出单元平面波的矢量表示为

$$\Phi_{K_m}(\boldsymbol{r}) = \mathrm{e}^{-\mathrm{j}(k_x x + k_y y + k_z z)} = \mathrm{e}^{-\mathrm{j}(\boldsymbol{K}\cdot\boldsymbol{r})} \tag{3.5}$$

定义全息面 H 在平面 $z = z_H$ 处，而重构面 S 在平面 $z = z_S$ 处，并且有 $z_H \geqslant 0$，$z_S \geqslant 0$，此时全息面 H 与重构面 S 的复声压分布可以表示为

$$\begin{cases} p(x,y,z_H) = \sum\limits_{k_x}\sum\limits_{k_y} P(k_x,k_y)\mathrm{e}^{-\mathrm{j}(k_x x + k_y y + k_{z_H} z_H)} = \sum\limits_{m=1}^{M} P(\boldsymbol{K}_m)\mathrm{e}^{-\mathrm{j}(\boldsymbol{K}_m\cdot\boldsymbol{r}_H)} \\ p(x,y,z_S) = \sum\limits_{k_x}\sum\limits_{k_y} P(k_x,k_y)\mathrm{e}^{-\mathrm{j}(k_x x + k_y y + k_{z_S} z_S)} = \sum\limits_{m=1}^{M} P(\boldsymbol{K}_m)\mathrm{e}^{-\mathrm{j}(\boldsymbol{K}_m\cdot\boldsymbol{r}_S)} \end{cases} \tag{3.6}$$

式中，$\boldsymbol{K}_m$ 为 m 阶波数矢量；$\boldsymbol{r}_H$ 为全息面上一点 (x,y,z_H) 的方向向量；$\boldsymbol{r}_S$ 为重构面上一点 (x,y,z_S) 的方向向量。

推导式（3.6），得到以下形式：

$$\begin{cases} p(x,y,z_H) = \sum\limits_{m=1}^{M} P(\boldsymbol{K}_m)\Phi_{\boldsymbol{K}_m}(\boldsymbol{r}_H) \\ p(x,y,z_S) = \sum\limits_{m=1}^{M} P(\boldsymbol{K}_m)\Phi_{\boldsymbol{K}_m}(\boldsymbol{r}_S) \end{cases} \tag{3.7}$$

由波场的叠加原理可知：重构面上任意点处的任意波数矢量的单元平面波只能由全息面上所有点处相同波数矢量的单元平面波叠加而成，则对于重构面上 $\boldsymbol{r}_S$ 位置的第 m 阶波数的单元平面波，则有

$$\Phi_{\boldsymbol{K}_m}(\boldsymbol{r}_S) = \sum_{n=1}^{N} C_n(\boldsymbol{r}_S)\Phi_{\boldsymbol{K}_m}(\boldsymbol{r}_{H_n}) \tag{3.8}$$

式中，$m = 1,2,\cdots,M$；$\boldsymbol{r}_{H_n}$ 为全息面上第 n 个测量点的方向向量；$\boldsymbol{r}_S$ 为重构面的任意位置；$C_n(\boldsymbol{r}_S)$ 为全息面各点声学量的加权系数。将式（3.8）代入式（3.7），可得

$$p(\boldsymbol{r}_S) = \sum_{m=1}^{M} P(\boldsymbol{K}_m)\sum_{n=1}^{N} C_n(\boldsymbol{r}_S)\Phi_{\boldsymbol{K}_m}(\boldsymbol{r}_{H_n}) \tag{3.9}$$

交换求和项后得到

$$p(\boldsymbol{r}_S) = \sum_{n=1}^{N} C_n(\boldsymbol{r}_S)\sum_{m=1}^{M} P(\boldsymbol{K}_m)\Phi_{\boldsymbol{K}_m}(\boldsymbol{r}_{H_n}) = \sum_{n=1}^{N} C_n(\boldsymbol{r}_S)p(\boldsymbol{r}_{H_n}) \tag{3.10}$$

从式（3.10）可以看出，已知全息面上各测量点复声压数据，并且确定系数矩阵，则重构面内任意点的复声压值可被重构预测。全息面上各点复声压数据可以通过近场声全息测量算法获得，而系数矩阵的确定则是统计最优算法重构声场的关键。

系数矩阵是 $N\times1$ 的复数矩阵，N 为重构过程使用的测量面上的点数，式（3.8）给出了系数矩阵与全息面和重构面上各阶波数的关系，采用矩阵表示形式，定义以下三个矩阵：

$$A=\begin{bmatrix}\Phi_{K_1}(r_{H_1}) & \cdots & \Phi_{K_1}(r_{H_N})\\ \vdots & & \vdots\\ \Phi_{K_M}(r_{H_1}) & \cdots & \Phi_{K_M}(r_{H_N})\end{bmatrix}\quad b=\begin{bmatrix}\Phi_{K_1}(r_S)\\ \vdots\\ \Phi_{K_M}(r_S)\end{bmatrix}\quad C_n(r_S)=\begin{bmatrix}C_1(r_S)\\ \vdots\\ C_N(r_S)\end{bmatrix}$$

则式（3.8）可以表示为矩阵等式：

$$b=AC_n(r_S) \tag{3.11}$$

通过分析可以得出，式（3.11）是典型的不适定性方程，必须通过选取适当的正则化参数和正则化算法进行求解，经计算，可得

$$C_n(r_S)=(A^{\mathrm{H}}A+\theta^2 I)^{-1}A^{\mathrm{H}}b \tag{3.12}$$

式中，A^{H} 为 A 的共轭转置矩阵；θ 为正则化参数；I 为单位阵。

从对系数矩阵推导可知，系数 $C_n(r_S)$ 是包含所选方程组确定的集合。不难发现，将这组系数代入重构公式的过程是在重构过程中对平面波谱 P 中所含的所有波数的单元平面波的一种最优化估计。特殊地，当声场中包含有全部波数的平面波时，这里的平面波谱相当于源面的白噪声，此时系数选取则是相当于对白噪声的最优化估计。

通过式（3.12）可以确定系数矩阵，结合式（3.10）可以得到通过全息面复声压数据计算重构面复声压数据的公式：

$$p(r_S)=p^{\mathrm{T}}(r_H)(A^{\mathrm{H}}A+\theta^2 I)^{-1}A^{\mathrm{H}}b \tag{3.13}$$

式中，$p^{\mathrm{T}}(r_H)=[p(r_{H_1})\ \ \cdots\ \ p(r_{H_N})]$。根据声学理论，波数域的欧拉公式有

$$V_{K_m}(r)=\frac{1}{\rho ck}(k_x i+k_y j+k_z k)\Phi_{K_m}(r) \tag{3.14}$$

式中，$V_{K_m}(r)$ 为空间波数域的质点振速；i、j、k 为单位向量；ρ 为介质密度；c 为介质声速；m 为波数的阶数。

进一步分析，已知介质密度 ρ 与介质声速 c，根据式（3.14）对式（3.13）进行变换，可以通过测量面复声压幅值得到重构面上的法向质点振速：

$$v_z(r_S)=\sum_{n=1}^{N}C_n'(r_S)p(r_{H_n})=p^{\mathrm{T}}(r_H)C_n'(r_S) \tag{3.15}$$

式中，$C_n'(r_S)=(A^{\mathrm{H}}A+\theta^2 I)^{-1}A^{\mathrm{H}}\beta(r_S)$，$\beta(r_S)=\left[V_{K_1}(r_S)\ \ \cdots\ \ V_{K_M}(r_S)\right]^{\mathrm{T}}$。

上面推导了基于声压重构的统计最优平面近场声全息的基本公式，由式（3.13）和式（3.15）可以得到重构面上任意点处的复声压和法向质点振速。可以发现，统计最优平面近场声全息是通过全息面上复声压的叠加来计算重构面上的复声压和法向质点振速的，由于它不存在卷积运算，所以可以从根本上解决由二维空间傅里叶变换计算带来的窗效应和卷绕误差问题，因此它对测量孔径面积的要求没有基于空间声场变换的近场声全息那么严格，可以很方便地实现空间声场重构。

3.1.3 基于质点振速测量的统计最优平面近场声全息

第 2 章对基于质点振速测量的传统近场声全息进行了介绍，同样采用质点振速测量算法来统计最优近场声全息。

若测量面获得声学量数据为法向质点振速，套用式（3.13）的推导过程，可以得到预测重构面法向质点振速的公式为

$$\boldsymbol{v}_z(\boldsymbol{r}_S)=\boldsymbol{v}_z^{\mathrm{T}}(\boldsymbol{r}_H)(\boldsymbol{A}^{\mathrm{H}}\boldsymbol{A}+\theta^2\boldsymbol{I})^{-1}\boldsymbol{A}^{\mathrm{H}}\boldsymbol{b} \tag{3.16}$$

式(3.16)表明，重构面上任意点处的法向质点振速同样可以表示为全息面上 M 个测量点法向质点振速的线性叠加。同时发现，基于声压测量的重构声压公式中权重系数向量与基于质点振速测量的重构质点振速公式中权重系数向量相同，则

$$\begin{aligned}\boldsymbol{p}(\boldsymbol{r}_S)&=\boldsymbol{v}_z^{\mathrm{T}}(\boldsymbol{r}_H)(\boldsymbol{A}^{\mathrm{H}}\boldsymbol{A}+\theta^2\boldsymbol{I})^{-1}\cdot(\mathrm{j}\omega\rho)\int\boldsymbol{A}^{\mathrm{H}}\boldsymbol{b}\mathrm{d}z\\&=\boldsymbol{v}_z^{\mathrm{T}}(\boldsymbol{r}_H)(\boldsymbol{A}^{\mathrm{H}}\boldsymbol{A}+\theta^2\boldsymbol{I})^{-1}\boldsymbol{A}^{\mathrm{H}}\boldsymbol{\delta}(\boldsymbol{r}_S)\end{aligned} \tag{3.17}$$

式中

$$\boldsymbol{\delta}(\boldsymbol{r}_S)=(\mathrm{j}\omega\rho)\int\boldsymbol{b}\mathrm{d}z=(\mathrm{j}\omega\rho)\int\varPhi_{\boldsymbol{K}_m}\mathrm{d}z=-\frac{\omega\rho}{k_z}\mathrm{e}^{-\mathrm{j}(\boldsymbol{K}\cdot\boldsymbol{r})} \tag{3.18}$$

3.1.4 基于声压振速联合测量的统计最优平面近场声全息

从 3.1.3 节的分析可知，利用振速重构数据也能够进行声场重构，因此如果同时利用声压和振速信息，利用二者的关联和差别，并对它们进行联合处理，使得联合信息处理系统具有更多的途径和算法来实现声场重构，这必定会为一系列的声全息问题提供新的解决办法。

在实际应用时，全息面两侧均有声源的情况是我们在实际测量过程中经常遇到的问题，如图 3.1 所示。根据近场声全息的基本原理可知，一般都是假设 $z>0$ 的空间为自由声场，所有声源均位于 $z=0$ 的平面时，由格林公式才可以得到亥姆霍兹方程解，即 $z>0$ 空间内任意一点上的稳态声压解。这个要求来自于格林公式，其本身是合理的，因此只能假设声源在测量面的一侧才可以方便计算。但这并不是说当全息面两侧均含有声源时，声全息技术在解决声源的重构与预测问题方面就不再适用了，过去所采取的办法是移除全息面一侧的所有声源，但实际测量中将所有的声源移除并不现实。同时，近场声全息重构时要求测量得到的声压量是声源辐射出的直达声压量，因而要求全息测量必须在自由声场环境下进行，以避免测量声压中包含各种反射声压成分，但实际的测量环境往往是存在一个反射面的半自由场，如在水面反射的海水中测量某航行物的辐射声场。无疑，这些实际

问题限制了近场声全息的实际应用，因此研究声场分离算法十分有必要。本节利用基于统计最优平面近场声全息建立声场分离技术进行声场分离和重构。

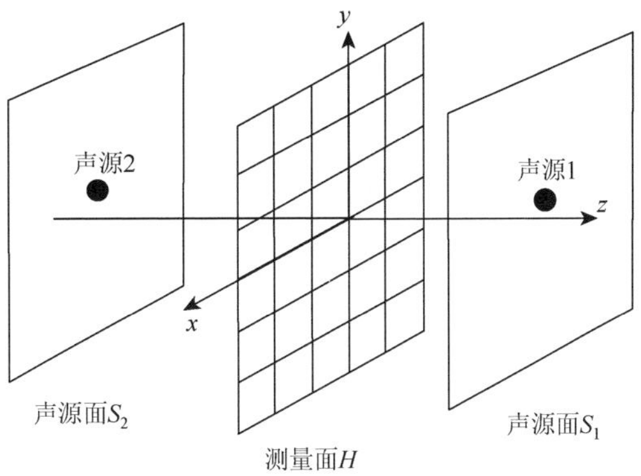

图 3.1　全息面两侧均有声源时的示意图

在图 3.1 中，假设在声源 1 和声源 2 构成的被测声场中，声源 1 和声源 2 之间存在测量面 H ，测量面 H 上任意点 $\boldsymbol{r}=\boldsymbol{r}(x,y)$ 测得的声压和法向质点振速为 p 及 v_z ，其中，声源 1 在该点处产生的声压和法向质点振速分别为 p_1 及 v_{z1} ，声源 2 在该点处产生的声压和法向质点振速分别为 p_2 及 v_{z2} ，重构面上由声源 1 产生的声压和法向质点振速分别为 $\boldsymbol{p}_{10}$ 及 $\boldsymbol{v}_{z10}$ ，重构面上由声源 2 产生的声压和法向质点振速分别为 $\boldsymbol{p}_{20}$ 及 $\boldsymbol{v}_{z20}$ 。根据声场的叠加原理有

$$p=p_1+p_2 \tag{3.19}$$

$$v_z=v_{z1}-v_{z2} \tag{3.20}$$

由式（3.13）和式（3.16）可知

$$\boldsymbol{p}_{10}=\boldsymbol{p}_1^{\mathrm{T}}(\boldsymbol{A}^{\mathrm{H}}\boldsymbol{A}+\theta^2\boldsymbol{I})^{-1}\boldsymbol{A}^{\mathrm{H}}\boldsymbol{b} \tag{3.21}$$

$$\boldsymbol{p}_{20}=\boldsymbol{p}_2^{\mathrm{T}}(\boldsymbol{A}^{\mathrm{H}}\boldsymbol{A}+\theta^2\boldsymbol{I})^{-1}\boldsymbol{A}^{\mathrm{H}}\boldsymbol{b} \tag{3.22}$$

$$\boldsymbol{p}_{10}=\boldsymbol{v}_{z1}^{\mathrm{T}}(\boldsymbol{A}^{\mathrm{H}}\boldsymbol{A}+\theta^2\boldsymbol{I})^{-1}\boldsymbol{A}^{\mathrm{H}}\boldsymbol{\delta}(\boldsymbol{r}_S) \tag{3.23}$$

$$\boldsymbol{p}_{20}=\boldsymbol{v}_{z2}^{\mathrm{T}}(\boldsymbol{A}^{\mathrm{H}}\boldsymbol{A}+\theta^2\boldsymbol{I})^{-1}\boldsymbol{A}^{\mathrm{H}}\boldsymbol{\delta}(\boldsymbol{r}_S) \tag{3.24}$$

将式（3.21）和式（3.22）相加，再代入式（3.19）可得

$$\begin{aligned}\boldsymbol{p}_{10}+\boldsymbol{p}_{20}&=(\boldsymbol{p}_1^{\mathrm{T}}+\boldsymbol{p}_2^{\mathrm{T}})(\boldsymbol{A}^{\mathrm{H}}\boldsymbol{A}+\theta^2\boldsymbol{I})^{-1}\boldsymbol{A}^{\mathrm{H}}\boldsymbol{b}\\&=\boldsymbol{p}^{\mathrm{T}}(\boldsymbol{A}^{\mathrm{H}}\boldsymbol{A}+\theta^2\boldsymbol{I})^{-1}\boldsymbol{A}^{\mathrm{H}}\boldsymbol{b}\end{aligned} \tag{3.25}$$

同理，将式（3.23）和式（3.24）相减，再代入式（3.20）可得

$$\begin{aligned}\boldsymbol{p}_{10}-\boldsymbol{p}_{20}&=(\boldsymbol{v}_{z1}^{\mathrm{T}}-\boldsymbol{v}_{z2}^{\mathrm{T}})(\boldsymbol{A}^{\mathrm{H}}\boldsymbol{A}+\theta^2\boldsymbol{I})^{-1}\boldsymbol{A}^{\mathrm{H}}\boldsymbol{\delta}(\boldsymbol{r}_S)\\&=\boldsymbol{v}_z^{\mathrm{T}}(\boldsymbol{A}^{\mathrm{H}}\boldsymbol{A}+\theta^2\boldsymbol{I})^{-1}\boldsymbol{A}^{\mathrm{H}}\boldsymbol{\delta}(\boldsymbol{r}_S)\end{aligned} \tag{3.26}$$

最后，将式（3.25）和式（3.26）左右两面相加，可以得到声源 1 在重构面上产生的声压为

$$\boldsymbol{p}_{10}=\frac{1}{2}(\boldsymbol{p}^{\mathrm{T}}(\boldsymbol{A}^{\mathrm{H}}\boldsymbol{A}+\theta^2\boldsymbol{I})^{-1}\boldsymbol{A}^{\mathrm{H}}\boldsymbol{b}+\boldsymbol{v}_z^{\mathrm{T}}(\boldsymbol{A}^{\mathrm{H}}\boldsymbol{A}+\theta^2\boldsymbol{I})^{-1}\boldsymbol{A}^{\mathrm{H}}\boldsymbol{\delta}(\boldsymbol{r}_S)) \tag{3.27}$$

同理，声源 1 在重构面上产生的径向振速矢量也可以求出，即

$$\boldsymbol{v}_{z10}=\frac{1}{2}(\boldsymbol{p}^{\mathrm{T}}(\boldsymbol{A}^{\mathrm{H}}\boldsymbol{A}+\theta^2\boldsymbol{I})^{-1}\boldsymbol{A}^{\mathrm{H}}\boldsymbol{\beta}(\boldsymbol{r}_S)+\boldsymbol{v}_z^{\mathrm{T}}(\boldsymbol{A}^{\mathrm{H}}\boldsymbol{A}+\theta^2\boldsymbol{I})^{-1}\boldsymbol{A}^{\mathrm{H}}\boldsymbol{b}) \tag{3.28}$$

由式（3.27）和式（3.28）可以得到声源 1 在重构面上产生的声压与法向质点振速，即声源 1 在重构面上产生的声压为基于声压和基于振速测量法得到声压之和的 1/2，声源 1 在重构面上产生的振速也为两种算法得到法向质点振速之和的 1/2。以上推导了基于声压和振速联合测量时统计最优平面近场声全息基本公式。利用这些公式可以分离出全息面两侧声源各自在全息面上引起的声压，进而通过分离后的声压来重构源面的声学参量，就能够排除另一侧声源带来的干扰，实现声场分离。

3.2　统计最优柱面近场声全息

针对水中实际应用时较多遇到的柱状或类柱状声源，本节给出统计最优柱面近场声全息原理，与 2.3 节内容相似，这里的坐标系换成了柱坐标系。

3.2.1　基于声压测量的统计最优柱面近场声全息

在柱面外声辐射问题中，所有辐射源均包含在 $r=a$ 的柱面内，所以不存在向内收缩的柱面波，故在式（2.59）中 $D_n^{(2)}(k_z)=0$，即可获得柱面外声辐射问题的解：

$$p(a,\theta,z)=\sum_{n=-\infty}^{+\infty}\mathrm{e}^{\mathrm{j}n\theta}\frac{1}{2\pi}\int_{-\infty}^{+\infty}[D_n^{(1)}(k_z)\times H_n^{(1)}(k_r a)\mathrm{e}^{\mathrm{j}k_z z}]\mathrm{d}k_z \tag{3.29}$$

式中，a 为常数，在式（2.60）中令 $r=a$ 得

$$p(a,\theta,z)=\sum_{n=-\infty}^{+\infty}\frac{1}{2\pi}\int_{-\infty}^{\infty}\mathrm{d}k_z P_n(a,n,k_z)\mathrm{e}^{\mathrm{j}n\theta}\mathrm{e}^{\mathrm{j}k_z z} \tag{3.30}$$

对比式（3.29）和式（3.30）可得

$$P_n(a,n,k_z)=D_n^{(1)}(k_z)H_n^{(1)}(k_r a) \tag{3.31}$$

解得

$$p(r,\theta,z)=\sum_{n=-\infty}^{+\infty}\mathrm{e}^{\mathrm{j}n\theta}\frac{1}{2\pi}\int_{-\infty}^{+\infty}\left[\frac{H_n^{(1)}(k_r r_S)}{H_n^{(1)}(k_r a)}P_n(k_z,a)\mathrm{e}^{\mathrm{j}k_z z}\right]\mathrm{d}k_z \tag{3.32}$$

再与式（2.60）比较可得

$$P_n(r,k_z)=P_n(a,k_z)\frac{H_n^{(1)}(k_r r)}{H_n^{(1)}(k_r a)} \tag{3.33}$$

定义由波数矢量 $\boldsymbol{K}=(n,k_z)$ 确定的柱面上的空间频率域单元柱面波为

$$\Phi_k(r,\theta,z)=\frac{H_n^{(1)}(k_r r)}{H_n^{(1)}(k_r a)}\mathrm{e}^{\mathrm{j}n\theta}\mathrm{e}^{\mathrm{j}k_z z} \tag{3.34}$$

对于式（3.32），若将积分运算离散化，则全息面和重构面上的复声压分别表示为

$$\begin{aligned}p(r_H,\theta,z)&=\sum_{n=-\infty}^{+\infty}\frac{1}{2\pi}\sum_{k_z=-\infty}^{+\infty}P_n(a,k_z)\frac{H_n^{(1)}(k_r r_H)}{H_n^{(1)}(k_r a)}\mathrm{e}^{\mathrm{j}n\theta}\mathrm{e}^{\mathrm{j}k_z z}\\&=\frac{1}{2\pi}\sum_{m=1}^{M}P(a,\boldsymbol{K}_m)\Phi_{\boldsymbol{K}_m}(r_H,\theta,z)\end{aligned} \tag{3.35}$$

$$\begin{aligned}p(r_S,\theta,z)&=\sum_{n=-\infty}^{+\infty}\frac{1}{2\pi}\sum_{k_z=-\infty}^{+\infty}P_n(a,k_z)\frac{H_n^{(1)}(k_r r_S)}{H_n^{(1)}(k_r a)}\mathrm{e}^{\mathrm{j}n\theta}\mathrm{e}^{\mathrm{j}k_z z}\\&=\frac{1}{2\pi}\sum_{m=1}^{M}P(a,\boldsymbol{K}_m)\Phi_{\boldsymbol{K}_m}(r_S,\theta,z)\end{aligned} \tag{3.36}$$

由波场的叠加原理可知，重构柱面上任意点 $\boldsymbol{r}_S=(r_S,\theta,z)$ 处波数矢量为 $\boldsymbol{K}_m$ 的单元柱面波都可以由全息面上所有点 $\boldsymbol{r}_{H_n}=(r_H,\theta_n,z_n)$ 处的波数矢量 $\boldsymbol{K}_m$ 的单元柱面波叠加得到，即

$$\Phi_{\boldsymbol{K}_m}(\boldsymbol{r}_S)=\sum_{n=1}^{N}\boldsymbol{C}_n(\boldsymbol{r}_S)\Phi_{\boldsymbol{K}_m}(\boldsymbol{r}_{H_n}),\qquad m=1,2,\cdots,M \tag{3.37}$$

式中，$\boldsymbol{r}_{H_n}=(r_H,\theta_n,z_n)(n=1,2,\cdots,N)$ 为全息柱面上 N 个声压重构点；M 为重构柱面和全息柱面上复声压所包含的单元柱面波的数目；$\boldsymbol{C}_n(\boldsymbol{r}_S)$ 为叠加系数。

将式（3.37）代入式（3.35）得

$$\begin{aligned}p(r_S,\theta,z)&=\frac{1}{2\pi}\sum_{m=1}^{M}P(a,\boldsymbol{K}_m)\Phi_{\boldsymbol{K}_m}(r_S,\theta,z)\\&=\frac{1}{2\pi}\sum_{n=1}^{N}\boldsymbol{C}_n(\boldsymbol{r}_S)\sum_{m=1}^{M}P(a,\boldsymbol{K}_m)\Phi_{\boldsymbol{K}_m}(\boldsymbol{r}_{H_n})=\sum_{n=1}^{N}\boldsymbol{C}_n(\boldsymbol{r}_S)\boldsymbol{p}(\boldsymbol{r}_{H_n})\end{aligned} \tag{3.38}$$

再由式（3.37），确定 M 个线性方程所构成的方程组

$$\boldsymbol{\alpha}(\boldsymbol{r}_S)=\begin{bmatrix}\Phi_{\boldsymbol{K}_1}(\boldsymbol{r}_S)\\\vdots\\\Phi_{\boldsymbol{K}_M}(\boldsymbol{r}_S)\end{bmatrix} \tag{3.39}$$

$$\boldsymbol{C}_n(\boldsymbol{r}_S)=\begin{bmatrix}C_1(\boldsymbol{r}_S)\\\vdots\\C_N(\boldsymbol{r}_S)\end{bmatrix} \tag{3.40}$$

$$\boldsymbol{A}=\begin{bmatrix}\Phi_{\boldsymbol{K}_1}(\boldsymbol{r}_{H_1}) & \cdots & \Phi_{\boldsymbol{K}_1}(\boldsymbol{r}_{H_N})\\ \vdots & & \vdots\\ \Phi_{\boldsymbol{K}_M}(\boldsymbol{r}_{H_1}) & \cdots & \Phi_{\boldsymbol{K}_M}(\boldsymbol{r}_{H_N})\end{bmatrix} \tag{3.41}$$

为了保证方程组具有唯一解，必须要求 $M > N$，则方程组可以表示为

$$\boldsymbol{\alpha}(\boldsymbol{r}_S)=\boldsymbol{A}\boldsymbol{C}_n(\boldsymbol{r}_S) \tag{3.42}$$

为了得到系数矩阵 $\boldsymbol{C}_n(\boldsymbol{r}_S)$，我们首先要求，对于单元柱面波 $\Phi_{\boldsymbol{K}_m}(\boldsymbol{r}_S)$ 的有限子集来说，式（3.37）会给出一个最优估计，同理，对于式（3.38），通过适当的加权和处理，也可以给出最优估计的重构面复声压结果。接下来，可以通过正则化法来抑制小幅度倏逝波的影响，可得式（3.42）的正则化解为

$$\boldsymbol{C}_n(\boldsymbol{r}_S)=(\boldsymbol{A}^{\mathrm{H}}\boldsymbol{A}+\theta^2\boldsymbol{I})^{-1}\boldsymbol{A}^{\mathrm{H}}\boldsymbol{\alpha}(\boldsymbol{r}_S) \tag{3.43}$$

式中，$\boldsymbol{A}^{\mathrm{H}}$ 为矩阵 $\boldsymbol{A}$ 的共轭转置矩阵；θ 为正则化参数，起滤波作用；$\boldsymbol{I}$ 为单位对角矩阵。其中，在一定条件下根据信噪比来确定正则化参数 θ 的取值公式为

$$\theta^2=\left(1+\frac{1}{(2kd)^2}\right)\times 10^{-\frac{\mathrm{SNR}}{10}} \tag{3.44}$$

式中，d 为全息面与重构面间的距离；SNR（signal noise ratio）为包含所有随机误差和噪声的信噪比。

将式（3.43）代入式（3.38）中，得到

$$\boldsymbol{p}(r_S,\theta,z)=\sum_{n=1}^{N}\boldsymbol{C}_n(\boldsymbol{r}_S)p(\boldsymbol{r}_{H_n})=\boldsymbol{p}^{\mathrm{T}}\boldsymbol{C}_n(\boldsymbol{r}_S)=\boldsymbol{p}^{\mathrm{T}}(\boldsymbol{A}^{\mathrm{H}}\boldsymbol{A}+\theta^2\boldsymbol{I})^{-1}\boldsymbol{A}^{\mathrm{H}}\boldsymbol{\alpha}(\boldsymbol{r}_S) \tag{3.45}$$

式中，$\boldsymbol{p}^{\mathrm{T}}=[p(\boldsymbol{r}_{H_1})\cdots p(\boldsymbol{r}_{H_N})]$，$\boldsymbol{p}^{\mathrm{T}}$ 为 $\boldsymbol{p}$ 的转置。对于径向振速与复声压的关系，可以用欧拉公式表示为

$$\boldsymbol{v}_n(r,\theta,z)=\frac{1}{\mathrm{j}\rho\omega}\frac{\partial \boldsymbol{p}(r,\theta,z)}{\partial r} \tag{3.46}$$

把式（3.46）代入式（3.45）中，可以得到基于声压重构的径向振速重构结果

$$\boldsymbol{v}_n(r_S,\theta,z)=\frac{1}{\mathrm{j}\rho\omega}\frac{\partial}{\partial r}[(\boldsymbol{A}^{\mathrm{H}}\boldsymbol{A}+\theta^2\boldsymbol{I})^{-1}\boldsymbol{A}^{\mathrm{H}}\boldsymbol{\alpha}(\boldsymbol{r}_S)]=\boldsymbol{p}^{\mathrm{T}}(\boldsymbol{A}^{\mathrm{H}}\boldsymbol{A}+\theta^2\boldsymbol{I})^{-1}\boldsymbol{A}^{\mathrm{H}}\boldsymbol{\beta}(\boldsymbol{r}_S) \tag{3.47}$$

式中

$$\boldsymbol{\beta}(\boldsymbol{r}_S)=\frac{1}{\mathrm{j}\rho\omega}\frac{\partial\boldsymbol{\alpha}(\boldsymbol{r})}{\partial\boldsymbol{r}}\bigg|_{r=r_S}=\frac{1}{\mathrm{j}\rho\omega}\frac{\partial}{\partial r}\Phi_{\boldsymbol{K}_m}(\boldsymbol{r})\bigg|_{r=r_S}=\frac{k_r}{\mathrm{j}\rho\omega}\frac{H_n'(k_r r_S)}{H_n^{(1)}(k_r a)}\mathrm{e}^{\mathrm{j}n\theta}\mathrm{e}^{\mathrm{j}k_z z} \tag{3.48}$$

以上推导了基于声压重构的统计最优柱面近场声全息的基本公式，由式（3.45）和式（3.47）可以得到重构柱面上任意点处的复声压与径向振速。

3.2.2 基于振速测量的统计最优柱面近场声全息

本节在统计最优柱面近场声全息的基础上，主要介绍基于质点振速重构的统

计最优柱面近场声全息，对其重构优势进行讨论。重构面径向振速与全息面的声压满足式（2.66），对其两边进行逆变换可以得到

$$v_n(\boldsymbol{r}_S,\theta,z)=\sum_{n=-\infty}^{+\infty}\mathrm{e}^{jn\theta}\frac{1}{2\pi}\int_{-\infty}^{+\infty}\left[\frac{k_r}{\mathrm{j}\rho ck}\frac{H_n'(k_r\boldsymbol{r}_S)}{H_n^{(1)}(k_r\boldsymbol{r}_H)}P_n(k_z,\boldsymbol{r}_H)\mathrm{e}^{\mathrm{j}k_z z}\right]\mathrm{d}k_z \tag{3.49}$$

由欧拉公式，可以得到

$$V_n(k_z,a)=\frac{1}{\mathrm{j}\rho ck}\frac{\partial}{\partial\boldsymbol{r}}P_n(k_z,\boldsymbol{r})\Big|_{r=a} \tag{3.50}$$

把式（3.50）代入式（3.49），可得到基于振速重构的柱面近场声全息重构公式为

$$v_n(\boldsymbol{r}_S,\theta,z)=\sum_{n=-\infty}^{+\infty}\mathrm{e}^{jn\theta}\frac{1}{2\pi}\int_{-\infty}^{+\infty}\left[\frac{H_n^{(1)}(k_r\boldsymbol{r}_S)}{H_n^{(1)}(k_r\boldsymbol{r}_H)}V_n(k_z,\boldsymbol{r}_H)\mathrm{e}^{\mathrm{j}k_z z}\right]\mathrm{d}k_z \tag{3.51}$$

也可以表示为

$$v_n(\boldsymbol{r}_S,\theta,z)=\sum_{n=-\infty}^{+\infty}\mathrm{e}^{jn\theta}\frac{1}{2\pi}\int_{-\infty}^{+\infty}\left[\frac{H_n^{(1)}(k_r\boldsymbol{r}_S)}{H_n^{(1)}(k_r a)}V_n(k_z,a)\mathrm{e}^{\mathrm{j}k_z z}\right]\mathrm{d}k_z \tag{3.52}$$

与 3.2.1 节的推导过程相同，根据波场的叠加原理，本节可以得到基于质点振速测量的柱面统计最优近场声全息的重构公式为

$$\boldsymbol{v}_n(\boldsymbol{r}_S,\theta,z)=\boldsymbol{v}_n^{\mathrm{T}}(\boldsymbol{A}^{\mathrm{H}}\boldsymbol{A}+\theta^2\boldsymbol{I})^{-1}\boldsymbol{A}^{\mathrm{H}}\boldsymbol{\alpha}(\boldsymbol{r}_S) \tag{3.53}$$

然后，还可以得到基于径向振速测量的复声压重构结果为

$$\begin{aligned}\boldsymbol{p}(r_S,\theta,z)&=\boldsymbol{v}_n^{\mathrm{T}}(\boldsymbol{r}_H)(\boldsymbol{A}^{\mathrm{H}}\boldsymbol{A}+\theta^2\boldsymbol{I})^{-1}\cdot(-\mathrm{j}\omega\rho)\int\boldsymbol{A}^{\mathrm{H}}\boldsymbol{\alpha}(\boldsymbol{r})\mathrm{d}\boldsymbol{r}\\&=\boldsymbol{v}_n^{\mathrm{T}}(\boldsymbol{r}_H)(\boldsymbol{A}^{\mathrm{H}}\boldsymbol{A}+\theta^2\boldsymbol{I})^{-1}\boldsymbol{A}^{\mathrm{H}}\boldsymbol{\delta}(\boldsymbol{r}_S)\end{aligned} \tag{3.54}$$

式中

$$\boldsymbol{\delta}(\boldsymbol{r}_S)=(-\mathrm{j}\omega\rho)\int\boldsymbol{\alpha}(\boldsymbol{r})\mathrm{d}\boldsymbol{r}\Big|_{r=r_S}=(-\mathrm{j}\omega\rho)\int\varPhi_{\boldsymbol{K}_m}\mathrm{d}\boldsymbol{r}\Big|_{r=r_S}=\frac{\mathrm{j}\omega\rho}{k_r}\frac{H_{n-1}^{(1)}(k_r\boldsymbol{r}_S)}{H_n^{(1)}(k_r a)}\mathrm{e}^{\mathrm{j}n\theta}\mathrm{e}^{\mathrm{j}k_z z} \tag{3.55}$$

以上推导了基于振速重构的统计最优柱面近场声全息的基本公式。事实上，可以采用流体介质中的声压与质点振速的相关性来简化求解以上公式，因为空间任意两点处的声压比 $p(\boldsymbol{r}_S)/p(\boldsymbol{r}_H)$ 正比于这两点处的径向振速之比 $v_n(\boldsymbol{r}_S)/v_n(\boldsymbol{r}_H)$，此时再利用式（3.42）就可以导出基于振速重构的基本公式。比较两种算法发现，两种算法只是在部分传递矩阵上有所不同，而对于式（3.53）和式（3.54）则可以看成式（3.47）和式（3.45）的扩展，方便计算。

3.2.3　基于声压振速联合测量的统计最优柱面近场声全息

与统计最优平面近场声全息相同，本节可以推导出基于声压振速联合测量的声场分离算法。全息面内外均有声源时的示意图如图 3.2 所示。

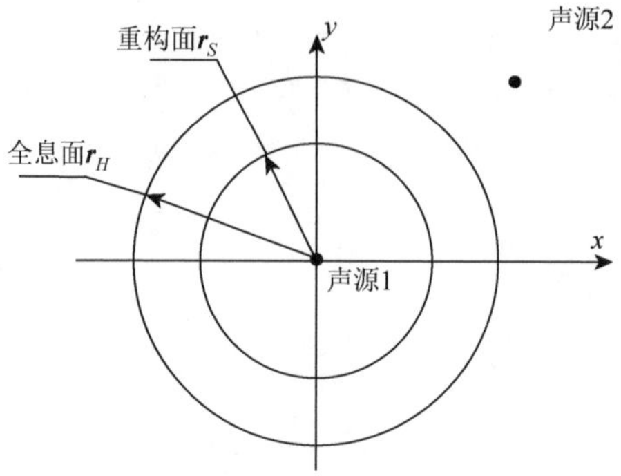

图 3.2　全息面内外均有声源时的示意图

在图 3.2 中，两柱体同轴，其中心为坐标系原点，声源 1 位于坐标系的原点，即重构面的内侧，声源 2 位于全息面的外部，两圆柱半径满足$\boldsymbol{r}_S < \boldsymbol{r}_H$，声源 1 和声源 2 均为点声源。那么对于稳态的单频声场，设全息面上任意点$\boldsymbol{r}=\boldsymbol{r}(x,y)$的声压与径向振速分别为$\boldsymbol{p}(\boldsymbol{r})$和$\boldsymbol{v}_n(\boldsymbol{r})$，其中声源 1 在该点处产生的声压和径向振速分别为$\boldsymbol{p}_1(\boldsymbol{r})$及$\boldsymbol{v}_{n1}(\boldsymbol{r})$，声源 2 在该点处产生的声压为$\boldsymbol{p}_2(\boldsymbol{r})$及$\boldsymbol{v}_{n2}(\boldsymbol{r})$，重构面上由声源 1 产生的声压和径向振速分别为$\boldsymbol{p}_{10}(\boldsymbol{r})$及$\boldsymbol{v}_{r10}(\boldsymbol{r})$，重构面上由声源 2 产生的声压和径向振速分别为$\boldsymbol{p}_{20}(\boldsymbol{r})$及$\boldsymbol{v}_{n20}(\boldsymbol{r})$。根据声场的叠加原理有

$$\boldsymbol{p}(\boldsymbol{r})=\boldsymbol{p}_1(\boldsymbol{r})+\boldsymbol{p}_2(\boldsymbol{r}) \tag{3.56}$$

$$\boldsymbol{v}_n(\boldsymbol{r})=\boldsymbol{v}_{n1}(\boldsymbol{r})-\boldsymbol{v}_{n2}(\boldsymbol{r}) \tag{3.57}$$

由式（3.45）和式（3.53）可知

$$\boldsymbol{p}_{10}(\boldsymbol{r}_S,\theta,z)=\boldsymbol{p}_1^{\mathrm{T}}(\boldsymbol{A}^{\mathrm{H}}\boldsymbol{A}+\theta^2\boldsymbol{I})^{-1}\boldsymbol{A}^{\mathrm{H}}\boldsymbol{\alpha}(\boldsymbol{r}_S) \tag{3.58}$$

$$\boldsymbol{p}_{20}(\boldsymbol{r}_S,\theta,z)=\boldsymbol{p}_2^{\mathrm{T}}(\boldsymbol{A}^{\mathrm{H}}\boldsymbol{A}+\theta^2\boldsymbol{I})^{-1}\boldsymbol{A}^{\mathrm{H}}\boldsymbol{\alpha}(\boldsymbol{r}_S) \tag{3.59}$$

$$\boldsymbol{p}_{10}(\boldsymbol{r}_S,\theta,z)=\boldsymbol{v}_{n1}^{\mathrm{T}}(\boldsymbol{A}^{\mathrm{H}}\boldsymbol{A}+\theta^2\boldsymbol{I})^{-1}\boldsymbol{A}^{\mathrm{H}}\boldsymbol{\delta}(\boldsymbol{r}_S) \tag{3.60}$$

$$\boldsymbol{p}_{20}(\boldsymbol{r}_S,\theta,z)=\boldsymbol{v}_{n2}^{\mathrm{T}}(\boldsymbol{A}^{\mathrm{H}}\boldsymbol{A}+\theta^2\boldsymbol{I})^{-1}\boldsymbol{A}^{\mathrm{H}}\boldsymbol{\delta}(\boldsymbol{r}_S) \tag{3.61}$$

将式（3.58）和式（3.59）相加，再代入式（3.56）可得

$$\begin{aligned}\boldsymbol{p}_{10}(\boldsymbol{r}_S,\theta,z)+\boldsymbol{p}_{20}(\boldsymbol{r}_S,\theta,z)&=(\boldsymbol{p}_1^{\mathrm{T}}+\boldsymbol{p}_2^{\mathrm{T}})(\boldsymbol{A}^{\mathrm{H}}\boldsymbol{A}+\theta^2\boldsymbol{I})^{-1}\boldsymbol{A}^{\mathrm{H}}\boldsymbol{\alpha}(\boldsymbol{r}_S)\\&=\boldsymbol{p}^{\mathrm{T}}(\boldsymbol{A}^{\mathrm{H}}\boldsymbol{A}+\theta^2\boldsymbol{I})^{-1}\boldsymbol{A}^{\mathrm{H}}\boldsymbol{\alpha}(\boldsymbol{r}_S)\end{aligned} \tag{3.62}$$

同理，将式（3.60）和式（3.61）相减，再代入式（3.57）可得

$$\begin{aligned}\boldsymbol{p}_{10}(\boldsymbol{r}_S,\theta,z)-\boldsymbol{p}_{20}(\boldsymbol{r}_S,\theta,z)&=(\boldsymbol{v}_{n1}^{\mathrm{T}}-\boldsymbol{v}_{n2}^{\mathrm{T}})(\boldsymbol{A}^{\mathrm{H}}\boldsymbol{A}+\theta^2\boldsymbol{I})^{-1}\boldsymbol{A}^{\mathrm{H}}\boldsymbol{\delta}(\boldsymbol{r}_S)\\&=\boldsymbol{v}_n^{\mathrm{T}}(\boldsymbol{A}^{\mathrm{H}}\boldsymbol{A}+\theta^2\boldsymbol{I})^{-1}\boldsymbol{A}^{\mathrm{H}}\boldsymbol{\delta}(\boldsymbol{r}_S)\end{aligned} \tag{3.63}$$

最后，将式（3.62）和式（3.63）左右两边相加，可以得到声源 1 在重构面上产生的声压为

$$\boldsymbol{p}_{10}(\boldsymbol{r}_S,\theta,z)=\frac{1}{2}(\boldsymbol{p}^{\mathrm{T}}(\boldsymbol{A}^{\mathrm{H}}\boldsymbol{A}+\theta^2\boldsymbol{I})^{-1}\boldsymbol{A}^{\mathrm{H}}\boldsymbol{\alpha}(\boldsymbol{r}_S)+\boldsymbol{v}_n^{\mathrm{T}}(\boldsymbol{A}^{\mathrm{H}}\boldsymbol{A}+\theta^2\boldsymbol{I})^{-1}\boldsymbol{A}^{\mathrm{H}}\boldsymbol{\delta}(\boldsymbol{r}_S)) \tag{3.64}$$

同理，声源 1 在重构面上产生的径向振速矢量也可以求出，即

$$\boldsymbol{v}_{n10}(\boldsymbol{r}_S,\theta,z)=\frac{1}{2}(\boldsymbol{p}^{\mathrm{T}}(\boldsymbol{A}^{\mathrm{H}}\boldsymbol{A}+\theta^2\boldsymbol{I})^{-1}\boldsymbol{A}^{\mathrm{H}}\boldsymbol{\beta}(\boldsymbol{r}_S)+\boldsymbol{v}_n^{\mathrm{T}}(\boldsymbol{A}^{\mathrm{H}}\boldsymbol{A}+\theta^2\boldsymbol{I})^{-1}\boldsymbol{A}^{\mathrm{H}}\boldsymbol{\alpha}(\boldsymbol{r}_S)) \tag{3.65}$$

由式（3.64）和式（3.65）可以得到声源 1 在重构面上产生的声压和径向振速。利用式（3.56）可以分离出全息柱面两侧声源各自在全息面上引起的声压，进而通过分离后的声压来重构源面的声学参量，就能够排除另一侧声源带来的干扰，实现柱坐标系下的声场分离。

3.3　一步 Patch 近场声全息

3.3.1　传统 Patch 近场声全息

由于近场声全息中的主要误差都随着全息孔径的增大而迅速减小，因此想要同时减小窗效应和卷绕误差影响的最好办法还是增大全息孔径尺寸。如果能采用扩大全息孔径尺寸增加全息数据，在实测全息孔径外人为地制造一个与实际声场相似的虚拟声场就能减小全息算法误差，达到减少全息测量孔径的目的。

全息面与源面的空间位置关系如图 3.3 所示。

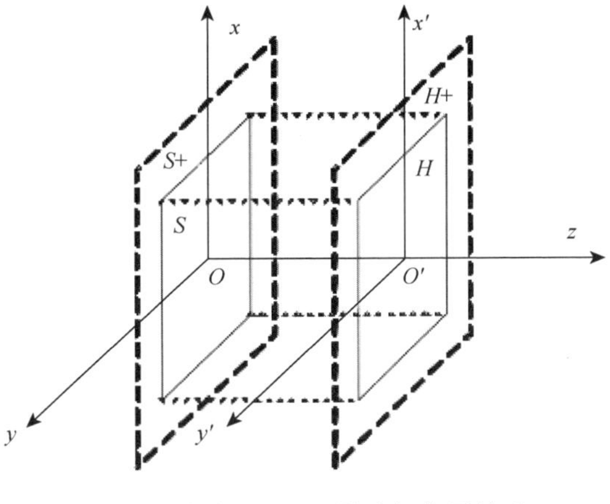

图 3.3　全息面与源面的空间位置关系

采用合理的数值算法对在较小测量孔径 H 内测得的声压数据 $p(H)$ 进行外推，获得较大测量孔径 $H+$ 内的声压数据的近似值 $p(H+)$，由于这一过程利用了 $p(H)$ 的信息，因此 $p(H+)$ 与实际声场分布是相似的（越靠近 H 的边界近似程度越好），H 边界处声压也将保持良好的连续性。考虑使用外推声压 $p(H+)$ 进行全息重构的情况：由于卷绕误差主要影响重构结果边缘处的精度，因此集中在远离 S

的 $S+$ 的边缘处，对 S 内重构结果影响很小；又因为 $p(H+)$ 在 H 边界处具有良好的连续性，因此 S 边界处也不会产生严重的边缘吉布斯（Gibbs）效应。这样就实现了同时减小上述两种误差对 S 内重构结果的影响，保证了重构结果 S 的精度。最后截取重构结果 $S+$ 中与 H 对应部分 S 作为最终结果，即能实现在保证重构精度的条件下，减小全息测量孔径的目标。传统 Patch 近场声全息的具体步骤如下所示。

（1）为了抑制卷绕误差，本节将 $p(H)$ 补零到原来的两倍得到 $p^0(H+)$ 。

（2）对 $p^i(H+)$ 按式（3.66）进行波数域外推处理：

$$\tilde{p}^i(H+) = F^{-1}\left\{\lambda(a^i)F\left\{p^i(H+)\right\}\right\} \tag{3.66}$$

式中，$\lambda(a^i)$ 为一个低通滤波器，a^i 为第 i 次迭代过程的滤波器因子。

（3）为了避免外推过程影响全息孔径 H 内实测声压数据，造成新的误差，将 $\tilde{p}^i(H+)$ 中位于 H 内的部分用 $p^0(H+)$ 代替，得到 $\tilde{p}^{i+1}(H+)$ 。

（4）计算滤波器因子变化率 $\Delta a^i = \left|a^i - a^{i-1}\right|$ ，如果 $\Delta a^{i-1} > \varepsilon$ ，（ ε 为给定精度要求，本书 ε 为 $0.01\Delta a^0$ ），说明外推过程还未稳定，$i=i+1$，转步骤（2）继续迭代；如果 $\Delta a^{i-1} \leqslant \varepsilon$ ，保存所得到的 Δa^{i-1} ，继续进行一定次数试探性迭代。如果试探性迭代中每次计算的 Δa 均小于前面保存的 Δa^{i-1} ，说明外推过程的确已经趋于稳定，这时停止迭代，取最后一次迭代所得到的 $p^{i+1}(H+)$ 为外推声压，否则缩小 ε，$i=i+1$ 转步骤（2）继续迭代。

（5）对 $p^{i+1}(H+)$ 基于普通的快速傅里叶变换近场声全息算法进行声场重构，取其中 H 所对应部分 S 为最终重构结果。

其中步骤（2）是实现声压外推的关键步骤，它实际上是个低通滤波过程，其作用主要是消除补零后声压幅值突变及各种误差、噪声信号形成的附加高波数成分的影响，平滑外推声压，稳定外推过程，以及使声压角谱中的倏逝波成分按指数规律衰减。其中 $\lambda(a^i)$ 为正则化滤波器，这里采用的是改进型吉洪诺夫正则化滤波器。

$$\lambda(a^i) = \frac{\left|t(k_x,k_y)\right|^2}{\left|t(k_x,k_y)\right|^2 + a^i\left[\dfrac{a^i}{a^i + \left|t(k_x,k_y)\right|^2}\right]^2} \tag{3.67}$$

式中

$$t(k_x,k_y) = \frac{k_z}{\rho ck}\exp[-\mathrm{j}k_z(z_H - z_S)] \tag{3.68}$$

a^i 为滤波因子，i 为迭代过程的次数。a^i 的选取是非常重要的，它直接影响正则化过程的效果，如果 a^i 过小，那么欠滤波将导致迭代次数的增加；如果 a^i 过大，那么过滤波将造成有用信息的丢失，导致结果幅值的改变。因此 a^i 的选择是一个寻优过程，需要找到一种最优化算法对其进行优选。可以利用噪声信号的波数域估计建立优化目标函数，通过对该函数的极小化过程实现对 a^i 的自适应选择。具体算法如下所示。

由式（3.66）可知 $\tilde{p}^i(H+)$ 是 $p^i(H+)$ 经正则化滤波后得到的。如果滤波很彻底，那么 $\tilde{p}^i(H+)$ 应该不含噪声信号，此时噪声信号 η 可以表示为

$$\eta^i = p^i(H+) - \tilde{p}^i(H+) \tag{3.69}$$

两边取傅里叶变换，并将式（3.66）代入，得到噪声信号的角谱：

$$\eta_k^i = F\left\{p^i(H+)\right\} - \lambda(a^i)F\left\{p^i(H+)\right\} = (1-\lambda(a^i))F\left\{p^i(H+)\right\} \tag{3.70}$$

η_k^i 的标准差 σ_k^i：

$$\sigma_k^i = \sqrt{\eta_k^i(\eta_k^i)^{\mathrm{T}} / M} \tag{3.71}$$

式中，上标 T 表示共轭转置；M 为 $p^i(H+)$ 信号的长度。

另外，信号经傅里叶变换后高波数项对应的傅里叶系数几乎由噪声误差造成：

$$\sigma_\eta^i = E\left[\left|p^i(k_x,k_y)\right|\right] \tag{3.72}$$

式中，$E[\cdot]$ 为数学期望；$p^i(k_x,k_y)$ 为 $p^i(H+)$ 的角谱中满足 $\sqrt{k_x^2+k_y^2} > k_{\max}$ 的所有项。显然，在理想情况下两种途径得到的噪声标准差 σ_η^i 应该相等，于是可得

$$\sqrt{\eta_k^i(\eta_k^i)^{\mathrm{T}} / M} = E\left[\left|p^i(k_x,k_y)\right|\right] \tag{3.73}$$

移项得

$$\sqrt{\eta_k^i(\eta_k^i)^{\mathrm{T}} / M} - E\left[\left|p^i(k_x,k_y)\right|\right] = 0 \tag{3.74}$$

由式（3.73）可知，η_k^i 是 a^i 的函数，于是得到优化目标函数为

$$f(a^i) = \left|\sqrt{\eta_k^i(\eta_k^i)^{\mathrm{T}} / M} - E\left[\left|p^i(k_x,k_y)\right|\right]\right| \tag{3.75}$$

通过极小化 $f(a^i)$ 即可得到较为合适的 a^i 值。由于 $f(a^i)$ 不可解析，所以采用 0.618 算法对 $f(a^i)$ 进行极小化。

由以上计算过程可以发现，传统 Patch 局部测量近场声全息的计算过程实际上是一个寻优过程，它需要进行多次迭代计算最终获得最优解，因此不可避免地带来计算过程复杂、计算时间长的问题。为了解决这一问题，人们对传统局部测量近场声全息算法进行改进，提出了一步 Patch 近场声全息。

3.3.2　全息声压信号的波数域带限特性

对于满足 $\sqrt{k_x^2+k_y^2} \leqslant k$ 的低波数成分，k_z 为一个非负实数，因此格林函数角

谱为复指数函数，幅值恒为 1，对于 $\sqrt{k_x^2+k_y^2}>k$ 的高波数成分，由于此时 k_z 是一个虚数，因此格林函数角谱为复指数函数，其幅值按指数规律衰减。在声波向全息面传播过程中，其中低波数的传播波成分幅值并不发生变化，而高波数的倏逝波成分幅度将会按指数规律衰减。因此在这种意义上，全息声压信号可以被看作一种波数域带限或近似带限信号。

为了方便分析，这里以一维信号为例，所得结论可以方便地推广到多维信号的情形。对于由全体平方可积信号组成的希尔伯特（Hilbert）空间 L_2，定义信号的傅里叶变换为

$$f(k)=\int_{-\infty}^{+\infty} f(x)\mathrm{e}^{-\mathrm{j}kx}\mathrm{d}x \tag{3.76}$$

若信号 $f(x)$ 满足

$$f(x)=\begin{cases} f(x), & |k|\leqslant\sigma \\ 0, & |k|>\sigma \end{cases} \tag{3.77}$$

则称 $f(x)$ 为频谱带宽为 σ 的有限带宽信号，简称带限信号。记全体频谱带宽为 σ 的连续带限信号组成的希尔伯特空间为 L_2^σ。可以将带限信号的外推问题描述为 $f(x)\in L_2^\sigma$，已知 $f(x)$ 在某个有限区域，如 $[-x,x]$ 上的取值，求得信号在该区域外的值。

由于 $f(x)\in L_2^\sigma$，因此可以证明 $f(x)$ 是解析函数，存在无穷阶导数。信号有限区域 $[-x,x]$ 外的一点 $f(x+\varDelta)$ 可以通过泰勒（Taylor）展开。由于信号在有限区域 $[-x,x]$ 内的取值已知，因此可以通过 $[-x,x]$ 内的已知函数值确定 $f(x)$ 在 $[-x,x]$ 上的各阶导数，然后即可求出 $f(x+\varDelta)$ 的函数值，从而实现信号外推。然而，这种解析延拓的算法在实际中并不可取，因为求导过程即使对很小的噪声都是十分敏感的。上述算法从另一方面证明了带限外推问题解的存在。

3.3.3 基于声压测量的一步 Patch 近场声全息

声全息变换是声辐射问题的逆问题，即由声场的声学特性来推知声源的声学特性。因此声全息的基本公式也由声辐射的基本公式推导而来。

在全息面上取 N 个空间点时，得到的矩阵方程可以表示为

$$\boldsymbol{p}_H=\boldsymbol{T}\boldsymbol{a}_S \tag{3.78}$$

式中，$\boldsymbol{p}_H=[p_1p_2\cdots p_N]^\mathrm{T}$ 为全息面上的声压；a_S 为声源面上重构的声压或振速信息；$\boldsymbol{T}$ 为联系两者的传递矩阵，$\boldsymbol{T}=\boldsymbol{F}^{-1}\boldsymbol{\Sigma}\boldsymbol{F}$，$\boldsymbol{F}$ 与 $\boldsymbol{F}^{-1}$ 分别为傅里叶变换和傅里叶逆变换，对角阵 $\boldsymbol{\Sigma}=\mathrm{diag}[\sigma_1\sigma_2\cdots\sigma_N]$，其对角元素为奇异值 σ_i，且满足 $\sigma_1\geqslant\sigma_2\geqslant\cdots\geqslant\sigma_N$。根据线性方程组的矩阵解法，对于式（3.78），要获得声源的

声压或表面法向振速信息，首先必须对传递矩阵 $\boldsymbol{T}$ 求逆，通过正则化算法来去除求逆过程的病态问题。

对于一步 Patch 近场声全息的反演过程，可以定义在较小测量孔径 H 内测得的声压数据 $\boldsymbol{p}_H(H)$，扩展后得到较大测量孔径 $H+$ 内的声压数据的近似值 $\boldsymbol{p}_H(H+)$。本节对全息声压进行补零扩展，可以得到

$$\boldsymbol{p}_H(H+)=\begin{cases}\boldsymbol{p}_H(H), & (x,y)\in H\\ 0, & (x,y)\notin H\end{cases} \tag{3.79}$$

式（3.79）可以改写为

$$\boldsymbol{p}_H(H+)=\boldsymbol{D}\cdot\boldsymbol{p}_H(H) \tag{3.80}$$

式中，$\boldsymbol{D}=\mathrm{diag}[D_{11}\cdots D_{NN}]$，其具体表达式为

$$D_{ii}=\begin{cases}1, & (x,y)\in H\\ 0, & (x,y)\notin H\end{cases} \tag{3.81}$$

通过波数域带限算子 $\boldsymbol{B}$ 对声压进行带限处理，消除波数域 Ω_B 内即 k_c 以外的高波数成分。

$$\boldsymbol{p}_H(H+)=\boldsymbol{B}\cdot\boldsymbol{p}_H(H) \tag{3.82}$$

式中，$\boldsymbol{p}_H(H+)$ 可以看成波数域 Ω_B 内的带限信号，带限算子 $\boldsymbol{B}$ 的表达式为

$$\boldsymbol{B}=\boldsymbol{F}^{-1}\boldsymbol{L}\boldsymbol{F} \tag{3.83}$$

其中，$\boldsymbol{L}$ 为理想低通滤波器，$\boldsymbol{L}=\mathrm{diag}[L_{11}\cdots L_{NN}]$，它可以有多种具体形式，根据辐射原理，可以选择圆对称低通滤波器，

$$L_{ii}=\begin{cases}1, & i\in\Omega_B\\ 0, & \text{其他}\end{cases} \tag{3.84}$$

合并式（3.80）和式（3.82），可以得到测量孔径 $H+$ 内的真实声压数据 $\boldsymbol{p}_H$ 与扩展后得到较大测量孔径 $H+$ 内的声压数据的近似值 $\boldsymbol{p}(H+)$ 间的关系，即采样算子对带限处理后的全息声压为

$$\boldsymbol{p}_H(H+)=\boldsymbol{D}\cdot\boldsymbol{B}\cdot\boldsymbol{p}_H(H)=\boldsymbol{D}\boldsymbol{F}^{-1}\boldsymbol{L}\boldsymbol{F}\boldsymbol{p}_H(H)=\boldsymbol{G}_{rp}\boldsymbol{p}_H(H) \tag{3.85}$$

式中，$\boldsymbol{G}_{rp}=\boldsymbol{D}\boldsymbol{F}^{-1}\boldsymbol{L}\boldsymbol{F}$。同理，把式（3.78）代入式（3.82），还可以得到 $\boldsymbol{p}_H(H+)$ 与重构面上声压或振速信息的关系为

$$\boldsymbol{p}_H(H+)=\boldsymbol{D}\cdot\boldsymbol{B}\cdot\boldsymbol{p}_H(H)=\boldsymbol{D}\cdot\boldsymbol{B}\cdot\boldsymbol{T}\boldsymbol{a}_S=\boldsymbol{D}\boldsymbol{F}^{-1}\boldsymbol{L}\boldsymbol{\Sigma}\boldsymbol{F}\boldsymbol{a}_S=\boldsymbol{G}_p\boldsymbol{a}_S \tag{3.86}$$

式中，$\boldsymbol{G}_p=\boldsymbol{D}\boldsymbol{F}^{-1}\boldsymbol{L}\boldsymbol{\Sigma}\boldsymbol{F}$。对式（3.85）和式（3.86）求解，得到 $\boldsymbol{p}_H(H)$、$\boldsymbol{a}_S$ 与 $\boldsymbol{p}_H(H+)$ 的关系式为

$$\boldsymbol{p}_H(H)=\boldsymbol{G}_{rp}^{+}\boldsymbol{p}_H(H+)=\boldsymbol{H}_{rp}\boldsymbol{p}_H(H+) \tag{3.87}$$

$$\boldsymbol{a}_S=\boldsymbol{G}_p^{+}\boldsymbol{p}_H(H+)=\boldsymbol{H}_p\boldsymbol{p}_H(H+) \tag{3.88}$$

式中，+为正则化求逆；$\boldsymbol{H}_{rp}$ 和 $\boldsymbol{H}_{p}$ 分别为数据恢复矩阵和广义传递矩阵。这里采用吉洪诺夫正则化法和广义交叉验证正则化参数选取原则进行求解。

3.3.4 基于质点振速测量的一步 Patch 近场声全息

从以往的研究结果可知，当以质点振速为输入量时，和传统的声压测量相比，基于傅里叶变换的常规近场声全息能够得到更好的重构结果，尤其是在振速重构方面优势明显。所以本节把质点振速测量算法引入一步 Patch 近场声全息中，以改变法向振速的 Patch 重构效果。质点振速数学上为声压的梯度，衰减速度要快于声压，所以在测量孔径边缘的连续性要好于声压，而且在迭代外推过程中，质点振速收敛会更快。另外，质点振速比声压的局部性更强，不容易受周围振动的影响，更加符合一步 Patch 近场声全息的思想。可以设想当在关心的声源区域之外存在干扰声源时，干扰声源发出的质点振速信号的衰减速度快于声压，所以质点振速的测量噪声会远小于声压数据的测量噪声。本节就对基于质点振速测量的一步 Patch 近场声全息进行研究，下面给出其基本理论。

同 3.3.3 节处理过程相同，在全息面上取 N 个空间点时，得到矩阵方程可以表示为

$$\boldsymbol{v}_H = \boldsymbol{T}\boldsymbol{a}_S \tag{3.89}$$

式中，$\boldsymbol{v}_H = [v_1 v_2 \cdots v_N]^{\mathrm{T}}$ 为全息面上的声压；$\boldsymbol{a}_S$ 为声源面上重构的声压或振速信息；$\boldsymbol{T}$ 为联系两者的传递矩阵。定义在较小测量孔径 H 内测得的法向振速 $\boldsymbol{v}_H(H)$，扩展后得到较大测量孔径 $H+$ 内的法向振速 $\boldsymbol{v}_H(H+)$。对全息法向振速进行补零扩展，可以得到

$$\boldsymbol{v}_H(H+) = \begin{cases} \boldsymbol{v}_H(H), & (x,y) \in H \\ 0, & (x,y) \notin H \end{cases} \tag{3.90}$$

式（3.90）可以改写为

$$\boldsymbol{v}_H(H+) = \boldsymbol{D} \cdot \boldsymbol{v}_H(H) \tag{3.91}$$

由波数域带限算子 $\boldsymbol{B}$ 对声压进行带限处理，可以得到

$$\boldsymbol{v}_H(H+) = \boldsymbol{B} \cdot \boldsymbol{v}_H(H) \tag{3.92}$$

带限算子 $\boldsymbol{B}$ 的表达式为

$$\boldsymbol{B} = \boldsymbol{F}^{-1}\boldsymbol{L}\boldsymbol{F} \tag{3.93}$$

与 3.3.3 节处理过程相同，最后可以得到 $\boldsymbol{v}_H(H)$、$\boldsymbol{a}_S$ 与 $\boldsymbol{v}_H(H+)$ 的关系式为

$$\boldsymbol{v}_H(H) = \boldsymbol{G}_{rv}^{+}\boldsymbol{v}_H(H+) = \boldsymbol{H}_{rv}\boldsymbol{v}_H(H+) \tag{3.94}$$

$$\boldsymbol{a}_S = \boldsymbol{G}_{v}^{+}\boldsymbol{v}_H(H+) = \boldsymbol{H}_{v}\boldsymbol{v}_H(H+) \tag{3.95}$$

式中，+为正则化求逆；$\boldsymbol{H}_{rv}$ 与 $\boldsymbol{H}_v$ 分别为振速重构时数据恢复矩阵和广义传递矩阵。式（3.94）与式（3.95）给出了基于质点振速测量的声压和质点振速重构公式。

参 考 文 献

[1] Williams E G，Maynard J D，Skudrzyk E. Sound reconstruction using a microphone array. The Journal of the Acoustical Society of America，1980，68（1）：340-344.

[2] Hald J. Patch near-field acoustical holography using a new statistically optimal method. Proceedings of INTER-NOISE and NOISE-CON Congress and Conference，New York，2003：2203-2210.

[3] Hald J. Patch holography in cabin environments using a two-layer handheld array with an extended SONAH algorithm. Proceedings of Euronoise，Tampere，2006.

第 4 章　水中非共形面声源重构的近场声全息

基于傅里叶变换的近场声全息属于全息共形，要求振动源面形状必须是规则的或近似规则的，且须与所取的正交坐标系的坐标面相一致。但实际的振动结构或声源形状是各种各样的，极难找到满足相应边界条件的格林函数来实现源面声全息，因此很多情况下正交共形反演的声全息难以实现。针对以上问题，业内进行了非共形面近场声全息计算算法的研究，并成为近场声全息研究的一个热点。本章分别介绍基于波叠加法的近场声全息和基于亥姆霍兹最小二乘法（Helmholtz equation-least squares，HELS）的近场声全息，解决实际中非共形面声源重构的问题。

4.1　基于波叠加法的近场声全息

为了解决非共形面声源的声场重构问题，Koopmann 等[1-3]提出了基于简单源代替的波叠加法，其主要思想是任何物体辐射的声场可以由置于该辐射体内部若干个不同大小源强的简单源产生的声场叠加代替，而这些源强可以通过匹配辐射体表面上的法向振速得到。在声辐射问题中，场中的声压与质点振速必须同时满足波动方程和辐射体表面上预定的边界条件，而波叠加算法就是寻求近似解来满足这样的边值问题的，该算法通过在声辐射体内放置若干个满足波动方程的声源，来近似表面上的边界条件，在理论上该算法和边界元法是等效的。与边界元相比较该算法的优点是不需要求解边界积分方程，从而避免了烦琐的各阶奇异积分处理，大大降低了数值实现的难度，因此易于工程界的理解和实施推广。

4.1.1　波叠加积分方程

波叠加法是不同于边界元法的一种声场定解问题求解算法，它的理论基础是波叠加积分方程。通过质量守恒定律可以证明，波叠加法和亥姆霍兹积分方程之间是等价的。

假设在辐射体内部 $D\_$ 布满连续分布的声源 Ω，如图 4.1 所示。在场点 $\boldsymbol{r}$ 上的声压是所有声源共同作用的结果，即

$$p(\boldsymbol{r}) = \mathrm{j}\rho\omega\int_{D\_} q(\boldsymbol{r}_0)G(\boldsymbol{r},\boldsymbol{r}_0)\mathrm{d}\Omega(\boldsymbol{r}_0) \tag{4.1}$$

式中，ρ 为媒质的平均密度；ω 为 D_- 内谐波振动声源的角频率；$q(\boldsymbol{r}_0)$ 为 D_- 内简单源分布在点 r_0 处的源强取值；$G(\boldsymbol{r},\boldsymbol{r}_0)$ 为自由场的格林函数，也就是

$$G(\boldsymbol{r},\boldsymbol{r}_0)=\frac{\mathrm{e}^{\mathrm{j}kr}}{4\pi \boldsymbol{r}} \tag{4.2}$$

式中，$\boldsymbol{r}=\|r-r_0\|_2$ 表示点 r 与简单源点 r_0 之间的距离，且满足

$$\nabla^2 G(\boldsymbol{r},\boldsymbol{r}_0)+k^2 G(\boldsymbol{r},\boldsymbol{r}_0)=-\delta(\boldsymbol{r},\boldsymbol{r}_0) \tag{4.3}$$

其中，$\delta(\boldsymbol{r},\boldsymbol{r}_0)$ 为 Dirac-δ 函数。式（4.1）就是采用波叠加法计算声辐射问题的理论公式——波叠加积分方程。

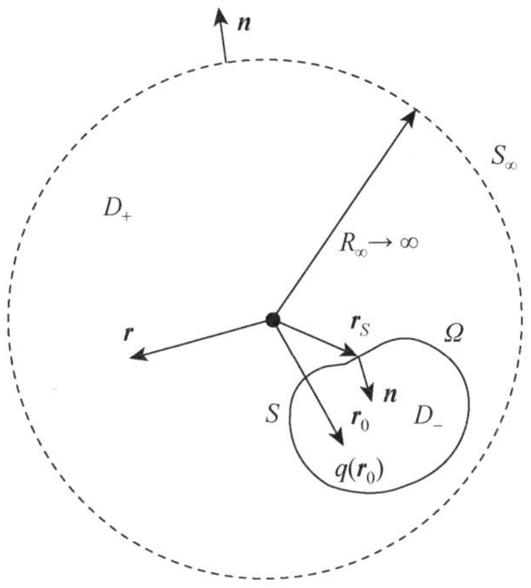

图 4.1　建立波叠加积分方程的示意图

4.1.2　数值实现过程

按照线性化的欧拉公式和波叠加积分方程，声场上点 $\boldsymbol{r}$ 处的质点振速可以按式（4.4）计算：

$$v(\boldsymbol{r})=\int_{D_-} q(\boldsymbol{r}_0)\nabla G(\boldsymbol{r},\boldsymbol{r}_0)\mathrm{d}\Omega(\boldsymbol{r}_0) \tag{4.4}$$

振动体表面上的法向振速也可以计算出

$$v(\boldsymbol{r}_S)=\int_{D_-} q(\boldsymbol{r}_0)\nabla_n G(\boldsymbol{r}_S,\boldsymbol{r}_0)\mathrm{d}\Omega(\boldsymbol{r}_0) \tag{4.5}$$

式中，$\boldsymbol{r}_S$ 为振动体表面上任意点 S 处的坐标矢量；∇_n 为对振动体表面 S 上的点的法向梯度。虽然声辐射体内部的任何地方都可以用来放置声源 $q(\boldsymbol{r}_0)$，但为了方便，一般将这些简单源放置在一个厚度为 δ_r 的球壳上，并称这样的球壳为虚拟源球，这样，式（4.5）就变成

$$v(\boldsymbol{r}_S)=\delta_r\int_{\sigma} q(\boldsymbol{r}_\sigma)\nabla_n G(\boldsymbol{r}_S,\boldsymbol{r}_\sigma)\mathrm{d}\sigma(\boldsymbol{r}_\sigma) \tag{4.6}$$

式中，σ 为源球的表面；$\boldsymbol{r}_\sigma$ 为表面 σ 上简单源点的坐标矢量。由于表面 σ 一般都包含在面 S 内，因此，式（4.6）中没有奇异性积分，也就是避免了边界元法中的奇异积分处理。式（4.6）仍然是不可以直接计算的，需要将表面 σ 离散为 N 个区域，每个区域用 σ_i 表示，则式（4.6）可以表示成

$$v(\boldsymbol{r}_S)=\delta_r\sum_{i=1}^{N}\int_{\sigma}q(\boldsymbol{r}_\sigma)\nabla_n G(\boldsymbol{r}_s,\boldsymbol{r}_\sigma)\mathrm{d}\sigma(\boldsymbol{r}_\sigma) \tag{4.7}$$

至此，没有采用任何的近似处理，当单元面 σ_i 划分得足够小，以至于其上的源强密度 $q(\boldsymbol{r}_\sigma)$ 和格林函数可以近似为常数时，式（4.7）可以近似为

$$v(\boldsymbol{r}_S)\approx\sum_{i=1}^{N}Q(\boldsymbol{r}_{\sigma_i})\nabla_n G(\boldsymbol{r}_S,\boldsymbol{r}_{\sigma_i}) \tag{4.8}$$

式中，N 为等效简单源的个数；$Q(\boldsymbol{r}_{\sigma_i})$ 为点 r_{σ_i} 处的体积振速，为源强密度 $q(\boldsymbol{r}_{\sigma_i})$ 的函数，且两者成正比关系。为了叙述方便，将 $Q(\boldsymbol{r}_{\sigma_i})$ 也称为源强密度。在振动体辐射问题中，由于振动表面上的法向振速 $v(\boldsymbol{r}_S)$ 为已知量，所以我们可以由这些已知的表面振速和式（4.8）计算出每个简单源的源强密度 $Q(\boldsymbol{r}_{\sigma_i})$。假设一共获得 N 个点上的法向振速，那么表面 S 上的任意点处的法向振速可以表示为

$$v_j(\boldsymbol{r}_{S_j})\approx\sum_{i=1}^{N}Q(\boldsymbol{r}_{\sigma_i})\nabla_n G(\boldsymbol{r}_{S_j},\boldsymbol{r}_{\sigma_i}) \tag{4.9}$$

那么将实际振动体上的 N 个点上的法向振速构成一个 N 维的列向量 $\boldsymbol{V}$，并将虚构源球表面 σ 的 N 个点上的源强构成一个 N 维的列向量 $\boldsymbol{Q}$，可以得到两者之间的矩阵关系为

$$\boldsymbol{V}=\boldsymbol{MQ} \tag{4.10}$$

式中，$\boldsymbol{V}=[v(\boldsymbol{r}_{S_1})v(\boldsymbol{r}_{S_2})\cdots v(\boldsymbol{r}_{S_N})]^{\mathrm{T}}$ 为振动源面法向振速列向量；$\boldsymbol{Q}=[Q(\boldsymbol{r}_{\sigma_1})Q(\boldsymbol{r}_{\sigma_2})\cdots Q(\boldsymbol{r}_{\sigma_N})]^{\mathrm{T}}$ 为等效简单源序列的源强密度列向量；$\boldsymbol{M}$ 为等效源序列与振动源面之间的振速匹配矩阵，且

$$M_{ij}=\frac{\partial G(\boldsymbol{r}_{S_j},\boldsymbol{r}_{\sigma_i})}{\partial(\boldsymbol{r}_{S_j}-\boldsymbol{r}_{\sigma_i})}\frac{\partial(\boldsymbol{r}_{S_j}-\boldsymbol{r}_{\sigma_i})}{\partial\boldsymbol{n}_{S_j}}=\frac{1}{4\pi}\frac{\mathrm{j}k\left\|\boldsymbol{r}_{S_j}-\boldsymbol{r}_{\sigma_i}\right\|-1}{\left\|\boldsymbol{r}_{S_j}-\boldsymbol{r}_{\sigma_i}\right\|^2}\mathrm{e}^{\mathrm{j}k\left|\boldsymbol{r}_{S_j}-\boldsymbol{r}_{\sigma_i}\right|}\cos\theta_{ij} \tag{4.11}$$

$\boldsymbol{r}_{\sigma_i}$、$\boldsymbol{r}_{S_j}$、$\boldsymbol{n}_{S_j}$ 和 θ_{ij} 之间的关系定义如图 4.2 所示。通过式（4.10）可以得到虚拟源球表面 σ 上 N 个点上的源强密度列向量：

$$\boldsymbol{Q}=\boldsymbol{M}^{-1}\boldsymbol{V} \tag{4.12}$$

另外，和式（4.7）的离散化过程类似，可以得到空间声场中任意一点的声压为

$$p(\boldsymbol{r})=\mathrm{j}\rho\omega\sum_{i=1}^{N}G(\boldsymbol{r},\boldsymbol{r}_{\sigma_i})Q(\boldsymbol{r}_{\sigma_i})=\boldsymbol{D}_f\boldsymbol{Q} \tag{4.13}$$

将式（4.12）代入式（4.13）可以得到

$$p(\boldsymbol{r}) = \boldsymbol{D}_f \boldsymbol{M}^{-1} \boldsymbol{V} \tag{4.14}$$

式（4.14）建立了采用波叠加法，直接由振动体表面的法向振速计算空间中任意一点声压的公式，成功地解决了边界元法计算声辐射问题时所存在的各阶奇异积分问题。实际上，当采用的表面法向振速数据点数大于简单源个数时，可以采用式（4.12）得到各点的源强密度。

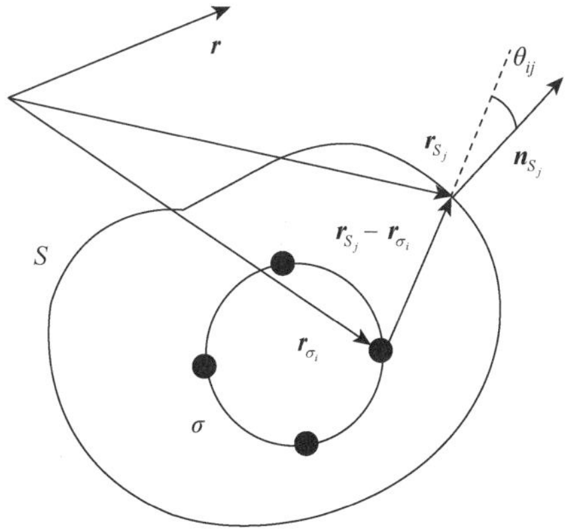

图 4.2　$\boldsymbol{r}_{\sigma_i}$、$\boldsymbol{r}_{S_j}$、$\boldsymbol{n}_{S_j}$ 和 θ_{ij} 之间的关系定义

4.1.3　基于声压测量的波叠加法

为了解决边界元法的近场声全息的奇异积分问题，下面介绍基于波叠加法的近场声全息。振动体的全息重构是利用全息面上测量的复声压数据，通过等效源序列与全息面之间的声压匹配矩阵重构出振动源辐射表面的声学信息。运用式（4.13），则振动体表面 M 个节点处和全息面上 L 个测量点处的声压分别为

$$\boldsymbol{P}_S = \boldsymbol{A}_{m\times n}\boldsymbol{Q} \tag{4.15}$$

$$\boldsymbol{P}_H = \boldsymbol{B}_{l\times n}\boldsymbol{Q} \tag{4.16}$$

式中，$\boldsymbol{A}_{m\times n}$、$\boldsymbol{B}_{l\times n}$ 分别为等效源序列与振动体表面和全息面之间的声压匹配矩阵，且

$$\boldsymbol{A}_{m\times n} = \mathrm{j}\omega\rho G(\boldsymbol{r}_{S_m}, \boldsymbol{r}_{\sigma_n}) \tag{4.17}$$

$$\boldsymbol{B}_{l\times n} = \mathrm{j}\omega\rho G(\boldsymbol{r}_{Hl}, \boldsymbol{r}_{\sigma_n}) \tag{4.18}$$

式中，$\boldsymbol{r}_{Hl}$ 为全息面上任意点处的位置矢量。

通过声压测量可以获得全息面上 L 个离散测量点处的复声压，即式（4.16）中全息声压列向量 $\boldsymbol{P}_H$ 已知。当 $L \geqslant N$ 时，由式（4.16）确定的超定方程组具有唯一解，即可以唯一确定等效源序列的源强密度列向量。

通过对 $\boldsymbol{B}$ 求广义逆可得

$$\boldsymbol{Q}=\boldsymbol{B}^{+}\boldsymbol{P}_H \tag{4.19}$$

式中，上标“+”表示矩阵的广义逆。

将式（4.19）代入式（4.12）和式（4.15）即可重构出振动源面法向振速与声压，实现了振动源的全息重构。在已知等效简单源序列的源强密度向量的情况下，也可以计算声场中任意点处的声压、质点振速矢量、声强矢量及声源的辐射功率等，即实现空间声场的预测。对于空间声场中任意一点 $\boldsymbol{r}$，将式（4.15）和式（4.16）推广为更一般的形式，有

$$p(\boldsymbol{r})=\boldsymbol{F}(\boldsymbol{r})_{1\times n}\boldsymbol{Q} \tag{4.20}$$

式中，$\boldsymbol{F}(\boldsymbol{r})_{1\times n}$ 为点 $\boldsymbol{r}$ 与等效源序列之间的声压匹配矩阵，且

$$\boldsymbol{F}(\boldsymbol{r})_{1\times n}=\mathrm{j}\omega\rho G(\boldsymbol{r},\boldsymbol{r}_{\sigma_n}) \tag{4.21}$$

同理，若构造该点与等效源序列之间的振速矢量匹配矩阵 $\boldsymbol{C}(\boldsymbol{r})_{1\times n}$，得到空间声场中任意点处的质点振速矢量

$$\boldsymbol{u}(\boldsymbol{r})=\boldsymbol{C}(\boldsymbol{r})\boldsymbol{Q} \tag{4.22}$$

且

$$\boldsymbol{C}(\boldsymbol{r})_{1\times n}=\nabla G(\boldsymbol{r},\boldsymbol{r}_{\sigma_n}) \tag{4.23}$$

已知质点的声压和振速矢量，质点的三维矢量声强可以通过式（4.24）计算：

$$I(\boldsymbol{r})=\frac{1}{2}p(\boldsymbol{r})[u(\boldsymbol{r})]^{*} \tag{4.24}$$

式中，*表示取复共轭。这样，就建立了基于波叠加算法的声场重构与预测公式。这种全息法可以解决任意形状声源辐射声场的重构与预测问题，并且解决了基于边界元法近场声全息中的非唯一性问题、奇异积分问题和收敛性问题。

4.1.4　基于振速测量的波叠加法

由前面介绍可知，振动体的全息重构可以利用全息面上测量的法向振速数据，通过等效源序列与全息面之间的振速匹配矩阵重构出振动源辐射表面的声学信息。运用式（4.10），则振动体表面 M 个节点处和全息面上 L 个测量点处的振速分别为

$$\boldsymbol{V}_S=\boldsymbol{C}_{m\times n}\boldsymbol{Q} \tag{4.25}$$

$$\boldsymbol{V}_H=\boldsymbol{D}_{l\times n}\boldsymbol{Q} \tag{4.26}$$

式中，$\boldsymbol{C}_{m\times n}$、$\boldsymbol{D}_{l\times n}$ 分别为等效源序列与振动体表面和全息面之间的声压匹配矩阵，且

$$\boldsymbol{C}_{m\times n}=\frac{1}{4\pi}\frac{\mathrm{j}k\left\|\boldsymbol{r}_{S_j}-\boldsymbol{r}_{\sigma_i}\right\|-1}{\left\|\boldsymbol{r}_{S_j}-\boldsymbol{r}_{\sigma_i}\right\|^2}\mathrm{e}^{\mathrm{j}k\left|\boldsymbol{r}_{S_j}-\boldsymbol{r}_{\sigma_i}\right|}\cos\theta_{ij} \tag{4.27}$$

$$\boldsymbol{D}_{l\times n}=\frac{1}{4\pi}\frac{\mathrm{j}k\left\|\boldsymbol{r}_{H_j}-\boldsymbol{r}_{\sigma_i}\right\|-1}{\left\|\boldsymbol{r}_{H_j}-\boldsymbol{r}_{\sigma_i}\right\|^2}\mathrm{e}^{\mathrm{j}k\left|\boldsymbol{r}_{H_j}-\boldsymbol{r}_{\sigma_i}\right|}\cos\theta_{ij} \tag{4.28}$$

式中，$\boldsymbol{r}_{H_j}$ 为全息面上任意点处的位置矢量。

通过振速测量可以获得全息面上 L 个离散测量点处的振速，即通过对 $\boldsymbol{D}$ 求广义逆可得

$$\boldsymbol{Q}=\boldsymbol{D}^{+}\boldsymbol{V}_H \tag{4.29}$$

式中，上标“+”表示矩阵的广义逆。将式（4.29）代入式（4.15）和式（4.25）即可重构出振动源面的法向振速与声压，实现了振动源的全息重构。

4.1.5　基于声压振速联合测量的波叠加法

在实际应用时，全息面两侧均有噪声源或干扰源的情况是我们在实际测量过程中经常遇到的问题。本节采用声压振速联合重构的波叠加法来解决声场分离问题。

在图 4.3 中，声源 1 位于全息面和重构面的左侧，声源 2 位于全息面的右侧，声源 1 和声源 2 均为点声源。那么对于稳态的单频声场，设全息面上任意点 $\boldsymbol{r}=\boldsymbol{r}(x,y)$ 的声压与径向振速分别为 $\boldsymbol{P}_H$ 和 $\boldsymbol{V}_H$，其中，声源 1 在该点处产生的声压与振速分别为 $\boldsymbol{P}_{H_1}$ 和 $\boldsymbol{V}_{H_1}$，声源 2 在该点处产生的声压为 $\boldsymbol{P}_{H_2}$ 和 $\boldsymbol{V}_{H_2}$，重构面上由声源 1 产生的声压与径向振速分别为 $\boldsymbol{P}_{S_1}$ 和 $\boldsymbol{V}_{S_1}$，重构面上由声源 2 产生的声压与径向振速分别为 $\boldsymbol{P}_{S_2}$ 和 $\boldsymbol{V}_{S_2}$。根据声场的叠加原理有

$$\boldsymbol{P}_H=\boldsymbol{P}_{H_1}+\boldsymbol{P}_{H_2} \tag{4.30}$$

$$\boldsymbol{V}_H=\boldsymbol{V}_{H_1}-\boldsymbol{V}_{H_2} \tag{4.31}$$

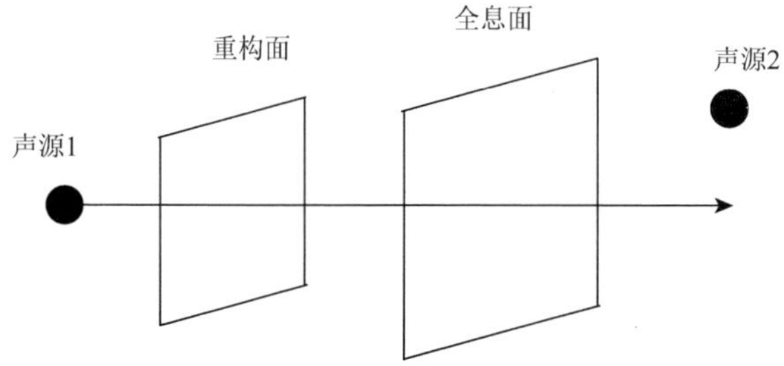

图 4.3　全息面内外均有声源时的示意图

由声压重构算法和振速重构算法的公式可知

$$\boldsymbol{P}_{S_1} = \boldsymbol{AB}^+ \boldsymbol{P}_{H_1} \tag{4.32}$$

$$\boldsymbol{P}_{S_2} = \boldsymbol{AB}^+ \boldsymbol{P}_{H_2} \tag{4.33}$$

$$\boldsymbol{P}_{S_1} = \boldsymbol{AD}^+ \boldsymbol{V}_{H_1} \tag{4.34}$$

$$\boldsymbol{P}_{S_2} = \boldsymbol{AD}^+ \boldsymbol{V}_{H_2} \tag{4.35}$$

将式（4.32）和式（4.33）相加，再代入式（4.30）可得

$$\boldsymbol{P}_{S_1} + \boldsymbol{P}_{S_2} = \boldsymbol{AB}^+ \boldsymbol{P}_{H_1} + \boldsymbol{AB}^+ \boldsymbol{P}_{H_2} = \boldsymbol{AB}^+ \boldsymbol{P}_H \tag{4.36}$$

同理，将式（4.34）和式（4.35）相减，再代入式（4.31）可得

$$\boldsymbol{P}_{S_1} - \boldsymbol{P}_{S_2} = \boldsymbol{AD}^+ \boldsymbol{V}_{H_1} - \boldsymbol{AD}^+ \boldsymbol{V}_{H_2} = \boldsymbol{AD}^+ \boldsymbol{V}_H \tag{4.37}$$

最后，将式（4.36）和式（4.37）左右两边相加，可以得到声源 1 在重构面上产生的声压为

$$\boldsymbol{P}_{S_1} = (\boldsymbol{AB}^+ \boldsymbol{P}_H + \boldsymbol{AD}^+ \boldsymbol{V}_H)/2 \tag{4.38}$$

同理，声源 1 在重构面上产生的径向振速矢量也可以求出，即

$$\boldsymbol{V}_{S_1} = (\boldsymbol{CB}^+ \boldsymbol{P}_H + \boldsymbol{CD}^+ \boldsymbol{V}_H)/2 \tag{4.39}$$

由式（4.38）和式（4.39）可以得到声源 1 在重构面上产生的声压与径向振速，以上推导了基于声压和振速联合测量时的波叠加法的基本公式。

4.2 基于亥姆霍兹最小二乘法的近场声全息

解决任意形结构声源辐射问题的另外一种途径是亥姆霍兹方程最小二乘法。该算法的基本思想是将辐射声场展开成一系列基于亥姆霍兹方程特殊解的正交函数的线性组合，根据匹配场点的测量声压（振速），采用亥姆霍兹最小二乘法求解矩阵获得组合系数。该方法的实质是寻找一个在整个声场领域都通用的、极为简单的声压函数，并要求当声场确定时，此声压函数只与位置有关。因此，只要测量声场中较少点的声学信息，通过该算法就能快速高效地重构出整个声场的声学量或声源面的振动情况，该算法能够高效、简单、灵活地重构结构体的辐射声场，因此在快速噪声诊断的水声工程应用中该方法很值得推广。

4.2.1 基于声压测量的亥姆霍兹最小二乘法

由理想流体介质中小振幅声波的波动方程，可以得到不依赖于时间变量的稳态声场的亥姆霍兹方程：

$$\nabla^2 p(x,y,z) + k^2 p(x,y,z) = 0 \tag{4.40}$$

式中，$p(x,y,z)$ 为空间点 (x,y,z) 处的复声压；∇^2 为拉普拉斯算子；k 为波数。在振动体表面 B，声压 p 满足三种类型的边界条件。

$$\begin{aligned}&\text{第一类边界条件：}p(x_B)=g(x_B)\\&\text{第二类边界条件：}\frac{\partial p(x_B)}{\partial n}=g(x_B)\\&\text{混合边界条件：}a(x_B)p(x_B)+b(x_B)\frac{\partial p(x_B)}{\partial n}=g(x_B)\end{aligned}\tag{4.41}$$

式中，$x_B\in B$；a、b 和 g 为已知函数；$\partial/\partial n$ 为声源面边界 B 上的法向导数。

以式（4.41）为边界条件得到式（4.40）的解，可以近似表示为一组独立函数的线性组合：

$$p=\rho c\sum_{j=1}^{N}C_j\psi_j\tag{4.42}$$

式中，ρ 与 c 分别为介质密度和介质中的声速；C_j 为配置系数；ψ_j 为基函数。

基函数 ψ_j 必须满足下面三个条件之一。

（1）ψ_j 满足微分方程，但是不满足边界条件。

（2）ψ_j 不满足微分方程，但是 ψ_1 满足边界条件，并且 $\psi_2,\psi_3,\cdots$ 满足齐次边界条件。

（3）ψ_j 既不满足微分方程也不满足边界条件。

对于一个多维微分方程，$p(x)$ 满足：

$$p(x)\big|_{x\in B}=0\tag{4.43}$$

将 $p(x)$ 代入边界条件中，则可以写成

$$p(x_B)\big|_{x_B\in\partial B}=g(x_B)\tag{4.44}$$

可见 ψ_j 只要满足式（4.45）三个积分中的任意一个，就可以作为基函数。

$$\begin{cases}I=\int_{\partial B}W_1(x_B)[g(x_B)-p(x_B)\big|_{x_B\in\partial B}]^2\mathrm{d}S\\I=\int_B W_1(x)\,p^2(x)\big|_{x\in B}\,\mathrm{d}V\\I=\int_B W_2(x)\,p^2(x)\big|_{x\in B}\,\mathrm{d}V+\int_{\partial B}W_3(x_B)[g(x_B)-p(x_B)\big|_{x_B\in\partial B}]^2\mathrm{d}S\end{cases}\tag{4.45}$$

然后使式（4.45）中的积分最小化求得系数 C_j 的值。其中 $W_i,i=1,2,3$ 是权系数，$\mathrm{d}V$ 与 $\mathrm{d}S$ 分别是区域 B 和边界 ∂B 上的积元，可见只要确定了系数 C_j，就能够利用式（4.42）近似地表示声场中任意位置的声压。

基函数 ψ_j 可以通过求解波动方程得到，将波动方程写成球坐标形式：

$$\frac{1}{r^2}\frac{\partial}{\partial r}\left(r^2\frac{\partial p}{\partial r}\right)+\frac{1}{r^2\sin\theta}\frac{\partial}{\partial\theta}\left(\sin\theta\frac{\partial p}{\partial\theta}\right)+\frac{1}{r^2\sin^2\theta}\frac{\partial^2 p}{\partial\phi^2}+k^2p=0\tag{4.46}$$

将式（4.46）代入狄利克雷边界条件，并附加无限远处的索末菲（Sommerfeld）辐射条件：

$$\lim_{r\to\infty} r\left(\frac{\partial p}{\partial r}-\mathrm{j}kp\right)=0 \tag{4.47}$$

式（4.46）的近似解可以表示成式（4.42）的形式，即可以利用亥姆霍兹方程的特解——球面波函数，并将其作为基函数：

$$\begin{cases} \psi_j(r,\theta,\phi,\omega)=H_n(kr)\sqrt{\dfrac{(2n+1)(n-m)!}{4\pi(n+m)!}}P_n^m(\cos\theta)\begin{cases}\cos(m\phi), & l=0,2,4,\cdots \\ \sin(m\phi), & l=1,3,5,\cdots\end{cases} \\ n=\mathrm{floor}(\sqrt{j}), \quad l=j-n^2 \\ m=\begin{cases} l/2, & l=0,2,4,\cdots \\ (l-1)/2, & l=1,3,5,\cdots \end{cases} \end{cases} \tag{4.48}$$

式中，$H_n(kr)$ 表示球面汉克尔函数；$P_n^m(\cos\theta)$ 表示连带勒让德（Legendre）函数。$H_n(kr)$ 表示向外的传播波，适用于在无限介质中声能量向外传播的情况，当 $r\to 0$ 时，球面汉克尔函数的幅值趋于无穷，然而它依然适用，因为在实际中任何声源的半径都不为零。另外，在外部区域问题中我们只需要考虑声源面的区域，所以在应用中球面汉克尔函数中不存在 $r=0$ 的点。相反地，在内部区域问题中，存在 $r=0$ 的点使区域声场近似理论失效，将球面汉克尔函数分成实部和虚部，可得

$$H_l(kr)=J_l(kr)+\mathrm{j}Y_l(kr) \tag{4.49}$$

式中，$J_l(kr)$ 与 $Y_l(kr)$ 分别是 l 次球面贝塞尔函数和诺伊曼函数。因为在 $r\to 0$ 处，球面贝塞尔函数为有限值而诺伊曼函数为无限值，而声压值是有限的，所以可以将诺伊曼函数去掉而只保留球面贝塞尔函数来实现该区域的声场重构。

综上所述，在确定了基函数与测量声压的情况下，待定系数 C_j 可以通过假定的解与 M 个测量位置处的测量声压共同得到

$$p(x_m,\omega)=\rho c\sum_{j=1}^{J}C_j(\omega)\Psi_j(x_m,\omega), \quad m=1,2,\cdots,M \tag{4.50}$$

将式（4.50）表示成矩阵形式：

$$\boldsymbol{\Psi}_{M\times J}\boldsymbol{C}_{J\times 1}=\boldsymbol{p}_{M\times 1} \tag{4.51}$$

利用最小二乘法将方程解的一阶误差降到最小，其中最小二乘解是通过求解修正的线性系统得到的：

$$\frac{\partial}{\partial C_j}\left(\sum_{m=1}^{M}\left(p(x_m,\omega)-\rho c\sum_{j=1}^{J}C_j(\omega)\Psi_j(x_m,\omega)\right)^2\right)=0 \tag{4.52}$$

形成关于待定系数 C_j 的联立方程组，可以简化为

$$\sum_{m=1}^{M}\Psi_i(x_m,\omega)p(x_m,\omega)-\rho c\sum_{m=1}^{M}C_j(\omega)\Psi_j(x_m,\omega)\Psi_i(x_m,\omega)=0 \tag{4.53}$$

矩阵形式为

$$\boldsymbol{\Psi}_{J\times M}^{\mathrm{T}}\boldsymbol{\Psi}_{M\times J}\boldsymbol{C}_{J\times 1}=\boldsymbol{\Psi}_{J\times M}^{\mathrm{T}}\boldsymbol{p}_{M\times 1} \tag{4.54}$$

因为得到的矩阵 $\boldsymbol{\Psi}_{J\times M}^{\mathrm{T}}\boldsymbol{\Psi}_{M\times J}$ 为方阵，所以解可以写成

$$\boldsymbol{C}_{J\times 1}=[\boldsymbol{\Psi}_{J\times M}^{\mathrm{T}}\boldsymbol{\Psi}_{M\times J}]^{-1}\boldsymbol{\Psi}_{J\times M}^{\mathrm{T}}\boldsymbol{p}_{M\times 1} \tag{4.55}$$

式中，$[\boldsymbol{\Psi}_{J\times M}^{\mathrm{T}}\boldsymbol{\Psi}_{M\times J}]^{-1}\boldsymbol{\Psi}_{J\times M}^{\mathrm{T}}$ 为伪逆。可见利用最小二乘法可以产生精确的方程解。

基于亥姆霍兹最小二乘法与基于空间变换的傅里叶变换法的最大不同在于其对测量点数和测量位置的选取都很灵活，这种灵活性表现在其不是通过对测量声量进行表面积分求得重构的声场量。在传统傅里叶变换近场声全息中要计算的声场量是测量的二维积分，这就要求非常特殊的测量方案而该方案在实际环境中有时是不可能实现的。所以测量点数和测量位置选取的灵活性，以及小矩阵计算的高效性决定了亥姆霍兹最小二乘法能够快速、高效地识别定位噪声源，尤其对于水下结构体来说，灵活的测量阵列设置为工程实施提供了很大的方便。

4.2.2　基于振速测量的亥姆霍兹最小二乘法

本节在亥姆霍兹最小二乘法基本理论的基础上，研究基于质点振速测量的亥姆霍兹最小二乘法。根据欧拉方程：

$$\mathrm{j}\omega\rho v(r,\theta,\varphi,\omega)=-\nabla p(r,\theta,\varphi,\omega) \tag{4.56}$$

式中，ρ 为介质密度；ω 为声源角频率；v 为质点振速；∇ 为函数梯度。

在球坐标系下 $\nabla p(r,\theta,\varphi,\omega)$ 可以写成

$$\nabla p(r,\theta,\varphi,\omega)=\left(\frac{\partial}{\partial r}\boldsymbol{e}_r+\frac{1}{r}\frac{\partial}{\partial\theta}\boldsymbol{e}_\theta+\frac{1}{r\sin\theta}\frac{\partial}{\partial\varphi}\boldsymbol{e}_\varphi\right)p(r,\theta,\varphi,\omega) \tag{4.57}$$

式中，$\boldsymbol{e}_r$、$\boldsymbol{e}_\theta$、$\boldsymbol{e}_\varphi$ 表示球坐标系下各个方向的单位向量。式（4.56）可以写成如下形式：

$$\mathrm{j}\omega\rho v(r,\theta,\varphi,\omega)=-\left(\frac{\partial}{\partial r}\boldsymbol{e}_r+\frac{1}{r}\frac{\partial}{\partial\theta}\boldsymbol{e}_\theta+\frac{1}{r\sin\theta}\frac{\partial}{\partial\varphi}\boldsymbol{e}_\varphi\right)p(r,\theta,\varphi,\omega) \tag{4.58}$$

对于声场中任意一点式(4.58)都成立，则在测量面 $(r,\theta,\varphi)\in S_m$ 上，将式(4.42)代入式（4.58）可以得到

$$\mathrm{j}\omega\rho v(r,\theta,\varphi,\omega)=-\left(\frac{\partial}{\partial r}\boldsymbol{e}_r+\frac{1}{r}\frac{\partial}{\partial\theta}\boldsymbol{e}_\theta+\frac{1}{r\sin\theta}\frac{\partial}{\partial\varphi}\boldsymbol{e}_\varphi\right)\rho c\sum_{j=1}^{J}C_j(\omega)\Psi_j(r,\theta,\varphi,\omega) \tag{4.59}$$

整理为

$$v(r,\theta,\varphi,\omega)=\mathrm{j}\sum_{j=1}^{J}C_j(\omega)\cdot\left(\frac{\partial}{\partial(kr)}\boldsymbol{e}_r+\frac{1}{kr}\frac{\partial}{\partial\theta}\boldsymbol{e}_\theta+\frac{1}{kr\sin\theta}\frac{\partial}{\partial\varphi}\boldsymbol{e}_\varphi\right)\Psi_j(r,\theta,\varphi,\omega) \tag{4.60}$$

可见在球坐标系下，质点振速在各个方向的分量都能够用式（4.60）近似表示，结合式（4.48）将质点振速的各分量分别近似为一组独立函数Ψ的线性组合，写成如下形式：

$$v_n(r,\theta,\varphi,\omega)=\mathrm{j}\sum_{j=1}^{N}C_j\frac{\partial H_n(kr)}{\partial(kr)}\sqrt{\frac{(2n+1)(n-m)!}{4\pi(n+m)!}}P_n^m(\cos\theta)\begin{cases}\cos(m\varphi), & l=0,2,4,\cdots\\ \sin(m\varphi), & l=1,3,5,\cdots\end{cases} \tag{4.61}$$

$$v_\theta(r,\theta,\varphi,\omega)=\frac{\mathrm{j}}{kr}\sum_{j=1}^{N}C_jH_n(kr)\sqrt{\frac{(2n+1)(n-m)!}{4\pi(n+m)!}}\frac{\partial P_n^m(\cos\theta)}{\partial\theta}\begin{cases}\cos(m\varphi), & l=0,2,4,\cdots\\ \sin(m\varphi), & l=1,3,5,\cdots\end{cases} \tag{4.62}$$

$$v_\varphi(r,\theta,\varphi,\omega)=\frac{\mathrm{j}}{kr\sin\theta}\sum_{j=1}^{N}C_jH_n(kr)\sqrt{\frac{(2n+1)(n-m)!}{4\pi(n+m)!}}P_n^m(\cos\theta)\cdot\frac{\partial\begin{cases}\cos(m\varphi), & l=0,2,4,\cdots\\ \sin(m\varphi), & l=1,3,5,\cdots\end{cases}}{\partial\varphi} \tag{4.63}$$

式（4.61）～式（4.63）中的导数项均为待求解的量，首先求解球面汉克尔函数的导数，利用球面汉克尔函数的递推关系式：

$$\begin{aligned}&nH_{n-1}(kr)-(n+1)H_{n+1}(kr)=(2n+1)\frac{\partial H_n(kr)}{\partial(kr)}\\&H_{n-1}(kr)+H_{n+1}(kr)=\frac{2n+1}{kr}H_n(kr)\end{aligned} \tag{4.64}$$

整理得到

$$\frac{\partial H_n(kr)}{\partial(kr)}=H_{n-1}(kr)-\frac{n+1}{kr}H_n(kr) \tag{4.65}$$

在球面汉克尔函数中$H_{-1}(kr)=-H_1(kr)$，当$n=0$时，式（4.64）简化为

$$-H_1(kr)=\frac{\partial H_0(kr)}{\partial kr} \tag{4.66}$$

$$H_{-1}(kr)+H_1(kr)=\frac{1}{kr}H_0(kr) \tag{4.67}$$

此时$\frac{1}{kr}H_0(kr)$恒定为零，即$H_0(kr)$恒定为零，式（4.66）与式（4.67）相互矛盾，所以当$n=0$时不能利用式（4.65）的推导结果，首先将式（4.65）化简为

$$\frac{\partial H_0(kr)}{\partial(kr)} = H_{-1}(kr) - \frac{1}{kr}H_0(kr)$$
$$= (J_{-1}(kr) + \mathrm{j}Y_{-1}(kr)) - \frac{1}{kr}H_0(kr) \tag{4.68}$$

式中，$J_{-1}(kr)$、$Y_{-1}(kr)$ 均表示球面贝塞尔函数。利用 $J_{-1}(kr) = -Y_0(kr)$，$Y_{-1}(kr) = J_0(kr)$，$H_0(kr) = J_0(kr) + \mathrm{j}Y_0(kr)$，代入式（4.68）中，整理得到

$$\frac{\partial H_0(kr)}{\partial(kr)} = \mathrm{j}H_0(kr) - \frac{1}{kr}H_0(kr) \tag{4.69}$$

综合式（4.65）与式（4.69）将 $\frac{\partial H_n(kr)}{\partial(kr)}$ 统一表示为

$$\frac{\partial H_n(kr)}{\partial(kr)} = \begin{cases} \frac{\partial H_n(kr)}{\partial(kr)} = H_{n-1}(kr) - \frac{(n+1)}{kr}H_n(kr), & n \geqslant 1 \\ \frac{\partial H_0(kr)}{\partial(kr)} = \mathrm{j}H_0(kr) - \frac{1}{kr}H_0(kr), & n = 0 \end{cases} \tag{4.70}$$

利用类似的数学推导过程得到另外两个分量中的导数项表达式为

$$\frac{\partial P_n^m(\cos\theta)}{\partial\theta} = \frac{(n+1)\cos\theta P_n^m(\cos\theta) - (n-m+1)P_{n+1}^m(\cos\theta)}{1-\cos^2\theta}(-\sin\theta)$$
$$\cdot\frac{\partial\begin{cases}\cos(m\varphi), & l = 0,2,4,\cdots \\ \sin(m\varphi), & l = 1,3,5,\cdots\end{cases}}{\partial\varphi} = \begin{cases}-m\sin(m\varphi), & l = 0,2,4,\cdots \\ m\cos(m\varphi), & l = 1,3,5,\cdots\end{cases} \tag{4.71}$$

可见将式（4.70）、式（4.71）中的导数分别代入式（4.61）～式（4.63）中就可以求得球坐标系下质点振速在各个方向上的分量。

相应地，利用球坐标系与直角坐标系的转换关系：

$$\begin{cases} \boldsymbol{e}_r = \boldsymbol{n}_x\sin\theta\cos\varphi + \boldsymbol{n}_y\sin\theta\sin\varphi + \boldsymbol{n}_z\cos\theta \\ \boldsymbol{e}_\theta = \boldsymbol{n}_x\cos\theta\cos\varphi + \boldsymbol{n}_y\cos\theta\sin\varphi - \boldsymbol{n}_z\sin\theta \\ \boldsymbol{e}_\varphi = -\boldsymbol{n}_x\sin\varphi + \boldsymbol{n}_y\cos\varphi \end{cases} \tag{4.72}$$

式中，$\boldsymbol{n}_x$、$\boldsymbol{n}_y$、$\boldsymbol{n}_z$ 表示直角坐标系下各个方向的单位向量。可见将式（4.72）代入式（4.50）中就可以整理得到直角坐标系下质点振速在各个方向上的分量表达式。

上面整个公式推导均为严格的数学计算，在式（4.57）～式（4.72）的推导过程中没有近似，故结论是严格的，有其可行性。其与基于声压测量的计算过程类似，由式（4.60）可以看到，只要能够测量得到质点振速，就可以通过矩阵求解计算得到振速基函数的配置系数，进而计算声场中任意一点的振速值。

4.2.3　基于声压-振速联合测量的声场重构

由 4.2.1 节和 4.2.2 节的研究可知，利用声压和质点振速信息均能够重构声场量，下面研究同时利用声压和振速信息进行联合分析重构声场。在实际工程中会存在一些相干声源，由于测量技术的限制，无法不受其余声源的干扰仅对单一的声源进行单独测量。如果出现此种情况，就需要利用声场分离技术。

首先将式（4.42）与式（4.61）分别写成如下形式：

$$p = \rho c \sum_{j=1}^{N} C_{pj} \psi_{pj} \tag{4.73}$$

$$v_r = \sum_{j=1}^{N} C_{vj} \psi_{vj} \tag{4.74}$$

由 4.2.1 节和 4.2.2 节可知

$$\begin{aligned}
&\psi_{pj}(r,\theta,\varphi,\omega) = H_n(kr)\sqrt{\frac{(2n+1)(n-m)!}{4\pi(n+m)!}} \times P_n^m(\cos\theta)\begin{cases}\cos(m\varphi), & l=0,2,4,\cdots \\ \sin(m\varphi), & l=1,3,5,\cdots\end{cases} \\
&\psi_{vj}(r,\theta,\varphi,\omega) = \mathrm{j}\frac{\partial H_n(kr)}{\partial(kr)}\sqrt{\frac{(2n+1)(n-m)!}{4\pi(n+m)!}} \times P_n^m(\cos\theta)\begin{cases}\cos(m\varphi), & l=0,2,4,\cdots \\ \sin(m\varphi), & l=1,3,5,\cdots\end{cases}
\end{aligned} \tag{4.75}$$

设测量点数为 M，测量点声压与测量质点径向振速组成的向量用矩阵表示为

$$\rho c \boldsymbol{\psi}_{p_{M\times J}} \boldsymbol{C}_{p_{J\times 1}} = \boldsymbol{p}_{M\times 1} \tag{4.76}$$

$$\boldsymbol{\psi}_{v_{M\times J}} \boldsymbol{C}_{p_{J\times 1}} = \boldsymbol{v}_{r_{M\times 1}} \tag{4.77}$$

用最小二乘法消除一阶误差，就得到了系数向量在最小误差意义下的解：

$$\boldsymbol{C}_{p_{J\times 1}} = (\rho c)^{-1}(\boldsymbol{\psi}_{p_{M\times J}}^{\mathrm{H}} \boldsymbol{\psi}_{p_{M\times J}})^{-1} \boldsymbol{\psi}_{p_{M\times J}}^{\mathrm{H}} \boldsymbol{p}_{M\times J} \tag{4.78}$$

$$\boldsymbol{C}_{v_{J\times 1}} = (\boldsymbol{\psi}_{v_{M\times J}}^{\mathrm{H}} \boldsymbol{\psi}_{v_{M\times J}})^{-1} \boldsymbol{\psi}_{v_{M\times J}}^{\mathrm{H}} \boldsymbol{v}_{r_{M\times J}} \tag{4.79}$$

确定系数向量后就可以利用式（4.73）、式（4.74）计算任意一点的声压和质点径向振速。

假设声源面上存在两个声源，声源 1 在测量面上产生的声压和质点径向振速分别为 $\boldsymbol{p}_{1m}$ 和 $\boldsymbol{v}_{r1m}$，声源 2 在测量面上产生的声压与质点径向振速分别为 $\boldsymbol{p}_{2m}$ 和 $\boldsymbol{v}_{r2m}$，重构面上由声源 1 产生的声压与质点径向振速分别为 $\boldsymbol{p}_{1s}$ 和 $\boldsymbol{v}_{r1s}$，重构面上由声源 2 产生的声压与质点径向振速分别为 $\boldsymbol{p}_{2s}$ 和 $\boldsymbol{v}_{r2s}$，测量得到的声压和径向振速可以表示为两个声源声场的叠加：

$$\boldsymbol{p}_m = \boldsymbol{p}_{1m} + \boldsymbol{p}_{2m} \tag{4.80}$$

$$\boldsymbol{v}_{rm} = \boldsymbol{v}_{r1m} - \boldsymbol{v}_{r2m} \tag{4.81}$$

因为式（4.78）中 $(\boldsymbol{\psi}_{p_{M\times J}}^{\mathrm{H}}\boldsymbol{\psi}_{p_{M\times J}})^{-1}\boldsymbol{\psi}_{p_{M\times J}}^{\mathrm{H}}$ 和式（4.79）中 $(\boldsymbol{\psi}_{v_{M\times J}}^{\mathrm{H}}\boldsymbol{\psi}_{v_{M\times J}})^{-1}\boldsymbol{\psi}_{v_{M\times J}}^{\mathrm{H}}$ 仅与测量点位置和基函数个数有关而与测量数据无关，所以当测量点和重构点位置确定以后下面各式成立：

$$\boldsymbol{p}_{1s} = (\boldsymbol{\psi}_{p_{M\times J}}^{\mathrm{H}}\boldsymbol{\psi}_{p_{M\times J}})^{-1}\boldsymbol{\psi}_{p_{M\times J}}^{\mathrm{H}}\boldsymbol{p}_{1m_{M\times 1}}\boldsymbol{\psi}_{ps_{1\times J}} \tag{4.82}$$

$$\boldsymbol{p}_{2s} = (\boldsymbol{\psi}_{p_{M\times J}}^{\mathrm{H}}\boldsymbol{\psi}_{p_{M\times J}})^{-1}\boldsymbol{\psi}_{p_{M\times J}}^{\mathrm{H}}\boldsymbol{p}_{2m_{M\times 1}}\boldsymbol{\psi}_{ps_{1\times J}} \tag{4.83}$$

$$\boldsymbol{p}_{1s} = (\boldsymbol{\psi}_{v_{M\times J}}^{\mathrm{H}}\boldsymbol{\psi}_{v_{M\times J}})^{-1}\boldsymbol{\psi}_{v_{M\times J}}^{\mathrm{H}}\boldsymbol{v}_{r1m_{M\times 1}}\boldsymbol{\psi}_{ps_{1\times J}} \tag{4.84}$$

$$\boldsymbol{p}_{2s} = (\boldsymbol{\psi}_{v_{M\times J}}^{\mathrm{H}}\boldsymbol{\psi}_{v_{M\times J}})^{-1}\boldsymbol{\psi}_{v_{M\times J}}^{\mathrm{H}}\boldsymbol{v}_{r2m_{M\times 1}}\boldsymbol{\psi}_{ps_{1\times J}} \tag{4.85}$$

由式（4.82）和式（4.83）相加可以得到

$$\begin{aligned}\boldsymbol{p}_{1s} + \boldsymbol{p}_{2s} &= (\boldsymbol{\psi}_{p_{M\times J}}^{\mathrm{H}}\boldsymbol{\psi}_{p_{M\times J}})^{-1}\boldsymbol{\psi}_{p_{M\times J}}^{\mathrm{H}}(\boldsymbol{p}_{1m} + \boldsymbol{p}_{2m})_{M\times 1}\boldsymbol{\psi}_{ps_{J\times 1}} \\ &= \boldsymbol{C}_{p_{1\times J}}\boldsymbol{\psi}_{ps_{J\times 1}}\end{aligned} \tag{4.86}$$

由式（4.84）和式（4.85）相减可以得到

$$\begin{aligned}\boldsymbol{p}_{1s} - \boldsymbol{p}_{2s} &= (\boldsymbol{\psi}_{v_{M\times J}}^{\mathrm{H}}\boldsymbol{\psi}_{v_{M\times J}})^{-1}\boldsymbol{\psi}_{v_{M\times J}}^{\mathrm{H}}(\boldsymbol{v}_{r1m} - \boldsymbol{v}_{r2m})_{M\times 1}\boldsymbol{\psi}_{ps_{J\times 1}} \\ &= \boldsymbol{C}_{v_{1\times J}}\boldsymbol{\psi}_{ps_{J\times 1}}\end{aligned} \tag{4.87}$$

最后对式（4.86）、式（4.87）做加减运算就可以计算得到声源 1 和声源 2 单独产生在重构面上的声压：

$$\boldsymbol{p}_{1s} = \frac{1}{2}(\boldsymbol{C}_{p_{1\times J}} + \boldsymbol{C}_{v_{1\times J}})\boldsymbol{\psi}_{ps_{J\times 1}} \tag{4.88}$$

$$\boldsymbol{p}_{2s} = \frac{1}{2}(\boldsymbol{C}_{p_{1\times J}} - \boldsymbol{C}_{v_{1\times J}})\boldsymbol{\psi}_{ps_{J\times 1}} \tag{4.89}$$

同理也可以求得各个声源在重构面上产生的径向振速：

$$\boldsymbol{v}_{r1s} = \frac{1}{2}(\boldsymbol{C}_{p_{1\times J}} + \boldsymbol{C}_{v_{1\times J}})\boldsymbol{\psi}_{vs_{J\times 1}} \tag{4.90}$$

$$\boldsymbol{v}_{r2s} = \frac{1}{2}(\boldsymbol{C}_{p_{1\times J}} - \boldsymbol{C}_{v_{1\times J}})\boldsymbol{\psi}_{vs_{J\times 1}} \tag{4.91}$$

以上推导了基于声压-振速联合处理的相干声源分离算法的基本公式，可见综合利用矢量水听器测量得到的声压和振速信息，能够方便地分离相干声源，得到单个声源产生的任意位置的声场量。

参 考 文 献

[1] Fahnline J B，Koopmann G H. A numerical solution for the general radiation problem based on the combined methods of superposition and singular-value decomposition. The Journal of the Acoustical Society of America，1991，90（5）：2808-2819.

[2] Song L，Koopmann G H，Fahnline J B. Numerical errors associated with the method of superposition for computing acoustic fields. The Journal of the Acoustical Society of America，1991，89（6）：2625-2633.

[3] Koopmann G H，Song L，Fahnline J B. A method for computing acoustic fields based on the principle of wave superposition. The Journal of the Acoustical Society of America，1989，86（6）：2433-2438.

第5章　近场声全息分辨率增强技术

近场声全息分辨率增强技术是指利用一定的数据处理手段提高声场重构时的精确度，使得全息图的分辨率尽量地接近固定测量点下的理论分辨率，即通过提高重构结果的准确度，减小重构值与理论值之间的误差，使得近场声全息的空间分辨率更加接近分辨率的理论值。假设全息面传声器网格间隔为Δ，根据奈奎斯特（Nyquist）采样定理，测量系统理论上所能够获取的最高波数成分为$k = \pi/\Delta$。实际应用中由于受噪声干扰的影响，测量系统能够获得的最高波数成分$k_{max} \leqslant k$。空间分辨率R_e被定义为$R_e = \lambda_{max}/2 = (2\pi/k_{max})/2 \leqslant (2\pi/(\pi/\Delta))/2 = \Delta$，即数据中最高有效波数成分所对应波长的1/2。由$R_e$的定义式可以看出，近场声全息的空间分辨率不可能超过全息面测量间隔Δ，所以要想增强近场声全息图像的空间分辨率则需要减小测量间隔Δ，意味着需要更多的传声器进行声场测量，进而增加测量工作的复杂度。本章介绍近场声全息分辨率增强技术，包括统计最优近场声全息分辨率增强法和波叠加近场声全息分辨率增强法。

5.1　统计最优近场声全息分辨率增强法

基于空间傅里叶变换的近场声全息需要全息面大于声源尺寸数倍（通常为3～4倍）时才能获得较好的重构精度，而统计最优近场声全息作为一种局部近场声全息，对声源面的尺寸没有要求，所以对于大尺寸声源面上的主要噪声源进行定位识别具有重要意义。

5.1.1　数据外推-内插分辨率增强法

本节首先对统计最优近场声全息分别用于全息面数据外推和内插的分辨率增强法进行介绍，然后将统计最优近场声全息的全息数据外推和内插技术进行结合，研究其对重构精度的影响。

如图5.1所示，全息面h包含N个传声器，图中“ 。”为传声器所在测量点位置。对全息面h进行外推-内插的过程可以描述为基于全息面h上N个传声器测量数据外推获得全息面H上的测量数据，这等效地增大测量孔径的尺寸，同时在相邻网格之间进行插值，通过减小网格间距获得更细节的声场信息。外推后全息

面为 H，全息面 H 上“ • ”位置即为全息数据外推-内插测量点，将全息面 H 上外推-内插数据与传声器测量数据进行组合得到全息面 H 上完整的声压数据，统计最优近场声全息可以通过全息面测量数据对声场中任意位置处的声场进行重构。

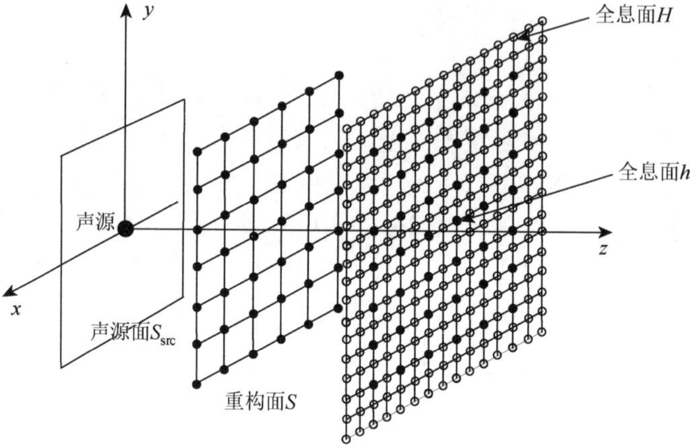

图 5.1　全息面数据外推-内插声场重构示意图

设全息面 h 上共有 N 个传声器测量点，分别表示为 $\boldsymbol{r}_{h_n}=(x_n,y_n,z_n)$　$(n=1,2,\cdots,N)$。根据式（3.7），则有

$$p(\boldsymbol{r}_{h_n})=\sum_{m=1}^{M}P(\boldsymbol{k}_m)\varPhi(\boldsymbol{k}_m,\boldsymbol{r}_{h_n}) \tag{5.1}$$

同理，全息面 H 上外推-内插网格点位置 $\boldsymbol{r}_E=(x_E,y_E,z_E)$ 处的复声压可以表示为

$$p(\boldsymbol{r}_E)=\sum_{m=1}^{M}P(\boldsymbol{k}_m)\varPhi(\boldsymbol{k}_m,\boldsymbol{r}_E) \tag{5.2}$$

$\varPhi(\boldsymbol{k}_m,\boldsymbol{r}_{h_n})$ 和 $\varPhi(\boldsymbol{k}_m,\boldsymbol{r}_E)$ 均由声源面 S_{src} 处产生并传播到各自相应的位置，根据波场叠加原理，点 $\boldsymbol{r}_E$ 处的单元平面波 $\varPhi(\boldsymbol{k}_m,\boldsymbol{r}_E)$ 可以由全息面 h 上同阶单元平面波 $\varPhi(\boldsymbol{k}_m,\boldsymbol{r}_{h_n})$ 的线性叠加得到，即

$$\varPhi(\boldsymbol{k}_m,\boldsymbol{r}_E)=\sum_{n=1}^{N}c_n(\boldsymbol{r}_E)\varPhi(\boldsymbol{k}_m,\boldsymbol{r}_{h_n}) \tag{5.3}$$

式中，$c_n(\boldsymbol{r}_E)$ 为全息面 h 上第 n 个测量点处各阶单元平面波的权重系数。

将式（5.3）代入式（5.2）有

$$p(\boldsymbol{r}_E)=\sum_{n=1}^{N}c_n(\boldsymbol{r}_E)p(\boldsymbol{r}_{h_n})=\boldsymbol{p}_h\boldsymbol{c}(\boldsymbol{r}_E) \tag{5.4}$$

式中，$\boldsymbol{p}_h=[p(r_{h_1})p(r_{h_2})\cdots p(r_{h_N})]$ 为全息面 h 上 N 个传声器测量声压组成的行向量；$\boldsymbol{c}(\boldsymbol{r}_E)=[c_1(\boldsymbol{r}_E)c_2(\boldsymbol{r}_E)\cdots c_N(\boldsymbol{r}_E)]^{\mathrm{T}}$ 为权重系数列向量。根据式（5.3），设 M 为离散单元平面波波数矢量总阶数，则其确定的 $M(M\geqslant N)$ 个线性方程的矩阵形式为

$$\boldsymbol{b}=\boldsymbol{A}\boldsymbol{c}(\boldsymbol{r}_E) \tag{5.5}$$

式中，$\boldsymbol{b}=\begin{bmatrix}\varPhi(\boldsymbol{k}_1,\boldsymbol{r}_E)\\ \vdots\\ \varPhi(\boldsymbol{k}_M,\boldsymbol{r}_E)\end{bmatrix}$；$\boldsymbol{A}=\begin{bmatrix}\varPhi(\boldsymbol{k}_1,\boldsymbol{r}_{h_1}) & \cdots & \varPhi(\boldsymbol{k}_1,\boldsymbol{r}_{h_N})\\ \vdots & & \vdots\\ \varPhi(\boldsymbol{k}_M,\boldsymbol{r}_{h_1}) & \cdots & \varPhi(\boldsymbol{k}_M,\boldsymbol{r}_{h_N})\end{bmatrix}$。

式（5.5）的正则化解为

$$\boldsymbol{c}(\boldsymbol{r}_E)=\left(\boldsymbol{A}^{\mathrm{H}}\boldsymbol{A}+\eta^2\boldsymbol{I}\right)^{-1}\boldsymbol{A}^{\mathrm{H}}\boldsymbol{b} \tag{5.6}$$

式中，$\boldsymbol{A}^{\mathrm{H}}$ 为矩阵 $\boldsymbol{A}$ 的共轭转置矩阵；$\boldsymbol{I}$ 为单位对角矩阵；$(\boldsymbol{A}^{\mathrm{H}}\boldsymbol{A}+\eta^2\boldsymbol{I})^{-1}$ 为矩阵 $(\boldsymbol{A}^{\mathrm{H}}\boldsymbol{A}+\eta^2\boldsymbol{I})$ 的逆矩阵，η 为正则化参数。

将式（5.6）代入式（5.4）可以得到全息数据外推-内插公式：

$$p(\boldsymbol{r}_E)=\boldsymbol{p}_h(\boldsymbol{A}^{\mathrm{H}}\boldsymbol{A}+\eta^2\boldsymbol{I})^{-1}\boldsymbol{A}^{\mathrm{H}}\boldsymbol{b} \tag{5.7}$$

将全息面外推-内插网格点声压数据 $p(\boldsymbol{r}_E)$ 与传声器测量数据 $p(\boldsymbol{r}_h)$ 相结合，可以得到扩展后的全息面 H 上声压数据为

$$\boldsymbol{p}_H=\begin{cases}\boldsymbol{p}(\boldsymbol{r}_h), & \text{传声器位置}\\ \boldsymbol{p}(\boldsymbol{r}_E), & \text{外推-内插位置}\end{cases} \tag{5.8}$$

设 N_E 为全息数据外推-内插网格点总数，则全息数据外推-内插后全息面 H 网格点总数为 $N_H=N_E+N$。根据统计最优近场声全息原理，则有

$$p(\boldsymbol{r}_{H_n})=p(x_n,y_n,z_n)=\sum_{m=1}^{M_E}P(\boldsymbol{k}_m)\varPhi(\boldsymbol{k}_m,\boldsymbol{r}_{H_n}) \tag{5.9}$$

式中，$\boldsymbol{r}_{H_n}=(x_n,y_n,z_n)\,(n=1,2,\cdots,N_H)$；$M_E$ 为外推-内插后离散单元平面波波数矢量总阶数，且 $M_E>M$，由于全息面外推-内插后尺寸和网格间距都发生了变化，所以外推-内插后的离散单元平面波波数矢量总阶数也会改变。

同理，重构面上网格点 $\boldsymbol{r}_S$ 位置处的复声压可以表示为

$$p(\boldsymbol{r}_S)=\sum_{m=1}^{M_E}P(\boldsymbol{k}_m)\varPhi(\boldsymbol{k}_m,\boldsymbol{r}_S) \tag{5.10}$$

根据波场叠加原理，点 $\boldsymbol{r}_S$ 处的单元平面波 $\varPhi(\boldsymbol{k}_m,\boldsymbol{r}_S)$ 可以由全息面 H 上所有网格点处同阶单元平面波 $\varPhi(\boldsymbol{k}_m,\boldsymbol{r}_{H_n})$ 的线性叠加得到，即

$$\varPhi(\boldsymbol{k}_m,\boldsymbol{r}_S)=\sum_{n=1}^{N_H}c_n(\boldsymbol{r}_S)\varPhi(\boldsymbol{k}_m,\boldsymbol{r}_{H_n}) \tag{5.11}$$

式中，$c_n(\boldsymbol{r}_S)$ 为外推-内插后全息面 H 上第 n 个测量点处各阶单元平面波的权重系数。

将式（5.11）代入式（5.10）得到

$$p(\boldsymbol{r}_S) = \sum_{n=1}^{N_E} c_n(\boldsymbol{r}_S) p(\boldsymbol{r}_{H_n}) = \boldsymbol{p}_H \boldsymbol{c}(\boldsymbol{r}_S) \tag{5.12}$$

式中，$\boldsymbol{p}_H = [p(\boldsymbol{r}_{H_1}) p(\boldsymbol{r}_{H_2}) \cdots p(\boldsymbol{r}_{H_{N_H}})]$ 为全息面 H 上 N_H 个网格点位置处声压组成的行向量；$\boldsymbol{c}(\boldsymbol{r}_S) = [c_1(\boldsymbol{r}_S), c_2(\boldsymbol{r}_S), \cdots, c_{N_H}(\boldsymbol{r}_S)]^{\mathrm{T}}$ 为权重系数列向量。

式（5.11）所确定的 $M_E (M_E \geqslant N_E)$ 个线性方程为

$$\boldsymbol{b}_E = \boldsymbol{A}_E \boldsymbol{c}(\boldsymbol{r}_S) \tag{5.13}$$

式中，$\boldsymbol{b}_E = \begin{bmatrix} \varPhi(\boldsymbol{k}_1, \boldsymbol{r}_S) \\ \vdots \\ \varPhi(\boldsymbol{k}_{M_E}, \boldsymbol{r}_S) \end{bmatrix}$；$\boldsymbol{A}_E = \begin{bmatrix} \varPhi(\boldsymbol{k}_1, \boldsymbol{r}_{h_1}) & \cdots & \varPhi(\boldsymbol{k}_1, \boldsymbol{r}_{h_{N_E}}) \\ \vdots & & \vdots \\ \varPhi(\boldsymbol{k}_{M_E}, \boldsymbol{r}_{h_1}) & \cdots & \varPhi(\boldsymbol{k}_{M_E}, \boldsymbol{r}_{h_{N_E}}) \end{bmatrix}$。

式（5.13）的正则化解为

$$\boldsymbol{c}(\boldsymbol{r}_S) = \left(\boldsymbol{A}_E^{\mathrm{H}} \boldsymbol{A}_E + \eta^2 \boldsymbol{I}\right)^{-1} \boldsymbol{A}_E^{\mathrm{H}} \boldsymbol{b}_E \tag{5.14}$$

式中，$\boldsymbol{A}_E^{\mathrm{H}}$ 为矩阵 $\boldsymbol{A}_E$ 的共轭转置矩阵；$\boldsymbol{I}$ 为单位对角矩阵；$\left(\boldsymbol{A}_E^{\mathrm{H}} \boldsymbol{A}_E + \eta^2 \boldsymbol{I}\right)^{-1}$ 为矩阵 $\left(\boldsymbol{A}_E^{\mathrm{H}} \boldsymbol{A}_E + \eta^2 \boldsymbol{I}\right)$ 的逆矩阵，η 为正则化参数。

将式（5.14）代入式（5.12）可以得到统计最优全息数据外推-内插声场重构公式：

$$p(\boldsymbol{r}_S) = \boldsymbol{p}_H \left(\boldsymbol{A}_E^{\mathrm{H}} \boldsymbol{A}_E + \eta^2 \boldsymbol{I}\right)^{-1} \boldsymbol{A}_E^{\mathrm{H}} \boldsymbol{b}_E \tag{5.15}$$

5.1.2 基于不规则波数矢量选取的分辨率增强法

平面统计最优近场声全息的重构精度与波数矢量选取和正则化等参数密切相关。在前几章的近场声全息研究中均选取规则波数矢量，本节将给出一种不规则选取波数矢量的统计最优近场声全息的具体实现算法。

1. 波数矢量的选取

统计最优近场声全息的关键是求解权重系数矩阵，而权重系数矩阵的计算与单元平面波密切相关，每一阶单元平面波都有一个相对应的波数矢量，所以波数矢量的选取对权重系数求解影响重大。根据奈奎斯特空间采样定理，设全息面 x 方向与 y 方向的最小空间采样间隔分别为 $\varDelta_x$ 和 $\varDelta_y$，当 $k_x \in [-\pi / \varDelta_x, \pi / \varDelta_x]$ 且 $k_y \in [-\pi / \varDelta_y, \pi / \varDelta_y]$ 时，在波数域内不会发生混叠。为了简便，一般情况下令 $\varDelta = \varDelta_x = \varDelta_y$，此时 x 方向和 y 方向具有最大波数 $k_{\max} = \pi / \varDelta$。当进行波数矢量选取时，只需要在 $[-k_{\max}, k_{\max}]$ 内对 k_x 和 k_y 进行采样即可。

设全息面 x 方向和 y 方向的空间采样点数均为 N，当对波数矢量进行等间隔

采样时，k_x 方向和 k_y 方向的采样间隔为

$$\begin{cases}\Delta k_x = \pi/L_x \\ \Delta k_y = \pi/L_y\end{cases} \tag{5.16}$$

式中，L_x 与 L_y 分别为全息面 x 方向和 y 方向的边长，此时最终获得的离散波数矢量总阶数 $M=(2N-1)^2$。

当 $k^2 > k_x^2 + k_y^2$ 时，单元平面波是能量不随传播距离衰减的传播波成分，而当 $k^2 \leqslant k_x^2 + k_y^2$ 时，单元平面波是能量随传播距离指数衰减的倏逝波成分。倏逝波成分是影响重构精度的关键，在保持传播波成分不变的同时，去掉一些较高波数的倏逝波成分可以提高重构精度。由于倏逝波能量随传播距离指数衰减，为了实现在倏逝波成分采样时，其采样间隔随着波数的增加而增加，本节采用一种按照指数函数 $y=\mathrm{e}^x$ 增大倏逝波成分采样间隔的算法。

按照上述思想，倏逝波与传播波采用不同的采样间隔，倏逝波的采样间隔呈指数增大，而传播波成分依然采用等间隔采样。实际上，该思想在严格意义上是难以实现的，因为任意给定一个 k_x 和 k_y 的取值范围并进行离散化，得到的区域是一个矩形区域，而 $k^2 \leqslant k_x^2 + k_y^2$ 是一个圆形区域，一个圆形区域是无法划分成有限个边长相等的正方形网格区域的。因此，本节将采用一种近似算法，即首先从最低阶波数矢量开始就按指数函数 $y=\mathrm{e}^x$ 增大采样间隔（包括所有的传播波和倏逝波），假设最终得到的离散波数矢量总阶数为 M，同时也通过等间隔采样获取 M 个波数矢量；其次将规则采样得到的传播波波数矢量与不规则采样获得的倏逝波波数矢量相结合，得到最终的 M 个波数矢量。具体实现步骤如下：

（1）按照等间隔波数矢量离散化算法选取单元平面波波数矢量。如图 5.2（a）所示，在 $[-k_{\max}, k_{\max}]$ 上用式（5.16）给出的采样间隔进行波数矢量离散化，获得 M 个波数矢量。

（2）对传播波和倏逝波成分均采用指数函数增长的采样间隔，并划分成网格形式。传播波与倏逝波成分均采用 $y=\mathrm{e}^x$ 函数来对 k_x 和 k_y 进行离散选取。由于 k_x 和 k_y 的取值是关于原点对称的，所以可以只对 $[0, k_{\max}]$ 进行处理。由于 $[-k_{\max}, k_{\max}]$ 区间有 $2N-1$ 个采样点，所以在 $[0, k_{\max}]$ 区间包含 N 个采样点。由于指数函数 $y=\mathrm{e}^x$ 无法取 0 值，所以给定了一个初始值 $2\pi/L$。由此确定了函数 $y=\mathrm{e}^x$ 的函数值为 $[2\pi/L, k_{\max}]$，对应的自变量取值为 $[\ln(2\pi/L), \ln(k_{\max})]$。将自变量取值范围进行 $N-1$ 等分，再通过指数函数 $y=\mathrm{e}^x$ 求出对应的波数矢量的采样值，此时可以得到的是正半轴上的 $N-1$ 个波数矢量，同理可以得到负半轴上的 $N-1$ 个波数矢量，最后将 $N-1$ 个负半轴采样值、0 及 $N-1$ 个正半轴采样值进行组合得到 $2N-1$ 个采样点。k_x 方向和 k_y 方向均有 $2N-1$ 个采样点，最终获得 M 个网格点，即获得 $M=(2N-1)^2$

个波数矢量，此时获得的波数矢量采样网格如图 5.2（b）所示。

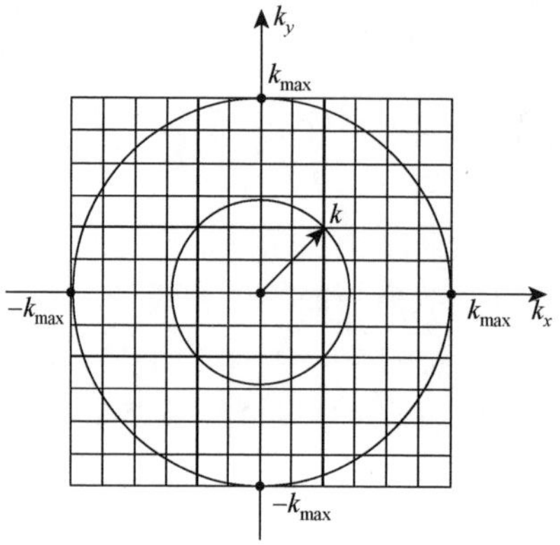

(a) 等间隔采样

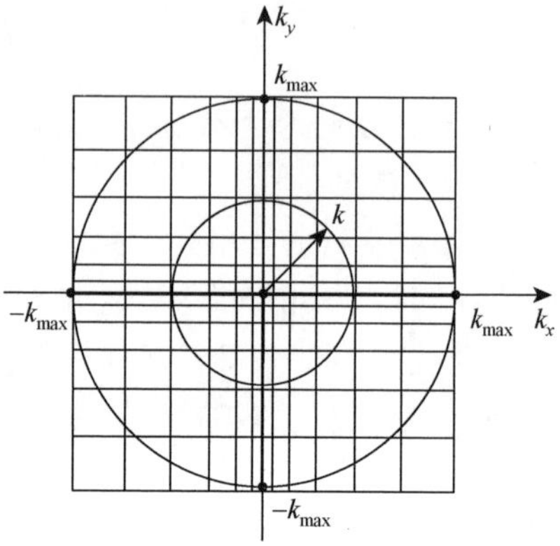

(b) 不规则采样

图 5.2　波数矢量采样示意图

（3）将步骤（1）获得的传播波成分与步骤（2）获得的倏逝波成分相组合，得到最终的波数矢量，即

$$k_x = \begin{cases} k^2 \leqslant k_x^2 + k_y^2, \text{步骤(1)选取原则} \\ k^2 > k_x^2 + k_y^2, \text{步骤(2)选取原则} \end{cases}$$
$$k_y = \begin{cases} k^2 \leqslant k_x^2 + k_y^2, \text{步骤(1)选取原则} \\ k^2 > k_x^2 + k_y^2, \text{步骤(2)选取原则} \end{cases} \tag{5.17}$$

2. 反问题与正则化

在平面统计最优近场声全息的重构过程中必须要注意不适定问题。从数学角度而言，这两类问题的主要区别在于问题的适定性。适定问题具有的性质包括：①对所有容许数据，问题的解是存在的；②对所有容许数据，问题的解是唯一的；③问题的解对输入数据是稳定的，即解对数据的误差应该是连续变化的。若上述性质之一不成立，则为不适定问题[1]。

设方程 $\boldsymbol{Ax}=\boldsymbol{b}$ 存在精确解 $\boldsymbol{x}_r$，满足

$$\boldsymbol{A}\boldsymbol{x}_r = \boldsymbol{b}_r \tag{5.18}$$

当方程的右端存在微小扰动（噪声）$\boldsymbol{n}$ 时，有

$$\boldsymbol{Ax} = \boldsymbol{b} = \boldsymbol{b}_r + \boldsymbol{n} \tag{5.19}$$

根据微扰理论

$$\frac{\|\boldsymbol{x}_r-\boldsymbol{x}\|_2}{\|\boldsymbol{x}_r\|_2}\leqslant \text{cond}(\boldsymbol{A})\frac{\|\boldsymbol{n}\|_2}{\|\boldsymbol{b}_r\|_2} \tag{5.20}$$

式中，$\|\bullet\|_2$ 为求“•”的二范数；$\text{cond}(\boldsymbol{A})=\|\boldsymbol{A}^{\text{H}}\|\bullet\|\boldsymbol{A}\|$ 为矩阵 $\boldsymbol{A}$ 的条件数，它反映了矩阵 $\boldsymbol{A}$ 的病态程度，条件数越大，表示矩阵的病态性越强。

当矩阵 $\boldsymbol{A}$ 的条件数很大时，反问题常常就会变为不适定问题。此时小的扰动（测量误差）就会对求解结果造成很大的影响，甚至得到完全错误的结果。在实际工程应用中，测量数据不可避免地会受到各种噪声的干扰，所以不能采取常规办法进行直接求解。对于不适定问题较好的解决办法就是正则化。下面将介绍吉洪诺夫[2]正则化及其正则化参数选取算法。

吉洪诺夫正则化算法具有完备的理论，也是目前应用得最多的正则化算法，它通过对方程组进行加权滤波后使得残余范数和单边约束的加权组合等式最小，即

$$\min\left\{\|\boldsymbol{Ax}-\boldsymbol{b}\|_2^2+\eta^2\varOmega(\boldsymbol{x})^2\right\} \tag{5.21}$$

式中，η 为正则化参数；$\varOmega(\boldsymbol{x})$ 为平滑范数。正则化参数 η 控制着残余范数和解的准确性之间的平衡。当 $\eta=0$ 时，式（5.21）变为最小二乘问题，此时没有进行正则化。为了求解式（5.21），取 $\varOmega(\boldsymbol{x})=\|\boldsymbol{Lx}\|_2$ 为平滑范数，$\boldsymbol{L}$ 为实正则化矩阵，此时式（5.21）变为

$$\min\left\{\|\boldsymbol{Ax}-\boldsymbol{b}\|_2^2+\eta^2\|\boldsymbol{Lx}\|_2^2\right\} \tag{5.22}$$

吉洪诺夫正则化算法中的正则化参数 η 的合理选取是关键，η 选取过小，则会得到欠正则化解，此时并不能很好地消除噪声成分，而 η 选取过大，则会得到过正则化解，此时会由于消除了方程组的有用成分而获得错误的解。Hald[3]在提出统计最优近场声全息理论时采用的正则化参数计算公式为

$$\eta^2=\left(1+\frac{1}{(2kd)^2}\right)\cdot 10^{-\frac{\text{SNR}}{10}} \tag{5.23}$$

式中，d 为全息面与重构面之间的距离；SNR 为包含所有测量误差和噪声误差的信噪比；k 为对应重构过程选取的波数。当全息面与重构面重合时，式（5.23）会出现分母为零的情况，此时可以采用另一个正则化参数计算公式进行计算[4]：

$$\eta^2=[\boldsymbol{A}^{\text{H}}\boldsymbol{A}]_{ii}\cdot 10^{-\frac{\text{SNR}}{10}} \tag{5.24}$$

式中，$[\boldsymbol{A}^{\text{H}}\boldsymbol{A}]_{ii}$ 是矩阵 $\boldsymbol{A}^{\text{H}}\boldsymbol{A}$ 的主对角元素。在阵列为平面且自由场情况下，每一个主对角元素相等，一般情况下，采用主对角元素的平均值。

L 曲线法是一种基于 L 曲线的探试法，以对数尺度（log-log）来描述平滑范数 $\varOmega(\boldsymbol{x})$ 和残余范数 $\|\boldsymbol{Ax}-\boldsymbol{b}\|_2$ 之间的关系，是一种根据 L 曲线的形状选取最合理正则化参数的算法。一般选取 L 曲线拐角处的 η 值作为正则化参数，而拐角处的曲线斜率最大，所以在应用中通过找 L 曲线的最大曲率位置来确定正则化参数。

在实际应用中，SNR 是很难获取的，所以式（5.23）和式（5.24）中的正则化参数计算算法都不适用，L 曲线正则化参数选取算法无须知道 SNR，从而更具有实际应用意义。

本节利用 L 曲线选择正则化参数，下面对波数矢量等间隔选取和不规则选取的两种统计最优近场声全息技术的重构效果进行仿真对比。假设坐标为(0, 0, 0)的点声源向外辐射频率为 100Hz 的单频声波，水介质密度为 1000kg/m^3，水中声速为 1550m/s，全息面与声源面的距离为 0.2m，重构面与声源面之间的距离为 0.15m，测试频率为 0.1～3kHz，全息面和重构面均为 2m×2m 的正方形平面，网格点均匀分布，对 81 个、121 个和 169 个测量点情形进行了仿真。仿真中用-☆-表示等间隔采样波数矢量选取的统计最优算法，用-□-表示基于不规则波数矢量选取的改进统计最优近场声全息（modified-SONAH，MSONAH）算法。

从图 5.3 可以看出，MSONAH 算法的重构精度随着测量点数的增加而提高，而且 MSONAH 算法的重构精度几乎都要优于 SONAH 算法。从图 5.3（c）中看

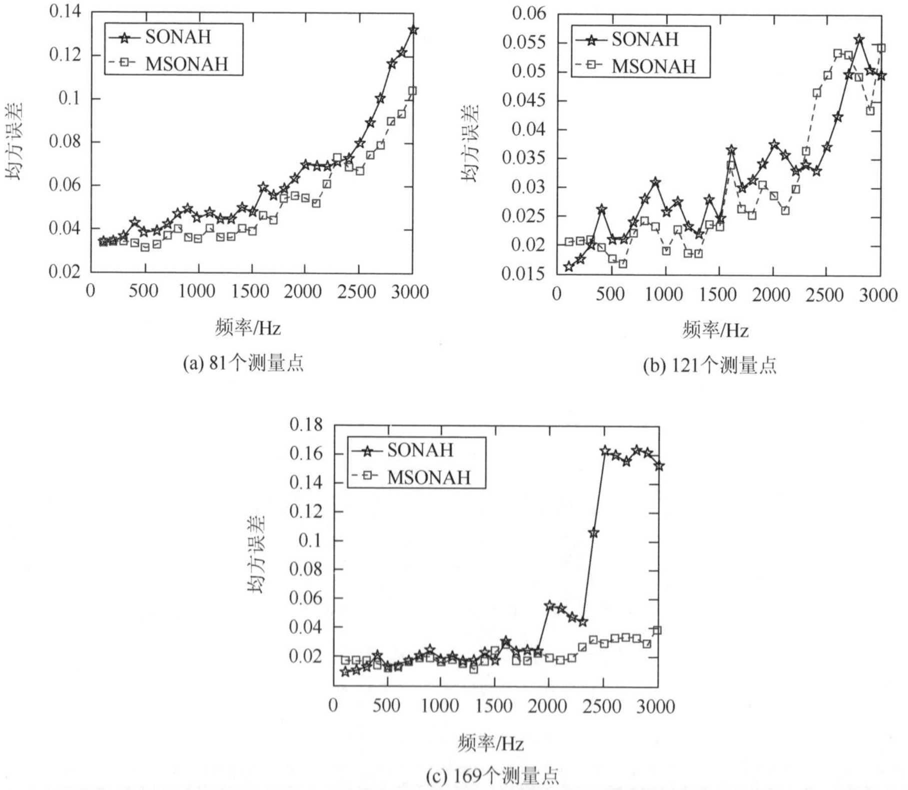

图 5.3　不同测量采样点数条件下两种算法重构误差随频率变化曲线

出 SONAH 算法在 1900Hz 频率之后重构均方误差急剧增大，这是由于此时 L 曲线的形状并不明显，通过将曲线的最大曲率位置处的值作为正则化参数并不合适，最终导致重构误差较大。

保持其他仿真条件不变，在测量点数为 169、频率为 3 kHz 的情况下，两种算法重构声压幅值与理论值绝对误差三维效果见图 5.4。比较图 5.4（a）和（b）可以看出，MSONAH 算法的绝对误差要明显地小于原始算法，每个采样点处的重构声压幅值与理论值的绝对误差都小于 0.5Pa。尤其是在中间区域，MSONAH 算法的重构声压幅值得到了明显改善。

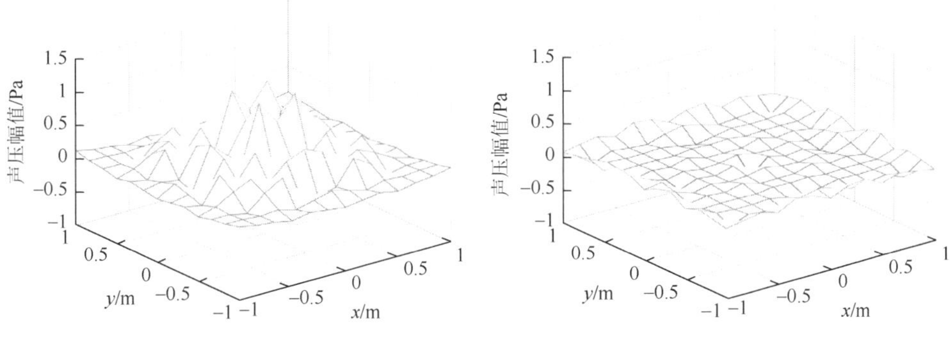

(a) SONAH绝对误差　(b) MSONAH绝对误差

图 5.4　两种算法重构声压幅值与理论值绝对误差三维效果

5.2　波叠加法近场声全息分辨率增强法

作为边界元法近场声全息的一种替代算法，波叠加法可以有效地提高计算效率和重构精度，同时对声源的形状没有限制，对于解决声源面与全息面非共形的声场重构问题具有较大的应用前景。针对波叠加法如何提高重构精度的问题，本节介绍波叠加法近场声全息分辨率增强法。

5.2.1　全息数据外推-内插分辨率增强法

如图 5.5 所示，全息面 h 包含 N 个传声器，图中“•”为传声器所在网格点位置。在对全息面 h 进行外推-内插，增大测量孔径尺寸的同时，通过减小采样间距获得更细节的声场信息。扩大尺寸后的全息面为 H，全息面 H 上“◦”位置即为全息数据外推-内插网格点，将全息面 H 上外推-内插数据与传声器测量数据进行组合得到全息面 H 上完整的声压数据。

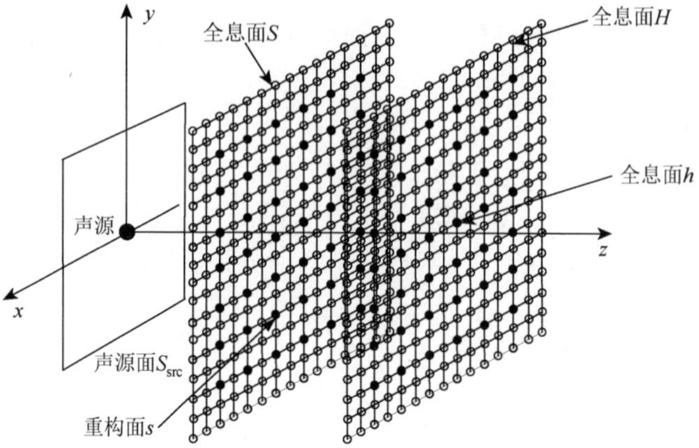

图 5.5　全息数据外推-内插

本节对波叠加全息数据外推-内插声场重构算法进行介绍。将 N 个传声器位置测量得到的声压都表示成等效源叠加形式，则 N 个等式有如下矩阵形式：

$$\boldsymbol{p}_h = \boldsymbol{H}_h\boldsymbol{Q} \tag{5.25}$$

式中，$\boldsymbol{p}_h = [p(r_{h_1}), p(r_{h_2}), \cdots, p(r_{h_N})]^{\mathrm{T}}$ 为全息面测量声压列向量；$\boldsymbol{H}_h = \mathrm{j}\rho\omega k\boldsymbol{G}_h$，$\boldsymbol{G}_h = \boldsymbol{G}(\boldsymbol{r}_h, \boldsymbol{r}_O)$ 为全息面测量传声器阵列与等效源序列之间的格林函数矩阵。

同理，全息面 H 上 N_E 个外推-内插采样点声压可以表示为

$$\boldsymbol{p}_E = \boldsymbol{H}_E\boldsymbol{Q} \tag{5.26}$$

式中，$\boldsymbol{p}_E = [p(r_{E_1}), p(r_{E_2}), \cdots, p(r_{E_{N_E}})]^{\mathrm{T}}$ 为全息面外推-内插声压列向量；$\boldsymbol{H}_E = \mathrm{j}\rho\omega k\boldsymbol{G}_E$，$\boldsymbol{G}_E = \boldsymbol{G}(\boldsymbol{r}_E, \boldsymbol{r}_O)$ 为全息面外推-内插网格点序列与等效源序列之间的传递矩阵。

由式（3.5）可以反解出源强密度列向量 $\boldsymbol{Q}$，为了稳定逆问题的求解过程，需要进行正则化，式（5.25）的正则化解为

$$\boldsymbol{Q} = \left(\boldsymbol{H}_h^{\mathrm{H}}\boldsymbol{H}_h + \eta^2\boldsymbol{I}\right)^{-1}\boldsymbol{H}_h^{\mathrm{H}}\boldsymbol{p}_h \tag{5.27}$$

式中，$\left(\boldsymbol{H}_h^{\mathrm{H}}\boldsymbol{H}_h + \eta^2\boldsymbol{I}\right)^{-1}$ 为 $\left(\boldsymbol{H}_h^{\mathrm{H}}\boldsymbol{H}_h + \eta^2\boldsymbol{I}\right)$ 的逆矩阵；$\boldsymbol{H}_h^{\mathrm{H}}$ 为 $\boldsymbol{H}_h$ 的共轭转置；η 为正则化参数；$\boldsymbol{I}$ 为单位对角阵。

将式（5.27）代入式（5.26）得到全息数据外推-内插公式：

$$\boldsymbol{p}_E = \boldsymbol{H}_E\boldsymbol{Q} = \boldsymbol{H}_E\left(\boldsymbol{H}_h^{\mathrm{H}}\boldsymbol{H}_h + \eta^2\boldsymbol{I}\right)^{-1}\boldsymbol{H}_h^{\mathrm{H}}\boldsymbol{p}_h \tag{5.28}$$

用式（5.28）对全息面 H 上“○”位置进行声场重构，结合传声器采样位置测量得到的声压数据 $\boldsymbol{p}_h$，得到最终的全息面 H 上 $N_H = N + N_E$ 个声压数据 $\boldsymbol{p}_H$：

$$\boldsymbol{p}_H=\begin{cases}\boldsymbol{p}_h, & \text{传声器位置}\\ \boldsymbol{p}_E, & \text{外推-内插位置}\end{cases} \tag{5.29}$$

将全息面 N_H 个声压数据都表示成等效源叠加形式，则有

$$\boldsymbol{p}_H=\boldsymbol{H}_H\boldsymbol{Q}_S \tag{5.30}$$

式中，$\boldsymbol{p}_H=[p(r_{H_1}),p(r_{H_2}),\cdots,p(r_{H_{N_H}})]^{\mathrm{T}}$ 为外推-内插后全息面 H 上所有采样点声压组成的声压列向量；$\boldsymbol{H}_H=\mathrm{j}\rho\omega k\boldsymbol{G}_H$，$\boldsymbol{G}_H=\boldsymbol{G}(\boldsymbol{r}_H,\boldsymbol{r}_O)$ 为全息面 H 上所有采样点阵列与等效源序列之间的格林函数矩阵。

同理，将重构面上 $N_S=N_H$ 个网格点声压数据都表示成等效源叠加的形式，有

$$\boldsymbol{p}_S=\boldsymbol{H}_S\boldsymbol{Q}_S \tag{5.31}$$

式中，$\boldsymbol{p}_S=[p(r_{S_1}),p(r_{S_2}),\cdots,p(r_{S_{N_S}})]^{\mathrm{T}}$ 为重构面重构声压列向量；$\boldsymbol{H}_S=\mathrm{j}\rho\omega k\boldsymbol{G}_S$，$\boldsymbol{G}_S=\boldsymbol{G}(\boldsymbol{r}_S,\boldsymbol{r}_O)$ 为重构面网格点序列与等效源序列之间的格林函数矩阵。

对式（5.30）进行正则化求解

$$\boldsymbol{Q}_S=\left(\boldsymbol{H}_H^{\mathrm{H}}\boldsymbol{H}_H+\eta^2\boldsymbol{I}\right)^{-1}\boldsymbol{H}_H^{\mathrm{H}}\boldsymbol{p}_H \tag{5.32}$$

将式（5.32）代入式（5.31）可以得到波叠加法全息数据外推-内插声场重构公式：

$$\boldsymbol{p}_S=\boldsymbol{H}_S\boldsymbol{Q}_S=\boldsymbol{H}_S\left(\boldsymbol{H}_H^{\mathrm{H}}\boldsymbol{H}_H+\eta^2\boldsymbol{I}\right)^{-1}\boldsymbol{H}_H^{\mathrm{H}}\boldsymbol{p}_H \tag{5.33}$$

波叠加法全息数据外推-内插近场声全息技术相比原始的波叠加法近场声全息技术多了一个全息数据外推-内插步骤，所以实现起来比较复杂。与此同时，全息面外推-内插得到的声压数据是通过波叠加法近场声全息技术重构得到的，这必然存在误差，这些误差会被带到后续声场重构中，从而对重构精度造成影响。原始的波叠加法近场声全息技术对重构面和全息面的网格划分没有条件限制，因此可以在对重构面进行声场重构时，设置重构面的网格尺寸大于全息测量孔径且网格间距小于传声器间距。基于这一思想，可以不对全息面进行外推-内插处理，直接对重构面进行外推-内插处理，本节给出波叠加法近场声全息分辨率增强法。

5.2.2　直接重构分辨率增强法

如图 5.6 所示，重构面 s 与全息面 h 具有相同的尺寸和网格划分，重构面 S 的尺寸比全息面大且网格间距更小。绝大部分的研究都只研究了全息面与重构面相同网格划分的情形，为了增强分辨率，本节介绍重构面尺寸大于全息测量孔径且网格间距更小的情况。

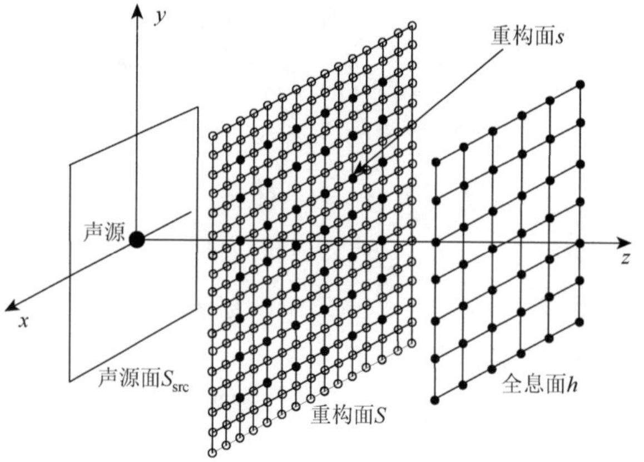

图 5.6　基于波叠加法的直接重构近场声全息分辨增强算法示意图

同理，重构面 S 上 N_S 个重构网格点声压：

$$\boldsymbol{p}_S = \boldsymbol{H}_S\boldsymbol{Q} \tag{5.34}$$

式中，$\boldsymbol{p}_S = [p(r_{S_1}), p(r_{S_2}), \cdots, p(r_{S_{N_S}})]^{\mathrm{T}}$ 为重构面重构声压列向量；$\boldsymbol{H}_S = \mathrm{j}\rho\omega k\boldsymbol{G}_S$，$\boldsymbol{G}_S = \boldsymbol{G}(\boldsymbol{r}_S, \boldsymbol{r}_O)$ 为重构面网格点序列与等效源序列之间的传递矩阵。

对式（5.25）进行正则化求解

$$\boldsymbol{Q} = \left(\boldsymbol{H}_h^{\mathrm{H}}\boldsymbol{H}_h + \eta^2\boldsymbol{I}\right)^{-1}\boldsymbol{H}_h^{\mathrm{H}}\boldsymbol{p}_h \tag{5.35}$$

将式（5.35）代入式（5.34）可以得到重构面声压数据重构公式：

$$\boldsymbol{p}_S = \boldsymbol{H}_S\boldsymbol{Q} = \boldsymbol{H}_S\left(\boldsymbol{H}_h^{\mathrm{H}}\boldsymbol{H}_h + \eta^2\boldsymbol{I}\right)^{-1}\boldsymbol{H}_h^{\mathrm{H}}\boldsymbol{p}_h \tag{5.36}$$

5.2.3　源强求解过程的不适定性

对于波叠加法近场声全息，分为两个步骤：首先是通过全息面测量数据求解源强密度；其次是通过源强密度进行声场重构。上面介绍的两种基于波叠加法的近场声全息分辨率增强算法，都需要求解源强密度。由声场重构过程可以看出，场点与源点之间的传递矩阵和全息面测量数据决定了波叠加法的重构精度。在实际应用中，由于测量数据不可避免地会引入误差，所以会影响源强密度求解过程的稳定性，使得声场重构精度降低，甚至声场重构失败。为了抑制测量噪声的干扰，可以通过正则化稳定源强求解过程，提高重构精度。

本节采用一种新的正则化算法，即经验贝叶斯正则化（empirical Bayesian regularization，EBR）算法。经验贝叶斯正则化算法由 Pereira 等[5]用于声学领域，通过与吉洪诺夫正则化进行对比，发现经验贝叶斯正则化算法可以获得更好的正则化效果，而且对于等效源数目多于传声器数量的情形依然具有很好的效果。这里只对经验贝叶斯正则化算法和对应的联合型概率密度函数正则化参数选取算法进行简单的介绍。经验贝叶斯正则化算法从概念上就不同于吉洪诺夫正则化算法，吉洪诺夫正则化算法是从能量的角度实现的，而经验贝叶斯正则化算法则是从概率途径实现的。Pereira 等[5]给出了两种正则化参数选取算法，本章采用了其中的联合型概率密度函数正则化参数选取算法。

上面介绍的波叠加近场声全息，等效源分别与重构面和声源面之间都有对应的传递矩阵，为了便于叙述，下面将传递矩阵 $\boldsymbol{H}_h$ 、 $\boldsymbol{H}_H$ 和 $\boldsymbol{H}_S$ 均用 $\boldsymbol{H}$ 表示。

将传递矩阵 $\boldsymbol{H}$ 进行奇异值分解，有

$$\boldsymbol{H}=\boldsymbol{U}\boldsymbol{S}\boldsymbol{V}^{\mathrm{H}} \tag{5.37}$$

式中，$\boldsymbol{U}=[\boldsymbol{u}_1,\cdots,\boldsymbol{u}_k]$ 和 $\boldsymbol{V}=[\boldsymbol{v}_1,\cdots,\boldsymbol{v}_k]$ 均为酉矩阵，$\boldsymbol{u}_k$ 和 $\boldsymbol{v}_k$ 分别表示矩阵 $\boldsymbol{U}$ 和 $\boldsymbol{V}$ 的第 k 列； $\boldsymbol{S}$ 为奇异值 s_k $(k=1,2,\cdots,K)$ 组成的对角矩阵。

定义 $\alpha^2=\left|\partial\beta^2/\partial\eta^2\right|$ 为变量 $(\alpha^2,\beta^2)\mapsto(\alpha^2,\eta^2)$ 变化的雅可比行列式， β^2 表示估计的噪声级（通常情况下未知），关于 α^2 和 β^2 最小化的代价函数为

$$\boldsymbol{J}_{\text{Joint}}(\alpha^2,\beta^2)=\sum_{k=1}^{N}\ln(\alpha^2 s_k^2+\beta^2)+\sum_{k=1}^{N}\frac{\left|y_k\right|^2}{\alpha^2 s_k^2+\beta^2} \tag{5.38}$$

式中，N 为全息面测量网格点数； y_k 是向量 $\boldsymbol{y}=\boldsymbol{U}^{\mathrm{H}}\boldsymbol{I}^{-1/2}\boldsymbol{p}$ 的第 k 个元素，它是阵列子空间上测量数据的投影， $\boldsymbol{I}$ 为单位矩阵， $\boldsymbol{p}$ 为全息面网格点声压列向量。假设有多个快照 $\{\boldsymbol{p}_j;j=1,\cdots,M\}$ 是可用的，此时 $\left|y_k\right|^2$ 被它的 M 个快照的平均值代替，即

$$\left\langle\left|y_k\right|^2\right\rangle=\boldsymbol{u}_k^{\mathrm{H}}\boldsymbol{I}^{-1/2}\underbrace{\left(\frac{1}{M}\sum_{j=1}^{M}\boldsymbol{p}\boldsymbol{p}^{\mathrm{H}}\right)}_{\boldsymbol{S}_{pp}}\boldsymbol{I}^{1/2}\boldsymbol{u}_k \tag{5.39}$$

式中， $\boldsymbol{S}_{pp}$ 为关于测量数据的（经验主义的）相关矩阵。

实现代价函数 $\boldsymbol{J}_{\text{Joint}}(\alpha^2,\beta^2)$ 的最小化比较简单。首先变量 $(\alpha^2,\beta^2)\mapsto(\alpha^2,\eta^2)$ 发生了改变，得到

$$\boldsymbol{J}_{\text{Joint}}(\alpha^2,\eta^2)=\sum_{k=1}^{N}\ln(s_k^2+\eta^2)+\frac{1}{\alpha^2}\left(\sum_{k=1}^{N}\frac{\left\langle\left|y_k\right|^2\right\rangle}{s_k^2+\eta^2}\right)+N\ln\alpha^2 \tag{5.40}$$

然后让式（5.40）关于 α^2 的导数趋于零，就得到最大后验（maximum a posteriori，MAP）估计：

$$\hat{\alpha}^2=\frac{1}{N}\left(\sum_{k=1}^{N}\frac{\left\langle\left|y_k\right|^2\right\rangle}{s_k^2+\eta^2}\right) \tag{5.41}$$

将式（5.41）代入式（5.40）得到

$$\hat{\eta}_{\text{Joint}}^2=\arg\min\boldsymbol{J}_{\text{Joint}}(\eta^2) \tag{5.42}$$

式中

$$\boldsymbol{J}_{\text{Joint}}(\eta^2) \triangleq \boldsymbol{J}_{\text{Joint}}(\hat{\alpha}^2, \eta^2) - N = \sum_{k=1}^{N} \ln(s_k^2 + \eta^2) + N \ln \hat{\alpha}^2 \tag{5.43}$$

此时，获取正则化参数η^2变成了一个 1D 最小化问题，它可以通过最陡下降法或者二分法等粗糙的网格算法得到。

参 考 文 献

[1] 杨冰. 基于声全息的噪声源识别技术研究. 大连：大连交通大学，2013.

[2] Tikhonov A N. On stability of inverse problems. Doklady Akademii Nauk Sssr，1943，39（5）：195-198.

[3] Hald J. Patch near-field acoustical holography using a new statistically optimal method. Proceedings of INTER-NOISE and NOISE-CON Congress and Conference，New York，2003：2203-2210.

[4] Hald J. Basic theory and properties of statistically optimized near-field acoustical holography. Journal of the Acoustical Society of America，2009，125（4）：2105-2120.

[5] Pereira A，Antoni J，Leclère Q. Empirical Bayesian regularization of the inverse acoustic problem. Applied Acoustics，2015，97（1）：11-29.

第 6 章　水中运动声源声全息空间识别算法

在水声工程中，水中移动声源是一种广泛存在的噪声源，如水中航行的舰艇、潜艇、水下无人航行器等，对这些噪声源进行研究需要考虑更多的问题，包括：①声源的运动产生多普勒频移并导致辐射噪声的频谱边带重叠，最终严重影响声全息重构效果。②静止状态下水中大型声源，如系泊状态下的舰艇、水下航行器等也是经常遇到的情况，在对水中静止的大型声源进行全息测量时，很多时候无法使用大型阵列快照法获得全息面数据，这是因为快照法要求与测量面网格数相同数量的传感器和信号通道，这会大幅度地增加测量系统的成本，还会增加测量系统各通道一致性校准等工作量，而且其所用设备庞大，搬运、组装、放置和使用都会带来较大的不便。特别是在水中应用时使用矢量阵进行测量的情况，一个测量点上的矢量水听器需要输出四个通道的信号，如果采用大型阵列快照法，那么对于转接箱电路、测放电路及信号采集电路的负担会非常大。

针对以上问题，可以采用水听器阵列进行水下快速扫描测量，从而获得完整的水下全息数据。当采用水下快速扫描测量法进行水中移动声源测量时，水介质和测量阵列本身是静止的，而声源是运动的；对于水中静止的大型声源情况，采用水下快速扫描测量法时水介质和声源本身是静止的，而测量阵列在做相对运动。目前，无论哪种情况，声源和水听器阵列之间都存在一定的相对运动，使用阵列扫描法进行水下全息数据测量可以在一定程度简化设备，减少水听器数量与测量放大器和数据预处理的通道数，并且整套测量系统相对简单轻便，便于工程应用。

还需要注意的是，采用声源与测量阵列相对运动的算法来获得测量面数据，这对测量结果提出了新的难题，如相对运动给测量信号引入了多普勒效应，使信号的频率特征、幅度及相位都产生了一定的畸变。机械结构在运动时定位的偏差造成测量点的误差。水下相对运动造成水听器阵列或振动体附近的流体流动在水听器上产生湍流脉动压力（流噪声），导致测量得到的数据混入一定量的噪声。在利用相对运动算法进行测量时，每个测量点处的时间会非常短，不利于消除流体介质中各向同性噪声带来的消极影响。因此必须引入一些信号处理手段和工程应用的技巧来抑制这些消极因素。

6.1　运动声源激发的声波

从运动声源理论可知，水听器测量到的是含有多普勒效应的声压信号，因此首先需要了解水听器阵列测量得到的运动面辐射声压信号的特性，其次讨论消除测量信号中的多普勒效应。

6.1.1　运动学分析

首先在静止流体中建立运动声源模型。在空间中存在相对流体静止的观察点 O，矢量表示为 $\boldsymbol{r}=(x,y,z)$。单极子声源的运动路径为 $\boldsymbol{r}_s(t)$，在直角坐标系中的分量分别为 $x_s(t)$、$y_s(t)$、$z_s(t)$。由于声在理想静止流体介质中传播存在恒定的声速 c，所以 t 时刻时在观察点 O 处接收到的声压信号是单极子声源在 $t_e=t-R/c$ 时刻辐射的。此时单极子源位置在 $\boldsymbol{r}_s(t_e)$ 处。声源 E 与观察点 O 的距离为 R。则

$$R=\|\boldsymbol{r}-\boldsymbol{r}(t_e)\| \tag{6.1}$$

将 t_e 时刻代入式（6.1），则有

$$R^2=[x-x_s(t-R/c)]^2+[y-y_s(t-R/c)]^2+[z-z_s(t-R/c)]^2 \tag{6.2}$$

如图 6.1 所示，单极子声源沿一条直线运动，速度为 V。根据莫尔斯（Morse）运动声学理论，在低马赫数情况下（$M=V/c\leqslant 0.2$），辐射声源由于运动产生的畸变遵循一定的规律，下面将对这些规律进行理论推导。

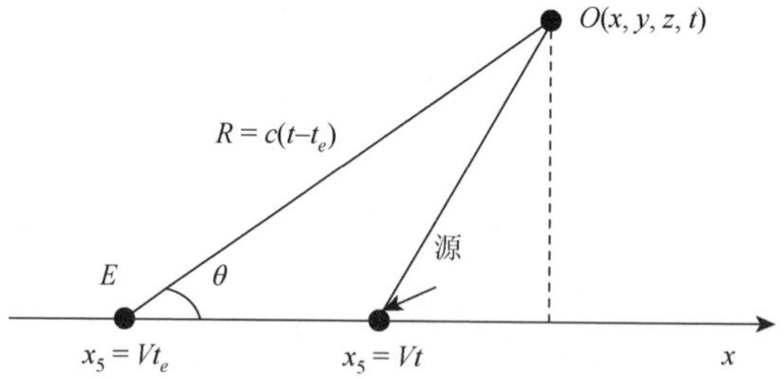

图 6.1　运动声源模型

假设单极子声源经过坐标原点的时刻为 $t=0$，运动路径为 x 轴，运动方向为 x 轴正方向，则有

$$x_s(t)=Vt,\quad y_s=z_s=0 \tag{6.3}$$

将式（6.3）代入式（6.2），则有

$$R^2=[x-V(t-R/c)]^2+r^2=[(x-Vt)+MR]^2+r^2 \tag{6.4}$$

式中，$r^2=y^2+z^2$。对式（6.4）进行求解，得

$$R=\frac{M(x-Vt)\pm\sqrt{(x-Vt)^2+(1-M^2)r^2}}{1-M^2} \tag{6.5}$$

对式（6.5）进行分析，R 的物理量是距离，必须为正值，则舍去负值解。

假设：

$$R_1=\sqrt{(x-Vt)^2+(1-M^2)r^2} \tag{6.6}$$

则式（6.5）可以化简为

$$R=\frac{M(x-Vt)+R_1}{1-M^2} \tag{6.7}$$

图 6.1 中定义单极子声源运动方向与距离矢量的夹角为 θ，则有 $x-x_e=x-Vt_e=R\cos\theta$，因为 $R=\frac{M(x-Vt)+R_1}{1-M^2}$，即 $M(x-Vt)=M[x-Vt_e-V(t-t_e)]=MR(\cos\theta-M)$，因此由式（6.7）可以推导出：

$$R_1=R(1-M\cos\theta) \tag{6.8}$$

当运动声源辐射声波到达观测点时，辐射声波的强度会产生变化。假设声源前方存在一点 O_1，该点在时间间隔 Δt_1 中接收到在时间 Δt 内所发出的能量，显然 $\Delta t_1\leqslant\Delta t$。而假设声源后方存在一点 O_2，对应该点在时间 Δt 中接收到在时间 Δt_2 内所发出的能量的时间间隔为 Δt_2，则 $\Delta t_2\geqslant\Delta t$。在声源向观测点方向运动时，声波能量被聚焦，而当声源远离观测点运动时，声波能量被发散。

由对应于运动声源两相继发射点的等相面，可以很容易地得到一静止观测点处的多普勒频移。声源以时间差 T 向前方所发出的两个等相面之间的距离为 $cT-VT=T(c-V)$。因为等相面以相对于静止观测者的速率 c 行进，所以观测到的这两个等相面之间的时间间隔就是 $T(1-V/c)$。观察到的相应频率就增大为源频率的 $(1-M)^{-1}$ 倍。对应于 θ 的点上，观测到的频率增大为声源频率的 $(1-M\cos\theta)^{-1}$ 倍，这里 θ 是 V 与 r 之间的夹角。

6.1.2　动力学分析

在运动声源识别过程中，水听器等间隔地接收声源在不等间隔时间内发出的信号，造成水听器采集到的信号随声源的运动发生变化。为了得到运动声源辐射噪声信号的真实信息以正确地识别声源的位置，必须从动力学的角度对运动声源产生的声压场进行分析和研究。

假设在均匀静止的理想流体中存在一个点声源，该声源为单极子脉动声源，

强度为q，q的物理含义是指流出或流入声源的质量总速率。则源分布密度可以表示为

$$Q(\boldsymbol{r},t)=q(t)\delta(x-Vt)\delta(y)\delta(z) \tag{6.9}$$

式中，$\delta(x-Vt)$、$\delta(y)$、$\delta(z)$为单位脉冲函数，表示单极子点声源的位置。

运动声源辐射产生声压场的波动方程为

$$\nabla^2 p-\frac{1}{c^2}\frac{\partial^2 p}{\partial t^2}=-\frac{\partial}{\partial t}q(t)\delta(x-Vt)\delta(y)\delta(z) \tag{6.10}$$

令速度势为ψ，将关系式$p=\dfrac{\partial\psi}{\partial t}$代入式（6.10）中，得到

$$\nabla^2\psi-\frac{1}{c^2}\frac{\partial^2\psi}{\partial t^2}=-q(t)\delta(x-Vt)\delta(y)\delta(z) \tag{6.11}$$

以上讨论的物理模型采用的均是相对观测点O静止的参照系，若要考虑参照系相对声源静止的情况，则需要将问题转化为静止声源辐射问题，以便用傅里叶变换求解方程。求解上面的方程需要进行的坐标变换为

$$x'=\gamma(x-Vt),\ y'=y,\ z'=z,\ t'=\gamma\left(t-\frac{V}{c^2}x\right) \tag{6.12}$$

式中，$\gamma=1/(1-M^2)$，$M=V/c$。

本节进行如下变化：

$$\frac{\partial^2}{\partial z^2}=\frac{\partial^2}{\partial z'^2},\ \frac{\partial^2}{\partial y^2}=\frac{\partial^2}{\partial y'^2} \tag{6.13}$$

$$\frac{\partial^2}{\partial x^2}=\frac{1}{1-M^2}\left(\frac{\partial^2}{\partial x'^2}-\frac{2V}{c^2}\frac{\partial^2}{\partial x'\partial t'}+\frac{M^2}{c^2}\frac{\partial^2}{\partial t'^2}\right) \tag{6.14}$$

$$\frac{\partial^2}{\partial t^2}=\frac{1}{1-M^2}\left(V^2\frac{\partial^2}{\partial x'^2}-2V\frac{\partial^2}{\partial x'\partial t'}+\frac{\partial^2}{\partial t'^2}\right) \tag{6.15}$$

因此

$$\frac{\partial^2}{\partial x^2}+\frac{\partial^2}{\partial y^2}+\frac{\partial^2}{\partial z^2}-\frac{1}{c^2}\frac{\partial^2}{\partial t^2}=\frac{\partial^2}{\partial x'^2}+\frac{\partial^2}{\partial y'^2}+\frac{\partial^2}{\partial z'^2}-\frac{1}{c^2}\frac{\partial^2}{\partial t'^2} \tag{6.16}$$

所以式（6.11）变换成

$$\begin{aligned}\nabla'^2\psi-\frac{1}{c^2}\frac{\partial^2\psi}{\partial t^2}&=-q\left[\gamma\left(t'+Vx'/c^2\right)\right]\delta\left(x'/\gamma\right)\delta\left(z'\right)\delta\left(y'\right)\\&=-\gamma q\left(\gamma t'\right)\delta\left(z'\right)\delta\left(x'\right)\delta\left(y'\right)\end{aligned} \tag{6.17}$$

式（6.17）中$\delta(x'/\gamma)=\gamma\delta(x')$，而且注意到，只有当$x'=0$时，$\delta$函数才为非零，故式（6.17）中$q\left[\gamma\left(t'+Vx'/c^2\right)\right]$可以用$q(\gamma t')$代替。进一步，引入$t''=\gamma t'$、$x''=\gamma x'$、$y''=\gamma y'$和$z''=\gamma z'$，则$\nabla''=\gamma^2\nabla'$，式（6.17）可以表示为

$$\nabla''^2\psi - \frac{1}{c^2}\frac{\partial^2\psi}{\partial t''^2} = -\gamma^2 q(t'')\delta(y'')\delta(z'')\delta(x'') \tag{6.18}$$

式（6.18）可等同声源在静止条件下的辐射方程，源强度为$\gamma^2 q(t'')$。应用静止声源辐射的有关结论，用坐标$(\boldsymbol{r}'',t'')$可以求得式（6.18）的解：

$$\psi\left(\boldsymbol{r}'',t''\right) = \frac{\gamma^2}{4\pi\left|\boldsymbol{r}''\right|}q\left(t'' - \frac{\left|\boldsymbol{r}''\right|}{c}\right) \tag{6.19}$$

变换回到原来的变量x、t，可以得到

$$t'' - \frac{\left|\boldsymbol{r}''\right|}{c} = \gamma\left(t' - \frac{\sqrt{x'^2 + y'^2 + z'^2}}{c}\right) = t - \frac{R}{c},\ \left|\boldsymbol{r}''\right| = \gamma^2 R_1 \tag{6.20}$$

式中，$R = \dfrac{M(x - Vt) + R_1}{1 - M^2}$；$R_1 = \sqrt{(x - Vt)^2 + (1 - M^2)(y^2 + z^2)}$。

在亚声速情形即当$M < 1$时，ψ的解为

$$\psi(\boldsymbol{r},t) = \frac{q(t - R/c)}{4\pi R_1} \tag{6.21}$$

由$p = \partial\psi/\partial t$和式（6.21）得到空间声压：

$$p\left(x,y,z,t\right) = \frac{1}{4\pi R_1}\left[\frac{\partial q\left(t - R/c\right)}{\partial t}\left(1 - \frac{1}{c}\frac{\partial R}{\partial t}\right) - \frac{q\left(t - R/c\right)}{R_1}\frac{\partial R_1}{\partial t}\right] \tag{6.22}$$

通过上面计算给出的R，以及$x - Vt = x - Vt_e - V(t - t_e) = R\cos\theta - MR$和$R = c(t - t_e)$，可以得到

$$\begin{aligned}\frac{1}{c}\frac{\mathrm{d}R}{\mathrm{d}t} &= -\frac{1}{1 - M^2}\left[M^2 + \frac{M(x - Vt)}{R_1}\right] \\ &= -\frac{M}{1 - M^2}\left[M + \frac{R(\cos\theta - M)}{R(1 - M\cos\theta)}\right] \\ &= \frac{M\cos\theta}{1 - M\cos\theta}\end{aligned} \tag{6.23}$$

将式（6.23）代入式（6.22），则有

$$p = \frac{1}{4\pi}\frac{q'(t - R/c)}{R(1 - M\cos\theta)^2} + \frac{q(t - R/c)}{4\pi}\frac{(\cos\theta - M)V}{R^2(1 - M\cos\theta)^2} \tag{6.24}$$

式（6.24）中等号右端的第一项表示按传播距离衰减的声场辐射项，第二项为近场效应。在满足远场测量条件下或当声源移动速度较低（$v/c \leqslant 0.2$）时，第二项可以忽略。式（6.24）为

$$p = \frac{1}{4\pi}\frac{q'(t - R/c)}{R(1 - M\cos\theta)^2} \tag{6.25}$$

式中，p 为水听器测量得到的信号；q 为运动声源的真实信号。从式（6.25）可以看出，因为水听器接收的声压信号含有多普勒效应信号，所以幅度和频率都随时间发生了改变。这种由于声源和测量系统的相对介质运动造成接收信号发生改变的现象，称为多普勒效应。

6.2　全息数据的多普勒消除

声源与接收传感器的相对运动使接收传感器输出的信号带有多普勒效应，影响接收信号的频率、相位和幅度。带有多普勒效应的信号，若不进行信号修正就进行全息算法重构，则会造成较大的重构误差，甚至造成全息重构失败。因此在对运动声源进行测量或运动扫描测量的全息系统中，如何更好地消除多普勒效应造成的消极影响，将是重点解决的问题。根据对运动声源声辐射模型的分析可知，多普勒效应产生的原因是声源和观测点相对运动引起的不同时刻声波传播实际距离的变化，该变化导致不同时刻从声源到观测点传播时间不同，使接收信号在时域上发生了一定的压缩或展宽。时域多普勒消除算法是在已知声源位置、观测点位置及相对运动速度的条件下，对接收信号进行时域上波形的压缩或展宽进行还原，从而消除接收信号多普勒效应产生的变化。

水中运动声源测量过程如图 6.2 所示。在静止的流体介质中存在运动声源，声源从位置Ⅰ运动到位置Ⅱ，运动距离为 L，运动速度为 V。测量阵列采用水听器线阵，阵元个数为 N，阵元间隔为 Δy，线阵长度为 L，测量阵所在平面与声源运动所在平面平行，距离为 d。

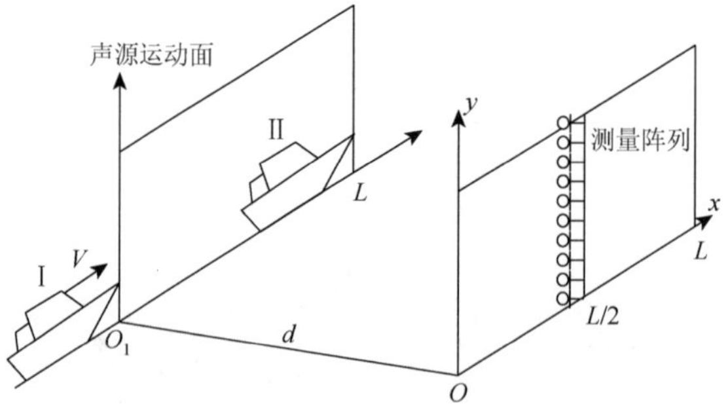

图 6.2　水中运动声源测量过程

由 6.1 节内容可知，在满足远场测量条件或当声源移动速度较低（$v/c \leqslant 0.2$）时，根据式（6.25），第 i 个水听器测量得到的声压数据为

$$p_i(t)=\frac{1}{4\pi}\frac{q'[t-(R_{ij}(\tau)/c)]}{R_{ij}(\tau)[1-M\cos\theta_{ij}(\tau)]^2} \tag{6.26}$$

式中，$R_{ij}(\tau)$ 为从声源到测量阵列阵元实际的传播距离；$\theta_{ij}(\tau)$ 为对应的声辐射方向与声源运动方向的夹角；τ 为声源的发射时刻；t 为水听器的接收时刻。

$$R_{ij}(\tau)=\frac{M[x_j(t)-x_i]}{1-M^2}+\frac{\sqrt{[x_j(t)-x_i]^2+(1-M^2)[(y_j-y_i)^2+(z_s-z_m)^2]}}{1-M^2} \tag{6.27}$$

$$\cos\theta_{ij}(\tau)=\frac{x_i-x_j(\tau)}{R_{ij}(\tau)} \tag{6.28}$$

水听器接收的声压信号因为含有多普勒效应信号，幅度和频率都随时间发生了改变，因此需要对其进行补偿。由式（6.26）可知，水听器测量到的信号 $p_i(t)$ 与 $R_{ij}(\tau)[1-M\cos\theta_{ij}(\tau)]^2$ 成反比，因此对于假设声源可以用水听器接收的信号 $p_i(t)$ 乘以该项，以消除声源运动引起的幅值变化。同时，由式（6.26）～式（6.28）的分析可知，水听器测量得到的声压信号的多普勒频率偏移是由水听器在等间隔接收时刻 t 所接收到的声音，是声源在不等间隔发射时刻 τ 内发出的，即引起多普勒频移的实质是声源发射时间系统与水听器接收时间系统之间的差别。因此，消除多普勒频移的算法就是统一两个时间系统，即

$$t=\tau+\frac{R_{ij}(\tau)}{c} \tag{6.29}$$

对接收信号进行多普勒修正：

$$q(\tau)=p_i\left[\tau+\frac{R_{ij}(\tau)}{c}\right][1-M\cos\theta_{ij}(\tau)]^2R_{ij}(\tau) \tag{6.30}$$

由于该过程是对信号在时域进行线性变换，对信号到达测量阵元的时间进行修正，故称为时域多普勒消除。

6.3　声源面的声场重构

当消除多普勒效应获得全息面数据并确定分析频率后，需要对运动声源面进行重构。目前，较多采用的算法是利用空间傅里叶变换的传统近场声全息对运动声源声场信息进行重构。由于测量条件的限制，有些学者也采用统计最优局部测量的算法进行声场重构。

声场重构需要考虑各种噪声的影响，在实际测量时，除运动声源产生的噪声外，同时还有很多其他不确定性噪声，如海洋环境噪声、流噪声、自噪声。因此，针对水中大型运动声源测量时面临的多声源、大面积、距离远的问题，为了便于分析，本节提出一个简化模型，并需要做如下假设：

（1）假设声源发出的声音信号是各态历经的平稳随机信号，而且测量过程中的噪声是加性高斯白噪声，对于非稳态信号，暂未做重点研究。

（2）机械噪声源都看成一点声源，辐射声场为自由声场。

（3）各个信号源之间是相互独立的；信号与噪声之间相互独立；信号之间是瞬时相加的，即在某个时刻，各个信号源之间是加性的。

6.3.1 基于空间傅里叶变换的声场重构

利用传统空间傅里叶变换的近场声全息法，首先对全息面消除多普勒效应的测量数据进行傅里叶变换：

$$P(k_x,k_y,z_H)=\int_{-\infty}^{+\infty}\int_{-\infty}^{+\infty}p(x,y,z_H)\mathrm{e}^{-\mathrm{j}(k_x x+k_y y)}\mathrm{d}x\mathrm{d}y \tag{6.31}$$

然后利用基于空间傅里叶变换的近场声全息重构公式：

$$P(k_x,k_y,z_S)=P(k_x,k_y,z_H)\cdot\mathrm{e}^{-\mathrm{j}k_z d} \tag{6.32}$$

$$V_z(k_x,k_y,z_S)=k_z P(k_x,k_y,z_H)\cdot\mathrm{e}^{-\mathrm{j}k_z d}/(\rho ck) \tag{6.33}$$

式中

$$k_z=\begin{cases}\sqrt{k^2-k_x{}^2-k_y{}^2}, & k\geqslant\sqrt{k_x^2+k_y^2}\\ \mathrm{j}\sqrt{k_x{}^2+k_y{}^2-k^2}, & k<\sqrt{k_x^2+k_y^2}\end{cases} \tag{6.34}$$

当得到声源面上重构声压和质点振速信息后，再对其进行傅里叶逆变换，最终得到声源面上时域内声源的声场信息：

$$p(x,y,z_S)=\frac{1}{4\pi^2}\int_{-\infty}^{\infty}\int_{-\infty}^{\infty}P(k_x,k_y,z_S)\cdot\mathrm{e}^{\mathrm{j}(k_x x+k_y y)}\mathrm{d}k_x\mathrm{d}k_y \tag{6.35}$$

利用上述算法，对面上所有假设声源点进行处理，可以完成整个面的声场重构，最终实现对水中运动声源的声场分析。

6.3.2 基于统计最优局部测量的声场重构

由前述理论可知，统计最优近场声全息可以直接通过空间域中全息面上复声压的线性叠加来计算重构面上的复声压和表面粒子振速，它对测量孔径面积的要求没有基于空间声场变换的近场声全息那么严格。而对于水下大型运动声源的声场重构问题，不仅要消除相对运动产生的多普勒频移影响，还要在有限测量范围内进行声场测量和重构。实际上，对于消除多普勒效应的全息面数据，后续重构算法的适用性对最终声源面声场信息的重构精度影响很大，6.3.1 节中介绍的传统傅里叶变换的近场声全息在对水下大型运动声源的声场重构过程中会出现卷绕误差及测量面限制等问题，这样的测量条件势必会影响重构结果，重构精度也很难保证。因此，很多学者采用两种算法结合的方式，将消除多普勒效应的全息面数据作为输入量，再采用统计最优法在局部测量范围内对声源面进行重构。具体计算过程为：①通过扫描测量法得到全息面上含有多普勒效应的全息数据；②消除全息数据的多普勒效应，得到不含多普勒效应的全息数据；③把得到不含多普勒效应的全息数据作为已知量，计算柱面统计最优近场声全息中的系数矩阵；④应用平面统计最优近场声全息技术对重构面进行声场预测。

第 7 章　近场基阵理论与聚焦波束形成

随着减振降噪措施的有效实施，水下舰船、航行器等辐射噪声水平不断下降，为了保证获得足够信噪比的噪声源信息，往往会减少测试距离。因此，在辐射噪声水平的降低、测试距离的减小、分析频段的降低及阵列有效尺度的增加等多种因素作用下，水下噪声源常常会位于测试阵列的近场区域。本章将介绍在水下噪声源测试分析中使用的另一个重要手段——聚焦波束形成，用于重构噪声源所在空间（平面、柱面等）区域的声源等效分布。本章根据近场基阵理论，给出远场及近场波束空间特性，以及近场波束补偿及空间扫描算法，进而将矢量信息获取与阵列信号处理结合，详细介绍基于矢量阵的聚焦波束形成原理与算法，并给出聚焦定位性能。

7.1　近场基阵理论

7.1.1　线性波动方程

理想流体介质是指介质中不存在黏滞性，声波在其中传播时没有能量损耗。理想流体介质中的波动方程可以由流体动力学和压力与密度之间的绝热关系推导得到，相应的连续性方程（质量守恒定律）、欧拉方程（牛顿第二定律）和物态绝热方程分别表示为

$$\frac{\partial p}{\partial t}=\nabla\cdot(\rho\boldsymbol{v}) \tag{7.1}$$

$$\frac{\partial \boldsymbol{v}}{\partial t}=-\frac{1}{\rho}\nabla p \tag{7.2}$$

$$p=p_0+\rho'\left[\frac{\partial p}{\partial \rho}\right]_S+\frac{1}{2}(\rho')^2\left[\frac{\partial^2 p}{\partial \rho^2}\right]_S+\cdots \tag{7.3}$$

式中，$\rho=\rho_0+\rho'$ 是介质的密度，其中 ρ_0 是平衡状态下的密度，而 $\rho'=\rho-\rho_0$ 是由声波引起的密度变化；$\boldsymbol{v}$ 是质点振速矢量；$p=p_0+p'$ 是声压，其中 p_0 是平衡状态下的静态压力，$p'=p-p_0$ 是由声波存在而产生的瞬态声压；下标 S 表示等熵情况下得到的热力学偏微分。

式（7.3）中的一阶偏微分为

$$c^2=\left[\frac{\partial p}{\partial \rho}\right]_S \tag{7.4}$$

式中，c 是理想流体介质中的声速。

本节进行以下假设：①介质为理想流体介质，声波在这种理想流体介质中传播时没有能量的损耗；②当没有声振动时，介质在宏观上是静止的，即初速度为零，同时介质是均匀的，介质中静压力和静密度都是常数；③将声波传播看作绝热过程；④介质中为小振幅声波传播，各声学参量都取其最低次项，即一级小量。式（7.1）和式（7.2）可以表示为

$$\frac{\partial p'}{\partial t}=-\rho_0\nabla\cdot\boldsymbol{v} \tag{7.5}$$

$$\frac{\partial \boldsymbol{v}}{\partial t}=-\frac{1}{\rho_0}\nabla p' \tag{7.6}$$

$$p'=\rho' c^2 \tag{7.7}$$

为了书写简便，本书考虑的是由声波引起的声压和体积元内密度的变化，除特别说明外将去除上标“′”，直接使用 p 和 ρ 表示这两个量。

1. 声压波动方程

考虑到海洋起伏变化的时间尺度要远大于声传播所需要的时间尺度，假定介质特性 ρ_0 和 c^2 均与时间无关，如声场中的密度恒定，可以得到相速度为 c 的流体中，声传播的线性、无损声压波动方程：

$$\nabla^2 p-\frac{1}{c^2}\frac{\partial^2 p}{\partial t^2}=0 \tag{7.8}$$

2. 速度势波动方程

若密度恒定，则式（7.8）可以通过引入速度势 ϕ 而变换到一个简单的标量方程中。将速度势 ϕ 写为

$$\boldsymbol{v}=\nabla\phi \tag{7.9}$$

将式（7.9）与恒定密度条件 $\nabla\rho=0$ 一起代入式（7.5）中，可以得到速度势 ϕ 满足波动方程：

$$\nabla^2\phi-\frac{1}{c^2}\frac{\partial^2\phi}{\partial t^2}=0 \tag{7.10}$$

式（7.10）中的速度势波动方程与式（7.8）中的声压波动方程有相同的形式，两个方程都适用于变声速的情况，但是密度必须恒定。

3. 亥姆霍兹方程

由速度势波动方程来建立亥姆霍兹方程。因为式（7.10）中两个微分算子的系数与时间无关，可以通过时间-频率傅里叶变换得到频域波动方程形式：

$$[\nabla^2 + k^2(\boldsymbol{r})]\Phi(\boldsymbol{r},\omega) = 0 \tag{7.11}$$

式中，$k(\boldsymbol{r}) = \omega / c(\boldsymbol{r})$，为对应于角频率 ω 的介质中波数；$\Phi(\boldsymbol{r},\omega)$ 为速度势频域表示。

通过降低偏微分方程的维数，求解式（7.11）中的亥姆霍兹方程要比求解式（7.8）中的全波动方程容易，但付出的代价是必须要计算其傅里叶逆变换。当求解亥姆霍兹方程时，其具体求解算法与以下因素有关：①问题的维数；②介质中的波数变化 $k(\boldsymbol{r})$，即声速变化 $c(\boldsymbol{r})$；③边界条件；④声源发射-接收位置关系；⑤频率和带宽。当所关心的空间中存在有声源时，需要求解非齐次波动方程：

$$[\nabla^2 + k^2(\boldsymbol{r})]\Phi(\boldsymbol{r},\omega) = X(\boldsymbol{r}_0,\omega) \tag{7.12}$$

式中，$\boldsymbol{r}_0$ 为声源的空间位置向量；$X(\boldsymbol{r}_0,\omega)$ 为声源频域表示。

在理想均匀流体介质中，小振幅声波的传播可以用线性三维无损非齐次速度势波动方程描述：

$$\nabla^2\phi(\boldsymbol{r},t) - \frac{1}{c^2}\cdot\frac{\partial^2\phi(\boldsymbol{r},t)}{\partial t^2} = x(\boldsymbol{r},t) \tag{7.13}$$

式中，$x(\boldsymbol{r},t)$ 为源项。若以一个简单点源作为源项，取随时间简谐变化的形式，则任意位置处的源分布 $x(\boldsymbol{r},t)$ 可以表示为

$$x(\boldsymbol{r},t) = x_f(\boldsymbol{r})\mathrm{e}^{\mathrm{j}\omega t} \tag{7.14}$$

式中，$x_f(\boldsymbol{r})$ 为源分布 $x(\boldsymbol{r},t)$ 空间相关部分。

式（7.13）精确解可以表示为

$$\phi(\boldsymbol{r},t) = -\frac{1}{4\pi}\int_{V_0} x_f(\boldsymbol{r}_0)\frac{\mathrm{e}^{-\mathrm{j}k|\boldsymbol{r}-\boldsymbol{r}_0|}}{|\boldsymbol{r}-\boldsymbol{r}_0|}\mathrm{d}V_0\mathrm{e}^{\mathrm{j}\omega t} = \phi_f(\boldsymbol{r})\mathrm{e}^{\mathrm{j}\omega t} \tag{7.15}$$

式中，$\phi_f(\boldsymbol{r}) = \int_{V_0} x_f(\boldsymbol{r}_0) g_f(\boldsymbol{r},\boldsymbol{r}_0)\mathrm{d}V_0$，$\phi_f(\boldsymbol{r})$ 是速度势的空间相关部分。

时间无关自由空间中的格林函数 $g_f(\boldsymbol{r},\boldsymbol{r}_0)$ 可以表示为

$$g_f(\boldsymbol{r},\boldsymbol{r}_0) = -\frac{\mathrm{e}^{-\mathrm{j}k|\boldsymbol{r}-\boldsymbol{r}_0|}}{4\pi|\boldsymbol{r}-\boldsymbol{r}_0|} \tag{7.16}$$

式中，在直角坐标系下，有 $|\boldsymbol{r}-\boldsymbol{r}_0| = \sqrt{(x-x_0)^2+(y-y_0)^2+(z-z_0)^2}$。

单频声场中的格林函数满足以下非齐次亥姆霍兹方程：

$$(\nabla^2 + k^2)g_f(\boldsymbol{r},\boldsymbol{r}_0) = -\delta(\boldsymbol{r}-\boldsymbol{r}_0) \tag{7.17}$$

式中，$g_f(\boldsymbol{r},\boldsymbol{r}_0)$ 是在空间位置 $\boldsymbol{r}_0$ 处放置一个单位幅度点声源时亥姆霍兹方程的解。由脉冲函数的定义可知，$g_f(\boldsymbol{r},\boldsymbol{r}_0)$ 是一个理想均匀流体介质的时间无关自由空间的空域脉冲响应。当位置向量 $\boldsymbol{r}_0$ 和 $\boldsymbol{r}$ 互换时，流体介质中的响应是相同的，即为互易原理。

对于位于 $\boldsymbol{r}_0$ 处的源分布 $x(\boldsymbol{r}_0,t)$，$X(\boldsymbol{r}_0,\omega)$ 为该源分布的复频率谱函数，即

$$X(\boldsymbol{r}_0,\omega)=\int_{-\infty}^{\infty}x(\boldsymbol{r}_0,t)\mathrm{e}^{-\mathrm{j}\omega t}\mathrm{d}t \tag{7.18}$$

将 $\boldsymbol{r}_0$ 处发射孔径的一个无限小体积元 $\mathrm{d}V_0$ 看作一个脉冲响应为 $\alpha(\boldsymbol{r}_0,t)$ 的线性滤波器，则有

$$A(\boldsymbol{r}_0,\omega)=\int_{-\infty}^{\infty}\alpha(\boldsymbol{r}_0,t)\mathrm{e}^{-\mathrm{j}\omega t}\mathrm{d}t \tag{7.19}$$

$A(\boldsymbol{r}_0,\omega)$ 为孔径在空间位置 $\boldsymbol{r}_0$ 处的复孔径函数。将源分布复频率谱函数、复孔径函数和格林函数代入式（7.15）后，波动方程精确解可以表示为

$$\phi(\boldsymbol{r},t)=\frac{1}{2\pi}\int_{-\infty}^{\infty}\int_{V_0}X(\boldsymbol{r}_0,\omega)A(\boldsymbol{r}_0,\omega)g_f(\boldsymbol{r},\boldsymbol{r}_0)\mathrm{d}V_0\mathrm{e}^{\mathrm{j}\omega t}\mathrm{d}\omega \tag{7.20}$$

7.1.2　基阵近场指向性

通过用 Fresnel 和 Fraunhofer 展开来逼近时间无关的自由空间格林函数，可以分别推导出体积孔径的近场和远场指向性函数，以及速度势相应的远场和近场表达式。在格林函数中，距离项 $|\boldsymbol{r}-\boldsymbol{r}_0|$ 既出现在幅度项中，又出现在相位项中，因此在幅度近似和相位近似中，均需要考虑距离的影响。由式（7.16）可知，格林函数的 Fresnel 近似为

$$g_f(\boldsymbol{r},\boldsymbol{r}_0)\approx-\frac{\mathrm{e}^{-\mathrm{j}kr}}{4\pi r}\mathrm{e}^{\mathrm{j}k\hat{\boldsymbol{r}}\cdot\boldsymbol{r}_0}\mathrm{e}^{-\mathrm{j}k\frac{r_0^2}{2r}} \tag{7.21}$$

式中，$\hat{\boldsymbol{r}}$ 是 $\boldsymbol{r}$ 方向上的单位向量。式（7.21）右端的二次型相位因子 $\mathrm{e}^{-\mathrm{j}k\frac{r_0^2}{2r}}$ 代表波前曲率效应。当 $1.356R\leqslant r\leqslant\pi R^2/\lambda$ 时（R 为基阵最大径向尺度，λ 为波长），该二次型因子引起的相位变化不可忽略，该范围内的场点位于基阵孔径的近场。

将复孔径函数与二次型相位因子放在一起，并与信号分离，可进一步得到基于 Fresnel 近似的复孔径函数 $A(\boldsymbol{r}_0,f)$ 的近场指向性函数，即

$$D(\boldsymbol{\alpha},r,\omega)=\int_{-\infty}^{\infty}A(\boldsymbol{r}_0,\omega)\mathrm{e}^{-\mathrm{j}k\frac{r_0^2}{2r}}\mathrm{e}^{\mathrm{j}2\pi\boldsymbol{\alpha}\cdot\boldsymbol{r}_0}\mathrm{d}\boldsymbol{r}_0 \tag{7.22}$$

式中，$\boldsymbol{\alpha}$ 表示三维空间的频率向量，有 $\boldsymbol{\alpha}=[f_x,f_y,f_z]$，$f_x=\cos\theta\cos\varphi/\lambda$、$f_y=$

$\cos\theta\sin\varphi/\lambda$ 和 $f_z=\sin\theta/\lambda$ 分别是 x 方向、y 方向和 z 方向上的空间频率，θ 和 φ 分别为俯仰角和方位角。

1. 均匀线列阵近场指向性

考虑一个位于 x 轴，由 N（奇数）个相同且以等间距 d 分布的复加权各向同性点阵元构成的线列阵，该阵的复孔径函数为

$$A(x_a,\omega)=\sum_{n=-(N-1)/2}^{(N-1)/2}c_n(\omega)\delta(x_a-nd) \tag{7.23}$$

式中，中心阵元位于 x_a 处；$c_n(\omega)=a_n(\omega)\mathrm{e}^{\mathrm{j}\theta_n(\omega)}$ 为第 n 个阵元与频率有关的复权系数，$a_n(\omega)$ 为幅度系数，$\theta_n(\omega)$ 为相位系数。

近场指向性函数可以写为[1]

$$D(f_x,r,\omega)=\sum_{n=-(N-1)/2}^{(N-1)/2}a_n(\omega)\mathrm{e}^{-\mathrm{j}k\frac{(nd)^2}{2r}}\mathrm{e}^{\mathrm{j}2\pi f_x nd} \tag{7.24}$$

2. 均匀面阵近场指向性

平面基阵是指基阵中所有阵元都位于同一平面的基阵。将平面基阵放置在 xOy 平面进行讨论。考虑 x 方向有 M（奇数）个阵元，阵元间距为 d_x，y 方向有 N（奇数）个阵元，阵元间距为 d_y，则 $M\times N$ 个相同的复加权各向同性点阵元构成了一个平面基阵，其复孔径函数可以表示为

$$A(x_a,y_a,\omega)=\sum_{m=-(M-1)/2}^{(M-1)/2}\sum_{n=-(N-1)/2}^{(N-1)/2}c_{mn}(\omega)\delta(x_a-md_x)\delta(y_a-nd_y) \tag{7.25}$$

式中，$c_{mn}(\omega)=a_{mn}(\omega)\mathrm{e}^{\mathrm{j}\theta_{mn}(\omega)}$ 为第 m 行第 n 列阵元与频率有关的复权系数，$a_{mn}(\omega)$ 与 $\theta_{mn}(\omega)$ 分别为幅度系数和相位系数。

平面基阵的近场指向性函数的表达式为

$$D(f_x,f_y,r,\omega)=\sum_{m=-(M-1)/2}^{(M-1)/2}\sum_{n=-(N-1)/2}^{(N-1)/2}c_{mn}(\omega)\mathrm{e}^{-\mathrm{j}k\frac{(md_x)^2+(nd_y)^2}{2r}}\mathrm{e}^{\mathrm{j}2\pi(f_x md_x+f_y nd_y)} \tag{7.26}$$

式（7.24）和式（7.26）等号右端的指数项第一项代表二次型相位变化，对应于聚焦，指数项第二项代表线性相位变化，用于波束扫描。在孔径聚焦距离上，近场波束指向性可以等效为一般远场指向性，从而消除二次型相位变化的影响，修正波束损失。同时，近场波束指向性与远场类似，可在整个空间扫描，形成指向不同方向的波束图。

7.1.3 声矢量阵近场指向性

矢量水听器是由声压水听器和质点振速水听器复合而成的，它可以测量声场空间一点处的声压和质点振速的三个正交分量，由此得到的幅度和相位信息可以有效地改善水声测试性能。声矢量阵综合了矢量水听器的优点，同时根据乘积阵原理进一步获得了阵处理增益。声矢量阵波束形成的原理与一般的波束形成原理相似，不同之处在于声矢量阵波束形成可以得到多种输出序列形式，并得到不同的组合指向性和阵增益。经过波束形成空间处理后，还需要进行时间积分处理和平方时间积分处理等。表 7.1 为矢量阵组合形式与组合指向性[2, 3]。

表 7.1　矢量阵组合形式与组合指向性

序号	组合形式	组合指向性
1	$\sum_t y_p^2(t,\theta_0)$	$\left[\dfrac{\sin\left[\pi fMd\left(\cos\theta-\cos\theta_0\right)/c\right]}{M\sin\left[\pi fd\left(\cos\theta-\cos\theta_0\right)/c\right]}\right]^2$
2	$\sum_t y_{vy}^2(t,\theta_0)$	$\left[\dfrac{\sin\left[\pi fMd\left(\cos\theta-\cos\theta_0\right)/c\right]}{M\sin\left[\pi fd\left(\cos\theta-\cos\theta_0\right)/c\right]}\right]^2\cdot\sin^2\theta$
3	$\sum_t\left[y_p(t,\theta_0)\cdot y_{vc}(t,\theta_0)\right]$	$\left[\dfrac{\sin\left[\pi fMd\left(\cos\theta-\cos\theta_0\right)/c\right]}{M\sin\left[\pi fd\left(\cos\theta-\cos\theta_0\right)/c\right]}\right]^2\cdot\left\|\cos(\theta-\theta_0)\right\|$
4	$\sum_t\left[y_p(t,\theta_0)+y_{vc}(t,\theta_0)\right]^2$	$\left[\dfrac{\sin\left[\pi fMd\left(\cos\theta-\cos\theta_0\right)/c\right]}{M\sin\left[\pi fd\left(\cos\theta-\cos\theta_0\right)/c\right]}\right]^2\cdot\left\|1+\cos(\theta-\theta_0)\right\|^2$
5	$\sum_t\left[y_p(t,\theta_0)+y_{vc}(t,\theta_0)\right]\cdot y_{vc}(t,\theta_0)$	$\left[\dfrac{\sin\left[\pi fMd\left(\cos\theta-\cos\theta_0\right)/c\right]}{M\sin\left[\pi fd\left(\cos\theta-\cos\theta_0\right)/c\right]}\right]^2\cdot\left\|\cos^2(\theta-\theta_0)+\cos(\theta-\theta_0)\right\|$

需要注意的是，有别于远场，近场条件下的球面波波前及复阻抗影响往往不可忽略，以表 7.1 中第 5 种组合形式为例，考虑 9 元均匀线列阵，阵元间距 $d = 1.5$m，声信号频率 $f = 500$Hz，水中声速 $c = 1500$m/s，基阵最大径向尺度 $R = 6$m，声源至基阵参考阵元的距离 $r = 4\lambda = 12$m，由近场判据可知，该声源位于基阵的近场。各个阵元由复阻抗引入的声压-振速间的相位差小于 4.5°。图 7.1 为矢量阵近场波束图，粗线表示未聚焦情况，细线表示聚焦情况。

由图 7.1 可知，近场波束图在未聚焦时有明显的失真，波束损失严重，并且出现定向偏差。而在聚焦后，可以有效地补偿波束损失，纠正定向偏差，获得等效于远场的波束图。

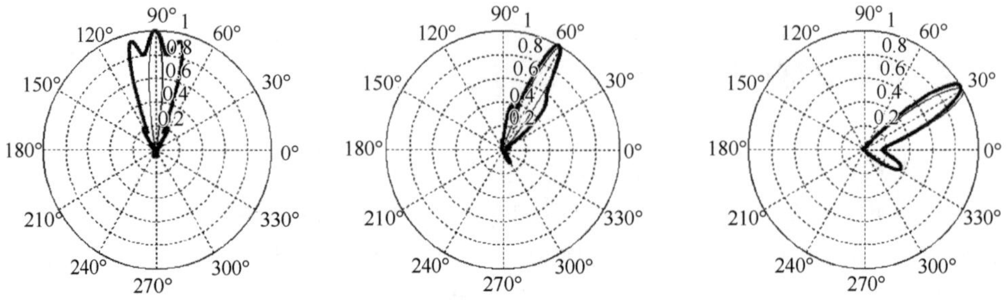

(a) $\theta_0 = 90°$　　(b) $\theta_0 = 60°$　　(c) $\theta_0 = 30°$

图 7.1　矢量阵近场波束图

7.2　矢量阵聚焦波束形成原理

7.2.1　矢量阵聚焦定位模型

聚焦波束形成的核心思想是将基阵接收到的信号经过适当的处理（如延时、相移、加权等），补偿球面波规律下的曲率半径，并形成空间指向性，它所关注的参数与声源相对于基阵的空间位置有关。对线列阵而言，扫描平面是包含声源并与基阵平行的平面[4]。可以根据声源的运动态势和分布情况选取水平阵或垂直阵测量系统。图 7.2 和图 7.3 分别为水平阵和垂直阵聚焦定位模型。由 M 元矢量水听器组成的水平均匀线列阵，阵元间距为 d，中心阵元为参考阵元。设各个阵元坐标为 $(x_i,0,0)$ （$i=1,2,\cdots,M$），扫描平面为与目标等深且平行于基阵的平面。不失一般性，设单频声源坐标为 (x_0,y_0,z_0)，r_{i0} 为目标至各个阵元的距离。

$$r_{i0} = \sqrt{(x_0 - x_i)^2 + y_0^2 + z_0^2} \tag{7.27}$$

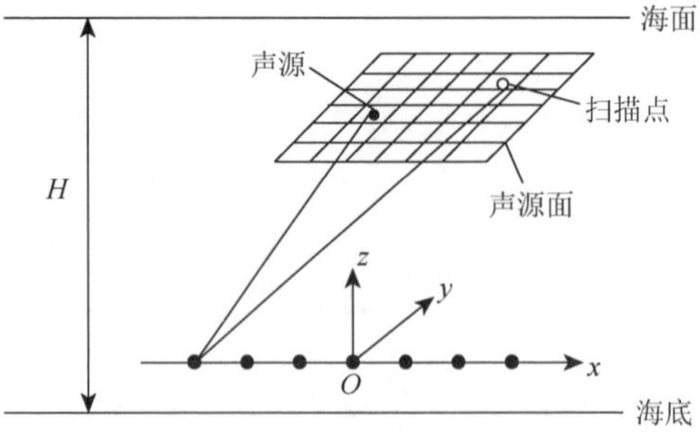

图 7.2　水平阵聚焦定位模型

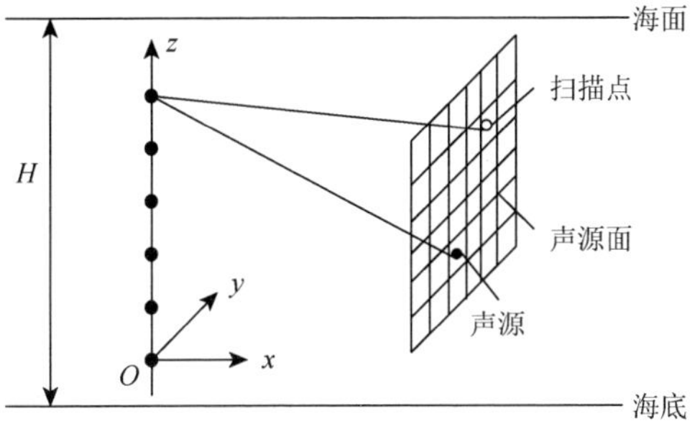

图 7.3　垂直阵聚焦定位模型

设水下噪声源辐射信号为 $s(t)$ ，由空间几何关系可以得到声源到达各个阵元的俯仰角 θ_{i0} 和方位角 φ_{i0} ：

$$\theta_{i0} = \arctan\left(\frac{z_0}{\sqrt{(x_0 - x_i)^2 + y_0^2}}\right) \tag{7.28}$$

$$\varphi_{i0} = \arctan\left(\frac{y_0}{x_0 - x_i}\right) \tag{7.29}$$

近场条件下，距离 r_{i0} 处的复阻抗 Z_{i0} 为

$$Z_{i0} = \rho c \frac{(1 - \mathrm{j}kr_{i0})\mathrm{j}kr_{i0}}{1 + (kr_{i0})^2} \tag{7.30}$$

式（7.30）可进一步写为

$$Z_{i0} = |Z_{i0}| \mathrm{e}^{\mathrm{j}\psi(r_{i0})} \tag{7.31}$$

为了讨论方便，令 $|Z_{i0}| = 1$ ， $\psi(r_{i0})$ 为声压-振速间的相位差。得到单频信号在球面波衰减规律下各个阵元接收到的声压信号 $p_i(t)$ 和三维振速信号 $v_{xi}(t)$ 、 $v_{yi}(t)$ 和 $v_{zi}(t)$ ：

$$p_i(t) = \frac{1}{r_{i0}} \mathrm{e}^{\mathrm{j}(\omega t - kr_{i0})} \tag{7.32}$$

$$v_{xi}(t) = \mathrm{e}^{-\mathrm{j}\psi(r_{i0})} p_i(t) \cos\theta_{i0} \cos\varphi_{i0} = \frac{\mathrm{e}^{-\mathrm{j}\psi(r_{i0})}}{r_{i0}} \mathrm{e}^{\mathrm{j}(\omega t - kr_{i0})} \cos\theta_{i0} \cos\varphi_{i0} \tag{7.33}$$

$$v_{yi}(t) = \mathrm{e}^{-\mathrm{j}\psi(r_{i0})} p_i(t) \cos\theta_{i0} \sin\varphi_{i0} = \frac{\mathrm{e}^{-\mathrm{j}\psi(r_{i0})}}{r_{i0}} \mathrm{e}^{\mathrm{j}(\omega t - kr_{i0})} \cos\theta_{i0} \sin\varphi_{i0} \tag{7.34}$$

$$v_{zi}(t) = \mathrm{e}^{-\mathrm{j}\psi(r_{i0})} p_i(t) \sin\theta_{i0} = \frac{\mathrm{e}^{-\mathrm{j}\psi(r_{i0})}}{r_{i0}} \mathrm{e}^{\mathrm{j}(\omega t - kr_{i0})} \sin\theta_{i0} \tag{7.35}$$

设任意扫描点坐标为 (x, y, z_0) ，该扫描点到各个阵元的距离 r_i 、俯仰角 θ_i 和方位角 φ_i 分别为

$$r_i = \sqrt{(x - x_i)^2 + y^2 + z_0^2} \tag{7.36}$$

$$\theta_i = \arctan\left(\frac{z_0}{\sqrt{(x - x_i)^2 + y^2}}\right) \tag{7.37}$$

$$\varphi_i = \arctan\left(\frac{y}{x - x_i}\right) \tag{7.38}$$

根据式（7.31）得到扫描 r_i 处的声压-振速间的相位差 $\psi(r_i)$。分别对各个阵元的接收信号按球面波规律补偿幅度和相位差值，线性叠加后得到声压阵聚焦波束形成输出 $p'(t)$：

$$p'(t) = \sum_{i=1}^{M} r_i p_i(t) \mathrm{e}^{\mathrm{j}kr_i} = \sum_{i=1}^{M} \frac{r_i}{r_{i0}} \mathrm{e}^{\mathrm{j}\omega t} \mathrm{e}^{\mathrm{j}k(r_i - r_{i0})} \tag{7.39}$$

将各个阵元的三维振速矢量指向扫描点，并得到组合输出 $v_{ci}(t)$：

$$v_{ci}(t) = \left[v_{xi}(t)\cos\varphi_i + v_{yi}(t)\sin\varphi_i\right]\cos\theta_i + \left[v_{xi}(t)\cos\varphi_i + v_{yi}(t)\sin\varphi_i\right]\sin\theta_i \tag{7.40}$$

当 $\varphi_{i0} = \varphi_i$ 时，式（7.40）可进一步写为

$$v_{ci}(t) = \frac{\mathrm{e}^{-\mathrm{j}\psi(r_{i0})}}{r_{i0}} \mathrm{e}^{\mathrm{j}(\omega t - kr_{i0})} \cos(\theta_{i0} - \theta_i) \tag{7.41}$$

通过三维空间指向性旋转，使各个矢量水听器分别指向 φ_i 和 θ_i。当声源与扫描点重合，即 $\varphi_{i0} = \varphi_i$ 且 $\theta_{i0} = \theta_i$ 时，各个矢量水听器均形成指向声源所在位置的指向性。对振速进行复阻抗补偿，各个矢量水听器形成组合指向性输出 $v_i(t)$：

$$v_i(t) = (p_i(t) + \mathrm{e}^{\mathrm{j}\psi(r_i)} v_{ci}(t))(\mathrm{e}^{\mathrm{j}\psi(r_i)} v_{ci}(t)) \tag{7.42}$$

同样地，进一步对 $v_i(t)$ 信号进行球面波衰减规律下的幅度及时延差补偿，即得到矢量阵聚焦波束形成输出 $v'(t)$：

$$v'(t) = \sum_{i=1}^{M} r_i v_i(t) \mathrm{e}^{\mathrm{j}kr_i} \tag{7.43}$$

由式（7.43）可知，当 $\varphi_{i0} = \varphi_i$，$\theta_{i0} = \theta_i$，$\psi(r_{i0}) = \psi(r_i)$ 时，扫描点与声源位置完全匹配，输出波形同相叠加，输出功率最大，因此聚焦波束形成可用于绘制噪声源的等效空间分布图。有关幅度补偿算法可以参考文献[5]和[6]。

7.2.2 聚焦空间分辨率

空间分辨率是衡量聚焦波束形成性能的重要指标，它可以理解为基阵分辨两个空间位置挨近点源的能力[7, 8]。如图 7.4 所示，以垂直阵模型为例分析聚焦波束形成的空间分辨率。垂直阵孔径为 L，不失一般性，令坐标轴 y' 垂直于声源面 S，

基阵至声源面 S 的距离为 y_s，可以得到声源面 S 上位置 $(x_s,0)$ 处的纵向分辨率与横向分辨率（定义基阵法线方向为纵向，与基阵平行的方向为横向）。

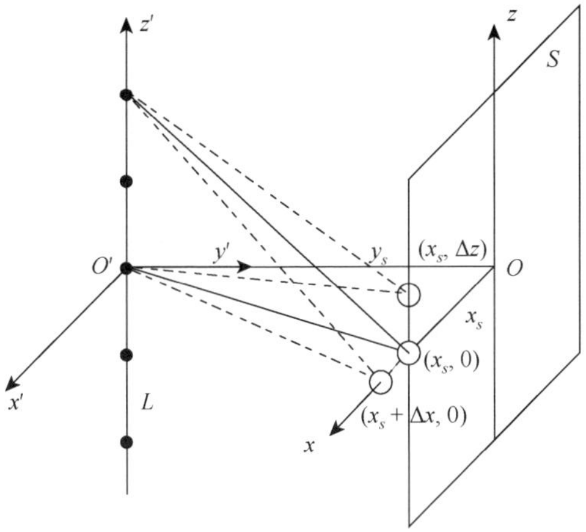

图 7.4　聚焦波束形成分辨率分析示意图

1. 纵向分辨率 Δx

若聚焦点为 $(x_s,0)$，考察 $(x_s+\Delta x,0)$ 处的相位变化量 $\Delta\eta_1$：

$$\Delta\eta_1=\frac{\omega}{c}\left[\sqrt{y_s^2+(x_s+\Delta x)^2+(L/2)^2}-\sqrt{y_s^2+(x_s+\Delta x)^2}\right.$$
$$\left.-\left(\sqrt{y_s^2+x_s^2+(L/2)^2}-\sqrt{y_s^2+x_s^2}\right)\right] \tag{7.44}$$

在 $\Delta\eta_1=\pm\pi$ 反相干涉相消，将式（7.44）等号右端前两项进行泰勒一阶展开后得到

$$\Delta x=\frac{\dfrac{\lambda}{2}}{\left|\dfrac{x_s}{\sqrt{y_s^2+x_s^2}}-\dfrac{x_s}{\sqrt{y_s^2+x_s^2+(L/2)^2}}\right|} \tag{7.45}$$

2. 横向分辨率 Δz

同样地，聚焦点为 $(x_s,0)$，考察 $(x_s,\Delta z)$ 处的相位变化量 $\Delta\eta_2$：

$$\Delta\eta_2=\frac{\omega}{c}\left[\sqrt{y_s^2+x_s^2+(L/2-\Delta z)^2}-\sqrt{y_s^2+x_s^2+\Delta z^2}\right.$$
$$\left.-\left(\sqrt{y_s^2+x_s^2+(L/2)^2}-\sqrt{y_s^2+x_s^2}\right)\right] \tag{7.46}$$

得到

$$\Delta z = \frac{\dfrac{\lambda}{2}}{\dfrac{L/2}{\sqrt{y_s^2 + x_s^2 + (L/2)^2}}} \tag{7.47}$$

基阵孔径 $L = 30\text{m}$，当声源坐标 $(x_s, z_s) = (10,0)\,\text{m}$ 时，1kHz、2kHz 和 4kHz 单频信号聚焦空间分辨率随正横距离 y_s 的变化关系如图 7.5 所示。

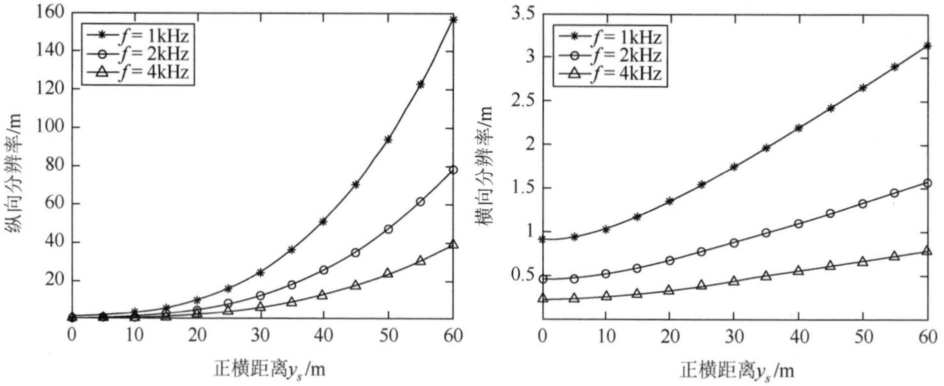

(a) 纵向分辨率　　(b) 横向分辨率

图 7.5　单频信号聚焦空间分辨率随正横距离 y_s 的变化关系

当声源坐标 $(x_s, y_s, z_s) = (10,30,0)\,\text{m}$ 时，1kHz、2kHz 和 4kHz 单频信号聚焦空间分辨率随基阵孔径 L 的变化关系如图 7.6 所示。

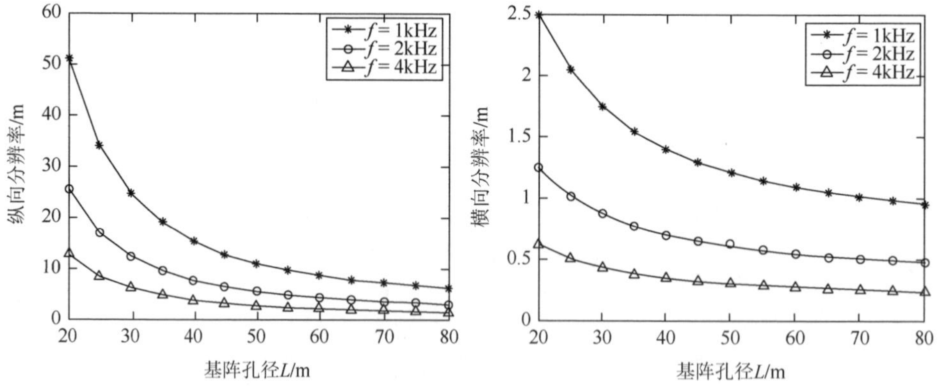

(a) 纵向分辨率　　(b) 横向分辨率

图 7.6　单频信号聚焦空间分辨率随基阵孔径 L 的变化关系

聚焦波束形成可以同时获得横向分辨率及纵向分辨率，且分辨率与信号频率、基阵尺度及测量距离有关。一般信号频率越高，基阵尺度越大，测量距离越近则分辨率越高，且沿基阵方向存在的物理孔径使聚焦波束形成的横向分辨率优于纵向分辨率。

7.2.3 定位模糊判决

由空间采样定理可知，为了避免出现空间频率混叠，要求在信号的一个波长内应有至少 2 个采样点。对于阵元间距为 d 的线阵，其空间采样角频率（空间采样波数）为

$$k_0 = \frac{2\pi}{d} \tag{7.48}$$

可以得到空间奈奎斯特（Nyquist）波数，即信号最大孔径波数为

$$k_{\max} = \frac{k_0}{2} = \frac{\pi}{d} \tag{7.49}$$

得到基阵的上限截止频率为

$$f_{\max} = \frac{k_{\max} c}{2\pi} = \frac{c}{2d} \tag{7.50}$$

如果将基阵的聚焦范围限制在 ±30° 内，那么基阵的上限截止频率可以写成

$$f_{\max}(30°) = \frac{2c}{3d} = \frac{4}{3} f_{\max} \tag{7.51}$$

当常规近场聚焦波束形成的工作频率超过基阵上限截止频率时，可能会出现空间混叠，即在重构测量面上出现虚假峰值，对噪声源定位产生干扰。在远场测向中，可以利用相邻阵元间固定的相位关系建立方程组，并对方程组求解得到模糊角度。在基阵近场条件下，相邻阵元间不存在固定的相位关系，同时阵元间的相位关系与测量距离、声源位置、工作频率、阵元间距等参数有关，一般可以通过相关系数分析得到虚假谱峰空间位置的判断结果[9, 10]，近场聚焦波束形成的定位模糊随测量距离的增加逐渐降低，随工作频率、阵元间距的减少逐渐降低。

7.3 基于组合阵列的近场源参数估计

研究和选取近场源参数估计算法的出发点是准确而快速地得到辐射噪声中强线谱的三维参数（俯仰角、方位角和距离）的估计结果，以获得关于声源所在空间位置的先验知识，为声源扫描平面的选取提供依据。现有的对近场源参数估计算法大多采用参数化估计模型，对声源到达各个阵元所引起的声传播相位差值进

行二阶泰勒级数展开并略去高次项（即 Fresnel 近似），得到的相位差值为声源参数的非线性函数。根据所利用的统计量信息的不同，其可以分为二阶统计量和高阶统计量，利用二阶统计量的算法又可以分为最大熵法、最大似然算法[11, 12]、线性预测算法[13, 14]、空域维格纳分布[15]和子空间法（2D-MUSIC[16]、3D-MUSIC[17]、Path-following 法[18]、Pisarenko 谐波分解法和广义 ESPRIT 算法[19]）等，高阶统计量又可以分为类 ESPRIT 法[20, 21]和酉 ESPRIT 法[22, 23]。本节介绍的近场源参数估计算法采用均匀垂直声压阵中心配置单只三维矢量水听器的基阵形式，利用声源的二阶统计量信息，可以完成近场源方位角、俯仰角和距离的三维参数估计。

7.3.1 组合阵近场信号模型

组合阵由分布于 z 轴的均匀声压线列阵和在基阵中心位置共用的一个三维矢量水听器共同组成。设阵元个数为 $2M+1$，阵元间距为 d。空间中存在 N 个位于基阵近场区域的非相干声源。设组合阵中心阵元为参考阵元，则第 m 个阵元接收到的声压信号可以表示为

$$x_m(t)=\sum_{n=1}^{N}s_n(t)\mathrm{e}^{\mathrm{j}\tau_{mn}}+n_m(t)\text{，}\quad -M\leqslant m\leqslant M\text{，}\quad 1\leqslant n\leqslant N \tag{7.52}$$

式中，$s_n(t)$ 为参考阵元接收到的第 n 个声源的信号；$n_m(t)$ 为第 m 个阵元的加性高斯白噪声。设 r_n 为第 n 个声源至参考阵元的距离，τ_{mn} 为第 n 个声源在参考阵元和第 m 个阵元之间的相位差：

$$\tau_{mn}=\frac{2\pi r_n}{\lambda}\left(\sqrt{1+\frac{(md)^2}{r_n^2}-\frac{2md\sin\theta_n}{r_n}}-1\right) \tag{7.53}$$

采用 Fresnel 近似，将 τ_{mn} 进行二阶泰勒展开，将式（7.53）改写为

$$\tau_{mn}\approx\left(\frac{-2\pi d}{\lambda}\sin\theta_n\right)m+\left(\frac{\pi d^2}{\lambda r_n}\cos^2\theta_n\right)m^2=w_n m+\varphi_n m^2 \tag{7.54}$$

式中，一次项系数和二次项系数分别为 $w_n=\dfrac{-2\pi d}{\lambda}\sin\theta_n$ 与 $\varphi_n=\dfrac{\pi d^2}{\lambda r_n}\cos^2\theta_n$。

式（7.53）可重新写为

$$x_m(t)=\sum_{n=1}^{N}s_n(t)\mathrm{e}^{\mathrm{j}\left(\frac{-2\pi d}{\lambda}\sin\theta_n\right)m+\left(\frac{\pi d^2}{\lambda r_n}\cos^2\theta_n\right)m^2}+n_m(t) \tag{7.55}$$

定义基阵接收信号矩阵 $\boldsymbol{X}=\left[\boldsymbol{x}_{-M}\boldsymbol{x}_{-M+1}\cdots\boldsymbol{x}_M\right]^{\mathrm{T}}$，噪声矩阵 $\boldsymbol{N}=[\boldsymbol{n}_{-M}\ \boldsymbol{n}_{-M+1}\cdots\boldsymbol{n}_M]^{\mathrm{T}}$，源矩阵 $\boldsymbol{S}=\left[\boldsymbol{s}_1\boldsymbol{s}_2\cdots\boldsymbol{s}_N\right]^{\mathrm{T}}$，则式（7.56）可以表示为

$$\boldsymbol{X}=\boldsymbol{AS}+\boldsymbol{N} \tag{7.56}$$

方向矢量矩阵 $\boldsymbol{A}$ 和方向矢量 $\boldsymbol{a}(\theta_n,r_n)$ 分别为

$$\boldsymbol{A}=\left[\boldsymbol{a}(\theta_1,r_1)\boldsymbol{a}(\theta_2,r_2)\cdots\boldsymbol{a}(\theta_N,r_N)\right] \tag{7.57}$$

$$\boldsymbol{a}(\theta_n,r_n)=\begin{bmatrix} a_{n,-M} \\ \vdots \\ a_{n,M} \end{bmatrix}=\begin{bmatrix} \mathrm{e}^{\mathrm{j}\left(\frac{2\pi d}{\lambda}\sin\theta_n\right)M+\left(\frac{\pi d^2}{\lambda r_n}\cos^2\theta_n\right)M^2} \\ \vdots \\ \mathrm{e}^{-\mathrm{j}\left(\frac{2\pi d}{\lambda}\sin\theta_n\right)M+\left(\frac{\pi d^2}{\lambda r_n}\cos^2\theta_n\right)M^2} \end{bmatrix} \tag{7.58}$$

布置于组合阵中心的阵元为单只三维矢量水听器，该水听器可以看作具有四个通道的微体积阵，其接收声压信号 $p(t)$ 与三维振速信号 $v_x(t)$、$v_y(t)$ 和 $v_z(t)$ 分别为

$$p(t)=\sum_{n=1}^{N}s_n(t)+n_0(t) \tag{7.59}$$

$$v_x(t)=\sum_{n=1}^{N}\cos\theta_n\cos\varphi_n\mathrm{e}^{-\mathrm{j}\psi(r_n)}s_n(t)+n_{v_x}(t) \tag{7.60}$$

$$v_y(t)=\sum_{n=1}^{N}\cos\theta_n\sin\varphi_n\mathrm{e}^{-\mathrm{j}\psi(r_n)}s_n(t)+n_{v_y}(t) \tag{7.61}$$

$$v_z(t)=\sum_{n=1}^{N}\sin\theta_n\mathrm{e}^{-\mathrm{j}\psi(r_n)}s_n(t)+n_{v_z}(t) \tag{7.62}$$

式中，$n_0(t)$、$n_{v_x}(t)$、$n_{v_y}(t)$ 和 $n_{v_z}(t)$ 分别为四个通道的噪声信号；θ_n 和 φ_n 分别为第 n 个声源对应的俯仰角和方位角；$\psi(r_n)$ 为对应的复阻抗相位。若序列长度为 T_0，可将矢量信号写成以下 $4\times T_0$ 的矩阵：

$$\boldsymbol{S}_v=\left[\boldsymbol{p}\quad\boldsymbol{v}_x\quad\boldsymbol{v}_y\quad\boldsymbol{v}_z\right]^{\mathrm{T}} \tag{7.63}$$

7.3.2　基于组合阵的近场源参数估计算法

1. 基于广义 Esprit 算法的俯仰角估计算法

Esprit 算法是空间谱估计中的典型算法，该算法利用了数据协方差矩阵中信号子空间的旋转不变特性，且其具有计算量小，无须谱峰搜索的优点。Esprit 算法估计信号参数时要求阵列的几何结构具有不变性，要求阵列通过某种变换后存在两个或两个以上的子阵，子阵间的阵列流型满足旋转不变关系，而广义 Esprit 算法不再需要阵列流型具有旋转不变性[24]。本节将讨论两种用于俯仰角估计的算法：基于谱峰搜索的广义 Esprit 算法及无须谱峰搜索的求根广义 Esprit 算法。

1）基于谱峰搜索的广义 Esprit 算法

依据图 7.7，子阵划分模型 1 将垂直线列阵划分为两个对称子阵。子阵 1 由自下而上的 L 个阵元组成，且子阵 1 的阵元序号由 $M-L+1$ 至 M 依次增大。子阵 2 由自上而下的 L 个阵元组成，且子阵 2 的阵元序号倒序排列由 $-M$ 至 $-M+L-1$ 依次减小，L 的取值应要求 $N<L<2M+1$。

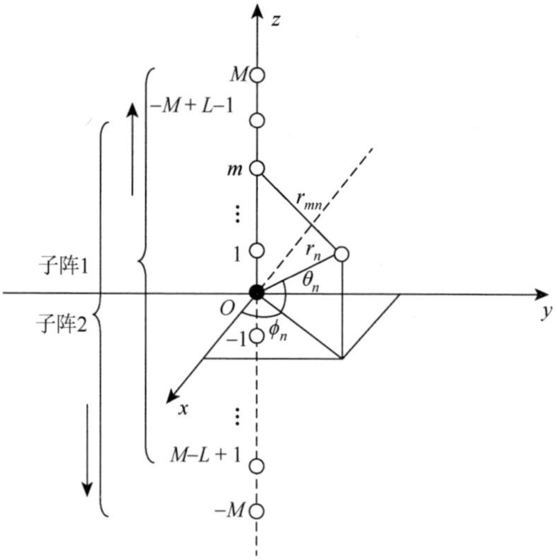

图 7.7　子阵划分模型 1

对称子阵信号的矩阵形式可以写作

$$\boldsymbol{X}_1=\boldsymbol{A}_1\boldsymbol{S}+\boldsymbol{N}_1 \tag{7.64}$$

$$\boldsymbol{X}_2=\boldsymbol{A}_2\boldsymbol{S}+\boldsymbol{N}_2 \tag{7.65}$$

式中，$\boldsymbol{X}_1=\left[\boldsymbol{x}_{M-L+1}\boldsymbol{x}_{M-L+2}\cdots\boldsymbol{x}_M\right]^{\mathrm{T}}$ 和 $\boldsymbol{X}_2=\left[\boldsymbol{x}_{-M+L-1}\boldsymbol{x}_{-M+L-2}\cdots\boldsymbol{x}_{-M}\right]^{\mathrm{T}}$ 为对称子阵接收信号矩阵；$\boldsymbol{N}_1=\left[\boldsymbol{n}_{M-L+1}\boldsymbol{n}_{M-L+2}\cdots\boldsymbol{n}_M\right]^{\mathrm{T}}$ 和 $\boldsymbol{N}_2=\left[\boldsymbol{n}_{-M+L-1}\boldsymbol{n}_{-M+L-2}\cdots\boldsymbol{n}_{-M}\right]^{\mathrm{T}}$ 为对称子阵的噪声矩阵。可知，子阵 1 的方向矢量矩阵 $\boldsymbol{A}_1$ 为 $\boldsymbol{A}$ 的后 L 行，而子阵 2 的方向矢量矩阵 $\boldsymbol{A}_2$ 则是 $\boldsymbol{A}$ 的前 L 行的倒序排列。$\boldsymbol{A}$ 、$\boldsymbol{A}_1$ 和 $\boldsymbol{A}_2$ 之间的关系可以表示为

$$\boldsymbol{A}=\begin{bmatrix}\text{前}(2M+1-L)\text{列}\\ \boldsymbol{A}_1\end{bmatrix}=\begin{bmatrix}\boldsymbol{J}\boldsymbol{A}_2\\ \text{后}(2M+1-L)\text{列}\end{bmatrix} \tag{7.66}$$

式中，$\boldsymbol{J}$ 为反对角线元素均为 1 的置换矩阵。对称子阵方向矢量矩阵 $\boldsymbol{A}_1$ 和 $\boldsymbol{A}_2$ 可以写为

$$\boldsymbol{A}_1=\left[\boldsymbol{a}_1(\theta_1,r_1)\boldsymbol{a}_1(\theta_2,r_2)\cdots\boldsymbol{a}_1(\theta_N,r_N)\right] \tag{7.67}$$

$$\boldsymbol{A}_2=\left[\boldsymbol{a}_2(\theta_1,r_1)\boldsymbol{a}_2(\theta_2,r_2)\cdots\boldsymbol{a}_2(\theta_N,r_N)\right] \tag{7.68}$$

$$\boldsymbol{a}_1(\theta_n,r_n)=\begin{bmatrix} a_{n,M-L+1}^{(1)} \\ \vdots \\ a_{n,M}^{(1)} \end{bmatrix}=\begin{bmatrix} \mathrm{e}^{-\mathrm{j}\left(\frac{2\pi d}{\lambda}\sin\theta_n\right)(M-L+1)+\left(\frac{\pi d^2}{\lambda r_n}\cos^2\theta_n\right)(M-L+1)^2} \\ \vdots \\ \mathrm{e}^{-\mathrm{j}\left(\frac{2\pi d}{\lambda}\sin\theta_n\right)M+\left(\frac{\pi d^2}{\lambda r_n}\cos^2\theta_n\right)M^2} \end{bmatrix} \tag{7.69}$$

$$\boldsymbol{a}_2(\theta_n,r_n)=\begin{bmatrix} a_{n,-M+L-1}^{(2)} \\ \vdots \\ a_{n,-M}^{(2)} \end{bmatrix}=\begin{bmatrix} \mathrm{e}^{\mathrm{j}\left(\frac{2\pi d}{\lambda}\sin\theta_n\right)(M-L+1)+\left(\frac{\pi d^2}{\lambda r_n}\cos^2\theta_n\right)(M-L+1)^2} \\ \vdots \\ \mathrm{e}^{\mathrm{j}\left(\frac{2\pi d}{\lambda}\sin\theta_n\right)M+\left(\frac{\pi d^2}{\lambda r_n}\cos^2\theta_n\right)M^2} \end{bmatrix} \tag{7.70}$$

令 $\boldsymbol{\chi}(\theta_n)$ 为仅与 θ_n 有关的对角矩阵：

$$\boldsymbol{\chi}(\theta_n)=\mathrm{diag}\left[\mathrm{e}^{\mathrm{j}\left(\frac{4\pi d}{\lambda}\sin\theta_n\right)(M-L+1)}\ \mathrm{e}^{\mathrm{j}\left(\frac{4\pi d}{\lambda}\sin\theta_n\right)(M-L+2)}\cdots\mathrm{e}^{\mathrm{j}\left(\frac{4\pi d}{\lambda}\sin\theta_n\right)M}\right] \tag{7.71}$$

则对称子阵的方向矢量矩阵之间满足以下关系：

$$\boldsymbol{A}_2=\left[\boldsymbol{\chi}(\theta_1)\boldsymbol{a}_1(\theta_1,r_1)\boldsymbol{\chi}(\theta_2)\boldsymbol{a}_1(\theta_2,r_2)\cdots\boldsymbol{\chi}(\theta_N)\boldsymbol{a}_1(\theta_N,r_N)\right] \tag{7.72}$$

为防止 $\boldsymbol{\chi}(\theta_n)$ 的元素出现相位模糊，阵元间距应满足条件 $d<\lambda/4$。对接收数据的采样协方差矩阵 $\boldsymbol{R}=E[\boldsymbol{X}\boldsymbol{X}^{\mathrm{H}}]$ 进行特征值分解可以得到

$$\boldsymbol{R}=\boldsymbol{U}_S\boldsymbol{\Lambda}_S\boldsymbol{U}_S^{\mathrm{H}}+\boldsymbol{U}_N\boldsymbol{\Lambda}_N\boldsymbol{U}_N^{\mathrm{H}} \tag{7.73}$$

式（7.73）表示了 $\boldsymbol{R}$ 的信号及噪声子空间的划分情况。由信号模型可知，存在一个 $N\times N$ 的满秩矩阵 $\boldsymbol{G}$ 满足 $\boldsymbol{U}_S=\boldsymbol{A}\boldsymbol{G}$，即有

$$\boldsymbol{A}\boldsymbol{G}=\begin{bmatrix} 前(2M+1-L)列 \\ \boldsymbol{A}_1\boldsymbol{G} \end{bmatrix}=\begin{bmatrix} \boldsymbol{J}\boldsymbol{A}_2\boldsymbol{G} \\ 后(2M+1-L)列 \end{bmatrix} \tag{7.74}$$

$\boldsymbol{U}_S$ 可同样写成这种形式：

$$\boldsymbol{U}_S=\begin{bmatrix} 后(2M+1-L)列 \\ \boldsymbol{U}_{S_1} \end{bmatrix}=\begin{bmatrix} \boldsymbol{U}_{S_2} \\ 前(2M+1-L)列 \end{bmatrix} \tag{7.75}$$

式中，$\boldsymbol{U}_{S_1}=\boldsymbol{A}_1\boldsymbol{G}$；$\boldsymbol{U}_{S_2}=\boldsymbol{J}\boldsymbol{A}_2\boldsymbol{G}$。令 $\boldsymbol{J}^2=\boldsymbol{I}$，式（7.75）可以写作

$$\boldsymbol{J}\boldsymbol{U}_{S_2}=\boldsymbol{A}_2\boldsymbol{G} \tag{7.76}$$

对俯仰角进行扫描，在扫描方位 θ 上定义对角矩阵 $\varsigma(\theta)$ 为

$$\varsigma(\theta)=\mathrm{diag}\left[\mathrm{e}^{\mathrm{j}\left(\frac{4\pi d}{\lambda}\sin\theta\right)(M-L+1)}\ \mathrm{e}^{\mathrm{j}\left(\frac{4\pi d}{\lambda}\sin\theta\right)(M-L+2)}\cdots\mathrm{e}^{\mathrm{j}\left(\frac{4\pi d}{\lambda}\sin\theta\right)M}\right] \tag{7.77}$$

构造矩阵 $\boldsymbol{\Omega}=\boldsymbol{J}\boldsymbol{U}_{S_2}-\varsigma(\theta)\boldsymbol{U}_{S_1}$，则有

$$\boldsymbol{\Omega}=\boldsymbol{J}\boldsymbol{U}_{S_2}-\varsigma(\theta)\boldsymbol{U}_{S_1}=\left[(\boldsymbol{\chi}(\theta_1)-\varsigma(\theta))\boldsymbol{a}_1(\theta_1,r_1)\cdots(\boldsymbol{\chi}(\theta_N)-\varsigma(\theta))\boldsymbol{a}_1(\theta_N,r_N)\right]\boldsymbol{G} \tag{7.78}$$

选取 $M \times N$ 满秩矩阵 $\boldsymbol{W} = \boldsymbol{U}_{S_1}$，可定义如下俯仰角谱峰搜索函数 $P_{\text{G-Esprit}}(\theta)$：

$$P_{\text{G-Esprit}}(\theta) = \frac{1}{\det\left\{\boldsymbol{U}_{S_1}^{\text{H}}\boldsymbol{J}\boldsymbol{U}_{S_2} - \boldsymbol{U}_{S_1}^{\text{H}}\varsigma(\theta)\boldsymbol{U}_{S_1}\right\}} \tag{7.79}$$

式中，运算符 det 表示求行列式的值。进行谱峰搜索即可得到俯仰角估计结果为 $\hat{\theta}_n$。

2）无须谱峰搜索的求根广义 Esprit 算法

如果令子阵阵元个数 $L = M$，即可得到一种计算更加高效的基于多项式求根的无须谱峰搜索的广义 Esprit 算法。按照图 7.8 所示子阵划分模型 2 方式划分对称子阵。在子阵 1 中，阵元坐标 $z_1 \leqslant z_2 \leqslant \cdots \leqslant z_M$。由式（7.77）可知，此时的 $\varsigma(\theta)$ 可以写为

$$\varsigma_{\text{S-F}}(\theta) = \operatorname{diag}\left[\mathrm{e}^{\mathrm{j}\zeta_1}\mathrm{e}^{\mathrm{j}\zeta_2}\cdots\mathrm{e}^{\mathrm{j}\zeta_M}\right] = \operatorname{diag}\left[\mathrm{e}^{\mathrm{j}\left(\frac{4\pi}{\lambda}\sin\theta\right)z_1}\ \mathrm{e}^{\mathrm{j}\left(\frac{4\pi}{\lambda}\sin\theta\right)z_2}\cdots\mathrm{e}^{\mathrm{j}\left(\frac{4\pi}{\lambda}\sin\theta\right)z_M}\right] \tag{7.80}$$

式中，矩阵元素 $\zeta_m = \left(\dfrac{4\pi}{\lambda}\sin\theta\right)z_m = \left(\dfrac{4\pi d}{\lambda}\sin\theta\right)m$，则存在关系：

$$\zeta_m = \frac{z_m}{z_1}\zeta_1 = m\zeta_1,\quad m = 1,\cdots,M \tag{7.81}$$

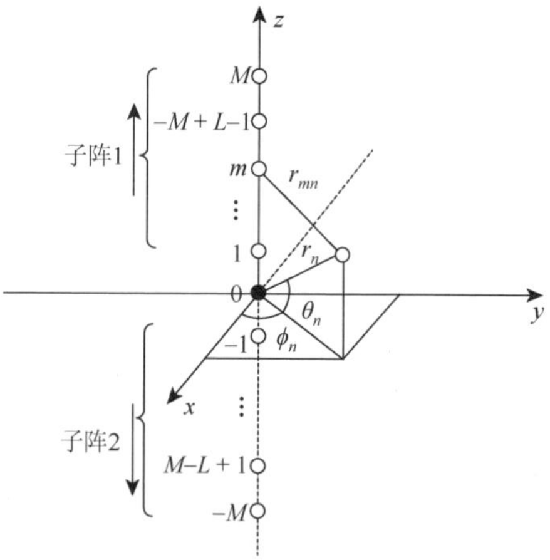

图 7.8　子阵划分模型 2

令 $z = \mathrm{e}^{\mathrm{j}\zeta_1}$，则式（7.80）可以写为

$$\varsigma_{\text{S-F}}(z) = \operatorname{diag}\left[\mathrm{e}^{\frac{z_1}{z_1}}\mathrm{e}^{\frac{z_2}{z_1}}\cdots\mathrm{e}^{\frac{z_m}{z_1}}\right] \tag{7.82}$$

则式（7.79）中的谱峰搜索函数可用以下多项式表示：

$$P_{\text{S-F}}(z) = \det\left\{\boldsymbol{U}_{S_1}^{\text{H}}\boldsymbol{J}\boldsymbol{U}_{S_2} - \boldsymbol{U}_{S_1}^{\text{H}}\varsigma_{\text{S-F}}(z)\boldsymbol{U}_{S_1}\right\} \tag{7.83}$$

对式（7.83）求根可以得到各声源俯仰角的估计结果，选取 N 个分布在单位圆上的多项式 $P_{\text{S-F}}(z)$ 的根 $\hat{z}_n\ (n=1,2,\cdots,N)$ 来估计各声源俯仰角 $\hat{\theta}_n$，有

$$\hat{\theta}_n=\arcsin\left(\frac{\lambda}{4\pi d}\arg\{\hat{z}_n\}\right) \tag{7.84}$$

2. 基于一维 MVDR 谱峰搜索的距离估计算法

由于方向矢量为俯仰角和距离的联合函数，在得到俯仰角估计结果 $\hat{\theta}_n$ 的基础上，可以利用分别对应的 N 个俯仰角估值来构造方向矢量，并进行 N 次一维距离搜索来获得声源距离信息。设在 $\hat{\theta}_n$ 上对距离 r 进行搜索的方向矢量为

$$\boldsymbol{a}_r\left(r\mid\hat{\theta}_n\right)=\begin{bmatrix}a_{n,-M}^{(r)}\\ \vdots\\ a_{n,M}^{(r)}\end{bmatrix}=\begin{bmatrix}\mathrm{e}^{\mathrm{j}\left(\frac{2\pi d}{\lambda}\sin\hat{\theta}_n\right)M+\left(\frac{\pi d^2}{\lambda r}\cos^2\hat{\theta}_n\right)M^2}\\ \vdots\\ \mathrm{e}^{-\mathrm{j}\left(\frac{2\pi d}{\lambda}\sin\hat{\theta}_n\right)M+\left(\frac{\pi d^2}{\lambda r}\cos^2\hat{\theta}_n\right)M^2}\end{bmatrix} \tag{7.85}$$

利用 MVDR 算法对以下距离谱 $P_{\text{MVDR}}^{(n)}\left(r\mid\hat{\theta}_n\right)$ 进行峰搜索，即可获得各声源距离估计结果 $\hat{r}_n$。

$$P_{\text{MVDR}}^{(n)}\left(r\mid\hat{\theta}_n\right)=\frac{1}{\boldsymbol{a}_r^{\text{H}}\left(r\mid\hat{\theta}_n\right)\boldsymbol{R}^{-1}\boldsymbol{a}_r\left(r\mid\hat{\theta}_n\right)} \tag{7.86}$$

对于 N 个声源，共需要 N 次一维搜索即可获得近场源距离参数的估计结果。

3. 基于单矢量水听器的方位角估计算法

仅利用单矢量水听器也可以实现方位角估计。例如，姚爱红和惠俊英[25]研究了一种单矢量水听器倍频窄波束技术，可以利用单矢量水听器形成尖锐指向性。余华兵等[26]对小尺度声传感器的指向性锐化技术进行了研究。罗超和邱宏安[27]研究了一种小型矢量阵优化波束形成算法，给出了声压振速联合处理的指向性锐化算法。周江涛等[28]则将 MVDR 算法应用于光纤矢量水听器指向性锐化中。

本节介绍一种将组合阵中心配置的单矢量水听器等效为集合的微体积阵，并利用 MVDR 算法实现矢量水听器指向性的锐化与方位估计的算法。在得到声源俯仰角和距离信息之后，利用单矢量水听器获得方位角估计结果。考虑如式（7.63）所示的近场矢量水听器信号矩阵，则在任意扫描方位角 φ 上，与俯仰角及距离估计结果($\hat{\theta}_n$, $\hat{r}_n$)对应的单位矢量 $\boldsymbol{a}_v(\hat{\theta}_n)$ 及复阻抗补偿矢量 $\boldsymbol{D}(\hat{r}_n)$ 分别为

$$\boldsymbol{a}_v(\hat{\theta}_n)=\left[1\ \ \cos\hat{\theta}_n\cos\varphi\ \ \cos\hat{\theta}_n\sin\varphi\ \ \sin\hat{\theta}_n\right]^{\text{T}} \tag{7.87}$$

$$\boldsymbol{D}(\hat{r}_n)=\left[1 \quad \mathrm{e}^{\mathrm{j}\psi(\hat{r}_n)} \quad \mathrm{e}^{\mathrm{j}\psi(\hat{r}_n)} \quad \mathrm{e}^{\mathrm{j}\psi(\hat{r}_n)}\right]^{\mathrm{T}} \tag{7.88}$$

则在该扫描方位角 φ 的矢量水听器 MVDR 输出功率谱函数为 $P(\varphi\,|\,(\hat{\theta}_n,\hat{r}_n))$，进行谱峰搜索即可获得方位角估计结果 $\hat{\varphi}_n$：

$$P(\varphi\,|\,(\hat{\theta}_n,\hat{r}_n))=\frac{1}{\left(\boldsymbol{D}(\hat{r}_n)\odot\boldsymbol{a}_v(\hat{\theta}_n)\right)^{\mathrm{H}}\boldsymbol{R}_v^{-1}\left(\boldsymbol{D}(\hat{r}_n)\odot\boldsymbol{a}_v(\hat{\theta}_n)\right)} \tag{7.89}$$

式中，$\boldsymbol{R}_v$ 为矢量水听器数据协方差矩阵；运算符 $\odot$ 为 Hadamard 积，表示对应元素相乘。

考虑阵元个数为 11 的均匀垂直阵，中心阵元为一个三维矢量水听器，此时 $M=5$。设子阵阵元个数 $L=M=5$，阵元间距 $d=\lambda_{\min}/4$，近场条件为距离小于 12.5λ。双声源为非相干单频线谱信号，频率分别为 $f_1=125\text{Hz}$ 和 $f_2=150\text{Hz}$，俯仰角分别为 $\theta_1=-5°$ 和 $\theta_2=5°$，方位角分别为 $\varphi_1=0°$ 和 $\varphi_2=60°$，距离分别为 $r_1=6\lambda_{\min}=60\text{m}$ 和 $r_2=4\lambda_{\min}=40\text{m}$。设水中声速为 1500m/s，采样率 $f_s=1\text{kHz}$，数据快拍数为 1024，信噪比为 15dB。图 7.9 为基于广义 Esprit 算法的俯仰角估计谱图，图中曲线表示基于谱峰搜索的广义 Esprit 算法的俯仰角估计谱图，图中“*”号表示采用求根广义 Esprit 算法得到的俯仰角估计值。图 7.10 为基于一维 MVDR 谱峰搜索的距离估计谱图。图 7.11 为基于单矢量水听器指向性锐化的方位角估计谱图。

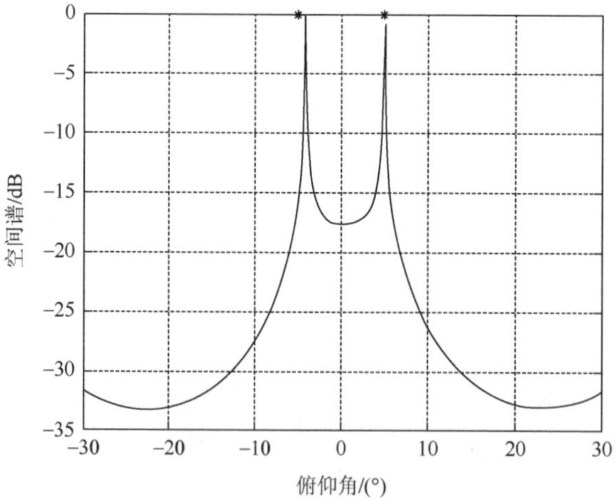

图 7.9　基于广义 Esprit 算法的俯仰角估计谱图

以上介绍的是一种基于组合阵列的近场源参数估计算法，该算法可以为聚焦算法提供先验信息。仅采用均匀垂直声压阵中心配置单只三维矢量水听器的基阵形式，即可完成近场源方位角、俯仰角和距离的三维参数估计。该算法仅利用声源的二阶统计量信息，将三维参数估计问题转化为多个一维搜索问题，从而减少了计算量。

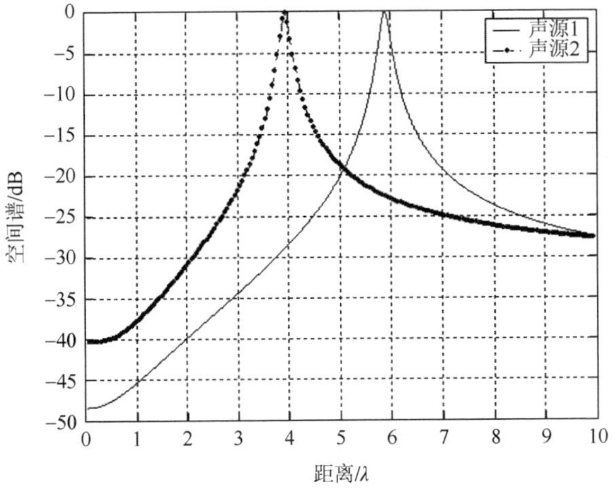

图 7.10 基于一维 MVDR 谱峰搜索的距离估计谱图

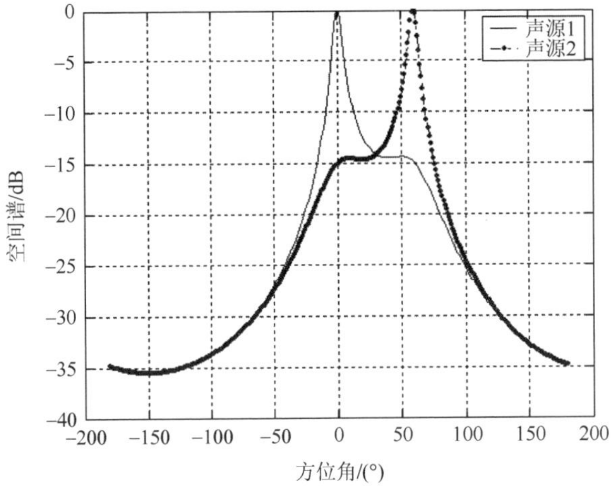

图 7.11 基于单矢量水听器指向性锐化的方位角估计谱图

参 考 文 献

[1] 孙超. 水下多传感器阵列信号处理. 西安：西北工业大学出版社，2007.

[2] 陈新华，蔡平，惠俊英，等. 声矢量阵指向性. 声学学报，2003，28（2）：141-144.

[3] Liang Y，Meng Z，Chen Y，et al. Research on the array gain of vertical array of vector hydrophone in deep sea. 2021 OES China Ocean Acoustics，Marseille，2021：935-940.

[4] 时洁，杨德森，刘伯胜，等. 基于 MVDR 聚焦波束形成的辐射噪声源近场定位方法. 大连海事大学学报，2008，34（3）：55-58.

[5] 张宝成，徐雪仙. 线阵聚焦幅度权处理的研究. 船舶力学，1999，3（4）：65-73.

[6] 陈欢. 直线阵潜艇噪声源高分辨定位识别方法研究. 哈尔滨：哈尔滨工程大学，2011.

[7] 惠娟，胡丹，惠俊英，等. 聚焦波束形成声图测量原理研究. 声学学报，2007，32（4）：356-361.

[8] 梅继丹，惠俊英，惠娟. 水平阵聚焦波束形成声图定位算法研究. 哈尔滨工程大学学报，2007，28(7)：773-778.

[9] Wang H，Kaveh M. Coherent signal-subspace processing for the detection and estimation of angles of arrival of multiple wide-band sources. IEEE Transactions on Acoustics，Speech，and Signal Processing，1985，33（4）：823-831.

[10] Forst O L. An algorithm for linearly constrained adaptive processing. Proceedings of IEEE，1972，60（8）：926-935.

[11] Kabaoglu N，Çirpan H A，Cekli E，et al. Maximum likelihood 3D near-field source localization using the EM algorithm. Proceedings of the 8th IEEE Symposium on Computers and Communications，Kemer-Antalya，2003：492-497.

[12] Çekli E，Çırpan H A. Unconditional maximum likelihood approach for localization of near-field sources：Algorithm and performance analysis. AEU-International Journal of Electronics and Communications，2003，57（1）：9-15.

[13] Abed-Meraim K，Hua Y，Belouchrani A. A linear prediction-like algorithm for passive localization of near-field sources. Proceedings of 4th International Symposium on Signal Processing and its Applications，Gold Coast，1996：626-629.

[14] Grosicki E，Abed-Meraim K，Hua Y. A weighted linear prediction method for near-field source localization. IEEE Transactions on Signal Processing，2005，53（10）：3651-3660.

[15] Breed B，Posch T. A range and azimuth estimator based on forming the spatial Wigner distribution. Proceedings of IEEE International Conference on Acoustics，Speech，and Signal Processing，San Diego，1984：286-287.

[16] Huang Y D，Barkat M. Near-field multiple source localization by passive sensor array. IEEE Transactions on Antennas and Propagation，1991，39（7）：968-975.

[17] Hung H S，Chang S H，Wu C H. Near-field source localization using MUSIC with polynomial rooting. Journal of Marine Science and Technology，1998，6（1）：3065-3068.

[18] Starer D，Nehorai A. Passive localization of near-field sources by path following. IEEE Transactions on Signal Processing，1994，42（3）：677-680.

[19] Zhi W，Chia M Y W. Near-field source localization via symmetric subarrays. Proceedings of 2007 IEEE International Conference on Acoustics，Speech and Signal Processing，Honolulu，2007.

[20] Challa R N，Shamsunder S. High-order subspace-based algorithms for passive localization of near-field sources. 29th Asilomar Conference on Signals，Systems and Computers，Pacific Grove，1995：777-781.

[21] Yuen N，Friedlander B. Higher-order ESPRIT for localization of near-field sources：An asymptotic performance analysis. Proceedings of 8th Workshop on Statistical Signal and Array Processing，Corfu，1996：538-541.

[22] Haardt M，Challa R N，Shamsunder S. Improved bearing and range estimation via high-order subspace based Unitary ESPRIT. Conference Record of the 30th Asilomar Conference on Signals，Systems and Computers，Pacific Grove，1996，380-384.

[23] Challa R N，Shamsunder S. Passive near-field localization of multiple non-Gaussian sources in 3D using

cumulants. Signal Processing，1998，65（1）：39-53.

[24] Gao F，Gershman A B. A generalized ESPRIT approach to direction-of-arrival estimation. IEEE Signal Processing Letters，2005，12（3）：254-257.

[25] 姚爱红，惠俊英. 单矢量传感器倍频窄波束技术研究. 哈尔滨工程大学学报，2004（1）：50-52.

[26] 余华兵，刘宏，潘悦，等. 小尺度声传感器的指向性锐化技术研究. 声学学报，2000，25（4）：319-322.

[27] 罗超，邱宏安. 一种小型矢量阵优化波束方法研究. 计算机仿真，2006，23（10）：333-335.

[28] 周江涛，倪明，孟洲. 光纤矢量水听器指向性锐化技术研究. 声学技术，2007，26（5）：1001-1004.

第 8 章　矢量阵高分辨聚焦波束形成

由于舰船辐射噪声多集中于中低频段，且大尺度基阵在水下布放存在困难，常规聚焦波束形成方法的分辨率往往难以满足实际工程应用的要求，因此寻求具有更高分辨率的聚焦算法具有重要意义。高分辨算法一般是指分辨率超过瑞利限的方法，主要包括信号子空间类算法[1, 2]、子空间旋转类算法[3, 4]及加权子空间拟合类算法等。高分辨算法往往采用非线性化处理而损失了信号的特征信息，通常仅能得到声源参数（如方位角、俯仰角和距离等）的估计结果，而无法真实地反映噪声源贡献的相对大小。此外，由于相干信号的协方差矩阵存在秩亏损，大部分高分辨算法无法直接处理相干声源。虽然在远场条件下，可以利用空间平滑、矩阵重构等算法实施解相干，而在近场条件下，基阵可等效视为阵形畸变，实施解相干存在困难，需要寻求更为有效的近场解相干算法。为了解决以上问题，本章将重点介绍矢量阵高分辨聚焦波束形成算法，以及其针对相干声源的多种处理手段。

8.1　矢量阵聚焦波束形成算法

8.1.1　声矢量信号处理框架

在经典的矢量信号处理理论框架下，空间谱估计中众多优秀算法陆续成功应用于矢量阵信号处理之中。在单矢量算法方面，Nehorai 和 Paldi[5]针对多源矢量接收模型，推导了波达方向等参数估计误差的克拉默-拉奥界（Cramer-Rao bound，CRB）的表达式，同时提出了基于声强和基于振速协方差的两种单矢量声源定位算法[6]，证明了对两个不完全相关源具有定位能力[7]。进一步研究了基于单矢量水听器的 MVDR 波束形成器性能，推导了信干噪比（signal to interference plus noise ratio，SINR）显式表达式[8]。在矢量阵列算法方面，Hawkes 和 Nehorai[9]分析了矢量水听器阵列估计误差小的原因，证明了矢量水听器在方向灵敏度和增加孔径方面的优势。

M 元声压标量阵接收到长度为 T_0 的声压信号可以表示成 $M \times T_0$ 的矩阵 $\boldsymbol{P}(t)$ 的形式：

$$\boldsymbol{P}(t) = \boldsymbol{A}(\theta)\boldsymbol{X}(t) \tag{8.1}$$

式中，$\boldsymbol{A}(\theta)$ 为声压方向矩阵；$\boldsymbol{X}(t)$ 为源信号矩阵。

经典矢量信号处理理论框架是将 M 元声矢量阵接收到的信号写为 $4M \times T_0$ 的

矩阵$\boldsymbol{V}(t)$：

$$\boldsymbol{V}(t)=\begin{bmatrix}\boldsymbol{P}(t)\\ \boldsymbol{V}_x(t)\\ \boldsymbol{V}_y(t)\\ \boldsymbol{V}_z(t)\end{bmatrix}=\begin{bmatrix}\boldsymbol{A}(\theta)\\ \boldsymbol{A}^{(x)}(\theta)\\ \boldsymbol{A}^{(y)}(\theta)\\ \boldsymbol{A}^{(z)}(\theta)\end{bmatrix}\boldsymbol{X}(t)=\boldsymbol{A}_v(\theta)\boldsymbol{X}(t) \tag{8.2}$$

式中，$\boldsymbol{V}_x(t)$、$\boldsymbol{V}_y(t)$和$\boldsymbol{V}_z(t)$分别为$M\times T_0$的矩阵；$\boldsymbol{A}^{(x)}(\theta)$、$\boldsymbol{A}^{(y)}(\theta)$和$\boldsymbol{A}^{(z)}(\theta)$分别为$x$方向、$y$方向和$z$方向的振速方向矩阵。经典矢量信号处理理论框架同时利用了声压和振速信息，扩展了利用信息的维度，为提升信号处理算法性能和灵活度提供了便利。

8.1.2　MVDR 波束形成

MVDR 波束形成，即最小方差信号无畸变响应波束形成，可同时获得较高的分辨率及较强噪声干扰抑制能力[10, 11]。在常规波束形成器的输出功率中，信号源能量不仅在来波方向上有贡献，而且对波束宽度内的其他方向也有不同程度的影响，而 MVDR 算法可在保持来波方向信号能量不变的前提下，使波束内其他方向的能量最小化，实际上是一个约束最小化问题的解：

$$\begin{cases}\min \boldsymbol{w}^{\mathrm{H}}\boldsymbol{R}\boldsymbol{w}\\ \text{s.t.}\ \ \boldsymbol{w}^{\mathrm{H}}\boldsymbol{a}(\theta)=1\end{cases} \tag{8.3}$$

式中，s.t.表示约束条件。

通常使用标准拉格朗日（Lagrange）乘子技术来求解式（8.3）中的约束最优化问题。构造代价函数：

$$J=\boldsymbol{w}^{\mathrm{H}}(\theta)\boldsymbol{R}\boldsymbol{w}(\theta)+\mu\left(\boldsymbol{w}^{\mathrm{H}}(\theta)\boldsymbol{a}(\theta)-1\right) \tag{8.4}$$

式中，μ为任意的常数，将式（8.4）对$\boldsymbol{w}^{\mathrm{H}}(\theta)$求微分并令其得零，有

$$\boldsymbol{w}=-\mu\boldsymbol{R}^{-1}\boldsymbol{a}(\theta) \tag{8.5}$$

可得

$$\mu=-\frac{1}{\boldsymbol{a}^{\mathrm{H}}(\theta)\boldsymbol{R}^{-1}\boldsymbol{a}(\theta)} \tag{8.6}$$

则修正后的加权系数$\boldsymbol{w}$为

$$\boldsymbol{w}=\frac{\boldsymbol{R}^{-1}\boldsymbol{a}(\theta)}{\boldsymbol{a}^{\mathrm{H}}(\theta)\boldsymbol{R}^{-1}\boldsymbol{a}(\theta)} \tag{8.7}$$

MVDR 波束形成的输出功率为

$$P_{\mathrm{MVDR}}(\theta)=\frac{1}{\boldsymbol{a}^{\mathrm{H}}(\theta)\boldsymbol{R}^{-1}\boldsymbol{a}(\theta)} \tag{8.8}$$

式中，$\boldsymbol{a}(\theta)$ 为阵列流型矢量；$\boldsymbol{R}^{-1}$ 为矩阵 $\boldsymbol{R}$ 求逆。理想情况下，MVDR 的空间谱函数近似为冲激响应 δ 函数，在信噪比不是很低的情况下，MVDR 可以明显地降低波束图的旁瓣级，减小目标方位估计的模糊区域，并可以根据接收数据自行优化加权系数 $\boldsymbol{w}$。同时，由于 MVDR 算法给出的空间谱使用了数据采样协方差矩阵的所有特征值，可以反映声源贡献的相对大小。

8.1.3 矢量阵近场信号模型

垂直矢量阵近场信号模型如图 8.1 所示，空间 z 轴上有一个 M 元均匀垂直矢量阵，该垂直矢量阵至声源平面 S 的距离为 y_s，设 S 上分布了 N 个非相干单频声源。

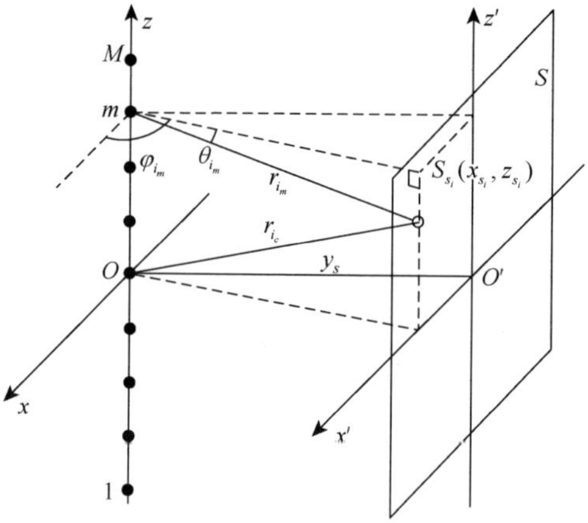

图 8.1　垂直矢量阵近场信号模型

图 8.1 所示为第 i 号声源与垂直阵之间的空间位置关系。垂直阵阵元 z 方向坐标矢量为 $\boldsymbol{Z}_A=[z_1 z_2 \cdots z_m \cdots z_M]^{\mathrm{T}}$ $(m=1,2,\cdots,M)$，$\boldsymbol{X}_S=[x_{s_1} \quad x_{s_2} \quad \cdots \quad x_{s_N}]^{\mathrm{T}}$ 和 $\boldsymbol{Z}_S=[z_{s_1} \quad z_{s_2} \quad \cdots \quad z_{s_N}]^{\mathrm{T}}$ 分别为声源 x 方向及 z 方向坐标矢量。根据空间几何关系可以得到近场聚焦距离矩阵 $\boldsymbol{r}=[\boldsymbol{r}_1 \quad \boldsymbol{r}_2 \quad \cdots \quad \boldsymbol{r}_N]$。$\boldsymbol{r}_i=[r_{i_1} \quad r_{i_2} \quad \cdots \quad r_{i_M}]^{\mathrm{T}}$ $(i=1,2,\cdots,N)$ 为第 i 号声源至各个阵元的距离矢量，r_{i_c} 为第 i 号声源至参考阵元的距离，r_{i_m} 为第 i 号声源至第 m 个阵元的距离：

$$r_{i_m}=\sqrt{x_{s_i}^2+y_s^2+\left(z_{s_i}-z_m\right)^2} \tag{8.9}$$

进而得到程差矩阵 $\boldsymbol{R}=[\boldsymbol{R}_1 \quad \boldsymbol{R}_2 \quad \cdots \quad \boldsymbol{R}_N]$。第 i 号声源至各个阵元与参考阵元的程差矢量为 $\boldsymbol{R}_i=[R_{i_1} \quad R_{i_2} \quad \cdots \quad R_{i_M}]^{\mathrm{T}}$，$R_{i_m}$ 为第 i 号声源至第 m 个阵元与参考阵元的程差：

$$R_{i_m}=r_{i_m}-r_{i_c}=\sqrt{x_{s_i}^2+y_s^2+(z_{s_i}-z_m)^2}-\sqrt{x_{s_i}^2+y_s^2+(z_{s_i}-z_c)^2} \tag{8.10}$$

则 $\boldsymbol{r}_i$ 和 $\boldsymbol{R}_i$ 之间存在以下关系：

$$\boldsymbol{R}_i = \boldsymbol{r}_i - r_{i_c} \tag{8.11}$$

令 $\boldsymbol{\theta} = [\boldsymbol{\theta}_1\boldsymbol{\theta}_2 \cdots \boldsymbol{\theta}_i \cdots \boldsymbol{\theta}_N]$ 与 $\boldsymbol{\varphi} = [\boldsymbol{\varphi}_1\boldsymbol{\varphi}_2 \cdots \boldsymbol{\varphi}_i \cdots \boldsymbol{\varphi}_N]$ 分别为声源俯仰角矢量矩阵和声源方位角矢量矩阵，$\boldsymbol{\theta}_i = [\theta_{i_1}\theta_{i_2} \cdots \theta_{i_m} \cdots \theta_{i_M}]^{\mathrm{T}}$ 为第 i 个声源至各个阵元的俯仰角矢量，$\boldsymbol{\varphi}_i = [\varphi_{i_1}\varphi_{i_2} \cdots \varphi_{i_m} \cdots \varphi_{i_M}]^{\mathrm{T}}$ 为第 i 个声源至各个阵元的方位角矢量。则 $\theta_{i_m} \in [-\pi/2, \pi/2]$ 为第 i 个声源到达第 m 个阵元的俯仰角，定义其为声源波达方向与 xOy 平面的夹角，$\varphi_{i_m} \in [0, 2\pi]$ 为第 i 个声源到达第 m 个阵元的方位角，定义其为声源波达方向与 x 方向的夹角。有

$$\theta_{i_m} = \arctan\left(\frac{z_{s_i} - z_m}{\sqrt{x_{s_i}^2 + y_s^2}}\right) \tag{8.12}$$

$$\varphi_{i_m} = \arctan\left(\frac{y_s}{x_{si}}\right) \tag{8.13}$$

考虑球面波衰减，令 $\boldsymbol{\alpha} = \left[\boldsymbol{\alpha}_1\boldsymbol{\alpha}_2 \cdots \boldsymbol{\alpha}_i \cdots \boldsymbol{\alpha}_N\right]$ 为 $M \times N$ 幅度衰减系数矩阵，$\boldsymbol{\alpha}_i(\boldsymbol{r}_i) = [\alpha_{i_1}\alpha_{i_2} \cdots \alpha_{i_M}]^{\mathrm{T}}$ 为 $M \times 1$ 幅度衰减系数矢量，$\alpha_{i_m} = \alpha_i / r_{i_m}$ 为第 i 个声源至第 m 个阵元的幅度衰减系数，α_i 为第 i 个声源幅值。则矢量阵接收到的声压信号矩阵形式可以表示为

$$\boldsymbol{P}(\boldsymbol{r}) = \boldsymbol{A}^{(p)}(\boldsymbol{r}) \odot \left(\boldsymbol{\alpha}(\boldsymbol{r})\boldsymbol{S}\right) + \boldsymbol{N}^{(p)} \tag{8.14}$$

式中，矩阵 $\boldsymbol{A}^{(p)}(\boldsymbol{r}) = \left[\boldsymbol{A}_1^{(p)}(\boldsymbol{r}_1)\boldsymbol{A}_2^{(p)}(\boldsymbol{r}_2) \cdots \boldsymbol{A}_i^{(p)}(\boldsymbol{r}_i) \cdots \boldsymbol{A}_N^{(p)}(\boldsymbol{r}_N)\right]$；矢量 $\boldsymbol{A}_i^{(p)}(\boldsymbol{r}_i) = [\mathrm{e}^{-\mathrm{j}k_i R_{i_1}}\mathrm{e}^{-\mathrm{j}k_i R_{i_2}} \cdots \mathrm{e}^{-\mathrm{j}k_i R_{i_m}} \cdots \mathrm{e}^{-\mathrm{j}k_i R_{i_M}}]^{\mathrm{T}}$，$k_i$ 为第 i 个声源波数。

若离散序列时间长度为 T_0，则 $\boldsymbol{P}$ 为 $M \times T_0$ 声压信号矩阵，$\boldsymbol{S}$ 为 $N \times T_0$ 声源信号矩阵，$\boldsymbol{N}^{(p)}$ 为 $M \times T_0$ 声压通道噪声矩阵；$\boldsymbol{A}^{(p)}$ 为 $M \times N$ 声压聚焦方向矢量矩阵，$\boldsymbol{A}_i^{(p)}$ 为第 i 个声源对应的声压聚焦方向矢量，则矢量阵接收到的三维振速信号矩阵 $\boldsymbol{V}^{(x)}(\boldsymbol{r},\boldsymbol{\theta},\boldsymbol{\varphi})$、$\boldsymbol{V}^{(y)}(\boldsymbol{r},\boldsymbol{\theta},\boldsymbol{\varphi})$ 和 $\boldsymbol{V}^{(z)}(\boldsymbol{r},\boldsymbol{\theta},\boldsymbol{\varphi})$ 分别为

$$\boldsymbol{V}^{(x)}(\boldsymbol{r},\boldsymbol{\theta},\boldsymbol{\varphi}) = \boldsymbol{A}^{(x)}(\boldsymbol{r},\boldsymbol{\theta},\boldsymbol{\varphi}) \odot (\boldsymbol{\alpha}(\boldsymbol{r})\boldsymbol{S}) + \boldsymbol{N}^{(x)} \tag{8.15}$$

$$\boldsymbol{V}^{(y)}(\boldsymbol{r},\boldsymbol{\theta},\boldsymbol{\varphi}) = \boldsymbol{A}^{(y)}(\boldsymbol{r},\boldsymbol{\theta},\boldsymbol{\varphi}) \odot (\boldsymbol{\alpha}(\boldsymbol{r})\boldsymbol{S}) + \boldsymbol{N}^{(y)} \tag{8.16}$$

$$\boldsymbol{V}^{(z)}(\boldsymbol{r},\boldsymbol{\theta},\boldsymbol{\varphi}) = \boldsymbol{A}^{(z)}(\boldsymbol{r},\boldsymbol{\theta},\boldsymbol{\varphi}) \odot (\boldsymbol{\alpha}(\boldsymbol{r})\boldsymbol{S}) + \boldsymbol{N}^{(z)} \tag{8.17}$$

$$\begin{aligned}\boldsymbol{A}^{(x)}(\boldsymbol{r},\boldsymbol{\theta},\boldsymbol{\varphi}) = \Big[& a_1^{(x)}(\boldsymbol{\theta}_1,\boldsymbol{\varphi}_1) \odot \boldsymbol{D}_1^{(v)}(\boldsymbol{r}_1) \odot \boldsymbol{A}_1^{(p)}(\boldsymbol{r}_1) a_2^{(x)}(\boldsymbol{\theta}_2,\boldsymbol{\varphi}_2) \odot \boldsymbol{D}_2^{(v)}(\boldsymbol{r}_2) \odot \boldsymbol{A}_2^{(p)}(\boldsymbol{r}_2) \cdots \\ & a_i^{(x)}(\boldsymbol{\theta}_i,\boldsymbol{\varphi}_i) \odot \boldsymbol{D}_i^{(v)}(\boldsymbol{r}_i) \odot \boldsymbol{A}_i^{(p)}(\boldsymbol{r}_i) \cdots a_N^{(x)}(\boldsymbol{\theta}_N,\boldsymbol{\varphi}_N) \odot \boldsymbol{D}_N^{(v)}(\boldsymbol{r}_N) \odot \boldsymbol{A}_N^{(p)}(\boldsymbol{r}_N)\Big]\end{aligned} \tag{8.18}$$

$$\begin{aligned}\boldsymbol{A}^{(y)}(\boldsymbol{r},\boldsymbol{\theta},\boldsymbol{\varphi}) = \Big[& a_1^{(y)}(\boldsymbol{\theta}_1,\boldsymbol{\varphi}_1) \odot \boldsymbol{D}_1^{(v)}(\boldsymbol{r}_1) \odot \boldsymbol{A}_1^{(p)}(\boldsymbol{r}_1) a_2^{(y)}(\boldsymbol{\theta}_2,\boldsymbol{\varphi}_2) \odot \boldsymbol{D}_2^{(v)}(\boldsymbol{r}_2) \odot \boldsymbol{A}_2^{(p)}(\boldsymbol{r}_2) \cdots \\ & a_i^{(y)}(\boldsymbol{\theta}_i,\boldsymbol{\varphi}_i) \odot \boldsymbol{D}_i^{(v)}(\boldsymbol{r}_i) \odot \boldsymbol{A}_i^{(p)}(\boldsymbol{r}_i) \cdots a_N^{(y)}(\boldsymbol{\theta}_N,\boldsymbol{\varphi}_N) \odot \boldsymbol{D}_N^{(v)}(\boldsymbol{r}_N) \odot \boldsymbol{A}_N^{(p)}(\boldsymbol{r}_N)\Big]\end{aligned} \tag{8.19}$$

$$\boldsymbol{A}^{(z)}(\boldsymbol{r},\boldsymbol{\theta},\boldsymbol{\varphi})=\Big[a_1^{(z)}(\boldsymbol{\theta}_1,\boldsymbol{\varphi}_1)\odot\boldsymbol{D}_1^{(v)}(\boldsymbol{r}_1)\odot\boldsymbol{A}_1^{(p)}(\boldsymbol{r}_1)a_2^{(z)}(\boldsymbol{\theta}_2,\boldsymbol{\varphi}_2)\odot\boldsymbol{D}_2^{(v)}(\boldsymbol{r}_2)\odot\boldsymbol{A}_2^{(p)}(\boldsymbol{r}_2)\cdots$$
$$a_i^{(z)}(\boldsymbol{\theta}_i,\boldsymbol{\varphi}_i)\odot\boldsymbol{D}_i^{(v)}(\boldsymbol{r}_i)\odot\boldsymbol{A}_i^{(p)}(\boldsymbol{r}_i)\cdots a_N^{(z)}(\boldsymbol{\theta}_N,\boldsymbol{\varphi}_N)\odot\boldsymbol{D}_N^{(v)}(\boldsymbol{r}_N)\odot\boldsymbol{A}_N^{(p)}(\boldsymbol{r}_N)\Big] \tag{8.20}$$

$$\boldsymbol{D}_i^{(v)}(\boldsymbol{r}_i)=\left[\mathrm{e}^{-\mathrm{j}\psi(r_{i_1})}\mathrm{e}^{-\mathrm{j}\psi(r_{i_2})}\cdots\mathrm{e}^{-\mathrm{j}\psi(r_{i_m})}\right]^{\mathrm{T}} \tag{8.21}$$

$$a_i^{(x)}(\boldsymbol{\theta}_i,\boldsymbol{\varphi}_i)=\left[\cos\theta_{i_1}\cos\varphi_{i_1}\cdots\cos\theta_{i_m}\cos\varphi_{i_m}\cdots\cos\theta_{i_M}\cos\varphi_{i_M}\right]^{\mathrm{T}} \tag{8.22}$$

$$a_i^{(y)}(\boldsymbol{\theta}_i,\boldsymbol{\varphi}_i)=\left[\cos\theta_{i_1}\sin\varphi_{i_1}\cdots\cos\theta_{i_m}\sin\varphi_{i_m}\cdots\cos\theta_{i_M}\sin\varphi_{i_M}\right]^{\mathrm{T}} \tag{8.23}$$

$$a_i^{(z)}(\boldsymbol{\theta}_i,\boldsymbol{\varphi}_i)=\left[\sin\theta_{i_1}\cdots\sin\theta_{i_m}\cdots\sin\theta_{i_M}\right]^{\mathrm{T}} \tag{8.24}$$

式中，$\boldsymbol{V}^{(x)}$、$\boldsymbol{V}^{(y)}$和$\boldsymbol{V}^{(z)}$分别为$M\times T_0$ x方向、y方向和z方向振速信号矩阵；$\boldsymbol{A}^{(x)}$、$\boldsymbol{A}^{(y)}$和$\boldsymbol{A}^{(z)}$分别为$M\times N$ x方向、y方向和z方向聚焦单位矢量矩阵；$\boldsymbol{D}_i^{(v)}$为对应于第i个声源的复阻抗矢量；$\psi(r_{i_m})$为第m个矢量水听器对应于第i个声源的声压-振速间的相位差；$a_i^{(x)}$、$a_i^{(y)}$和$a_i^{(z)}$分别为对应于x方向、y方向和z方向的聚焦单位矢量；运算符$\odot$为 Hadamard 积，表示对应元素相乘。

最终得到$4M\times T_0$矢量阵信号：

$$\boldsymbol{S}_v(\boldsymbol{r},\boldsymbol{\theta},\boldsymbol{\varphi})=\begin{bmatrix}\boldsymbol{P}(\boldsymbol{r})\\ \boldsymbol{V}^{(x)}(\boldsymbol{r},\boldsymbol{\theta},\boldsymbol{\varphi})\\ \boldsymbol{V}^{(y)}(\boldsymbol{r},\boldsymbol{\theta},\boldsymbol{\varphi})\\ \boldsymbol{V}^{(z)}(\boldsymbol{r},\boldsymbol{\theta},\boldsymbol{\varphi})\end{bmatrix} \tag{8.25}$$

将$4M\times N$矢量阵聚焦方向矢量矩阵写为

$$\boldsymbol{A}^{(v)}(\boldsymbol{r},\boldsymbol{\theta},\boldsymbol{\varphi})=\begin{bmatrix}\boldsymbol{A}^{(p)}(\boldsymbol{r})\\ \boldsymbol{A}^{(x)}(\boldsymbol{r},\boldsymbol{\theta},\boldsymbol{\varphi})\\ \boldsymbol{A}^{(y)}(\boldsymbol{r},\boldsymbol{\theta},\boldsymbol{\varphi})\\ \boldsymbol{A}^{(z)}(\boldsymbol{r},\boldsymbol{\theta},\boldsymbol{\varphi})\end{bmatrix} \tag{8.26}$$

近场条件下，矢量阵聚焦方向矢量由声压、x方向、y方向和z方向振速聚焦方向矢量共同构成。该聚焦方向矢量蕴含声源距离、方位角和俯仰角的空间位置信息，且与由复阻抗引起的声压、振速间的相位差有关，复阻抗是由声源位于近场区域产生的。

8.1.4 矢量阵 MVDR 聚焦算法

在声源所在平面S上扫描，设某一扫描点坐标$(\hat{x},\hat{z})$，$\hat{\boldsymbol{r}}=[\hat{r}_1\hat{r}_2\cdots\hat{r}_m\cdots\hat{r}_M]^{\mathrm{T}}$为该扫描点至接收基阵的$M\times1$聚焦距离矢量，$\hat{r}_m$为扫描点至第$m$个阵元的距离：

$$\hat{r}_m = \sqrt{\hat{x}^2 + y_s^2 + (\hat{z} - z_m)^2} \tag{8.27}$$

$\hat{R}_m$ 为扫描点至第 m 个阵元与参考阵元之间的距离差：

$$\hat{R}_m = \hat{r}_m - \hat{r}_c = \sqrt{\hat{x}^2 + y_s^2 + (\hat{z} - z_m)^2} - \sqrt{\hat{x}^2 + y_s^2 + (\hat{z} - z_c)^2} \tag{8.28}$$

令 $\hat{\boldsymbol{\theta}}$ 与 $\hat{\boldsymbol{\varphi}}$ 分别为俯仰角矢量和方位角矢量，依据扫描点至各阵元的空间位置关系，参照 8.1.3 节推导过程可以确定扫描点至第 m 个阵元的俯仰角 $\hat{\theta}_m$ 与方位角 $\hat{\varphi}_m$。该扫描点对应的复阻抗矢量为 $\hat{\boldsymbol{D}}^{(v)}(\hat{\boldsymbol{r}})$，$x$ 方向、y 方向和 z 方向聚焦单位方向矢量分别为 $\hat{a}^{(x)}(\hat{\boldsymbol{\theta}},\hat{\boldsymbol{\varphi}})$、$\hat{a}^{(y)}(\hat{\boldsymbol{\theta}},\hat{\boldsymbol{\varphi}})$ 和 $\hat{a}^{(z)}(\hat{\boldsymbol{\theta}},\hat{\boldsymbol{\varphi}})$，则该扫描点处的声压和振速聚焦方向矢量分别为

$$\hat{\boldsymbol{A}}^{(p)}(\hat{\boldsymbol{r}}) = \left[\mathrm{e}^{-\mathrm{j}k\hat{R}_1} \mathrm{e}^{-\mathrm{j}k\hat{R}_2} \cdots \mathrm{e}^{-\mathrm{j}k\hat{R}_m} \cdots \mathrm{e}^{-\mathrm{j}k\hat{R}_M} \right]^{\mathrm{T}} \tag{8.29}$$

$$\hat{\boldsymbol{A}}^{(x)}(\hat{\boldsymbol{r}},\hat{\boldsymbol{\theta}},\hat{\boldsymbol{\varphi}}) = \hat{a}^{(x)}(\hat{\boldsymbol{\theta}},\hat{\boldsymbol{\varphi}}) \odot \hat{\boldsymbol{D}}^{(v)}(\hat{\boldsymbol{r}}) \odot \hat{\boldsymbol{A}}^{(p)}(\hat{\boldsymbol{r}}) \tag{8.30}$$

$$\hat{\boldsymbol{A}}^{(y)}(\hat{\boldsymbol{r}},\hat{\boldsymbol{\theta}},\hat{\boldsymbol{\varphi}}) = \hat{a}^{(y)}(\hat{\boldsymbol{\theta}},\hat{\boldsymbol{\varphi}}) \odot \hat{\boldsymbol{D}}^{(v)}(\hat{\boldsymbol{r}}) \odot \hat{\boldsymbol{A}}^{(p)}(\hat{\boldsymbol{r}}) \tag{8.31}$$

$$\hat{\boldsymbol{A}}^{(z)}(\hat{\boldsymbol{r}},\hat{\boldsymbol{\theta}},\hat{\boldsymbol{\varphi}}) = \hat{a}^{(z)}(\hat{\boldsymbol{\theta}},\hat{\boldsymbol{\varphi}}) \odot \hat{\boldsymbol{D}}^{(v)}(\hat{\boldsymbol{r}}) \odot \hat{\boldsymbol{A}}^{(p)}(\hat{\boldsymbol{r}}) \tag{8.32}$$

则该扫描点对应的 $4M \times 1$ 矢量阵聚焦方向矢量为

$$\hat{\boldsymbol{A}}^{(v)}(\hat{\boldsymbol{r}},\hat{\boldsymbol{\theta}},\hat{\boldsymbol{\varphi}}) = \begin{bmatrix} \hat{\boldsymbol{A}}^{(p)}(\hat{\boldsymbol{r}}) \\ \hat{\boldsymbol{A}}^{(x)}(\hat{\boldsymbol{r}},\hat{\boldsymbol{\theta}},\hat{\boldsymbol{\varphi}}) \\ \hat{\boldsymbol{A}}^{(y)}(\hat{\boldsymbol{r}},\hat{\boldsymbol{\theta}},\hat{\boldsymbol{\varphi}}) \\ \hat{\boldsymbol{A}}^{(z)}(\hat{\boldsymbol{r}},\hat{\boldsymbol{\theta}},\hat{\boldsymbol{\varphi}}) \end{bmatrix} \tag{8.33}$$

令 $\boldsymbol{R}^{(p)}$ 与 $\boldsymbol{R}^{(v)}$ 分别为 $M \times M$ 声压阵和 $4M \times 4M$ 矢量阵采样数据协方差矩阵：

$$\boldsymbol{R}^{(p)} = \boldsymbol{A}^{(p)}(\boldsymbol{r})\boldsymbol{R}_S\left(\boldsymbol{A}^{(p)}(\boldsymbol{r})\right)^{\mathrm{H}} + \boldsymbol{R}_N^{(p)} = \boldsymbol{A}^{(p)}(\boldsymbol{r})\boldsymbol{R}_S\left(\boldsymbol{A}^{(p)}(\boldsymbol{r})\right)^{\mathrm{H}} + \sigma_p^2\boldsymbol{I}_M \tag{8.34}$$

$$\boldsymbol{R}^{(v)} = \boldsymbol{A}^{(v)}(\boldsymbol{r},\boldsymbol{\theta},\boldsymbol{\varphi})\boldsymbol{R}_S\left(\boldsymbol{A}^{(v)}(\boldsymbol{r},\boldsymbol{\theta},\boldsymbol{\varphi})\right)^{\mathrm{H}} + \boldsymbol{R}_N^{(v)} \tag{8.35}$$

$$\boldsymbol{R}_N^{(v)} = \left[\begin{array}{c:c:c:c} \sigma_p^2\boldsymbol{I}_M & & & \\ \hdashline & \sigma_x^2\boldsymbol{I}_M & & \\ \hdashline & & \sigma_y^2\boldsymbol{I}_M & \\ \hdashline & & & \sigma_z^2\boldsymbol{I}_M \end{array}\right] \tag{8.36}$$

式中，σ_p^2、σ_x^2、σ_y^2 和 σ_z^2 反映了声压与振速通道噪声大小；$\boldsymbol{I}_M$ 为对角元素为 1 的对角矩阵；$\boldsymbol{R}_S$ 为源信号协方差矩阵。

可以得到常规聚焦算法和 MVDR 聚焦算法的空间谱：

$$P_{\mathrm{PCFB}}^{(p)}(\hat{\boldsymbol{r}}) = \left(\hat{\boldsymbol{A}}^{(p)}(\hat{\boldsymbol{r}})\right)^{\mathrm{H}} \boldsymbol{R}^{(p)}\hat{\boldsymbol{A}}^{(p)}(\hat{\boldsymbol{r}}) \tag{8.37}$$

$$P_{\mathrm{VCFB}}^{(v)}(\hat{\boldsymbol{r}},\hat{\boldsymbol{\theta}},\hat{\boldsymbol{\varphi}}) = \left(\hat{\boldsymbol{A}}^{(v)}(\hat{\boldsymbol{r}},\hat{\boldsymbol{\theta}},\hat{\boldsymbol{\varphi}})\right)^{\mathrm{H}} \boldsymbol{R}^{(v)}\hat{\boldsymbol{A}}^{(v)}(\hat{\boldsymbol{r}},\hat{\boldsymbol{\theta}},\hat{\boldsymbol{\varphi}}) \tag{8.38}$$

$$P_{\text{PMVDRFB}}^{(p)}(\hat{\boldsymbol{r}})=\frac{1}{\left(\hat{\boldsymbol{A}}^{(p)}(\hat{\boldsymbol{r}})\right)^{\mathrm{H}}\left(\boldsymbol{R}^{(p)}\right)^{-1}\left(\hat{\boldsymbol{A}}^{(p)}(\hat{\boldsymbol{r}})\right)} \tag{8.39}$$

$$P_{\text{VMVDRFB}}^{(v)}(\hat{\boldsymbol{r}},\hat{\boldsymbol{\theta}},\hat{\boldsymbol{\varphi}})=\frac{1}{\left(\hat{\boldsymbol{A}}^{(v)}(\hat{\boldsymbol{r}},\hat{\boldsymbol{\theta}},\hat{\boldsymbol{\varphi}})\right)^{\mathrm{H}}\left(\boldsymbol{R}^{(v)}\right)^{-1}\left(\hat{\boldsymbol{A}}^{(v)}(\hat{\boldsymbol{r}},\hat{\boldsymbol{\theta}},\hat{\boldsymbol{\varphi}})\right)} \tag{8.40}$$

矢量阵 MVDR 高分辨聚焦波束形成是将 MVDR 高分辨算法、矢量阵处理及近场聚焦算法统一于经典的矢量信号处理理论框架之下。其核心是将近场波束补偿（与声源空间位置有关）、复阻抗补偿（与声源至各阵元之间的距离有关）统一写入矢量阵聚焦方向矢量之中，常规聚焦算法与 MVDR 聚集算法的不同之处仅在于选取不同的处理器。将式（8.37）～式（8.40）对应的处理算法采用以下简称：①声压阵常规聚焦波束形成（acoustic pressure array conventional focused beamforming，PCFB）；②矢量阵常规聚焦波束形成（acoustic vector array conventional focused beamforming，VCFB）；③声压阵 MVDR 聚焦波束形成（acoustic pressure array minimum variance distortionless response focused beamforming，PMVDRFB）；④矢量阵 MVDR 聚焦波束形成（acoustic vector array minimum variance distortionless response focused beamforming，VMVDRFB）。下面给出基阵孔径、测量距离及信号频率等参数下的聚焦分辨率对比结果。

（1）基阵孔径对分辨率的影响。图 8.2 中信号频率为 750Hz，声源距离基阵的正横距离为 30m，数据快拍数为 1024，信噪比为 15dB，基阵孔径在 3～45m 变化。

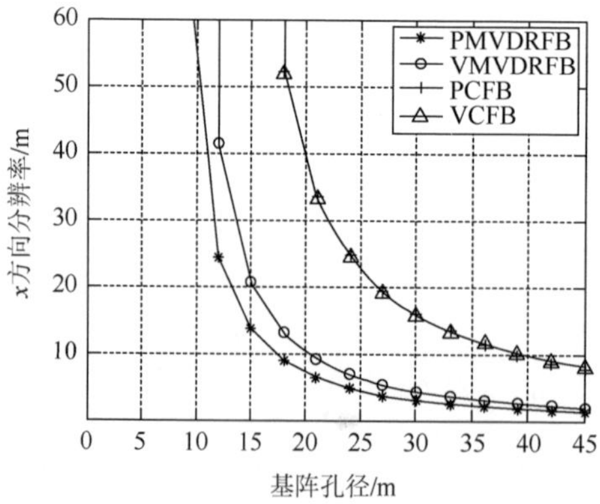

(a) x方向分辨率

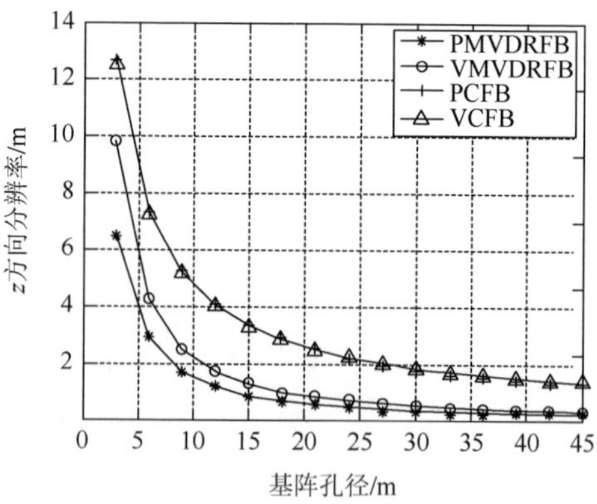

(b) z方向分辨率

图 8.2　x 方向及 z 方向分辨率随基阵孔径变化的关系

（2）测量距离对分辨率的影响。图 8.3 中基阵孔径为 30m，信号频率、数据快拍数和信噪比不变，测量距离在 2～50m 变化。

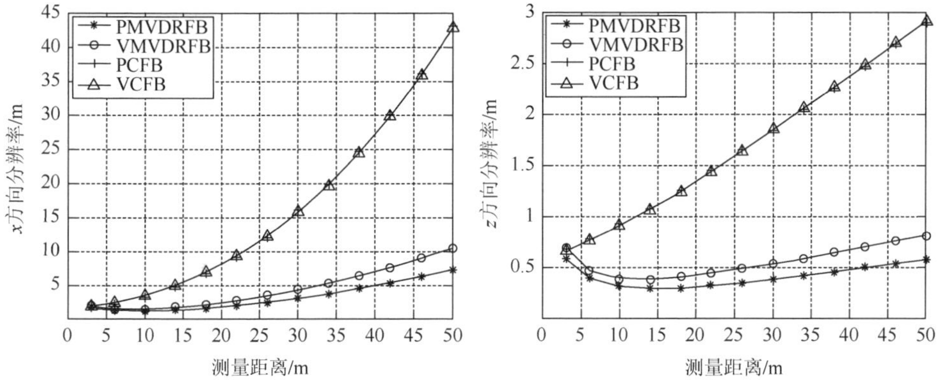

(a) x方向分辨率　　(b) z方向分辨率

图 8.3　x 方向及 z 方向分辨率随测量距离变化的关系

（3）信号频率对分辨率的影响。图 8.4 中基阵孔径为 30m，声源距离基阵的正横距离为 30m，数据快拍数和信噪比不变，信号频率从 200Hz 至 2.5kHz 按 1/3 倍频程变化。

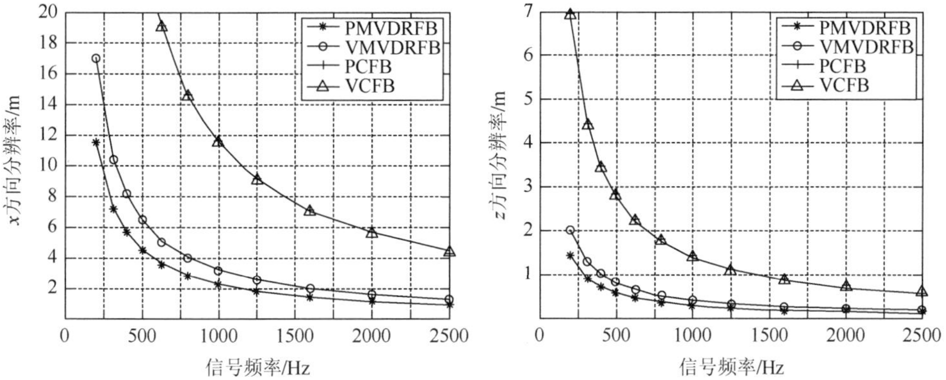

(a) x方向分辨率　　(b) z方向分辨率

图 8.4　x 方向及 z 方向分辨率随信号频率变化的关系

由图 8.2～图 8.4 可知，信号频率越高，基阵尺度越大，测量距离越近则分辨率越高，z 方向分辨率远高于 x 方向分辨率。同时四种算法相比，VMVDRFB 的分辨率最优。

8.1.5　基于近场内插阵列变换的解相干算法

本节介绍基于近场内插阵列变换的解相干算法，该算法利用聚焦波束形成结果，在初步判断声源所在位置之后，设置小邻域进行内插阵列变换解相干，具有实施简便、高效的优点，与最大似然算法[12, 13]相比，无须进行多维搜索，并能反映相干声源贡献的相对大小。

1. 近场内插阵列变换

由于声源的初步位置(x_0, y_0, z_0)已经确定，可以近似认为各相干声源距离基阵参考阵元的距离r_{i_c} ($i=1,2,\cdots,N$)相差不大。即$r_{i_c} \cong r_c = \sqrt{x_0^2 + y_0^2 + (z_0 - z_c)^2}$。在基阵近场区域，由于非线性相位的存在，真实基阵的阵列流型可以认为存在畸变，而这种畸变的程度因为声源所在空间位置曲率半径的不同而不同。内插阵列变换算法可对任意阵列实施变换[14, 15]，可以将近场基阵看作一种特殊的任意阵列，通过变换将近场条件下的协方差矩阵转换为等效远场条件下的协方差矩阵，进而实施空间平滑解相干。在垂直方向，坐标z_0的邻域设置区域Z，可以将区域Z按以下算法进行均分。

$$Z = \left[z_{\mathrm{L}} \quad z_{\mathrm{L}} + \Delta z \ \cdots \ z_{\mathrm{L}} + (q-1)\Delta z \ \cdots \ z_{\mathrm{H}} - \Delta z \quad z_{\mathrm{H}} \right] \tag{8.41}$$

式中，z_{L}和z_{H}分别为对应于区域Z的上下边界；Δz为步长，设区域Z中共包含Q个子坐标。

可以构造$M \times Q$真实基阵的阵列流型矩阵$\boldsymbol{A}_{\mathrm{true}}(\bar{\boldsymbol{r}})$。

$$\boldsymbol{A}_{\mathrm{true}}(\bar{\boldsymbol{r}}) = \left[\boldsymbol{A}_{\mathrm{true}}(\bar{\boldsymbol{r}}_1) \boldsymbol{A}_{\mathrm{true}}(\bar{\boldsymbol{r}}_2) \cdots \boldsymbol{A}_{\mathrm{true}}(\bar{\boldsymbol{r}}_q) \cdots \boldsymbol{A}_{\mathrm{true}}(\bar{\boldsymbol{r}}_Q) \right] \tag{8.42}$$

$$\boldsymbol{A}_{\mathrm{true}}(\bar{\boldsymbol{r}}_q) = \left[\mathrm{e}^{-\mathrm{j}k\bar{r}_{1q}} \mathrm{e}^{-\mathrm{j}k\bar{r}_{2q}} \cdots \mathrm{e}^{-\mathrm{j}k\bar{r}_{mq}} \cdots \mathrm{e}^{-\mathrm{j}k\bar{r}_{Mq}} \right]^{\mathrm{T}} \tag{8.43}$$

式中，$\boldsymbol{A}_{\mathrm{true}}(\bar{\boldsymbol{r}}_q)$为与第$q$号子坐标相对应的$M \times 1$阵列流型矢量；$\bar{r}_{mq}$为第$m$个垂直阵阵元至第$q$号子坐标与参考阵元的距离差。

与区域Z对应的俯仰角区域可以写为Θ，该俯仰角区域同样包含Q个子俯仰角$\bar{\theta}_q$，Z和Θ子元素之间存在以下近似对应关系：

$$\bar{\theta}_q = \arctan\left(\frac{z_{\mathrm{L}} + (q-1)\Delta z}{\sqrt{x_0^2 + y_0^2}} \right) \tag{8.44}$$

在同一个区域Θ中，可以构造等效远场条件下的虚拟远场均匀线列阵的阵列流型矩阵$\boldsymbol{A}_{\mathrm{virtual}}$来逼近近场条件下的阵列流型矩阵$\boldsymbol{A}_{\mathrm{true}}$。$\boldsymbol{A}_{\mathrm{virtual}}$可以写作

$$\boldsymbol{A}_{\mathrm{virtual}}(\bar{\boldsymbol{\theta}}) = \left[\boldsymbol{A}_{\mathrm{virtual}}(\bar{\theta}_1) \boldsymbol{A}_{\mathrm{virtual}}(\bar{\theta}_2) \cdots \boldsymbol{A}_{\mathrm{virtual}}(\bar{\theta}_q) \cdots \boldsymbol{A}_{\mathrm{virtual}}(\bar{\theta}_Q) \right] \tag{8.45}$$

$$\boldsymbol{A}_{\mathrm{virtual}}(\bar{\boldsymbol{\theta}}_q) = \left[1\mathrm{e}^{-\mathrm{j}kd\sin\bar{\theta}_q} \cdots \mathrm{e}^{-\mathrm{j}kmd\sin\bar{\theta}_q} \cdots \mathrm{e}^{-\mathrm{j}k(M-1)d\sin\bar{\theta}_q} \right]^{\mathrm{T}} \tag{8.46}$$

真实阵列的阵列流型矩阵$\boldsymbol{A}_{\mathrm{true}}$和虚拟均匀线列阵的阵列流型矩阵$\boldsymbol{A}_{\mathrm{virtual}}$之间存在一个固定的变换关系$\boldsymbol{T}$，并且真实阵列的方向矢量与虚拟均匀线列阵的方向矢量满足关系：

$$\boldsymbol{T}^{\mathrm{H}} \boldsymbol{A}_{\mathrm{true}}(\bar{\boldsymbol{r}}) = \boldsymbol{A}_{\mathrm{virtual}}(\bar{\boldsymbol{\theta}}) \tag{8.47}$$

$$\boldsymbol{T}^{\mathrm{H}}\boldsymbol{A}_{\mathrm{true}}(\overline{\boldsymbol{r}}_q)=\boldsymbol{A}_{\mathrm{virtual}}(\overline{\boldsymbol{\theta}}_q) \tag{8.48}$$

由最小二乘算法可以得到变换矩阵 $\boldsymbol{T}$:

$$\boldsymbol{T}=(\boldsymbol{A}_{\mathrm{true}}\boldsymbol{A}_{\mathrm{true}}^{\mathrm{H}})^{-1}\boldsymbol{A}_{\mathrm{true}}\boldsymbol{A}_{\mathrm{virtual}}^{\mathrm{H}} \tag{8.49}$$

为了得到精确的虚拟内插阵列变换矩阵 $\boldsymbol{T}$，可以计算 $\boldsymbol{A}_{\mathrm{virtual}}^{\mathrm{H}}-\boldsymbol{T}^{\mathrm{H}}\boldsymbol{A}_{\mathrm{true}}$ 的弗罗贝尼乌斯（Frobenius）范数和 $\boldsymbol{A}_{\mathrm{virtual}}$ 的模的比值，当这个比值足够小时就可以得到满足要求的变换矩阵 $\boldsymbol{T}$ 。进一步得到等效远场虚拟均匀线列阵的协方差矩阵 $\overline{\boldsymbol{R}}$:

$$\overline{\boldsymbol{R}}=\boldsymbol{T}^{\mathrm{H}}\hat{\boldsymbol{R}}\boldsymbol{T}=\boldsymbol{T}^{\mathrm{H}}(\boldsymbol{A}\hat{\boldsymbol{R}}_S\boldsymbol{A}^{\mathrm{H}}+\sigma^2\boldsymbol{I})\boldsymbol{T}=\boldsymbol{T}^{\mathrm{H}}\boldsymbol{A}\hat{\boldsymbol{R}}_S\boldsymbol{A}^{\mathrm{H}}\boldsymbol{T}+\sigma^2\boldsymbol{T}^{\mathrm{H}}\boldsymbol{T} \tag{8.50}$$

式中，$\hat{\boldsymbol{R}}$ 为真实近场条件下的采样数据协方差矩阵；$\hat{\boldsymbol{R}}_S$ 为信号自协方差矩阵，环境噪声为相互独立的高斯白噪声，平均功率为 σ^2 。

2. 基于虚拟协方差矩阵的前后向空间平滑

在等效远场的条件下，本节对虚拟均匀线列阵的协方差矩阵进行前后向空间平滑解相干。若共划分为 P 个相互交错的子阵，每个子阵的阵元数为 M_{sub}，则有 $M_{\mathrm{sub}}=M-P+1$ 。以第一个子阵为参考子阵，对于第 p_{sub} $(p_{\mathrm{sub}}=1,2,\cdots,P)$ 个子阵，信号模型 $\boldsymbol{x}_{p_{\mathrm{sub}}}(t)$ 可以写为

$$\boldsymbol{x}_{p_{\mathrm{sub}}}(t)=\left[x_{p_{\mathrm{sub}}}(t)x_{p_{\mathrm{sub}}+1}(t)\cdots x_{p_{\mathrm{sub}}+M_{\mathrm{sub}}-1}(t)\right]^{\mathrm{T}}=\boldsymbol{A}'\boldsymbol{J}^{(p_{\mathrm{sub}}-1)}\boldsymbol{s}(t)+\boldsymbol{n}_{p_{\mathrm{sub}}}(t) \tag{8.51}$$

式中，对角矩阵 $\boldsymbol{J}^{(p_{\mathrm{sub}}-1)}=\mathrm{diag}\left[\mathrm{e}^{\mathrm{j}k(p_{\mathrm{sub}}-1)d\sin\theta_1}\mathrm{e}^{\mathrm{j}k(p_{\mathrm{sub}}-1)d\sin\theta_2}\cdots\mathrm{e}^{\mathrm{j}k(p_{\mathrm{sub}}-1)d\sin\theta_N}\right]$；$\boldsymbol{A}'=\left[\overline{\boldsymbol{a}}(\theta_1)\overline{\boldsymbol{a}}(\theta_2)\cdots\overline{\boldsymbol{a}}(\theta_n)\right]$ 为 $M_{\mathrm{sub}}\times N$ 虚拟线列阵参考子阵的方向矢量矩阵，$\overline{\boldsymbol{a}}(\theta_n)=\left[1\mathrm{e}^{-\mathrm{j}kd\sin\theta_n}\cdots\mathrm{e}^{-\mathrm{j}k(M_{\mathrm{sub}}-1)d\sin\theta_n}\right]^{\mathrm{T}}$ 为 $M_{\mathrm{sub}}\times 1$ 虚拟线列阵参考子阵方向矢量；$\boldsymbol{n}_{p_{\mathrm{sub}}}(t)=\left[n_{p_{\mathrm{sub}}}(t)n_{p_{\mathrm{sub}}+1}(t)\cdots n_{p_{\mathrm{sub}}+M_{\mathrm{sub}}-1}(t)\right]^{\mathrm{T}}$ 为虚拟线列阵第 p_{sub} 个子阵的噪声矢量。

虚拟线列阵第 p_{sub} 个子阵的空时相关矩阵为

$$\boldsymbol{R}'^{(p_{\mathrm{sub}})}=\boldsymbol{A}'\boldsymbol{D}^{(p_{\mathrm{sub}}-1)}\boldsymbol{R}_S\left(\boldsymbol{D}^{(p_{\mathrm{sub}}-1)}\right)^{\mathrm{H}}\boldsymbol{A}'^{\mathrm{H}} \tag{8.52}$$

进行前后向空间平滑后的协方差矩阵 $\boldsymbol{R}'^{fb}$ 为

$$\boldsymbol{R}'^{fb}=\frac{1}{2}\left(\boldsymbol{R}'^{f}+\boldsymbol{R}'^{b}\right) \tag{8.53}$$

$$\boldsymbol{R}'^{f}=\frac{1}{P}\sum_{p_{\mathrm{sub}}=1}^{P}\boldsymbol{R}'^{(p_{\mathrm{sub}})} \tag{8.54}$$

$$\boldsymbol{R}'^{b}=\frac{1}{P}\sum_{p_{\mathrm{sub}}=1}^{P}\boldsymbol{J}_{M_{\mathrm{sub}}}\left(\boldsymbol{R}'^{(p_{\mathrm{sub}})}\right)^{*}\boldsymbol{J}_{M_{\mathrm{sub}}} \tag{8.55}$$

式中，上标 fb 表示双向空间平滑；上标 f 表示前向平滑；上标 b 表示后向平滑；运算符*表示共轭运算；$\boldsymbol{J}_{M_{\mathrm{sub}}}$ 为 $M_{\mathrm{sub}}\times M_{\mathrm{sub}}$ 反对角线为 1 的置换矩阵。

采用 MVDR 算法在区域 Θ 限定的共 Q 个方向上进行谱峰搜索，得到空间谱为

$$P(\bar{\theta})=\frac{1}{\bar{a}^{\mathrm{H}}(\bar{\theta})\left(\boldsymbol{R}'^{fb}\right)^{-1}\bar{a}(\bar{\theta})} \tag{8.56}$$

由于区域 Z 和 Θ 满足式（8.44）中的对应关系，进行坐标变换即可得到在区域 Z 上的谱 $P_Z(\bar{r})$ 。考虑 21 元垂直矢量阵，阵元间距为 1.5m，基阵尺度为 30m。空间存在两个等强度相干声源，声源频率为 1kHz，采样率为 10kHz，水中声速为 1500m/s，声源平面距离基阵的距离 y_s=40m，预设双声源坐标 (x_1,z_1)=(30, 1)和 (x_2,z_2)=(30, 3)（单位为 m）。扫描区域为 x 方向坐标范围 0～60m、z 方向坐标范围−10～10m 的平面。可以处理 1024 个数据快拍，信噪比为 15dB。

图 8.5 为双相干声源 VMVDRFB 及 VCFB 谱图。由于双相干声源空间位置挨得太近，常规算法无法分辨；而 MVDR 算法在相干源存在的条件下性能恶化严重，同样无法区分双目标。图 8.6 是在聚焦算法得到的声源初步空间坐标 (x_0,y_0,z_0) =

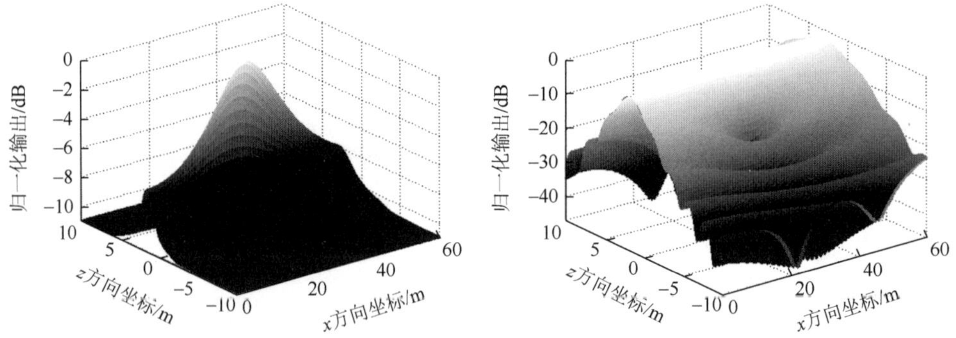

(a) 双相干生源VMVDRFB谱图　　(b) 双相干声源VCFB谱图

图 8.5　双相干声源 VMVDRFB 及 VCFB 谱图

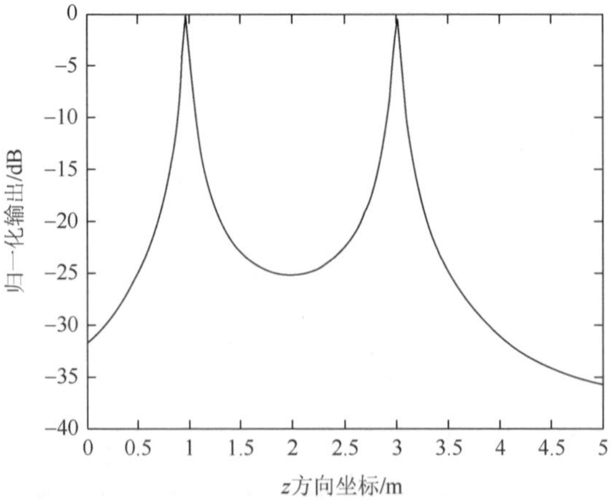

图 8.6　内插阵列变换后的 MVDR 谱图

(30m, 40m, 2m) 的基础上，设置垂直方向上的坐标邻域区间为 0～5m，步长为 0.01m，对近场内插阵列变换后的协方差矩阵实施前后向空间平滑解相干得到的空间谱，可以在垂直方向上清晰分辨双相干声源。

8.2　矢量阵宽带高分辨聚焦算法

经典宽带信号处理算法主要可以分为两类：第一类算法是基于非相干信号的处理算法。这类算法的主要思想是将宽带信号分解到不同窄带，对不同的窄带信号分别进行处理，最后将各个窄带的处理结果组合为总的谱输出[16]。第二类算法是基于相干信号的处理算法。这类算法的基本思想是把频带内不重叠频点上的信号空间聚焦到选定的参考频率点，聚焦之后得到单一频点上的数据协方差矩阵，再应用窄带信号处理算法得到总的谱输出[17]。对于宽带信号的处理，又可以分为频域宽带波束形成和时域宽带波束形成。典型的频域算法，如 Ward[18]提出的基于连续孔径阵列的恒定束宽波束形成算法，Krolik 和 Swingler[19]提出的基于空间重采样的宽带波束形成算法，Zhang 和 Ma[20]提出的 Chebyshev 加权法，以及杨益新和孙超[21]提出的适用于任意阵列的恒定束宽波束形成器的算法等。这些算法都只对中心频率处实现加权，因此在中心频点处的效果要优于其他的频率点。如果要改善效果，可以通过分割更多的频带来提高精度，但是计算量明显增大。时域宽带波束形成算法采用抽头延迟线结构或有限冲激响应（finite impulse response，FIR）/无限冲激响应（infinite impulse response，IIR）滤波器实现不同频率的波束形成，核心是滤波器的设计。对于均匀线列阵，Ward 等[22]利用波束响应与 FIR 滤波器之间的关系，设计 FIR 滤波器来实现时域恒定束宽波束形成器，Nordebo 等[23]提出直接采用 FIR 滤波器组的算法设计时域恒定束宽波束形成器。

水下舰船、航行体等主要噪声源除了具有低频窄带线谱成分，还包含宽带连续谱成分。本节将高分辨聚焦定位识别算法适用性由单频信号拓展到宽带噪声情况，介绍矢量阵宽带高分辨聚焦算法，包括适用于非相干宽带信号的基于子频带分解的矢量阵宽带 MVDR 聚焦波束形成算法，以及适用于相干宽带信号的基于相干信号子空间（coherent signal subspace，CSS）的 MVDR 聚焦波束形成算法和导向最小方差（steered minimum variance，STMV）聚焦波束形成算法。

8.2.1　矢量阵非相干宽带 MVDR 聚焦波束形成

基于子频带分解的矢量阵宽带 MVDR 聚焦波束形成属于非相干信号处理算法，是对单频 MVDR 聚焦波束形成的直接扩展[24]。该算法的基本思路是将宽带信号分解到不重叠的窄带，根据近场聚焦方向矢量的基本构造算法，分别求取各个不同窄带上的 MVDR 空间谱，最终将多个窄带的 MVDR 空间谱聚集后得到总的空间谱输出。

1. 近场宽带信号频域模型

仍考虑如图 8.1 所示的近场模型。设接收信号序列长度为T_0，将其分为U段，每一段序列长度为ΔT，对每一段接收信号经 FFT 后，在信号频带范围$f_l \sim f_h$内可划分K个互不重叠的子带，即频点数为K，同时在每个频点上有U个频域快拍。近场声压宽带频域信号可以写为以下的矩阵形式：

$$\boldsymbol{X}^{(p)}(f_k \mid \boldsymbol{r}) = \boldsymbol{A}'^{(p)}(f_k \mid \boldsymbol{r}) \odot \left(\boldsymbol{\alpha}(\boldsymbol{r})\boldsymbol{S}(f_k)\right) + \boldsymbol{N}^{(p)}(f_k) \tag{8.57}$$

$$\boldsymbol{A}'^{(p)}(f_k \mid \boldsymbol{r}) = \left[\boldsymbol{A}_1'^{(p)}(f_k \mid \boldsymbol{r}_1)\boldsymbol{A}_2'^{(p)}(f_k \mid \boldsymbol{r}_2)\cdots \boldsymbol{A}_i'^{(p)}(f_k \mid \boldsymbol{r}_i)\cdots \boldsymbol{A}_N'^{(p)}(f_k \mid \boldsymbol{r}_N)\right] \tag{8.58}$$

$$\boldsymbol{A}_i'^{(p)}(f_k \mid \boldsymbol{r}_i) = \left[\mathrm{e}^{-\mathrm{j}\frac{2\pi f_k}{c}R_{i_1}}\mathrm{e}^{-\mathrm{j}\frac{2\pi f_k}{c}R_{i_2}}\cdots \mathrm{e}^{-\mathrm{j}\frac{2\pi f_k}{c}R_{i_m}}\cdots \mathrm{e}^{-\mathrm{j}\frac{2\pi f_k}{c}R_{i_M}}\right]^{\mathrm{T}} \tag{8.59}$$

式中，$\boldsymbol{A}'^{(p)}(f_k \mid \boldsymbol{r})$为$f_k$上的声压聚焦方向矢量矩阵；$\boldsymbol{A}_i'^{(p)}(f_k \mid \boldsymbol{r}_i)$为$f_k$上第$i$个声源对应的声压聚焦方向矢量；$\boldsymbol{S}(f_k)$为$f_k$上的源信号矩阵；$\boldsymbol{N}^{(p)}(f_k)$为$f_k$上声压通道接收的噪声矩阵；$\boldsymbol{\alpha} = \left[\boldsymbol{\alpha}_1\boldsymbol{\alpha}_2\cdots\boldsymbol{\alpha}_i\cdots\boldsymbol{\alpha}_N\right]$为由近场球面波衰减引起的$M \times N$幅度衰减系数矩阵。

进一步得到三维振速频域宽带信号矩阵：

$$\boldsymbol{X}'^{(x)}(f_k \mid \boldsymbol{r},\boldsymbol{\theta},\boldsymbol{\varphi}) = \boldsymbol{A}'^{(x)}(f_k \mid \boldsymbol{r},\boldsymbol{\theta},\boldsymbol{\varphi}) \odot \left(\boldsymbol{\alpha}(\boldsymbol{r})\boldsymbol{S}(f_k)\right) + \boldsymbol{N}^{(x)}(f_k) \tag{8.60}$$

$$\boldsymbol{X}'^{(y)}(f_k \mid \boldsymbol{r},\boldsymbol{\theta},\boldsymbol{\varphi}) = \boldsymbol{A}'^{(y)}(f_k \mid \boldsymbol{r},\boldsymbol{\theta},\boldsymbol{\varphi}) \odot \left(\boldsymbol{\alpha}(\boldsymbol{r})\boldsymbol{S}(f_k)\right) + \boldsymbol{N}^{(y)}(f_k) \tag{8.61}$$

$$\boldsymbol{X}'^{(z)}(f_k \mid \boldsymbol{r},\boldsymbol{\theta},\boldsymbol{\varphi}) = \boldsymbol{A}'^{(z)}(f_k \mid \boldsymbol{r},\boldsymbol{\theta},\boldsymbol{\varphi}) \odot \left(\boldsymbol{\alpha}(\boldsymbol{r})\boldsymbol{S}(f_k)\right) + \boldsymbol{N}^{(z)}(f_k) \tag{8.62}$$

$$\begin{aligned}\boldsymbol{A}'^{(x)}(f_k \mid \boldsymbol{r},\boldsymbol{\theta},\boldsymbol{\varphi}) = \Big[& a_1^{(x)}(\boldsymbol{\theta}_1,\boldsymbol{\varphi}_1) \odot \boldsymbol{D}_1'^{(v)}(f_k \mid \boldsymbol{r}_1) \odot \boldsymbol{A}_1'^{(p)}(f_k \mid \boldsymbol{r}_1)\cdots \\ & a_i^{(x)}(\boldsymbol{\theta}_i,\boldsymbol{\varphi}_i) \odot \boldsymbol{D}_i'^{(v)}(f_k \mid \boldsymbol{r}_i) \odot \boldsymbol{A}_i'^{(p)}(f_k \mid \boldsymbol{r}_i)\cdots \\ & a_N^{(x)}(\boldsymbol{\theta}_N,\boldsymbol{\varphi}_N) \odot \boldsymbol{D}_N'^{(v)}(f_k \mid \boldsymbol{r}_N) \odot \boldsymbol{A}_N'^{(p)}(f_k \mid \boldsymbol{r}_N)\Big]\end{aligned} \tag{8.63}$$

$$\begin{aligned}\boldsymbol{A}'^{(y)}(f_k \mid \boldsymbol{r},\boldsymbol{\theta},\boldsymbol{\varphi}) = \Big[& a_1^{(y)}(\boldsymbol{\theta}_1,\boldsymbol{\varphi}_1) \odot \boldsymbol{D}_1'^{(v)}(f_k \mid \boldsymbol{r}_1) \odot \boldsymbol{A}_1'^{(p)}(f_k \mid \boldsymbol{r}_1)\cdots \\ & a_i^{(y)}(\boldsymbol{\theta}_i,\boldsymbol{\varphi}_i) \odot \boldsymbol{D}_i'^{(v)}(f_k \mid \boldsymbol{r}_i) \odot \boldsymbol{A}_i'^{(p)}(f_k \mid \boldsymbol{r}_i)\cdots \\ & a_N^{(y)}(\boldsymbol{\theta}_N,\boldsymbol{\varphi}_N) \odot \boldsymbol{D}_N'^{(v)}(f_k \mid \boldsymbol{r}_N) \odot \boldsymbol{A}_N'^{(p)}(f_k \mid \boldsymbol{r}_N)\Big]\end{aligned} \tag{8.64}$$

$$\begin{aligned}\boldsymbol{A}'^{(z)}(f_k \mid \boldsymbol{r},\boldsymbol{\theta},\boldsymbol{\varphi}) = \Big[& a_1^{(z)}(\boldsymbol{\theta}_1,\boldsymbol{\varphi}_1) \odot \boldsymbol{D}_1'^{(v)}(f_k \mid \boldsymbol{r}_1) \odot \boldsymbol{A}_1'^{(p)}(f_k \mid \boldsymbol{r}_1)\cdots \\ & a_i^{(z)}(\boldsymbol{\theta}_i,\boldsymbol{\varphi}_i) \odot \boldsymbol{D}_i'^{(v)}(f_k \mid \boldsymbol{r}_i) \odot \boldsymbol{A}_i'^{(p)}(f_k \mid \boldsymbol{r}_i)\cdots \\ & a_N^{(z)}(\boldsymbol{\theta}_N,\boldsymbol{\varphi}_N) \odot \boldsymbol{D}_N'^{(v)}(f_k \mid \boldsymbol{r}_N) \odot \boldsymbol{A}_N'^{(p)}(f_k \mid \boldsymbol{r}_N)\Big]\end{aligned} \tag{8.65}$$

$$\boldsymbol{D}_i'^{(v)}(f_k \mid \boldsymbol{r}_i) = \left[\mathrm{e}^{-\mathrm{j}\psi(f_k \mid r_{i_1})}\mathrm{e}^{-\mathrm{j}\psi(f_k \mid r_{i_2})}\cdots \mathrm{e}^{-\mathrm{j}\psi(f_k \mid r_{i_M})}\right]^{\mathrm{T}} \tag{8.66}$$

式中，$\boldsymbol{X}'^{(x)}$、$\boldsymbol{X}'^{(y)}$ 和 $\boldsymbol{X}'^{(z)}$ 分别为 f_k 上的 $M\times U$ x 方向、y 方向和 z 方向振速信号矩阵；$\boldsymbol{A}'^{(x)}$、$\boldsymbol{A}'^{(y)}$ 和 $\boldsymbol{A}'^{(z)}$ 分别为 f_k 上的 $M\times N$ 近场 x 方向、y 方向和 z 方向振速聚焦方向矢量矩阵；$\boldsymbol{D}_i'^{(v)}$ 为 f_k 上对应于第 i 个声源的复阻抗矢量。

最终得到 f_k 上的 $4M\times U$ 矢量阵信号 $\boldsymbol{X}_v(f_k\,|\,\boldsymbol{r},\boldsymbol{\theta},\boldsymbol{\varphi})$，以及 $4M\times N$ 矢量阵聚焦方向矢量矩阵 $\boldsymbol{A}'^{(v)}(f_k\,|\,\boldsymbol{r},\boldsymbol{\theta},\boldsymbol{\varphi})$：

$$\boldsymbol{X}_v(f_k\,|\,\boldsymbol{r},\boldsymbol{\theta},\boldsymbol{\varphi})=\begin{bmatrix}\boldsymbol{X}^{(p)}(f_k\,|\,\boldsymbol{r})\\ \boldsymbol{X}'^{(x)}(f_k\,|\,\boldsymbol{r},\boldsymbol{\theta},\boldsymbol{\varphi})\\ \boldsymbol{X}'^{(y)}(f_k\,|\,\boldsymbol{r},\boldsymbol{\theta},\boldsymbol{\varphi})\\ \boldsymbol{X}'^{(z)}(f_k\,|\,\boldsymbol{r},\boldsymbol{\theta},\boldsymbol{\varphi})\end{bmatrix}\tag{8.67}$$

$$\boldsymbol{A}'^{(v)}(f_k\,|\,\boldsymbol{r},\boldsymbol{\theta},\boldsymbol{\varphi})=\begin{bmatrix}\boldsymbol{A}'^{(p)}(f_k\,|\,\boldsymbol{r})\\ \boldsymbol{A}'^{(x)}(f_k\,|\,\boldsymbol{r},\boldsymbol{\theta},\boldsymbol{\varphi})\\ \boldsymbol{A}'^{(y)}(f_k\,|\,\boldsymbol{r},\boldsymbol{\theta},\boldsymbol{\varphi})\\ \boldsymbol{A}'^{(z)}(f_k\,|\,\boldsymbol{r},\boldsymbol{\theta},\boldsymbol{\varphi})\end{bmatrix}\tag{8.68}$$

第 k 个子带的声压互谱密度矩阵 $\boldsymbol{R}^{(p)}(f_k)$ 及矢量互谱密度矩阵 $\boldsymbol{R}^{(v)}(f_k)$ 分别为

$$\begin{aligned}\boldsymbol{R}^{(p)}(f_k)&=E\left[\boldsymbol{X}^{(p)}(f_k)\left(\boldsymbol{X}^{(p)}(f_k)\right)^{\mathrm{H}}\right]\\&=\boldsymbol{A}'^{(p)}(f_k\,|\,\boldsymbol{r})\boldsymbol{R}_S(f_k)\left(\boldsymbol{A}'^{(p)}(f_k\,|\,\boldsymbol{r})\right)^{\mathrm{H}}+\boldsymbol{R}_N^{(p)}(f_k)\\&=\boldsymbol{A}'^{(p)}(f_k\,|\,\boldsymbol{r})\boldsymbol{R}_S(f_k)\left(\boldsymbol{A}'^{(p)}(f_k\,|\,\boldsymbol{r})\right)^{\mathrm{H}}+\sigma_p^2(f_k)\boldsymbol{I}_M\end{aligned}\tag{8.69}$$

$$\begin{aligned}\boldsymbol{R}^{(v)}(f_k)&=E\left[\boldsymbol{X}_v(f_k)\left(\boldsymbol{X}_v(f_k)\right)^{\mathrm{H}}\right]\\&=\boldsymbol{A}'^{(v)}(f_k\,|\,\boldsymbol{r},\boldsymbol{\theta},\boldsymbol{\varphi})\boldsymbol{R}_S(f_k)\left(\boldsymbol{A}'^{(v)}(f_k\,|\,\boldsymbol{r},\boldsymbol{\theta},\boldsymbol{\varphi})\right)^{\mathrm{H}}+\boldsymbol{R}_N^{(v)}(f_k)\end{aligned}\tag{8.70}$$

$$\boldsymbol{R}_N^{(v)}(f_k)=\begin{bmatrix}\sigma_p^2(f_k)\boldsymbol{I}_M & & & \\ & \sigma_x^2(f_k)\boldsymbol{I}_M & & \\ & & \sigma_y^2(f_k)\boldsymbol{I}_M & \\ & & & \sigma_z^2(f_k)\boldsymbol{I}_M\end{bmatrix}\tag{8.71}$$

式中，$\sigma_p^2(f_k)$、$\sigma_x^2(f_k)$、$\sigma_y^2(f_k)$ 和 $\sigma_z^2(f_k)$ 分别为噪声在第 k 个子带的功率大小；$\boldsymbol{R}_S(f_k)$ 为第 k 个子带的源信号协方差矩阵。

2. 基于子频带分解的矢量阵宽带聚焦波束形成

在声源所在平面 S 上扫描，设某一扫描点坐标 $(\hat{x},\hat{z})$。在 f_k 上，可分别得到该扫描点对应的复阻抗矢量、声压和振速聚焦方向矢量：

$$\hat{\boldsymbol{D}}'^{(v)}(f_k\,|\,\hat{\boldsymbol{r}})=\left[\mathrm{e}^{-\mathrm{j}\psi(f_k|\hat{r}_1)}\mathrm{e}^{-\mathrm{j}\psi(f_k|\hat{r}_2)}\cdots\mathrm{e}^{-\mathrm{j}\psi(f_k|\hat{r}_M)}\right]^{\mathrm{T}}\tag{8.72}$$

$$\hat{\boldsymbol{A}}'^{(p)}(f_k \mid \hat{\boldsymbol{r}})=\left[\mathrm{e}^{-\mathrm{j}\frac{2\pi f_k}{c}\hat{R}_1}\ \mathrm{e}^{-\mathrm{j}\frac{2\pi f_k}{c}\hat{R}_2}\cdots\mathrm{e}^{-\mathrm{j}\frac{2\pi f_k}{c}\hat{R}_m}\cdots\mathrm{e}^{-\mathrm{j}\frac{2\pi f_k}{c}\hat{R}_M}\right]^{\mathrm{T}} \tag{8.73}$$

$$\hat{\boldsymbol{A}}'^{(x)}(f_k \mid \hat{\boldsymbol{r}},\hat{\boldsymbol{\theta}},\hat{\boldsymbol{\varphi}})=\hat{a}^{(x)}(\hat{\boldsymbol{\theta}},\hat{\boldsymbol{\varphi}})\odot\hat{\boldsymbol{D}}'^{(v)}(f_k \mid \hat{\boldsymbol{r}})\odot\hat{\boldsymbol{A}}'^{(p)}(f_k \mid \hat{\boldsymbol{r}}) \tag{8.74}$$

$$\hat{\boldsymbol{A}}'^{(y)}(f_k \mid \hat{\boldsymbol{r}},\hat{\boldsymbol{\theta}},\hat{\boldsymbol{\varphi}})=\hat{a}^{(y)}(\hat{\boldsymbol{\theta}},\hat{\boldsymbol{\varphi}})\odot\hat{\boldsymbol{D}}'^{(v)}(f_k \mid \hat{\boldsymbol{r}})\odot\hat{\boldsymbol{A}}'^{(p)}(f_k \mid \hat{\boldsymbol{r}}) \tag{8.75}$$

$$\hat{\boldsymbol{A}}'^{(z)}(f_k \mid \hat{\boldsymbol{r}},\hat{\boldsymbol{\theta}},\hat{\boldsymbol{\varphi}})=\hat{a}^{(z)}(\hat{\boldsymbol{\theta}},\hat{\boldsymbol{\varphi}})\odot\hat{\boldsymbol{D}}'^{(v)}(f_k \mid \hat{\boldsymbol{r}})\odot\hat{\boldsymbol{A}}'^{(p)}(f_k \mid \hat{\boldsymbol{r}}) \tag{8.76}$$

该扫描点对应的 $4M\times1$ 矢量阵聚焦方向矢量为

$$\hat{\boldsymbol{A}}'^{(v)}(f_k \mid \hat{\boldsymbol{r}},\hat{\boldsymbol{\theta}},\hat{\boldsymbol{\varphi}})=\begin{bmatrix}\hat{\boldsymbol{A}}'^{(p)}(f_k \mid \hat{\boldsymbol{r}})\\ \hat{\boldsymbol{A}}'^{(x)}(f_k \mid \hat{\boldsymbol{r}},\hat{\boldsymbol{\theta}},\hat{\boldsymbol{\varphi}})\\ \hat{\boldsymbol{A}}'^{(y)}(f_k \mid \hat{\boldsymbol{r}},\hat{\boldsymbol{\theta}},\hat{\boldsymbol{\varphi}})\\ \hat{\boldsymbol{A}}'^{(z)}(f_k \mid \hat{\boldsymbol{r}},\hat{\boldsymbol{\theta}},\hat{\boldsymbol{\varphi}})\end{bmatrix} \tag{8.77}$$

分别得到 f_k 频带上，基于声压及矢量处理的常规聚焦算法和 MVDR 算法的空间谱：

$$P_{\mathrm{CBF}}'^{(p)}(f_k \mid \hat{\boldsymbol{r}})=\left(\hat{\boldsymbol{A}}'^{(p)}(f_k \mid \hat{\boldsymbol{r}})\right)^{\mathrm{H}}\boldsymbol{R}^{(p)}(f_k)\hat{\boldsymbol{A}}'^{(p)}(f_k \mid \hat{\boldsymbol{r}}) \tag{8.78}$$

$$P_{\mathrm{CBF}}'^{(v)}(f_k \mid \hat{\boldsymbol{r}},\hat{\boldsymbol{\theta}},\hat{\boldsymbol{\varphi}})=\left(\hat{\boldsymbol{A}}'^{(v)}(f_k \mid \hat{\boldsymbol{r}},\hat{\boldsymbol{\theta}},\hat{\boldsymbol{\varphi}})\right)^{\mathrm{H}}\boldsymbol{R}^{(v)}(f_k)\hat{\boldsymbol{A}}'^{(v)}(f_k \mid \hat{\boldsymbol{r}},\hat{\boldsymbol{\theta}},\hat{\boldsymbol{\varphi}}) \tag{8.79}$$

$$P_{\mathrm{MVDR}}'^{(p)}(f_k \mid \hat{\boldsymbol{r}})=\frac{1}{\left(\hat{\boldsymbol{A}}'^{(p)}(f_k \mid \hat{\boldsymbol{r}})\right)^{\mathrm{H}}\left(\boldsymbol{R}^{(p)}(f_k)\right)^{-1}\left(\hat{\boldsymbol{A}}'^{(p)}(f_k \mid \hat{\boldsymbol{r}})\right)} \tag{8.80}$$

$$P_{\mathrm{MVDR}}'^{(v)}(f_k \mid \hat{\boldsymbol{r}},\hat{\boldsymbol{\theta}},\hat{\boldsymbol{\varphi}})=\frac{1}{\left(\hat{\boldsymbol{A}}'^{(v)}(f_k \mid \hat{\boldsymbol{r}},\hat{\boldsymbol{\theta}},\hat{\boldsymbol{\varphi}})\right)^{\mathrm{H}}\left(\boldsymbol{R}^{(v)}(f_k)\right)^{-1}\left(\hat{\boldsymbol{A}}'^{(v)}(f_k \mid \hat{\boldsymbol{r}},\hat{\boldsymbol{\theta}},\hat{\boldsymbol{\varphi}})\right)} \tag{8.81}$$

将总共 K 个子带的空间谱计算结果进行叠加，得到

$$P_{\text{ISM-PCFB}}'^{(p)}(\hat{\boldsymbol{r}})=\frac{1}{K}\sum_{k=l}^{h}P_{\mathrm{CBF}}'^{(p)}(f_k \mid \hat{\boldsymbol{r}}) \tag{8.82}$$

$$P_{\text{ISM-VCFB}}'^{(v)}(\hat{\boldsymbol{r}},\hat{\boldsymbol{\theta}},\hat{\boldsymbol{\varphi}})=\frac{1}{K}\sum_{k=l}^{h}P_{\mathrm{CBF}}'^{(v)}(f_k \mid \hat{\boldsymbol{r}},\hat{\boldsymbol{\theta}},\hat{\boldsymbol{\varphi}}) \tag{8.83}$$

$$P_{\text{ISM-PMVDRFB}}'^{(p)}(\hat{\boldsymbol{r}})=\frac{1}{K}\sum_{k=l}^{h}P_{\mathrm{MVDR}}'^{(p)}(f_k \mid \hat{\boldsymbol{r}}) \tag{8.84}$$

$$P_{\text{ISM-VMVDRFB}}'^{(v)}(\hat{\boldsymbol{r}},\hat{\boldsymbol{\theta}},\hat{\boldsymbol{\varphi}})=\frac{1}{K}\sum_{k=l}^{h}P_{\mathrm{MVDR}}'^{(v)}(f_k \mid \hat{\boldsymbol{r}},\hat{\boldsymbol{\theta}},\hat{\boldsymbol{\varphi}}) \tag{8.85}$$

将式（8.82）～式（8.85）得到的处理算法采用以下简称：①声压阵常规非相干信号子空间法（incoherent signal subspace method）宽带聚焦波束形成（ISM-PCFB）；②矢量阵常规 ISM 宽带聚焦波束形成（ISM-VCFB）；③声压阵 ISM 宽带 MVDR 聚焦波束形成（ISM-PMVDRFB）；④矢量阵 ISM 宽带 MVDR 聚焦波束形成（ISM-VMVDRFB）。

8.2.2　矢量阵相干宽带 MVDR 聚焦波束形成

基于子频带分解的宽带 MVDR 聚焦波束形成算法的最大缺点是无法处理相干宽带声源。相干宽带处理算法的基本思想是将频带内不重叠频点上的信号空间聚焦到参考频率点，聚焦后得到单一频率点的数据协方差矩阵，再应用窄带信号处理的算法进行所需参数的估计，其关键在于聚焦矩阵的选取，不同的选择对应不同的算法。相干宽带处理算法较一般非相干宽带处理算法具有运算量小、计算精度高、可直接处理相干宽带信号等优点。下面介绍两种矢量阵相干宽带聚焦波束形成算法[25]：CSS-MVDR 聚焦波束形成和 STMV 聚焦波束形成。

1. CSS-MVDR 聚焦波束形成

仍沿用 8.2.1 节建立的宽带信号频域模型。选取 f_0 为聚焦参考频率点，则在扫描位置 $(\hat{x},\hat{z})$ 处的声压聚焦方向矢量 $\hat{\boldsymbol{A}}'^{(p)}_{\text{CSS}}(f_0\,|\,\hat{\boldsymbol{r}})$ 和三个方向的振速聚焦方向矢量 $\hat{\boldsymbol{A}}'^{(x)}_{\text{CSS}}(f_0\,|\,\hat{\boldsymbol{r}},\hat{\boldsymbol{\theta}},\hat{\boldsymbol{\varphi}})$、$\hat{\boldsymbol{A}}'^{(y)}_{\text{CSS}}(f_0\,|\,\hat{\boldsymbol{r}},\hat{\boldsymbol{\theta}},\hat{\boldsymbol{\varphi}})$ 和 $\hat{\boldsymbol{A}}'^{(z)}_{\text{CSS}}(f_0\,|\,\hat{\boldsymbol{r}},\hat{\boldsymbol{\theta}},\hat{\boldsymbol{\varphi}})$ 为

$$\hat{\boldsymbol{A}}'^{(p)}_{\text{CSS}}(f_0\,|\,\hat{\boldsymbol{r}})=\left[\mathrm{e}^{-\mathrm{j}\frac{2\pi f_0}{c}\hat{R}_1}\mathrm{e}^{-\mathrm{j}\frac{2\pi f_0}{c}\hat{R}_2}\cdots\mathrm{e}^{-\mathrm{j}\frac{2\pi f_0}{c}\hat{R}_m}\cdots\mathrm{e}^{-\mathrm{j}\frac{2\pi f_0}{c}\hat{R}_M}\right]^{\mathrm{T}} \tag{8.86}$$

$$\hat{\boldsymbol{A}}'^{(x)}_{\text{CSS}}(f_0\,|\,\hat{\boldsymbol{r}},\hat{\boldsymbol{\theta}},\hat{\boldsymbol{\varphi}})=\hat{a}^{(x)}(\hat{\boldsymbol{\theta}},\hat{\boldsymbol{\varphi}})\odot\hat{\boldsymbol{D}}'^{(v)}(f_0\,|\,\hat{\boldsymbol{r}})\odot\hat{\boldsymbol{A}}'^{(p)}_{\text{CSS}}(f_0\,|\,\hat{\boldsymbol{r}}) \tag{8.87}$$

$$\hat{\boldsymbol{A}}'^{(y)}_{\text{CSS}}(f_0\,|\,\hat{\boldsymbol{r}},\hat{\boldsymbol{\theta}},\hat{\boldsymbol{\varphi}})=\hat{a}^{(y)}(\hat{\boldsymbol{\theta}},\hat{\boldsymbol{\varphi}})\odot\hat{\boldsymbol{D}}'^{(v)}(f_0\,|\,\hat{\boldsymbol{r}})\odot\hat{\boldsymbol{A}}'^{(p)}_{\text{CSS}}(f_0\,|\,\hat{\boldsymbol{r}}) \tag{8.88}$$

$$\hat{\boldsymbol{A}}'^{(z)}_{\text{CSS}}(f_0\,|\,\hat{\boldsymbol{r}},\hat{\boldsymbol{\theta}},\hat{\boldsymbol{\varphi}})=\hat{a}^{(z)}(\hat{\boldsymbol{\theta}},\hat{\boldsymbol{\varphi}})\odot\hat{\boldsymbol{D}}'^{(v)}(f_0\,|\,\hat{\boldsymbol{r}})\odot\hat{\boldsymbol{A}}'^{(p)}_{\text{CSS}}(f_0\,|\,\hat{\boldsymbol{r}}) \tag{8.89}$$

$$\hat{\boldsymbol{D}}'^{(v)}(f_0\,|\,\hat{\boldsymbol{r}})=\left[\mathrm{e}^{-\mathrm{j}\psi(f_0|\hat{r}_1)}\mathrm{e}^{-\mathrm{j}\psi(f_0|\hat{r}_2)}\cdots\mathrm{e}^{-\mathrm{j}\psi(f_0|\hat{r}_M)}\right]^{\mathrm{T}} \tag{8.90}$$

式中，$\hat{\boldsymbol{D}}'^{(v)}(f_0\,|\,\hat{\boldsymbol{r}})$ 为聚焦参考频率 f_0 下与扫描位置 $(\hat{x},\hat{z})$ 对应的聚焦距离矢量 $\hat{\boldsymbol{r}}$ 有关的复阻抗矢量。则聚焦参考频率 f_0 上的矢量阵聚焦方向矢量为

$$\hat{\boldsymbol{A}}'^{(v)}_{\text{CSS}}(f_0\,|\,\hat{\boldsymbol{r}},\hat{\boldsymbol{\theta}},\hat{\boldsymbol{\varphi}})=\begin{bmatrix}\hat{\boldsymbol{A}}'^{(p)}_{\text{CSS}}(f_0\,|\,\hat{\boldsymbol{r}})\\ \hat{\boldsymbol{A}}'^{(x)}_{\text{CSS}}(f_0\,|\,\hat{\boldsymbol{r}},\hat{\boldsymbol{\theta}},\hat{\boldsymbol{\varphi}})\\ \hat{\boldsymbol{A}}'^{(y)}_{\text{CSS}}(f_0\,|\,\hat{\boldsymbol{r}},\hat{\boldsymbol{\theta}},\hat{\boldsymbol{\varphi}})\\ \hat{\boldsymbol{A}}'^{(z)}_{\text{CSS}}(f_0\,|\,\hat{\boldsymbol{r}},\hat{\boldsymbol{\theta}},\hat{\boldsymbol{\varphi}})\end{bmatrix} \tag{8.91}$$

利用式（8.72）～式（8.77）得到 f_k 上的声压聚焦方向矢量、矢量阵聚焦方向矢量及复阻抗矢量。采用 CSS 聚焦变换算法，分别得到 f_k 上的声压和振速聚焦变换矩阵为

$$\boldsymbol{T}^{(p)}(f_k \mid \hat{\boldsymbol{r}}) = \operatorname{diag}\left[\frac{\hat{\boldsymbol{A}}_{\mathrm{CSS}}^{\prime(p)}(f_0,\hat{r}_1)}{\hat{\boldsymbol{A}}_{\mathrm{CSS}}^{\prime(p)}(f_k,\hat{r}_1)} \quad \frac{\hat{\boldsymbol{A}}_{\mathrm{CSS}}^{\prime(p)}(f_0,\hat{r}_2)}{\hat{\boldsymbol{A}}_{\mathrm{CSS}}^{\prime(p)}(f_k,\hat{r}_2)} \quad \cdots \quad \frac{\hat{\boldsymbol{A}}_{\mathrm{CSS}}^{\prime(p)}(f_0,\hat{r}_M)}{\hat{\boldsymbol{A}}_{\mathrm{CSS}}^{\prime(p)}(f_k,\hat{r}_M)}\right] \tag{8.92}$$

$$\begin{aligned}
&\boldsymbol{T}^{(x)}(f_k \mid \hat{\boldsymbol{r}}) = \boldsymbol{T}^{(y)}(f_k \mid \hat{\boldsymbol{r}}) = \boldsymbol{T}^{(z)}(f_k \mid \hat{\boldsymbol{r}}) \\
&= \operatorname{diag}\left[\frac{\hat{\boldsymbol{D}}^{\prime(v)}(f_0 \mid \hat{r}_1)\hat{\boldsymbol{A}}_{\mathrm{CSS}}^{\prime(p)}(f_0,\hat{r}_1)}{\hat{\boldsymbol{D}}^{\prime(v)}(f_k \mid \hat{r}_1)\hat{\boldsymbol{A}}_{\mathrm{CSS}}^{\prime(p)}(f_k,\hat{r}_1)} \cdots \frac{\hat{\boldsymbol{D}}^{\prime(v)}(f_0 \mid \hat{r}_m)\hat{\boldsymbol{A}}_{\mathrm{CSS}}^{\prime(p)}(f_0,\hat{r}_m)}{\hat{\boldsymbol{D}}^{\prime(v)}(f_k \mid \hat{r}_m)\hat{\boldsymbol{A}}_{\mathrm{CSS}}^{\prime(p)}(f_k,\hat{r}_m)} \cdots \frac{\hat{\boldsymbol{D}}^{\prime(v)}(f_0 \mid \hat{r}_M)\hat{\boldsymbol{A}}_{\mathrm{CSS}}^{\prime(p)}(f_0,\hat{r}_M)}{\hat{\boldsymbol{D}}^{\prime(v)}(f_k \mid \hat{r}_M)\hat{\boldsymbol{A}}_{\mathrm{CSS}}^{\prime(p)}(f_k,\hat{r}_M)}\right] \\
&= \operatorname{diag}\left[\frac{\hat{\boldsymbol{D}}^{\prime(v)}(f_0 \mid \hat{r}_1)}{\hat{\boldsymbol{D}}^{\prime(v)}(f_k \mid \hat{r}_1)} \cdots \frac{\hat{\boldsymbol{D}}^{\prime(v)}(f_0 \mid \hat{r}_m)}{\hat{\boldsymbol{D}}^{\prime(v)}(f_k \mid \hat{r}_m)} \cdots \frac{\hat{\boldsymbol{D}}^{\prime(v)}(f_0 \mid \hat{r}_M)}{\hat{\boldsymbol{D}}^{\prime(v)}(f_k \mid \hat{r}_M)}\right]\boldsymbol{T}^{(p)}(f_k \mid \hat{\boldsymbol{r}}) \\
&= \boldsymbol{T}^{(D)}(f_k \mid \hat{\boldsymbol{r}})\boldsymbol{T}^{(p)}(f_k \mid \hat{\boldsymbol{r}})
\end{aligned} \tag{8.93}$$

式中，$\boldsymbol{T}^{(D)}(f_k \mid \hat{\boldsymbol{r}}) = \operatorname{diag}\left[\frac{\hat{\boldsymbol{D}}^{\prime(v)}(f_0 \mid \hat{r}_1)}{\hat{\boldsymbol{D}}^{\prime(v)}(f_k \mid \hat{r}_1)} \cdots \frac{\hat{\boldsymbol{D}}^{\prime(v)}(f_0 \mid \hat{r}_m)}{\hat{\boldsymbol{D}}^{\prime(v)}(f_k \mid \hat{r}_m)} \cdots \frac{\hat{\boldsymbol{D}}^{\prime(v)}(f_0 \mid \hat{r}_M)}{\hat{\boldsymbol{D}}^{\prime(v)}(f_k \mid \hat{r}_M)}\right]$为复阻抗聚焦变换矩阵，则三个方向的振速聚焦变换矩阵均可以写为复阻抗聚焦变换矩阵与声压聚焦变换矩阵的乘积。

f_k 上的矢量阵聚焦变换矩阵可以写为如下分块矩阵的形式：

$$\boldsymbol{T}^{(v)}(f_k \mid \hat{\boldsymbol{r}}) = \begin{bmatrix} \boldsymbol{T}^{(p)}(f_k \mid \hat{\boldsymbol{r}}) & & & \\ & \boldsymbol{T}^{(x)}(f_k \mid \hat{\boldsymbol{r}}) & & \\ & & \boldsymbol{T}^{(y)}(f_k \mid \hat{\boldsymbol{r}}) & \\ & & & \boldsymbol{T}^{(z)}(f_k \mid \hat{\boldsymbol{r}}) \end{bmatrix} \tag{8.94}$$

得到扫描位置 $\hat{\boldsymbol{r}}$ 处频率 f_k 上聚焦变换后的协方差矩阵 $\boldsymbol{R}_{\mathrm{focus}}^{(p)}(f_k \mid \hat{\boldsymbol{r}})$ 和 $\boldsymbol{R}_{\mathrm{focus}}^{(v)}(f_k \mid \hat{\boldsymbol{r}})$：

$$\boldsymbol{R}_{\mathrm{focus}}^{(p)}(f_k \mid \hat{\boldsymbol{r}}) = \boldsymbol{T}^{(p)}(f_k \mid \hat{\boldsymbol{r}})\boldsymbol{R}^{(p)}(f_k)\left(\boldsymbol{T}^{(p)}(f_k \mid \hat{\boldsymbol{r}})\right)^{\mathrm{H}} \tag{8.95}$$

$$\boldsymbol{R}_{\mathrm{focus}}^{(v)}(f_k \mid \hat{\boldsymbol{r}}) = \boldsymbol{T}^{(v)}(f_k \mid \hat{\boldsymbol{r}})\boldsymbol{R}^{(v)}(f_k)\left(\boldsymbol{T}^{(v)}(f_k \mid \hat{\boldsymbol{r}})\right)^{\mathrm{H}} \tag{8.96}$$

式（8.95）和式（8.96）宽带聚焦的意义可理解为，对由扫描位置 $\hat{\boldsymbol{r}}$ 决定的宽带信号中的各个窄带进行相位修正，并统一至聚焦频点上，因此基于这种相位修正的聚焦之后的协方差矩阵是可以累加的。将总共 K 个频带的 $\boldsymbol{R}_{\mathrm{focus}}^{(p)}(f_k \mid \hat{\boldsymbol{r}})$ 和 $\boldsymbol{R}_{\mathrm{focus}}^{(v)}(f_k \mid \hat{\boldsymbol{r}})$ 进行累加后得到宽带聚焦协方差矩阵 $\boldsymbol{R}_{\mathrm{focus}}^{(p)}(\hat{\boldsymbol{r}})$ 与 $\boldsymbol{R}_{\mathrm{focus}}^{(v)}(\hat{\boldsymbol{r}})$，该协方差矩阵与扫描点的空间位置矢量 $\hat{\boldsymbol{r}}$ 有关：

$$\boldsymbol{R}_{\mathrm{focus}}^{(p)}(\hat{\boldsymbol{r}}) = \frac{1}{K}\sum_{k=l}^{h}\boldsymbol{R}_{\mathrm{focus}}^{(p)}(f_k \mid \hat{\boldsymbol{r}}) \tag{8.97}$$

$$\boldsymbol{R}_{\mathrm{focus}}^{(v)}(\hat{\boldsymbol{r}}) = \frac{1}{K}\sum_{k=l}^{h}\boldsymbol{R}_{\mathrm{focus}}^{(v)}(f_k \mid \hat{\boldsymbol{r}}) \tag{8.98}$$

在扫描点 $(\hat{x},\hat{z})$ 处，分别得到声压和矢量宽带 CSS-MVDR 空间谱：

$$P'^{(p)}_{\text{CSS-MVDR-PFB}}(\hat{\boldsymbol{r}})=\frac{1}{\left(\hat{\boldsymbol{A}}'^{(p)}_{\text{CSS}}(f_0\mid\hat{\boldsymbol{r}})\right)^{\text{H}}\left(\boldsymbol{R}^{(p)}_{\text{focus}}(\hat{\boldsymbol{r}})\right)^{-1}\left(\hat{\boldsymbol{A}}'^{(p)}_{\text{CSS}}(f_0\mid\hat{\boldsymbol{r}})\right)} \tag{8.99}$$

$$P'^{(v)}_{\text{CSS-MVDR-VFB}}(\hat{\boldsymbol{r}},\hat{\boldsymbol{\theta}},\hat{\boldsymbol{\varphi}})=\frac{1}{\left(\hat{\boldsymbol{A}}'^{(v)}_{\text{CSS}}(f_0\mid\hat{\boldsymbol{r}},\hat{\boldsymbol{\theta}},\hat{\boldsymbol{\varphi}})\right)^{\text{H}}\left(\boldsymbol{R}^{(v)}_{\text{focus}}(\hat{\boldsymbol{r}})\right)^{-1}\left(\hat{\boldsymbol{A}}'^{(v)}_{\text{CSS}}(f_0\mid\hat{\boldsymbol{r}},\hat{\boldsymbol{\theta}},\hat{\boldsymbol{\varphi}})\right)} \tag{8.100}$$

2. STMV 聚焦波束形成

本节介绍另一种导向最小方差聚焦波束形成算法。在扫描点 $(\hat{x},\hat{z})$ 处，我们发现复阻抗矢量及方向矢量均与该点的空间位置矢量 $\hat{\boldsymbol{r}}$ 有关，据此在各个不同频点上生成导向矢量指向该扫描位置并进行相位补偿。令指向 $(\hat{x},\hat{z})$ 处对应于 f_k 频率的声压聚焦导向矢量为

$$\hat{\boldsymbol{A}}'^{(p)}_{\text{STMV}}(f_k\mid\hat{\boldsymbol{r}})=\left[\mathrm{e}^{\mathrm{j}\frac{2\pi f_k}{c}\hat{R}_1}\ \mathrm{e}^{\mathrm{j}\frac{2\pi f_k}{c}\hat{R}_2}\cdots\mathrm{e}^{\mathrm{j}\frac{2\pi f_k}{c}\hat{R}_m}\cdots\mathrm{e}^{\mathrm{j}\frac{2\pi f_k}{c}\hat{R}_M}\right]^{\text{T}} \tag{8.101}$$

三个方向的振速聚焦导向矢量为

$$\hat{\boldsymbol{A}}'^{(x)}_{\text{STMV}}(f_k\mid\hat{\boldsymbol{r}})=\hat{\boldsymbol{A}}'^{(y)}_{\text{STMV}}(f_k\mid\hat{\boldsymbol{r}})=\hat{\boldsymbol{A}}'^{(z)}_{\text{STMV}}(f_k\mid\hat{\boldsymbol{r}})=\hat{\boldsymbol{D}}'^{(v)}_{\text{STMV}}(f_k\mid\hat{\boldsymbol{r}})\odot\hat{\boldsymbol{A}}'^{(p)}_{\text{STMV}}(f_k\mid\hat{\boldsymbol{r}}) \tag{8.102}$$

式中，复阻抗补偿矩阵 $\hat{\boldsymbol{D}}'^{(v)}_{\text{STMV}}(f_k\mid\hat{\boldsymbol{r}})=\left[\mathrm{e}^{\mathrm{j}\psi(f_k|\hat{r}_1)}\mathrm{e}^{\mathrm{j}\psi(f_k|\hat{r}_2)}\cdots\mathrm{e}^{\mathrm{j}\psi(f_k|\hat{r}_M)}\right]^{\text{T}}$。

则分别由声压聚焦导向矢量和矢量阵聚焦导向矢量决定的声压导向聚焦变换矩阵和三个方向上的振速导向聚焦变换矩阵分别为

$$\boldsymbol{T}^{(p)}_{\text{STMV}}(f_k\mid\hat{\boldsymbol{r}})=\operatorname{diag}\left[\hat{\boldsymbol{A}}'^{(p)}_{\text{STMV}}(f_k\mid\hat{\boldsymbol{r}})\right]=\operatorname{diag}\left[\mathrm{e}^{\mathrm{j}\frac{2\pi f_k}{c}\hat{R}_1}\ \mathrm{e}^{\mathrm{j}\frac{2\pi f_k}{c}\hat{R}_2}\cdots\mathrm{e}^{\mathrm{j}\frac{2\pi f_k}{c}\hat{R}_m}\cdots\mathrm{e}^{\mathrm{j}\frac{2\pi f_k}{c}\hat{R}_M}\right] \tag{8.103}$$

$$\begin{aligned}&\boldsymbol{T}^{(x)}_{\text{STMV}}(f_k\mid\hat{\boldsymbol{r}})=\boldsymbol{T}^{(y)}_{\text{STMV}}(f_k\mid\hat{\boldsymbol{r}})=\boldsymbol{T}^{(z)}_{\text{STMV}}(f_k\mid\hat{\boldsymbol{r}})\\&=\operatorname{diag}\left[\hat{\boldsymbol{A}}'^{(x)}_{\text{STMV}}(f_k\mid\hat{\boldsymbol{r}})\right]\\&=\operatorname{diag}\left[\mathrm{e}^{\mathrm{j}\left(\frac{2\pi f_k}{c}\hat{R}_1+\psi(f_k|\hat{r}_1)\right)}\mathrm{e}^{\mathrm{j}\left(\frac{2\pi f_k}{c}\hat{R}_2+\psi(f_k|\hat{r}_2)\right)}\cdots\mathrm{e}^{\mathrm{j}\left(\frac{2\pi f_k}{c}\hat{R}_m+\psi(f_k|\hat{r}_m)\right)}\cdots\mathrm{e}^{\mathrm{j}\left(\frac{2\pi f_k}{c}\hat{R}_M+\psi(f_k|\hat{r}_M)\right)}\right]\end{aligned} \tag{8.104}$$

则矢量阵导向聚焦变换矩阵可以写为以下分块矩阵的形式：

$$\boldsymbol{T}^{(v)}_{\text{STMV}}(f_k\mid\hat{\boldsymbol{r}})=\left[\begin{array}{c:c:c:c}T^{(p)}_{\text{STMV}}(f_k\mid\hat{\boldsymbol{r}})&&&\\\hdashline&T^{(x)}_{\text{STMV}}(f_k\mid\hat{\boldsymbol{r}})&&\\\hdashline&&T^{(x)}_{\text{STMV}}(f_k\mid\hat{\boldsymbol{r}})&\\\hdashline&&&T^{(x)}_{\text{STMV}}(f_k\mid\hat{\boldsymbol{r}})\end{array}\right] \tag{8.105}$$

经导向聚焦变换后得到 f_k 上的协方差矩阵 $\boldsymbol{R}^{(p)}_{\text{STMV}}(f_k\mid\hat{\boldsymbol{r}})$ 和 $\boldsymbol{R}^{(v)}_{\text{STMV}}(f_k\mid\hat{\boldsymbol{r}})$：

$$\boldsymbol{R}^{(p)}_{\text{STMV}}(f_k\mid\hat{\boldsymbol{r}})=\boldsymbol{T}^{(p)}_{\text{STMV}}(f_k\mid\hat{\boldsymbol{r}})\boldsymbol{R}^{(p)}(f_k)\left(\boldsymbol{T}^{(p)}_{\text{STMV}}(f_k\mid\hat{\boldsymbol{r}})\right)^{\text{H}} \tag{8.106}$$

$$\boldsymbol{R}_{\mathrm{STMV}}^{(v)}(f_k\,|\,\hat{\boldsymbol{r}})=\boldsymbol{T}_{\mathrm{STMV}}^{(v)}(f_k\,|\,\hat{\boldsymbol{r}})\boldsymbol{R}^{(v)}(f_k)\left(\boldsymbol{T}_{\mathrm{STMV}}^{(v)}(f_k\,|\,\hat{\boldsymbol{r}})\right)^{\mathrm{H}} \tag{8.107}$$

将总共 K 个频带的 $\boldsymbol{R}_{\mathrm{STMV}}^{(p)}(f_k\,|\,\hat{\boldsymbol{r}})$ 与 $\boldsymbol{R}_{\mathrm{STMV}}^{(v)}(f_k\,|\,\hat{\boldsymbol{r}})$ 进行累加后得到宽带聚焦协方差矩阵 $\boldsymbol{R}_{\mathrm{STMV}}^{(p)}(\hat{\boldsymbol{r}})$ 和 $\boldsymbol{R}_{\mathrm{STMV}}^{(v)}(\hat{\boldsymbol{r}})$：

$$\boldsymbol{R}_{\mathrm{STMV}}^{(p)}(\hat{\boldsymbol{r}})=\frac{1}{K}\sum_{k=1}^{K}\boldsymbol{R}_{\mathrm{STMV}}^{(p)}(f_k\,|\,\hat{\boldsymbol{r}}) \tag{8.108}$$

$$\boldsymbol{R}_{\mathrm{STMV}}^{(v)}(\hat{\boldsymbol{r}})=\frac{1}{K}\sum_{k=1}^{K}\boldsymbol{R}_{\mathrm{STMV}}^{(v)}(f_k\,|\,\hat{\boldsymbol{r}}) \tag{8.109}$$

得到扫描点 $(\hat{x},\hat{z})$ 处声压及矢量 STMV 空间谱为

$$P_{\mathrm{STMV\text{-}PFB}}'^{(p)}(\hat{\boldsymbol{r}})=\frac{1}{(\mathbf{1}_M)^{\mathrm{H}}\left(\boldsymbol{R}_{\mathrm{STMV}}^{(p)}(\hat{\boldsymbol{r}})\right)^{-1}\mathbf{1}_M} \tag{8.110}$$

$$P_{\mathrm{STMV\text{-}PFB}}'^{(v)}(\hat{\boldsymbol{r}},\hat{\boldsymbol{\theta}},\hat{\boldsymbol{\varphi}})=\frac{1}{\left(\boldsymbol{I}_v(\hat{\boldsymbol{\theta}},\hat{\boldsymbol{\varphi}})\right)^{\mathrm{H}}\left(\boldsymbol{R}_{\mathrm{STMV}}^{(v)}(\hat{\boldsymbol{r}})\right)^{-1}\left(\boldsymbol{I}_v(\hat{\boldsymbol{\theta}},\hat{\boldsymbol{\varphi}})\right)} \tag{8.111}$$

$$\boldsymbol{I}_v(\hat{\boldsymbol{\theta}},\hat{\boldsymbol{\varphi}})=\begin{bmatrix}\mathbf{1}_M\\ \hat{a}^{(x)}(\hat{\boldsymbol{\theta}},\hat{\boldsymbol{\varphi}})\\ \hat{a}^{(y)}(\hat{\boldsymbol{\theta}},\hat{\boldsymbol{\varphi}})\\ \hat{a}^{(z)}(\hat{\boldsymbol{\theta}},\hat{\boldsymbol{\varphi}})\end{bmatrix} \tag{8.112}$$

式中，$\mathbf{1}_M$ 为元素均为 1 的 $M\times 1$ 列矢量；$\boldsymbol{I}_v(\hat{\boldsymbol{\theta}},\hat{\boldsymbol{\varphi}})$ 为 $4M\times 1$ 矢量阵聚焦单位矢量。

为讨论方便，采用以下简称：①声压阵 CSS-MVDR 聚焦波束形成（CSS-MVDR-PFB）；②矢量阵 CSS-MVDR 聚焦波束形成（CSS-MVDR-VFB）；③声压阵 STMV 聚焦波束形成（STMV-PFB）；④矢量阵 STMV 聚焦波束形成（STMV-VFB）。设空间存在等强度双相干宽带声源，双声源之间具有 0.001s 的时延。宽带频率范围为 2～4kHz，采样率 $f_s=20\mathrm{kHz}$，CSS-MVDR 算法选取参考频率 $f_0=3\mathrm{kHz}$，水中声速为 1500m/s。y 方向振速垂直于声源平面，预设双声源坐标 $(x_1,z_1)=$（15m，0）和 $(x_2,z_2)=$ (25m, 0)。声源平面距离基阵的正横距离 y_s=30m。

对本节中多种算法的双相干声源分辨能力进行综合比较可知：①如图 8.7 所示，常规聚焦算法可以区分相干声源，但由于分辨率受限，无法完全分辨双声源。ISM-MVDR 算法不适用于相干声源，图 8.8 中空间谱只显示一个峰值。②如图 8.9 和图 8.10 所示，CSS-MVDR 算法和 STMV 算法对双相干声源的定位识别效果相当，可以完全分辨双声源。说明 CSS-MVDR 算法和 STMV 算法适用于相干宽带声源的定位识别，并具有较强的分辨能力。③矢量阵算法的分辨能力较声压阵更强，且能明显地压制舷侧模糊及减小背景起伏。

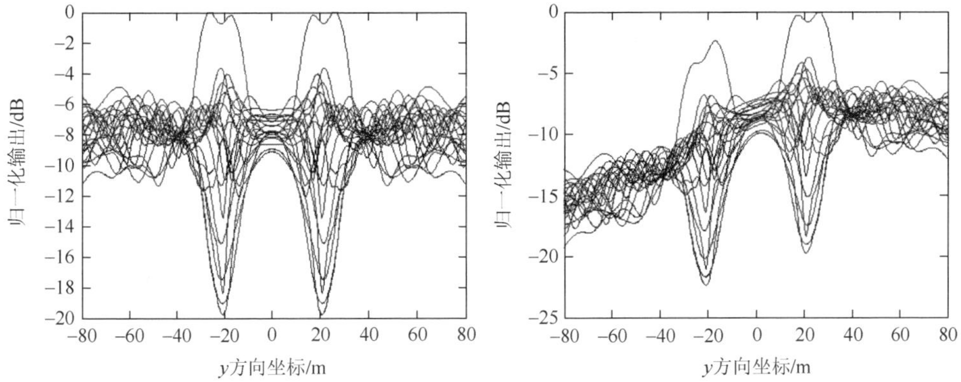

(a) ISM-PCFB　(B) ISM-VCFB

图 8.7　常规聚焦算法空间谱切片

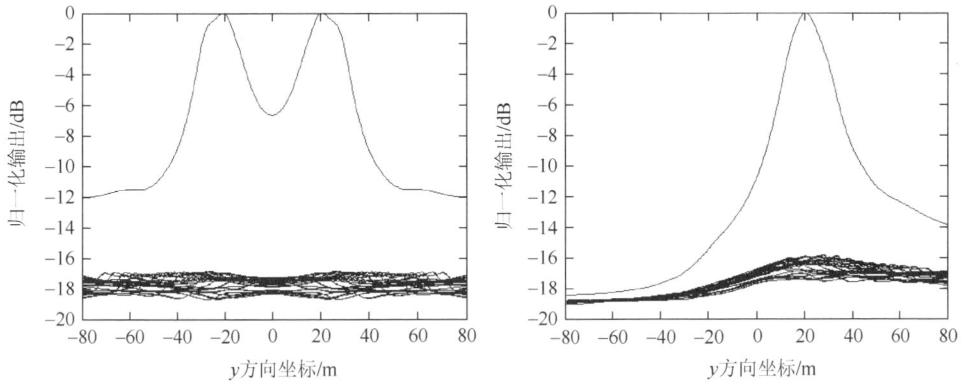

(a) ISM-PMVDRFB　(b) ISM-VMVDRFB

图 8.8　ISM-MVDR 算法空间谱切片

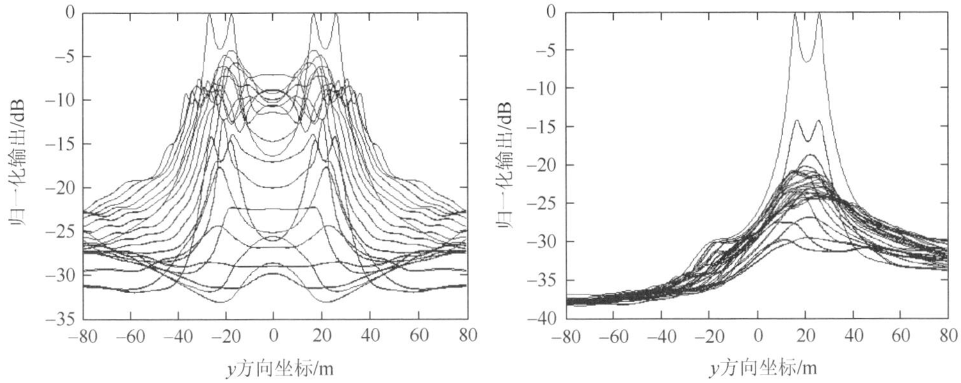

(a) CSS-MVDR-PFB　(b) CSS-MVDR-VFB

图 8.9　CSS-MVDR 算法空间谱切片

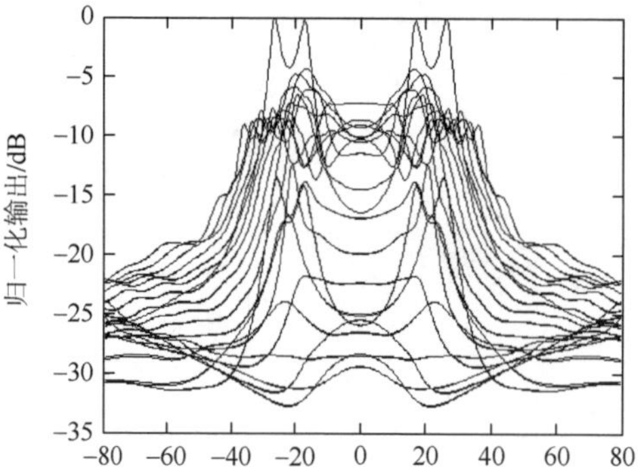

(a) STMV-PFB

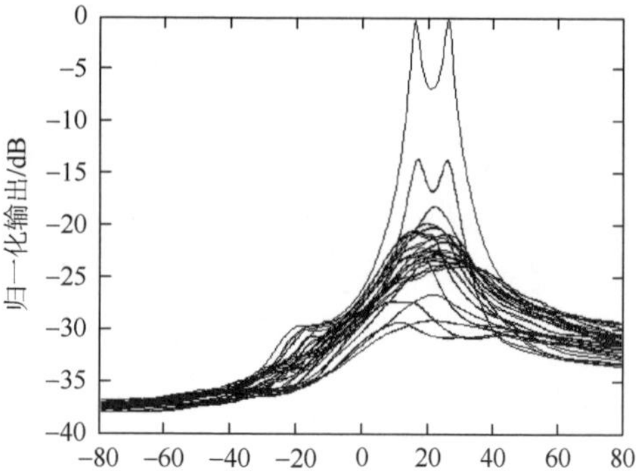

(b) STMV-VFB

图 8.10　STMV 算法空间谱切片

参考文献

[1] Schmidt R，Schmidt R O. Multiple emitter location and signal parameter estimation. IEEE Transactions on Antennas and Propagation，1986，34（3）：276-280.

[2] Zoltowski M D，Kautz G M. Beamspace root-MUSIC. IEEE Transactions on Signal Processing，1993，41（1）：344.

[3] Paulraj A，Roy R，Kailath T. A subspace rotation approach to signal parameter estimation. Proceedings of the IEEE，1986，74（7）：1044-1046.

[4] Xu G H，Silverstein S D，Roy R H，et al. Beamspace ESPRIT. IEEE Transactions on Signal Processing，1994，42（2）：349-356.

[5] Nehorai A，Paldi E. Vector-sensor array processing for electromagnetic source localization. IEEE Transactions on Signal Processing，1994，42（2）：376-398.

[6] Nehorai A，Paldi E. Acoustic vector-sensor array processing. IEEE Transactions on Signal Processing，1994，42（9）：2481-2491.

[7] Hochwald B，Nehorai A. Identifiability in array processing models with vector-sensor applications. IEEE Transactions on Signal Processing，1996，44（1）：83-95.

[8] Nehorai A，Ho K C，Tan B T G. Minimum-noise-variance beamformer with an electromagnetic vector sensor. IEEE Transactions on Signal Processing，1999，47（3）：601-618.

[9] Hawkes M，Nehorai A. Acoustic vector-sensor beamforming and Capon direction estimation. IEEE Transactions on Signal Processing，1998，46（9）：2291-2304.

[10] Capon J. High-resolution frequency-wavenumber spectrum analysis. Proceedings of the IEEE，1969，57（8）：1408-1418.

[11] Haykin S. Adaptive Filter Theory. 3rd ed. Upper Saddle River：Prentice-Hall，1996.

[12] Kabaoglu N，Cirpan H A，Cekli E，et al. Maximum likelihood 3D near-field source localization using the EM algorithm. Proceedings of 8th IEEE Symposium on Computers and Communications，Kemer-Antalya，2003：492-497.

[13] Cekli E，Cirpan H A. Unconditional maximum likelihood approach for localization of near-field sources：Algorithm and performance analysis. AEU of Electronic and Communications，2003，57（1）：9-15.

[14] Reddy K M，Reddy V U. Analysis of interpolated arrays with spatial smoothing. Signal Processing，1996，54（3）：261-272.

[15] Friedlander B，Weiss A J. Direction finding using spatial smoothing with interpolated arrays. IEEE Transactions on Aerospace and Electronic Systems，1992，28（2）：574-587.

[16] 蒋飚，朱埜，孙长瑜，等. 一种宽带高分辨 MVDR 有效算法研究. 系统工程与电子技术，2005，27（7）：1186-1188.

[17] 张德明，郭良浩，张仁和. 基于聚焦变换的宽带信号方位稳健估计. 声学学报，2005，30（4）：303-308.

[18] Ward D B. Theory and design of broadband sensor arrays with frequency invariant far-field beam patterns. The Journal of the Acoustical Society of America，1995，97（2）：1023-1034.

[19] Krolik J，Swingler D N. Focused wide-band array processing by spatial resample. IEEE Transactions on Acoust Speech，Single Processing，1990，38（2）：350-356.

[20] Zhang B S，Ma Y L. Beamforming for broadband constant beamwidth based on FIR and DSP. Chinese Journal of Accoustics，2000，19（3）：207-214.

[21] 杨益新，孙超. 任意结构阵列恒定束宽波束形成新方法. 声学学报，2001，26（1）：55-58.

[22] Ward D B，Kennedy R A，Williamson R C. FIR filter design for frequency-invariant beamformers. IEEE Signal Processing Letters，1996，3（3）：69-71.

[23] Nordebo S，Claesson I，Nordholm S. Weighted Chebyshev approximation for the design of broadband beamformers using quadratic programming. IEEE Singal Proceeding Letters，1994，1（7）：103-105.

[24] 时洁，杨德森，时胜国. 子带分解 MVDR 高分辨宽带聚焦波束形成算法研究. 2008 年全国声学学术会议论文集，上海，2008：2.

[25] 时洁，杨德森. 矢量阵相干宽带 MVDR 聚焦波束形成. 系统仿真学报，2010，22（2）：473-477.

第 9 章　矢量阵稳健聚焦波束形成

上一章介绍的矢量阵 MVDR 高分辨聚焦波束形成算法是将 MVDR 高分辨算法、矢量阵处理及近场聚焦算法统一于 Nehorai 经典的矢量信号处理理论框架之下，提高了算法在实际环境中的定位稳健性。矢量阵 MVDR 高分辨聚焦波束形成算法[1-3]较常规聚焦算法具有更高的定位精度、更强的抗干扰能力、更高的空间分辨率及更强的舷侧模糊压制能力，从而有效地提高噪声源定位识别效果[4]。同时，由于 MVDR 算法给出的谱估计结果使用了数据采样协方差矩阵的所有特征值，而其中起主导作用的信号特征值反映了声源的功率，可以反映声源贡献的相对大小。在实际应用中，水下测试基阵不可避免地面临众多干扰导致环境失配，从而使高分辨算法性能显著退化甚至失效。van Trees[5]定义了稳健波束形成，其是指在存在失配情况下仍试图保持良好性能的波束形成器，对于高分辨算法而言，需要在允许的失配条件下，其性能不能低于常规波束形成器。从噪声源定位识别的目的出发，稳健性侧重于要求高分辨算法在失配条件下仍然可以获得较常规算法更为尖锐的聚焦峰尺度并且尽可能地压制背景噪声级起伏。为了解决高分辨聚焦波束形成算法在实际环境中的稳健性问题，本章将重点介绍几种具有高稳健性的矢量阵 MVDR 高分辨聚焦波束形成算法。

9.1　矢量阵 MVDR 聚焦波束形成稳健性优化

9.1.1　自适应波束形成器的失配及性能退化

基阵位置的偏差、各阵元通道幅度和相位响应的不一致性、有限采样效应、阵型失配等因素的影响使得自适应波束形成器的稳健性变差、性能严重下降。这些影响算法性能的因素都可以归结为导向矢量失配问题。

1. 阵列增益

假设空间仅存在单个信源 $s(t)$，信号功率为 σ_s^2，$\boldsymbol{a}(\theta)$ 为与信号入射方向 θ 相对应的期望信号导向矢量，空间噪声统计独立且与信号不相关，输入噪声功率为 σ_n^2。阵列接收信号可以表示为

$$\boldsymbol{X}(t)=s(t)\boldsymbol{a}(\theta)+\boldsymbol{N}(t) \tag{9.1}$$

令阵列权矢量为 $\boldsymbol{w}$，则阵列输出为

$$y(t) = \boldsymbol{w}^{\mathrm{H}} \boldsymbol{X}(t) = s(t) \boldsymbol{w}^{\mathrm{H}} \boldsymbol{a}(\theta) + \boldsymbol{w}^{\mathrm{H}} \boldsymbol{N}(t) \tag{9.2}$$

阵列平均输出功率为

$$P = E\left[\left|y(t)\right|^2\right] = \sigma_s^2 \left|\boldsymbol{w}^{\mathrm{H}} \boldsymbol{a}(\theta)\right|^2 + \boldsymbol{w}^{\mathrm{H}} \boldsymbol{R}_N \boldsymbol{w} = P_S + P_N \tag{9.3}$$

式中，$P_S = \sigma_s^2 \left|\boldsymbol{w}^{\mathrm{H}} \boldsymbol{a}(\theta)\right|^2$ 为平均输出信号功率；$\boldsymbol{R}_N$ 为噪声协方差矩阵；$P_N = \boldsymbol{w}^{\mathrm{H}} \boldsymbol{R}_N \boldsymbol{w}$ 为平均输出噪声功率。定义归一化噪声协方差矩阵 $\boldsymbol{\rho}_N$，有 $\boldsymbol{R}_N = \sigma_n^2 \boldsymbol{\rho}_N$。

若阵列输入信噪比为

$$\mathrm{SNR}_{\mathrm{I}} = \frac{\sigma_s^2}{\sigma_n^2} \tag{9.4}$$

则阵列输出信噪比为

$$\mathrm{SNR}_{\mathrm{O}} = \frac{P_S}{P_N} = \frac{\sigma_s^2 \left|\boldsymbol{w}^{\mathrm{H}} \boldsymbol{a}(\theta)\right|^2}{\boldsymbol{w}^{\mathrm{H}} \boldsymbol{R}_N \boldsymbol{w}} = \frac{\sigma_s^2 \left|\boldsymbol{w}^{\mathrm{H}} \boldsymbol{a}(\theta)\right|^2}{\sigma_n^2 \boldsymbol{w}^{\mathrm{H}} \boldsymbol{\rho}_N \boldsymbol{w}} \tag{9.5}$$

阵列增益为

$$G = \frac{\mathrm{SNR}_{\mathrm{O}}}{\mathrm{SNR}_{\mathrm{I}}} = \frac{\left|\boldsymbol{w}^{\mathrm{H}} \boldsymbol{a}(\theta)\right|^2}{\boldsymbol{w}^{\mathrm{H}} \boldsymbol{\rho}_N \boldsymbol{w}} \tag{9.6}$$

2. 导向矢量失配对 MVDR 波束形成器性能的影响

假设信号入射方向误差、阵元位置偏差及各阵元通道幅度和相位响应的不一致性等因素的影响使得阵列导向矢量失配。令 $\hat{\boldsymbol{a}}(\theta)$ 为失配的导向矢量，导向矢量失配条件下 MVDR 波束形成器的权矢量为

$$\hat{\boldsymbol{w}}_{\mathrm{MVDR}}^{\mathrm{H}} = \frac{\hat{\boldsymbol{a}}^{\mathrm{H}}(\theta) \boldsymbol{R}_N^{-1}}{\hat{\boldsymbol{a}}^{\mathrm{H}}(\theta) \boldsymbol{R}_N^{-1} \hat{\boldsymbol{a}}(\theta)} \tag{9.7}$$

将该权矢量式（9.7）代入平均输出信号功率表达式，得到导向矢量失配条件下 MVDR 波束形成器的平均输出信号功率：

$$\hat{P}_{S\text{-MVDR}} = \sigma_s^2 \left|\hat{\boldsymbol{w}}_{\mathrm{MVDR}}^{\mathrm{H}} \boldsymbol{a}(\theta)\right|^2 = \sigma_s^2 \left|\frac{\hat{\boldsymbol{a}}^{\mathrm{H}}(\theta) \boldsymbol{\rho}_N^{-1} \boldsymbol{a}(\theta)}{\hat{\boldsymbol{a}}^{\mathrm{H}}(\theta) \boldsymbol{\rho}_N^{-1} \hat{\boldsymbol{a}}(\theta)}\right|^2 \tag{9.8}$$

定义 $\cos^2(\hat{\boldsymbol{a}}(\theta), \boldsymbol{a}(\theta), \boldsymbol{\rho}_N^{-1}) = \dfrac{\left|\hat{\boldsymbol{a}}^{\mathrm{H}}(\theta) \boldsymbol{\rho}_N^{-1} \boldsymbol{a}(\theta)\right|^2}{\left(\hat{\boldsymbol{a}}^{\mathrm{H}}(\theta) \boldsymbol{\rho}_N^{-1} \hat{\boldsymbol{a}}(\theta)\right)\left(\boldsymbol{a}^{\mathrm{H}}(\theta) \boldsymbol{\rho}_N^{-1} \boldsymbol{a}(\theta)\right)}$，式（9.8）可以表示为

$$\hat{P}_{S\text{-MVDR}} = \sigma_s^2 \frac{\boldsymbol{a}^{\mathrm{H}}(\theta) \boldsymbol{\rho}_N^{-1} \boldsymbol{a}(\theta)}{\hat{\boldsymbol{a}}^{\mathrm{H}}(\theta) \boldsymbol{\rho}_N^{-1} \hat{\boldsymbol{a}}(\theta)} \cos^2(\hat{\boldsymbol{a}}(\theta), \boldsymbol{a}(\theta), \boldsymbol{\rho}_N^{-1}) \tag{9.9}$$

同样地可以得到导向矢量失配条件下MVDR波束形成器的平均输出噪声功率：

$$\hat{P}_{N\text{-MVDR}}=\hat{\boldsymbol{w}}_{\mathrm{MVDR}}^{\mathrm{H}}\boldsymbol{R}_N\hat{\boldsymbol{w}}_{\mathrm{MVDR}}=\frac{\sigma_n^2}{\hat{\boldsymbol{a}}^{\mathrm{H}}(\theta)\boldsymbol{\rho}_N^{-1}\hat{\boldsymbol{a}}(\theta)} \tag{9.10}$$

根据式（9.9）和式（9.10），则导向矢量失配条件下 MVDR 波束形成器的输出信噪比为

$$\hat{\mathrm{SNR}}_{\mathrm{O\text{-}MVDR}}=\frac{\hat{P}_{S\text{-MVDR}}}{\hat{P}_{N\text{-MVDR}}}=\frac{\sigma_s^2\boldsymbol{a}^{\mathrm{H}}(\theta)\boldsymbol{\rho}_N^{-1}\boldsymbol{a}(\theta)}{\sigma_n^2}\cos^2(\hat{\boldsymbol{a}}(\theta),\boldsymbol{a}(\theta),\boldsymbol{\rho}_N^{-1}) \tag{9.11}$$

令 $\boldsymbol{w}_{\mathrm{MVDR}}$ 为无导向矢量失配条件下 MVDR 波束形成器的权矢量，即 $\boldsymbol{w}_{\mathrm{MVDR}}^{\mathrm{H}}=\dfrac{\boldsymbol{a}^{\mathrm{H}}(\theta)\boldsymbol{R}_N^{-1}}{\boldsymbol{a}^{\mathrm{H}}(\theta)\boldsymbol{R}_N^{-1}\boldsymbol{a}(\theta)}$。无导向矢量失配条件下 MVDR 波束形成器的输出信噪比为

$$\mathrm{SNR}_{\mathrm{O\text{-}MVDR}}=\frac{\sigma_s^2}{\sigma_n^2}\boldsymbol{a}^{\mathrm{H}}(\theta)\boldsymbol{\rho}_N^{-1}\boldsymbol{a}(\theta) \tag{9.12}$$

对比式（9.11）和式（9.12），可得 $\hat{\mathrm{SNR}}_{\mathrm{O\text{-}MVDR}}=\mathrm{SNR}_{\mathrm{O\text{-}MVDR}}\cos^2(\hat{\boldsymbol{a}}(\theta),\boldsymbol{a}(\theta),\boldsymbol{\rho}_N^{-1})$。当导向矢量失配较小时，无失配导向矢量与失配导向矢量近似相等，即 $\hat{\boldsymbol{a}}(\theta)\approx\boldsymbol{a}(\theta)$，此时 $\cos^2(\hat{\boldsymbol{a}}(\theta),\boldsymbol{a}(\theta),\boldsymbol{\rho}_N^{-1})\approx 1$，则 $\hat{\mathrm{SNR}}_{\mathrm{O\text{-}MVDR}}=\mathrm{SNR}_{\mathrm{O\text{-}MVDR}}$，MVDR 波束形成器的输出信噪比近似相等；当导向矢量失配较大时，$\cos^2(\hat{\boldsymbol{a}}(\theta),\boldsymbol{a}(\theta),\boldsymbol{\rho}_N^{-1})<1$，则 $\hat{\mathrm{SNR}}_{\mathrm{O\text{-}MVDR}}<\mathrm{SNR}_{\mathrm{O\text{-}MVDR}}$。即在导向矢量失配条件下 MVDR 波束形成器的输出信噪比小于无导向矢量失配条件下的输出信噪比，导向矢量失配对 MVDR 波束形成器的性能有明显的影响，使输出信噪比降低。

9.1.2　基于二阶锥规划的矢量稳健 MVDR 聚焦波束形成

采用 MVDR 高分辨处理器[6-8]可以明显地降低聚焦空间谱图的旁瓣级，并可以根据接收数据自行优化加权系数。众多优秀的改善波束形成稳健性的算法层出不穷，典型的代表有线性约束最小方差波束形成[9]、基于二次型约束的波束形成[10, 11]、特征空间波束形成[12]和基于不确定集的稳健波束形成[13, 14]等。由于 MVDR 聚集波束形成是在基阵近场区域实施噪声源定位识别的，波前曲率变化产生非线性相位影响，真实基阵的阵列流型可以认为存在畸变，而这种畸变的程度因为声源所在空间位置曲率半径的不同而不同。对于阵型畸变情况下的空间谱处理需要采用可适用于任意阵型的波束形成及相应的优化设计算法。

本节从提高噪声源高分辨定位算法稳健性的目的出发，在矢量阵 MVDR 高分辨聚焦波束形成基础上，通过对矢量阵近场权向量的模施加不等式约束，通过二阶锥规划求解最优权，以改善矢量阵 MVDR 高分辨聚焦处理器的稳健性，可在失配条件下获得更大的动态范围、更尖锐的聚焦峰尺度及更强的背景噪声级压制能力。

如前面所述，已得到矢量阵聚焦方向矢量的构造，此处不再赘述。针对阵元位置误差、通道幅度相位不一致性等原因造成聚焦方向矢量与实际失配的问题，可通过对权向量的模强加一个不等式约束，以改善波束形成器的稳健性。约束优化表达式如下：

$$\begin{cases} \min\limits_{w} \boldsymbol{w}^{\mathrm{H}} \boldsymbol{R}^{(v)} \boldsymbol{w} \\ \text{s.t.} \quad \boldsymbol{w}^{\mathrm{H}} \hat{\boldsymbol{A}}^{(v)}(\hat{\boldsymbol{r}}, \hat{\boldsymbol{\theta}}, \hat{\boldsymbol{\varphi}}) = 1, \ \| \boldsymbol{w} \|^2 \leqslant \zeta \end{cases} \tag{9.13}$$

式中，ζ 为敏感度约束项。

该优化问题可通过拉格朗日乘数法进行求解。通过求解可得最优权矢量为

$$\boldsymbol{w}_{\text{opt}} = \frac{(\boldsymbol{R}^{(v)} + \mu \boldsymbol{I})^{-1} \hat{\boldsymbol{A}}^{(v)}(\hat{\boldsymbol{r}}, \hat{\boldsymbol{\theta}}, \hat{\boldsymbol{\varphi}})}{\left(\hat{\boldsymbol{A}}^{(v)}(\hat{\boldsymbol{r}}, \hat{\boldsymbol{\theta}}, \hat{\boldsymbol{\varphi}})\right)^{\mathrm{H}} (\boldsymbol{R}^{(v)} + \mu \boldsymbol{I})^{-1} \hat{\boldsymbol{A}}^{(v)}(\hat{\boldsymbol{r}}, \hat{\boldsymbol{\theta}}, \hat{\boldsymbol{\varphi}})} \tag{9.14}$$

从最优权的结构可以看出，该算法属于对角加载类算法，对角加载量为 μ 。但拉格朗日算法求解过程较复杂，下面采用凸优化理论中二阶锥规划这一数学工具对式（9.13）进行求解。凸优化是数学优化问题中的一类特殊问题[15]，凸优化问题在自动控制系统、信号检测与估计、统计数据分析、通信网络、电子电路设计等实际工程应用中普遍存在[16]。一般而言，凸优化问题很难求解，求解过程不仅取决于目标函数和约束函数的具体形式，而且还与变量个数等多种因素有关。因此，凸优化问题的求解无法用数学解析式来明确表达，但可以通过循环迭代的数值算法，如内点法等，得到稳定有效的最优解。也可利用计算求解软件 Sedumi[17]求解。二阶锥规划（second-order cone programming，SOCP）属于凸优化的范畴，它是在满足一组二阶锥约束和线性等式约束的条件下使某线性函数最小化[18]。由于波束优化问题往往转化为权向量模约束形式进行寻优求解，属于范数优化问题。而该问题不同于简单的线性约束求解问题，是一个典型的二阶锥优化问题，同时二阶锥规划具有寻优算法规范、准确性高的优点。

首先对协方差矩阵 $\boldsymbol{R}^{(v)}$ 进行 Cholesky 分解：

$$\boldsymbol{R}^{(v)} = \boldsymbol{U}^{\mathrm{H}} \boldsymbol{U} \tag{9.15}$$

则有 $\boldsymbol{w}^{\mathrm{H}} \boldsymbol{R}^{(v)} \boldsymbol{w} = (\boldsymbol{U}\boldsymbol{w})^{\mathrm{H}} (\boldsymbol{U}\boldsymbol{w}) = \|\boldsymbol{U}\boldsymbol{w}\|^2$，进一步令 $\zeta = \sigma^2$，则有 $\|\boldsymbol{w}\|^2 \leqslant \zeta \Rightarrow \|\boldsymbol{w}\| \leqslant \sigma$ 。式（9.13）可进一步化简为

$$\begin{cases} \min\limits_{w} \|\boldsymbol{U}\boldsymbol{w}\| \\ \text{s.t.} \quad \boldsymbol{w}^{\mathrm{H}} \hat{\boldsymbol{A}}^{(v)}(\hat{\boldsymbol{r}}, \hat{\boldsymbol{\theta}}, \hat{\boldsymbol{\varphi}}) = 1, \ \|\boldsymbol{w}\| \leqslant \sigma \end{cases} \tag{9.16}$$

利用 SOCP 算法对式（9.16）进行求解。引入非负变量 y_1，令 $\boldsymbol{y} = [y_1 \quad \boldsymbol{w}^{\mathrm{T}}]^{\mathrm{T}}$，$\boldsymbol{b} = [-1 \quad \boldsymbol{0}_{1\times N}]^{\mathrm{T}}$，则 $-y_1 = \boldsymbol{b}^{\mathrm{T}} \boldsymbol{y}$ 。式（9.16）可以等价为

$$\begin{cases}\min\limits_{\boldsymbol{y}}(-y_1) \\ \text{s.t.}\quad \boldsymbol{w}^{\mathrm{H}}\hat{\boldsymbol{A}}^{(v)}(\hat{\boldsymbol{r}},\hat{\boldsymbol{\theta}},\hat{\boldsymbol{\varphi}})=1,\ \ \|\boldsymbol{U}\boldsymbol{w}\|\leqslant y_1,\ \ \|\boldsymbol{w}\|\leqslant\sigma\end{cases} \tag{9.17}$$

进行零锥或二阶锥转化，得到

$$1-\left(\hat{\boldsymbol{A}}^{(v)}(\hat{\boldsymbol{r}},\hat{\boldsymbol{\theta}},\hat{\boldsymbol{\varphi}})\right)^{\mathrm{H}}\boldsymbol{w}=1-\left[0\quad\left(\hat{\boldsymbol{A}}^{(v)}(\hat{\boldsymbol{r}},\hat{\boldsymbol{\theta}},\hat{\boldsymbol{\varphi}})\right)^{\mathrm{H}}\right]\boldsymbol{y}=\boldsymbol{c}_1-\boldsymbol{A}_1^{\mathrm{T}}\boldsymbol{y}\in\{0\} \tag{9.18}$$

$$\begin{bmatrix} y_1 \\ \boldsymbol{U}\boldsymbol{w}\end{bmatrix}=\begin{bmatrix} 0 \\ \boldsymbol{0}_{N\times1}\end{bmatrix}-\begin{bmatrix} -1 & \boldsymbol{0}_{1\times N} \\ \boldsymbol{0}_{N\times1} & -\boldsymbol{U}\end{bmatrix}\boldsymbol{y}=\boldsymbol{c}_2-\boldsymbol{A}_2^{\mathrm{T}}\boldsymbol{y}\in\mathrm{SOC}_1^{1+4M} \tag{9.19}$$

$$\begin{bmatrix} \sigma \\ \boldsymbol{w}\end{bmatrix}=\begin{bmatrix} \sigma \\ \boldsymbol{0}_{N\times1}\end{bmatrix}-\begin{bmatrix} 0 & \boldsymbol{0}_{1\times N} \\ \boldsymbol{0}_{N\times1} & -\boldsymbol{I}\end{bmatrix}\boldsymbol{y}=\boldsymbol{c}_3-\boldsymbol{A}_3^{\mathrm{T}}\boldsymbol{y}\in\mathrm{SOC}_2^{1+4M} \tag{9.20}$$

令 $\boldsymbol{c}=\begin{bmatrix}\boldsymbol{c}_1\\ \boldsymbol{c}_2\\ \boldsymbol{c}_3\end{bmatrix}$，$\boldsymbol{A}^{\mathrm{T}}=\begin{bmatrix}\boldsymbol{A}_1^{\mathrm{T}}\\ \boldsymbol{A}_2^{\mathrm{T}}\\ \boldsymbol{A}_3^{\mathrm{T}}\end{bmatrix}$，应用 Sedumi 软件函数即可得到最优权值 $\boldsymbol{w}_{\mathrm{SOC}}$。最终得到基于二阶锥规划的稳健矢量 MVDR 聚焦（vector MVDR focusing beamforming-second-order cone programming，VMVDRFB-SOCP）算法的空间谱为

$$P_{\text{VMVDRFB-SOCP}}^{(v)}(\hat{\boldsymbol{r}},\hat{\boldsymbol{\theta}},\hat{\boldsymbol{\varphi}})=\boldsymbol{w}_{\mathrm{SOC}}^{\mathrm{H}}\boldsymbol{R}^{(v)}\boldsymbol{w}_{\mathrm{SOC}} \tag{9.21}$$

一般来说，约束参数 ζ 越大，算法的稳健性越好；ζ 越小，空间谱的谱峰越尖锐，需要根据具体要求进行适当选取。

导向矢量扰动量可看作信号失配问题，以上失配可以包括导向矢量在频率-波数空间的失配，即声速误差、信号频率误差、基阵坐标误差及声源入射方向存在的误差等，利用该扰动量，可以简单而又全面地描述算法在失配条件下的综合性能。定义导向矢量扰动量如下：

$$\text{Disturb}=10\lg\left(\frac{\|\boldsymbol{\delta}_{\boldsymbol{A}}\|_{\mathrm{F}}^2}{\|\boldsymbol{A}^{[\text{true}]}\|_{\mathrm{F}}^2}\right) \tag{9.22}$$

考虑9元垂直矢量阵，阵元间距为0.75m，基阵尺度为6m。单声源频率为1kHz，采样率 $f_s=32.768\text{kHz}$，设水中声速为 1500m/s，y 方向振速垂直于声源平面，声源平面距基阵的距离 $y_s=3\text{m}$，预设声源坐标为 (x_1,z_1) =（2m，2m）。扫描区域 x 方向坐标范围为−5～5m，z 方向坐标范围为−5～5m 的平面。可以处理 2048 个数据快拍，信噪比为 10dB。比较存在相同导向矢量扰动量下的空间谱估计效果。当存在−10dB 扰动量时，此时取 $\zeta=0.5$。图 9.1 为导向矢量扰动下的聚焦效果图。

综合图 9.1 和图 9.2 的仿真结果，并对比三种算法的空间谱结果可知：VMVDRFB-SOCP 算法在 VMVDRFB 算法处理器的基础之上，施加权向量的模约束条件，并采用二阶锥规划求解最优权，有效地改善了该高分辨算法的稳健性。空间谱表现出更大的动态范围、更为尖锐的聚焦峰尺度及更强的背景噪声起伏压制能力。

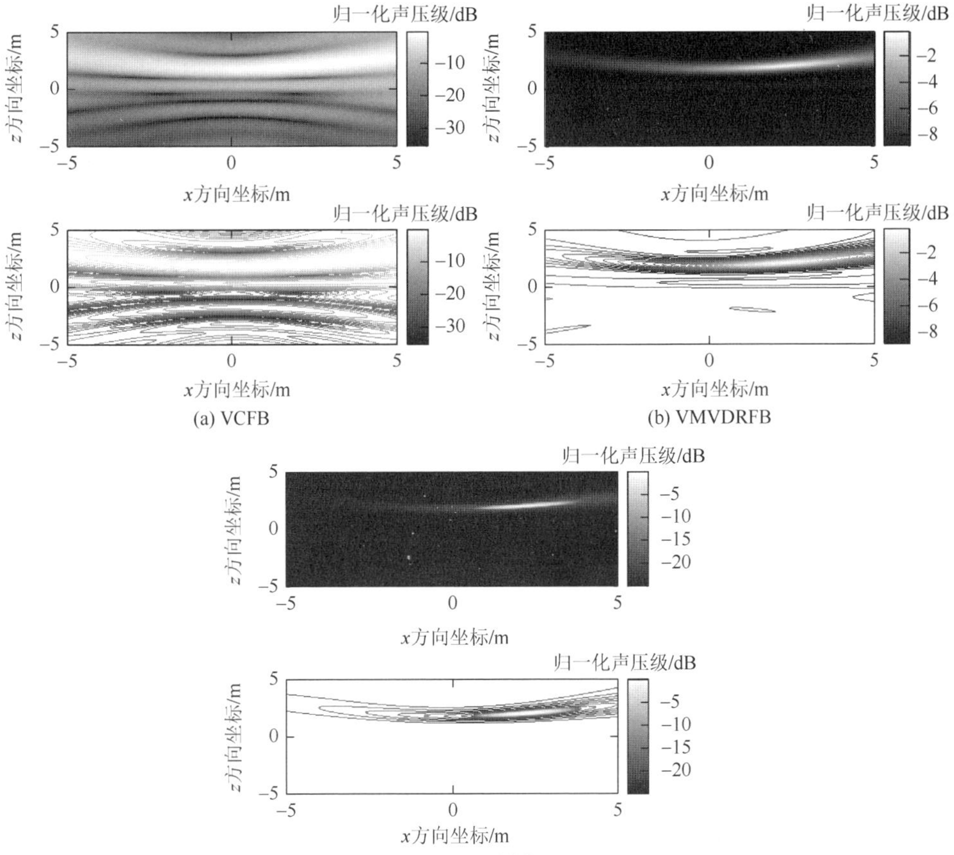

(a) VCFB　(b) VMVDRFB

(c) VMVDRFB-SOCP

图 9.1　导向矢量扰动下的聚焦效果图

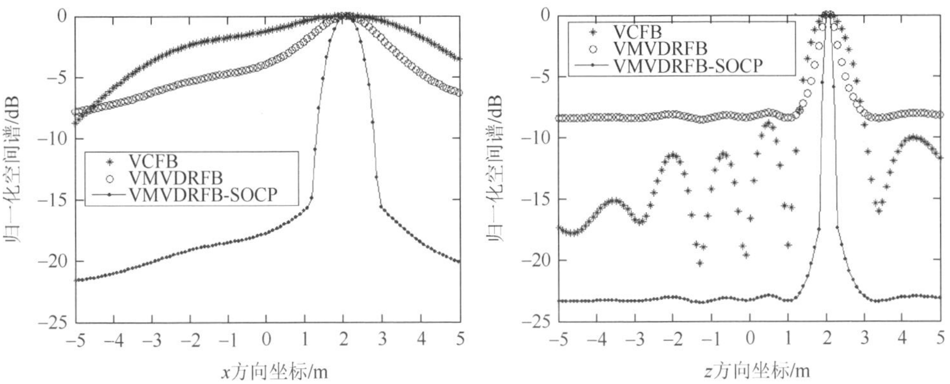

(a) 沿x方向的聚焦空间谱切片　(b) 沿z方向的聚焦空间谱切片

图 9.2　导向矢量扰动下的聚焦空间谱切片

9.2 基于多途信道模型匹配的稳健聚焦波束形成

在浅海环境下，声信道是一个包括海面、海底和海水介质的复杂环境，任何一点接收到的声信号都是经由不同途径传播的声信号的叠加，即多途效应。多途效应会使接收信号时域特性畸变（时延扩展）、振幅和相位起伏（频率扩展）。对于噪声源定位问题而言，多途效应的存在会导致通常使用的常规及高分辨类聚焦定位算法存在定位偏差，同时在空间谱图像上出现较高的旁瓣级起伏或出现伪峰，对聚焦定位性能产生严重影响。针对浅海环境下的信号处理问题，基于模型的信号处理（model based processing，MBP）思想受到了广大学者的青睐。该思想是设计一种融合海洋传播模型，并且可以用来完成各种各样的信号处理功能的处理器。如，Candy 和 Sullivan[19-23]将 MBP 算法广泛地应用到水下被动声学定位，海洋环境参数反演，水下目标检测、估计、识别等方面，取得了一定的成果。目前，在浅海噪声源聚焦定位方面，对浅海多途效应的影响及可行性算法的研究普遍集中于时间反转镜算法[24-26]，但对于单频线谱信号而言，由于带宽窄，时反处理的增益有限。

本节基于相干多途信道特点，建立符合水声传播特点的阵列信号模型，介绍一种与信道相结合的聚焦定位算法。该算法由两部分组成：①利用基于模型和数据匹配的相干处理思想，充分地利用了多途信道信息，生成与实际声传播特性相匹配的空间聚焦导向矢量，从而有效地克服了多途效应的影响，提高了定位精度。②结合最差性能优化的稳健聚焦处理器设计算法，对空间聚焦导向矢量实施约束，并划归为具有单一非线性约束的二次最小化问题，进而通过二阶锥规划算法求解最优权矢量，最终得到优化后的空间谱形式，从而解决 MVDR 高分辨聚焦处理器在存在各种失配误差下出现性能下降的问题。

9.2.1 空间聚焦导向矢量

考虑到虚源法与简正波法解亥姆霍兹方程所描述的声场具有统一性，在近程声传播条件下采用虚源法较为方便，同时射线声学模型具有计算简洁、物理意义鲜明的优点，以下将利用基于射线理论的虚源法对阵列信号进行建模。由于一般测量时间较短，可以认为介质的密度、声速和边界的反射系数不随时间变化。

图 9.3 为浅海水平线阵接收信号模型示意图。海水深度为 H ，一个 N 元水平均匀线阵入水深度为 z_a ，阵元间距为 d ，设 1 号阵元为参考阵元。空间中共存在 M 个点声源，入水深度均为 z_s ，第 m 个声源的空间位置坐标为 (x_m, y_m, z_s) 。略去时间因子，基阵第 n 个参考阵元接收到的由第 m 个声源发射的声压信号可以表示为

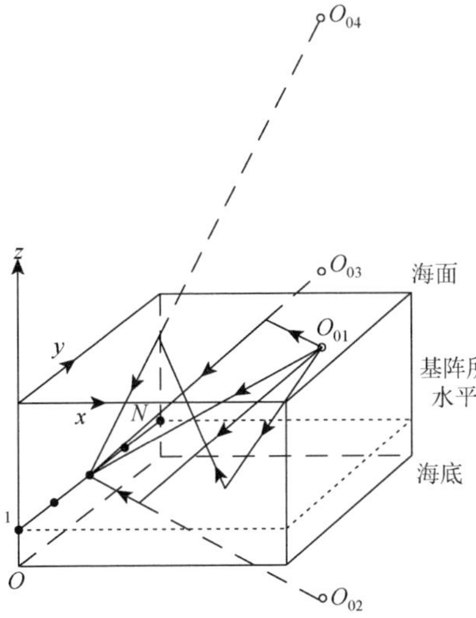

图 9.3　浅海水平线阵接收信号模型示意图

$$p^{(m,n)}=\sum_{l=0}^{\infty}\left[(VV_{l1}^{(m,n)})^{l}\frac{\mathrm{e}^{\mathrm{j}kR_{l1}^{(m,n)}}}{R_{l1}^{(m,n)}}+(VV_{l2}^{(m,n)})^{l}V_{l2}^{(m,n)}\frac{\mathrm{e}^{\mathrm{j}kR_{l2}^{(m,n)}}}{R_{l2}^{(m,n)}}+(VV_{l3}^{(m,n)})^{l}V\frac{\mathrm{e}^{\mathrm{j}kR_{l3}^{(m,n)}}}{R_{l3}^{(m,n)}}\right.$$
$$\left.+(VV_{l4}^{(m,n)})^{l+1}\frac{\mathrm{e}^{\mathrm{j}kR_{l4}^{(m,n)}}}{R_{l4}^{(m,n)}}\right] \tag{9.23}$$

$$\begin{cases}Z_{l1}=2Hl+z_s-z_a\\ Z_{l2}=2H(l+1)-z_s-z_a\\ Z_{l3}=-2Hl-z_s-z_a\\ Z_{l4}=-2H(l+1)+z_s-z_a\end{cases} \tag{9.24}$$

$$R_{li}^{(m,n)}=\sqrt{\left(x_m-x_a(n)\right)^2+\left(y_m-y_a(n)\right)^2+(Z_{li})^2} \tag{9.25}$$

式中，$k=2\pi f/c$ 为波数；$R_{li}^{(m,n)}$ 表示第 l 阶虚源第 i 条声线所对应的虚源与观察点之间的距离；Z_{li} 为其垂直距离，$i=1\sim4$ 即每增加一阶虚源所增加的 4 条声线。当 $l=0$ 时，Z_{01} 代表直达声，Z_{02} 代表声线经过一次海底反射，Z_{03} 代表声线经过一次海面反射，Z_{04} 代表声线先后经过一次海底和一次海面反射；V 表示海面反射系数（文中设为−1）；$V_{li}^{(m,n)}$ 表示第 l 阶虚源第 i 条声线的海底反射系数，满足瑞利反射，其表达式如下：

$$V_{li}^{(m,n)}=\frac{m_\rho\cos\theta_{li}^{(m,n)}-\sqrt{n_c^2-\sin^2\theta_{li}^{(m,n)}}}{m_\rho\cos\theta_{li}^{(m,n)}+\sqrt{n_c^2-\sin^2\theta_{li}^{(m,n)}}} \tag{9.26}$$

其中，m_ρ 为海水和海底介质的密度之比；n_c 为海水与海底中的声速之比；$\theta_{li}^{(m,n)}$ 为

第 l 阶虚源第 i 条声线对应的俯仰角。可以看出，$V_{li}^{(m,n)}$ 随着海底入射角度的变化而变化，一般来讲，它是一个具有实部和虚部的复数，这是因为在反射时产生相移。

进而将基阵接收信号写为如下矩阵形式：

$$\boldsymbol{X}=\begin{bmatrix}\boldsymbol{x}_1\\ \boldsymbol{x}_2\\ \vdots\\ \boldsymbol{x}_N\end{bmatrix}=\sum_{m=1}^{M}\begin{bmatrix}A^{(m,1)}\\ A^{(m,2)}\\ \vdots\\ A^{(m,N)}\end{bmatrix}\cdot\boldsymbol{s}^{(m)}=\sum_{m=1}^{M}\boldsymbol{A}^{(m)}\cdot\boldsymbol{s}^{(m)} \tag{9.27}$$

$$\boldsymbol{A}^{(m)}=\begin{bmatrix}A^{(m,1)}\\ \vdots\\ A^{(m,n)}\\ \vdots\\ A^{(m,N)}\end{bmatrix}$$

$$=\begin{bmatrix}\sum\limits_{l=0}^{\infty}\left[(VV_{l1}^{(m,1)})^{l}\dfrac{\mathrm{e}^{\mathrm{j}kR_{l1}^{(m,1)}}}{R_{l1}^{(m,1)}}+(VV_{l2}^{(m,1)})^{l}V_{l2}^{(m,1)}\dfrac{\mathrm{e}^{\mathrm{j}kR_{l2}^{(m,1)}}}{R_{l2}^{(m,1)}}+(VV_{l3}^{(m,1)})^{l}V\dfrac{\mathrm{e}^{\mathrm{j}kR_{l3}^{(m,1)}}}{R_{l3}^{(m,1)}}+(VV_{l4}^{(m,1)})^{l+1}\dfrac{\mathrm{e}^{\mathrm{j}kR_{l4}^{(m,1)}}}{R_{l4}^{(m,1)}}\right]\\ \vdots\\ \sum\limits_{l=0}^{\infty}\left[(VV_{l1}^{(m,n)})^{l}\dfrac{\mathrm{e}^{\mathrm{j}kR_{l1}^{(m,n)}}}{R_{l1}^{(m,n)}}+(VV_{l2}^{(m,n)})^{l}V_{l2}^{(m,n)}\dfrac{\mathrm{e}^{\mathrm{j}kR_{l2}^{(m,n)}}}{R_{l2}^{(m,n)}}+(VV_{l3}^{(m,n)})^{l}V\dfrac{\mathrm{e}^{\mathrm{j}kR_{l3}^{(m,n)}}}{R_{l3}^{(m,n)}}+(VV_{l4}^{(m,n)})^{l+1}\dfrac{\mathrm{e}^{\mathrm{j}kR_{l4}^{(m,n)}}}{R_{l4}^{(m,n)}}\right]\\ \vdots\\ \sum\limits_{l=0}^{\infty}\left[(VV_{l1}^{(m,N)})^{l}\dfrac{\mathrm{e}^{\mathrm{j}kR_{l1}^{(m,N)}}}{R_{l1}^{(m,N)}}+(VV_{l2}^{(m,N)})^{l}V_{l2}^{(m,N)}\dfrac{\mathrm{e}^{\mathrm{j}kR_{l2}^{(m,N)}}}{R_{l2}^{(m,N)}}+(VV_{l3}^{(m,N)})^{l}V\dfrac{\mathrm{e}^{\mathrm{j}kR_{l3}^{(m,N)}}}{R_{l3}^{(m,N)}}+(VV_{l4}^{(m,N)})^{l+1}\dfrac{\mathrm{e}^{\mathrm{j}kR_{l4}^{(m,N)}}}{R_{l4}^{(m,N)}}\right]\end{bmatrix} \tag{9.28}$$

本节称 $\boldsymbol{A}^{(m)}$ 为第 m 个声源对应的浅海多途空间聚焦导向矢量。由式（9.28）可知，空间聚焦导向矢量的构造与传统导向矢量的生成存在本质上的不同，射线模型下的空间聚焦导向矢量是多根本征声线贡献的叠加，具有明显的相干结构，不同本征声线在源矢量中的贡献将会对定位结果产生严重影响。由于多途效应，采用常规算法处理，阵元经过时延或相移补偿后，只能补偿由直达声引起的时延或相移，而经其他传播路径导致的时延或相移影响依然存在。因此，系统的输出会出现伪聚焦峰，并且旁瓣起伏较高。故在波导中采用常规的声聚焦算法进行声源定位存在较大的误差，必须最大限度地降低多途的影响。

9.2.2　基于多途模型匹配的聚焦定位模型

在与声源等深水平面 S 上进行扫描，设某一扫描点坐标为 $(\hat{x},\hat{y},z_s)$ ，则在分析频率 f 上的空间聚焦导向矢量可以表示为

$$
\boldsymbol{A}'(f)=\begin{bmatrix} A'^{(1)}(f) \\ \vdots \\ A'^{(n)}(f) \\ \vdots \\ A'^{(N)}(f) \end{bmatrix}
$$

$$
=\begin{bmatrix}
\sum\limits_{l=0}^{\infty}\left[(VV_{l1}'^{(1)})^{l}\dfrac{\mathrm{e}^{\mathrm{j}kR_{l1}'^{(1)}}}{R_{l1}'^{(1)}}+(VV_{l2}'^{(1)})^{l}V_{l2}'^{(1)}\dfrac{\mathrm{e}^{\mathrm{j}kR_{l2}'^{(1)}}}{R_{l2}'^{(1)}}+(VV_{l3}'^{(1)})^{l}V\dfrac{\mathrm{e}^{\mathrm{j}kR_{l3}'^{(1)}}}{R_{l3}'^{(1)}}+(VV_{l4}'^{(1)})^{l+1}\dfrac{\mathrm{e}^{\mathrm{j}kR_{l4}'^{(1)}}}{R_{l4}'^{(1)}}\right] \\
\vdots \\
\sum\limits_{l=0}^{\infty}\left[(VV_{l1}'^{(n)})^{l}\dfrac{\mathrm{e}^{\mathrm{j}kR_{l1}'^{(n)}}}{R_{l1}'^{(n)}}+(VV_{l2}'^{(n)})^{l}V_{l2}'^{(n)}\dfrac{\mathrm{e}^{\mathrm{j}kR_{l2}'^{(n)}}}{R_{l2}'^{(n)}}+(VV_{l3}'^{(n)})^{l}V\dfrac{\mathrm{e}^{\mathrm{j}kR_{l3}'^{(n)}}}{R_{l3}'^{(n)}}+(VV_{l4}'^{(n)})^{l+1}\dfrac{\mathrm{e}^{\mathrm{j}kR_{l4}'^{(n)}}}{R_{l4}'^{(n)}}\right] \\
\vdots \\
\sum\limits_{l=0}^{\infty}\left[(VV_{l1}'^{(N)})^{l}\dfrac{\mathrm{e}^{\mathrm{j}kR_{l1}'^{(N)}}}{R_{l1}'^{(N)}}+(VV_{l2}'^{(N)})^{l}V_{l2}'^{(N)}\dfrac{\mathrm{e}^{\mathrm{j}kR_{l2}'^{(N)}}}{R_{l2}'^{(N)}}+(VV_{l3}'^{(N)})^{l}V\dfrac{\mathrm{e}^{\mathrm{j}kR_{l3}'^{(N)}}}{R_{l3}'^{(N)}}+(VV_{l4}'^{(N)})^{l+1}\dfrac{\mathrm{e}^{\mathrm{j}kR_{l4}'^{(N)}}}{R_{l4}'^{(N)}}\right]
\end{bmatrix}
\tag{9.29}
$$

$$
R_{li}'^{(n)}=\sqrt{\left(\hat{x}-x_a(n)\right)^2+\left(\hat{y}-y_a(n)\right)^2+(Z_{li})^2} \tag{9.30}
$$

$$
V_{li}'^{(n)}=\frac{m_\rho\cos\theta_{li}'^{(n)}-\sqrt{n_c^2-\sin^2\theta_{li}'^{(n)}}}{m_\rho\cos\theta_{li}'^{(n)}+\sqrt{n_c^2-\sin^2\theta_{li}'^{(n)}}} \tag{9.31}
$$

式中，$R_{li}'^{(n)}$ 为扫描点至第 n 个阵元的距离；$V_{li}'^{(n)}$ 表示扫描点对应的第 l 阶虚源第 i 条声线的海底反射系数。

由于不同扫描点到达基阵参考阵元的距离不同，为了消除距离对匹配聚焦的影响，对空间聚焦导向矢量进行二范数下的归一化处理：

$$
\hat{\boldsymbol{A}}'(f)=\frac{\boldsymbol{A}'(f)}{\left\|\boldsymbol{A}'(f)\right\|_2} \tag{9.32}
$$

则匹配常规算法（model based-conventional focusing beamforming，MB-CFB）和匹配 MVDR 算法（model based-MVDR focusing beamforming，MB-MVDRFB）空间谱可以分别写为

$$
P_{\text{MB-CFB}}=\left(\hat{\boldsymbol{A}}'(f)\right)^{\mathrm{H}}\hat{\boldsymbol{R}}\left(\hat{\boldsymbol{A}}'(f)\right) \tag{9.33}
$$

$$
P_{\text{MB-MVDRFB}}=\frac{1}{\left(\hat{\boldsymbol{A}}'(f)\right)^{\mathrm{H}}\hat{\boldsymbol{R}}^{-1}\left(\hat{\boldsymbol{A}}'(f)\right)} \tag{9.34}
$$

式中，$\hat{\boldsymbol{R}}=\boldsymbol{X}\boldsymbol{X}^{\mathrm{H}}/L$ 为采样数据协方差矩阵。

9.2.3 最差性能最优稳健波束形成

最差性能最优（worst-case performance optimization，WCRB）[27-29]的主要思想是定义了不确定集并使最差性能最优，可归类到对角加载类技术[30]。最差性能最优的稳健波束形成的导向矢量误差 $\boldsymbol{\Delta}$ 的范数可以由常数 $\varepsilon > 0$ 进行约束：

$$\|\boldsymbol{\Delta}\| \leqslant \varepsilon \tag{9.35}$$

实际的 $M \times 1$ 导向矢量 $\boldsymbol{c}$ 属于下面的集合：

$$\boldsymbol{A}(\varepsilon) = \left\{\boldsymbol{c} \mid \boldsymbol{c} = \tilde{\boldsymbol{a}} + \boldsymbol{e},\ \|\boldsymbol{e}\| \leqslant \varepsilon\right\} \tag{9.36}$$

式中，$\tilde{\boldsymbol{a}}$ 表示假设的信号导向矢量。对属于集合 $\boldsymbol{A}(\varepsilon)$ 的导向矢量进行约束，即阵列响应的绝对值不小于 1：

$$\left|\boldsymbol{w}^{\mathrm{H}}\boldsymbol{c}\right| \geqslant 1,\ \ \boldsymbol{c} \in \boldsymbol{A}(\varepsilon) \tag{9.37}$$

因此，稳健波束形成算法可以表示成约束最优问题：

$$\begin{cases} \min\limits_{\boldsymbol{w}} \quad \boldsymbol{w}^{\mathrm{H}}\boldsymbol{R}\boldsymbol{w} \\ \text{s.t.} \quad \left|\boldsymbol{w}^{\mathrm{H}}\boldsymbol{c}\right| \geqslant 1,\ \ \boldsymbol{c} \in \boldsymbol{A}(\varepsilon) \end{cases} \tag{9.38}$$

通过化简，可得式（9.38）的等价形式为

$$\begin{cases} \min\limits_{\boldsymbol{w}} \quad \boldsymbol{w}^{\mathrm{H}}\boldsymbol{R}\boldsymbol{w} \\ \text{s.t.} \quad \boldsymbol{w}^{\mathrm{H}}\tilde{\boldsymbol{a}} \geqslant \varepsilon\|\boldsymbol{w}\| + 1,\ \ \mathrm{Im}\left\{\boldsymbol{w}^{\mathrm{H}}\tilde{\boldsymbol{a}}\right\} = 0 \end{cases} \tag{9.39}$$

引进一个非负标量 τ，并构造一个新的约束 $\|\boldsymbol{U}\boldsymbol{w}\| \leqslant \tau$，则式（9.39）又可进一步转化为

$$\begin{cases} \min\limits_{\tau,\boldsymbol{w}} \quad \tau \\ \text{s.t.} \quad \varepsilon\|\boldsymbol{w}\| \leqslant \boldsymbol{w}^{\mathrm{H}}\tilde{\boldsymbol{a}} - 1,\ \ \mathrm{Im}\left\{\boldsymbol{w}^{\mathrm{H}}\tilde{\boldsymbol{a}}\right\} = 0,\ \ \|\boldsymbol{U}\boldsymbol{w}\| \leqslant \tau \end{cases} \tag{9.40}$$

令 $\breve{\boldsymbol{w}} \triangleq \left[\mathrm{Re}\{\boldsymbol{w}\}^{\mathrm{T}}, \mathrm{Im}\{\boldsymbol{w}\}^{\mathrm{T}}\right]^{\mathrm{T}}$，$\breve{\boldsymbol{a}} \triangleq \left[\mathrm{Re}\{\tilde{\boldsymbol{a}}\}^{\mathrm{T}},\ \mathrm{Im}\{\tilde{\boldsymbol{a}}\}^{\mathrm{T}}\right]^{\mathrm{T}}$，$\bar{\boldsymbol{a}} \triangleq [\mathrm{Im}\{\tilde{\boldsymbol{a}}\}^{\mathrm{T}}, -\mathrm{Re}\{\tilde{\boldsymbol{a}}\}^{\mathrm{T}}]^{\mathrm{T}}$，以及 $\breve{\boldsymbol{U}} \triangleq \begin{bmatrix} \mathrm{Re}\{\boldsymbol{U}\} & -\mathrm{Im}\{\boldsymbol{U}\} \\ \mathrm{Im}\{\boldsymbol{U}\} & \mathrm{Re}\{\boldsymbol{U}\} \end{bmatrix}$，Re 与 Im 分别表示取实部和虚部。可将式（9.40）转化为实值形式：

$$\begin{cases} \min\limits_{\tau,\breve{\boldsymbol{w}}} \quad \tau \\ \text{s.t.} \quad \varepsilon\|\breve{\boldsymbol{w}}\| \leqslant \breve{\boldsymbol{w}}^{\mathrm{T}}\breve{\boldsymbol{a}} - 1,\ \ \breve{\boldsymbol{w}}^{\mathrm{T}}\bar{\boldsymbol{a}} = 0,\ \ \|\breve{\boldsymbol{U}}\breve{\boldsymbol{w}}\| \leqslant \tau \end{cases} \tag{9.41}$$

进而令 $\boldsymbol{d} \triangleq [1,\ \boldsymbol{0}^{\mathrm{T}}] \in R^{(2M+1)\times 1}$，$\boldsymbol{y} \triangleq [\tau,\ \breve{\boldsymbol{w}}^{\mathrm{T}}]^{\mathrm{T}} \in R^{(2M+1)\times 1}$，$\boldsymbol{f} \triangleq [\boldsymbol{0}^{\mathrm{T}},\ -1,\ \boldsymbol{0}^{\mathrm{T}}]^{\mathrm{T}} \in R^{(4M+3)\times 1}$，

以及 $\boldsymbol{F}^{\mathrm{T}} \triangleq \begin{bmatrix} 1 & \boldsymbol{0}^{\mathrm{T}} \\ 0 & \breve{\boldsymbol{U}} \\ 0 & \breve{\boldsymbol{a}}^{\mathrm{T}} \\ 0 & \varepsilon \boldsymbol{I} \\ 0 & \bar{\boldsymbol{a}}^{\mathrm{T}} \end{bmatrix} \in R^{(4M+3)\times(2M+1)}$，则式（9.36）可以表达为

$$\begin{cases} \min\limits_{\boldsymbol{y}} & \boldsymbol{d}^{\mathrm{T}}\boldsymbol{y} \\ \text{s.t.} & \boldsymbol{f}+\boldsymbol{F}^{\mathrm{T}}\boldsymbol{y} \in \mathrm{SOC}_1^{2M+1} \times \mathrm{SOC}_2^{2M+1} \times \{0\} \end{cases} \tag{9.42}$$

最优化权矢量可以表示为

$$\boldsymbol{w}_{\mathrm{WCRB}} = \left[\breve{w}_1 \cdots \breve{w}_M\right]^{\mathrm{T}} + j\left[\breve{w}_{M+1} \cdots \breve{w}_{2M}\right]^{\mathrm{T}} \tag{9.43}$$

至此，将式（9.37）的稳健波束形成问题转化成式（9.42）的二阶锥规划（second-order cone programming，SOCP）求解问题[13, 31]。

9.2.4　基于最差性能最优的稳健聚焦处理器设计

对空间聚焦导向矢量实施约束优化，以提高匹配 MVDR 算法在失配误差条件下的稳健性。空间聚焦导向矢量误差 $\Delta\boldsymbol{A}$ 的范数可以由常数 $\varepsilon > 0$ 进行约束：

$$\left\|\Delta\boldsymbol{A}\right\| \leqslant \varepsilon \tag{9.44}$$

则实际的空间聚焦导向矢量 $\hat{\boldsymbol{A}}'_{\mathrm{true}}(f)$ 属于下面的集合：

$$\boldsymbol{A}(\varepsilon) = \left\{\hat{\boldsymbol{A}}'_{\mathrm{true}}(f) \mid \hat{\boldsymbol{A}}'_{\mathrm{true}}(f) = \hat{\boldsymbol{A}}'(f) + \Delta\boldsymbol{A},\ \left\|\Delta\boldsymbol{A}\right\| \leqslant \varepsilon\right\} \tag{9.45}$$

式中，$\hat{\boldsymbol{A}}'(f)$ 为由式（9.32）得到的理论上无任何失配误差下的空间聚焦导向矢量。

对所有属于集合 $\boldsymbol{A}(\varepsilon)$ 的导向矢量进行约束，即阵列响应的绝对值不小于 1：

$$\left|\boldsymbol{w}^{\mathrm{H}}\hat{\boldsymbol{A}}'_{\mathrm{true}}(f)\right| \geqslant 1,\quad \hat{\boldsymbol{A}}'_{\mathrm{true}}(f) \in \boldsymbol{A}(\varepsilon) \tag{9.46}$$

则稳健聚焦处理器可以表示成约束最优问题，并可进一步等价为具有单一非线性约束的二次最小化问题：

$$\begin{gathered} \begin{cases} \min\limits_{\boldsymbol{w}} & \boldsymbol{w}^{\mathrm{H}}\hat{\boldsymbol{R}}\boldsymbol{w} \\ \text{s.t.} & \left|\boldsymbol{w}^{\mathrm{H}}\hat{\boldsymbol{A}}'_{\mathrm{true}}(f)\right| \geqslant 1,\quad \hat{\boldsymbol{A}}'_{\mathrm{true}}(f) \in \boldsymbol{A}(\varepsilon) \end{cases} \\ \Updownarrow \\ \begin{cases} \min\limits_{\boldsymbol{w}} & \boldsymbol{w}^{\mathrm{H}}\hat{\boldsymbol{R}}\boldsymbol{w} \\ \text{s.t.} & \boldsymbol{w}^{\mathrm{H}}\hat{\boldsymbol{A}}'(f) \geqslant \varepsilon\left\|\boldsymbol{w}\right\| + 1,\quad \mathrm{Im}\left\{\boldsymbol{w}^{\mathrm{H}}\hat{\boldsymbol{A}}'(f)\right\} = 0 \end{cases} \end{gathered} \tag{9.47}$$

以上最小化问题可以利用 9.2.3 节中二阶锥规划处理。得到基于最差性能最优的匹配稳健 MVDR 算法（MB-RMVDRFB）的空间谱为

$$P_{\text{MB-RMVDRFB}} = \boldsymbol{w}_{\text{opt}}^{\text{H}} \hat{\boldsymbol{R}} \boldsymbol{w}_{\text{opt}} \tag{9.48}$$

1. 空间聚焦导向矢量扰动下的空间谱

坐标系如图 9.3 所示，点声源入水深度为 4m，其直角坐标系下的坐标为(20m，5m，–4m)，基阵入水深度为 10m，阵元个数 11 个，阵元间距为 1.5m。海水深度为 15m，水中声速为 1500m/s，$m_\rho = 1.8$，$n_c = 0.85$，$V = -1$。系统采样率为 20kHz，单频信号频率为 1kHz，信噪比为 20dB，数据快拍数为 4096，失配误差为–10dB。在 x 方向的扫描范围为 0～40m，在 y 方向的扫描范围为–10～10m，扫描步长为 0.25m。图 9.4 给出多途条件下的常规算法（简称多途常规）与式（9.33）、式（9.34）和式（9.48）给出的三种基于多途模型匹配类算法（MB-CFB、MB-MVDRFB 和 MB-RMVDRFB）的空间谱对比效果图。其中，针对仿真中的失配程度，匹配稳健 MVDR 算法的约束参数选取为 $\varepsilon = 0.3$。

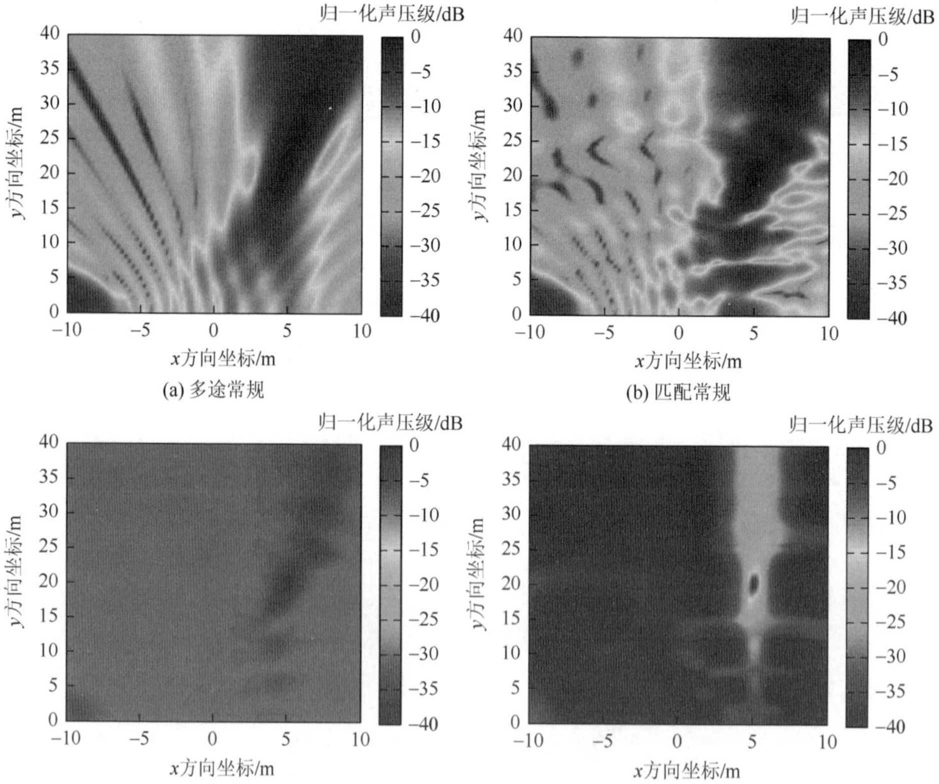

(a) 多途常规　(b) 匹配常规

(c) 匹配MVDR　(d) 匹配稳健MVDR

图 9.4　空间谱对比效果图

由存在空间聚焦导向矢量扰动误差下的空间谱结果可以看出：多途条件下的常规算法由于无法与真实的声信道模型相匹配，存在一定的定位偏差，且 x 方向的定位偏差明显大于 y 方向的定位偏差。同时，由于多途效应的存在，加剧了在垂直于基阵方向上（即 x 方向）的背景起伏。三种基于多途模型匹配类算法由于本质上利用了基于模型和数据匹配的相干处理思想，充分地利用了多途信道信息，生成与实际声传播特性相匹配的空间聚焦导向矢量，从而有效地克服了多途效应的影响，提高了定位精度。匹配常规算法的背景起伏剧烈，这对于目标与背景区分十分不利；匹配 MVDR 算法的谱峰较为尖锐，背景起伏较小，但在存在失配误差的情况下，出现了明显的性能下降，无法体现高分辨 MVDR 算法的优势；匹配稳健 MVDR 算法由于利用了约束优化思想，有效地改善了高分辨 MVDR 算法的稳健性，空间谱表现出更大的动态范围、更为尖锐的聚焦峰尺度及更强的背景起伏压制能力。

2. 海洋环境声学参数失配情况下的空间谱

以下给出水深、水中声速、m_ρ 及 n_c 等多种环境声学参数失配情况下的空间谱。图 9.5～图 9.8 依次给出四种算法分别在声源位置处的 x 方向和 y 方向空间谱切片对比效果图。

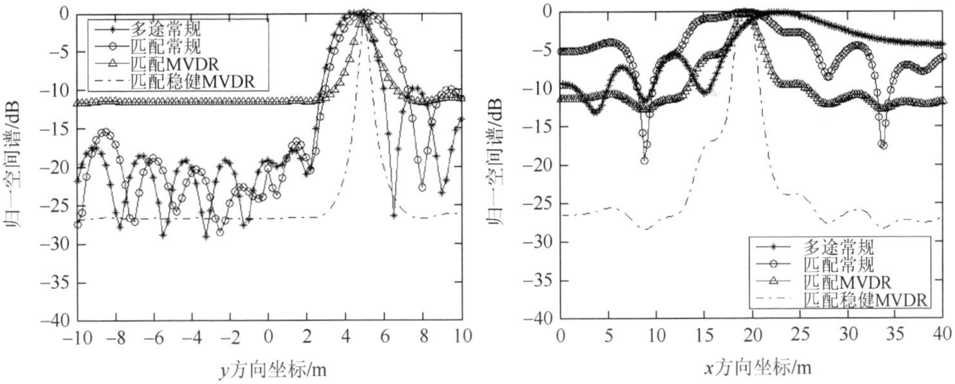

(a) y 方向　　(b) x 方向

图 9.5　水深存在 5%误差下的空间谱切片对比效果图（$\varepsilon=0.25$）

由以上海洋环境声学参数失配情况下的空间谱结果可知：多途常规算法对于较小的导向矢量扰动误差较不敏感，但聚焦波束–3dB 宽度 $\Theta_{-3\text{dB}}$ 过大，空间分辨率较差，同时该算法存在严重的定位误差；匹配常规算法尽管利用多途模型匹配思想修正了定位误差，但却具有较大的背景起伏，最大旁瓣比均小于 3dB，无法对目标或背景进行区分。海洋环境声学参数失配对于匹配 MVDR 算法的影响较

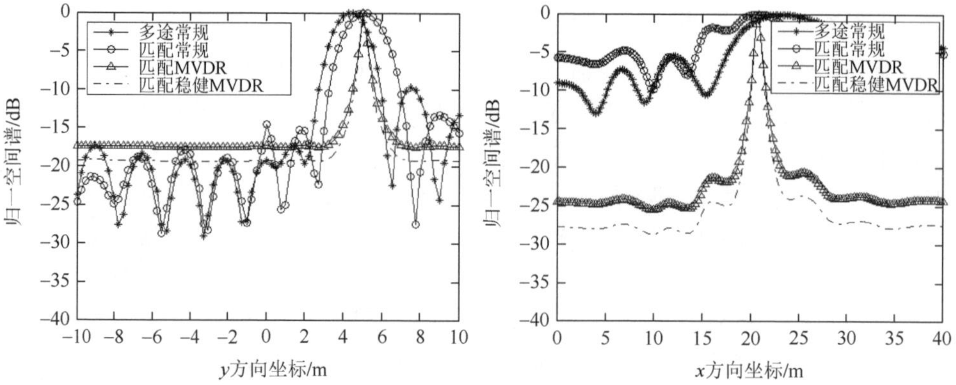

(a) y方向　　(b) x方向

图 9.6　水中声速取 1480m/s 下的空间谱切片对比效果图（$\varepsilon = 0.03$）

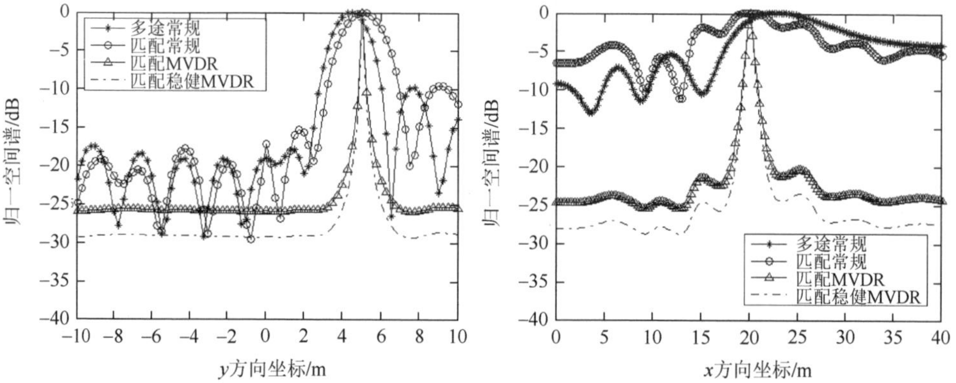

(a) y方向　　(b) x方向

图 9.7　海水和海底介质的密度之比 m_ρ 存在 30%的误差下的空间谱切片对比效果图（$\varepsilon = 0.03$）

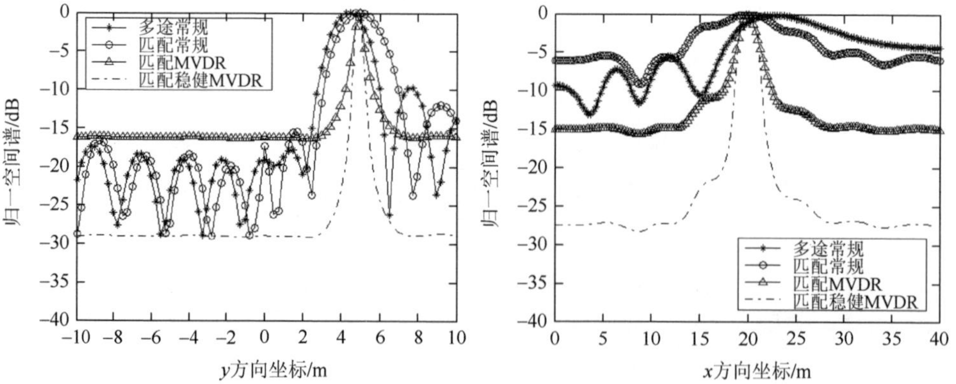

(a) y方向　　(b) x方向

图 9.8　海水与海底中的声速之比 n_c 存在 30%的误差下的空间谱切片对比效果图（$\varepsilon = 0.2$）

大，此时的空间谱在分辨率及背景抑制能力上均出现明显的退化，这是高分辨算法普遍存在的问题。水深、水中声速、m_ρ 及 n_c 存在误差等情况均可视为空间聚焦导向矢量存在误差，且约束参数的选取与误差的程度有关，需要根据失配程度的大小适当地选取优化参数。在约束参数选取适当的情况下，采用匹配稳健 MVDR 算法可以有效地提高 MVDR 算法的稳健性，保持较尖锐的谱峰及较强的背景起伏抑制能力。

约束参数 ε 选取对 MVDR 算法性能影响较大。当选取的约束参数 ε 较小时，算法对于扰动误差较小情况下的处理性能较好，而随着扰动误差的逐渐加大，处理效果严重恶化。当选取的约束参数 ε 较大时，算法对于扰动误差较小情况下的处理性能一般，接近常规处理算法，甚至较模型匹配 MVDR 算法更差，而随着扰动误差的加大，处理效果明显提高，获取的谱峰更为尖锐，同时背景起伏的抑制能力更强。

参 考 文 献

[1] Hawkes M，Nehorai A. Acoustic vector-sensor correlations in ambient noise. IEEE Journal of Oceanic Engineering，2001，26（3）：337-347.

[2] Nehorai A，Paldi E. Acoustic vector sensor array processing. IEEE Transactions on Signal Processing，1994，42（9）：2481-2491.

[3] Hawkes M，Nehorai A. Acoustic vector sensor beamforming and Capon direction estimation. IEEE Transactions on Singal Processing，1998，46（9）：2291-2304.

[4] 时洁. 基于矢量阵的水下噪声源近场高分辨定位识别方法研究. 哈尔滨：哈尔滨工程大学，2009：29-57.

[5] van Trees H L. 最优阵列处理技术. 汤俊，译. 北京：清华大学出版社，2008.

[6] Ferguson B G. Minimum variance distortionless response beamforming of acoustic array data. The Journal of the Acoustical Society of America，1998，104（2）：947-954.

[7] Nuttall A H，Wilson J H. Adaptive beamforming at very low frequencies in spatially coherent，cluttered noise environments with low signal-to-noise ratio and finite-averaging times. The Journal of the Acoustical Society of America，2000，108（5）：2256-2265.

[8] Cho Y T，Roan M J. Adaptive near-field beamforming techniques for sound source imaging. The Journal of the Acoustical Society of America，2009，125（2）：944-957.

[9] van Veen B D，Buckley K M. Beamforming：A versatile approach to spatial filtering. IEEE ASSP Magazine，1988，5（2）：4-24.

[10] 刘聪锋，廖桂生. 基于模约束的稳健 Capon 波束形成算法. 电子学报，2008，36（3）：440-445.

[11] Cox H，Zeskind R，Owen M. Robust adaptive beamforming. IEEE Transactions on Acoustics Speech and Signal Processing，1987，35（10）：1365-1376.

[12] Hung E，Turner R M. A fast beamforming algorithm for large arrays. IEEE Transactions on Aerospace and Electronic Systems，1983，19（4）：598-607.

[13] Vorobyov S A，Gershman A B，Luo Z Q. Robust adaptive beamforming using worst-case performance optimization：A solution to the signal mismatch problem. IEEE Transactions on Signal Processing，2003，51（2）：

313-324.

[14] 戴凌燕，王永良，李荣锋，等. 基于不确定集的稳健 Capon 波束形成算法性能分析. 电子与信息学报，2009，31（12）：2931-2936.

[15] Boyd S，Vandenberghe L. Convex Optimization. Cambridge：Cambridge University Press，2004.

[16] Ben-Tal A，Nemirovski A. Lectures on modern convex optimization：Analysis，algorithms，and engineering applications. Society for Industrial and Applied Mathematics，2001.

[17] Sturm J F. Using SeDuMi 1.02，a MATLAB toolbox for optimization over symmetric cones. Optimization Methods and Software，1999，11：625-653.

[18] Yan S F，Ma Y L. Optimal design and verification of temporal and spatial filters using second-order cone programming approach. Science in China Series F Information Sciences，2006，49（2）：235-253.

[19] Candy J V，Sullivan E J. Model-based environmental inversion：A shallow water ocean application. The Journal of the Acoustical Society of America，1995，98（3）：1446-1454.

[20] Candy J V，Sullivan E J. Passive localization in ocean acoustics：A model-based approach. The Journal of the Acoustical Society of America，1995，98（3）：1455-1471.

[21] Candy J V，Sullivan E J. Model-based identification：An adaptive approach to ocean-acoustic processing. IEEE Journal of Oceanic Engineering，1996，21（3）：273-289.

[22] Candy J V，Sullivan E J. Model-based processor design for a shallow water ocean acoustic experiment. The Journal of the Acoustical Society of America，1994，95（4）：2038-2051.

[23] Candy J V，Sullivan E J. Model-based processing for a large aperture array. IEEE Journal of Oceanic Engineering，1994，19（4）：519-528.

[24] 惠俊英，余赟，惠娟，等. 多途信道中声屏蔽及声聚焦. 哈尔滨工程大学学报，2009，30（3）：299-306.

[25] 时洁，杨德森，刘伯胜. 基于虚拟时间反转镜的噪声源近场定位方法研究. 兵工学报，2008，29（10）：1215-1219.

[26] 惠娟，胡丹，惠俊英，等. 聚焦波束形成声图测量原理研究. 声学学报，2007，32（4）：356-361.

[27] 时洁，杨德森，时胜国. 基于最差性能优化的运动声源稳健聚焦定位识别方法研究. 物理学报，2011，60（6）：064301.

[28] 刘聪锋，廖桂生. 基于二次约束的稳健 LCMP 波束形成算法. 电子学报，2010，38（9）：1990-1996.

[29] 刘聪锋，廖桂生. 最差性能最优的稳健波束形成算法. 西安电子科技大学学报（自然科学版），2010，37（1）：1-7.

[30] Li J，Stoica P，Wang Z. On robust Capon beamforming and diagonal loading. IEEE Transactions on Signal Processing，2003，51（7）：1702-1715.

[31] 鄢社锋，马远良. 二阶锥规划方法对于时空域滤波器的优化设计与验证. 中国科学：E 辑，2006，36（2）：153-171.

第 10 章　运动声源稀疏重构聚焦波束形成

本章首先从充分地利用声源分布在空间域具有稀疏性的角度，介绍在压缩感知理论框架下的稀疏重构聚焦波束形成算法，用于解决同频相干声源的近场定位问题，可以实现小快拍数下准确地获得噪声源的空间位置，并且可以获得噪声源贡献的相对大小。进而介绍针对运动声源的聚焦波束形成算法，该算法利用被动合成孔径原理对运动声源进行处理，在提高测试效率的同时，在沿运动方向上的虚拟阵列孔径得到扩展，可使聚焦分辨率得到明显提高，结合多种优化手段，可进一步获取了运动声源稳健高分辨定位识别效果。

10.1　基于压缩感知的稀疏重构聚焦定位算法

压缩感知理论（compressed sensing，CS）指出只要信号是可压缩或者在某个变换域是稀疏的，就可以以远低于奈奎斯特频率的采样率获取稀疏信号，利用非自适应线性投影来保持信号的原始结构，并通过数值最优化问题准确重构原始信号[1]。在声源方位估计或定位问题中，空间中声源的个数相比于待扫描的空间区域往往是稀疏的，这恰恰满足了压缩感知理论中对信号稀疏性的要求。在该理论框架下的方位估计算法优点更为突出：应用于小快拍数据，无须预先估计声源个数，可直接处理相干声源，应用于阵元数少于声源数的情形等[2]。如 Gorodnitsky 和 Rao[3]将 DOA 估计问题视为一个欠定问题，并采用迭代加权最小范数法（focal underdetermined system solver，FOCUSS）对该问题进行稀疏求解。Malioutov 等[4]通过 l_1 范数约束提高解算的稀疏性，并利用奇异值分解（SVD）技术来改善算法在低信噪比等条件下的性能。Li 等[5]分别采用对角加载最小二乘（diagonal loading least squares）法、l_1 范数正则约束法（l_1 regularization），以及正交匹配跟踪（orthogonal matching pursuit，OMP）法等求解基于压缩感知的方位估计问题。在空气声学应用领域，Zhong 等[6]提出了基于采样协方差矩阵的压缩感知波束形成算法。Lei 等[7]将合成空间技术与压缩感知波形成相结合，无须预先估计基阵的运动参数即可对声源进行准确估计。Simard 和 Antoni[8]基于麦克风阵列研究了声源识别问题，并证明了压缩感知波束形成算法同样适用于近场聚焦球面波模型。Chu 等[9]针对较强背景噪声，通过稀疏约束实现了声源功率、方位及噪声功率的联合估计。在海洋声学领域，Edelmann 和 Gaumond[10]应用压缩感知波束形成技术进行 BASE07 试验数据处理，表明压缩感知波束形成较传统波束形成具有更高的空间分辨能力和背景干扰抑制能力。Xenaki 等[11]详细分析了压缩感知波束形成在空间扫描区域网格划分及信噪比等因素影响下的性能。

以下将结合噪声源近场定位模型，利用声源分布在空间域具有稀疏性，介绍在压缩感知理论框架下的聚焦波束形成算法，用于解决同频相干声源的近场定位问题。

10.1.1　基于稀疏采样的矢量阵近场信号模型

以垂直矢量阵近场聚焦定位模型为例（图 10.1），空间 z' 轴上有一个 M 元均匀垂直矢量阵，该垂直阵至声源平面 S 的距离为 y_s，设 S 上分布有 N 个同频相干单频声源。垂直阵阵元 z' 向坐标矢量为 $\boldsymbol{Z}_A=[z'_1\ \cdots\ z'_c\ \cdots\ z'_M]^{\mathrm{T}}\ (m=1,2,\cdots,M)$，$z'_c$ 为参考阵元坐标。声源信号是自然的空间稀疏信号，在声源平面上可以采用空间网格划分实现对其稀疏性的表示。

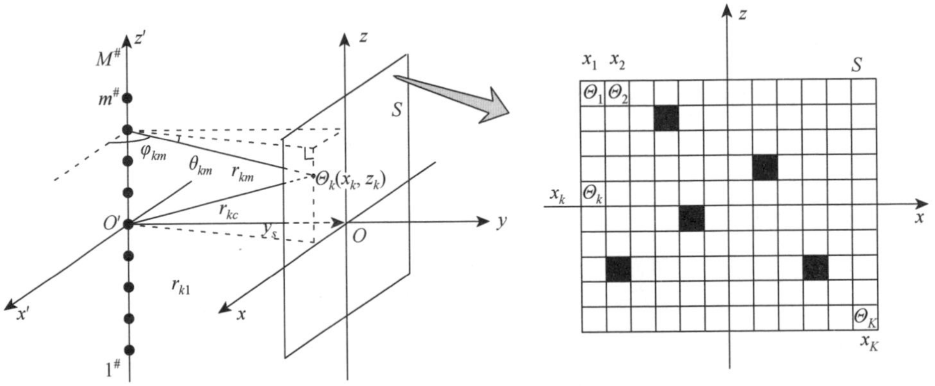

图 10.1　垂直矢量阵近场聚焦定位模型

1. 声压阵信号的稀疏表示

对于 M 元均匀声压阵接收信号的稀疏表示为

$$\boldsymbol{y}=\boldsymbol{A}\boldsymbol{x}+\boldsymbol{n} \tag{10.1}$$

如图 10.1 所示，实心区域表示真实的声源位置，空心区域表示虚拟的声源位置，我们将声源所在平面 S 划分为 $\{\Theta_1,\Theta_2,\cdots,\Theta_k,\cdots,\Theta_K\}$，则每一个空间区域 Θ_k 与声源 x_k 一一对应，同时因为空间中只存在 N 个真实声源（$N \ll K$），则在 S 上，只有 N 个空间区域存在信号，即构造的 $K\times L$ 信号矩阵 $\boldsymbol{x}$ 中只有 N 行非零元素的波形数据，L 为数据长度。$\boldsymbol{A}$ 为 $M\times K$ 空间阵列流型矩阵（即导向矢量矩阵），

$\boldsymbol{y}$ 表示阵列接收的信号波形，$\boldsymbol{x}$ 表示包含声源位置信息的空间稀疏信号，$\boldsymbol{y}$ 本质上就是 $\boldsymbol{x}$ 的稀疏表示。该问题实际上描述的就是要利用已经获知的矢量阵接收数据 $\boldsymbol{y}$ 和通过超完备的 $\boldsymbol{A}$ 来重构稀疏信号 $\boldsymbol{x}$ 的过程。$\boldsymbol{n}$ 为阵列接收到的噪声信号。将 $\boldsymbol{A}$ 表示为

$$\boldsymbol{A}=\left[\boldsymbol{A}_1\boldsymbol{A}_2\cdots\boldsymbol{A}_k\cdots\boldsymbol{A}_K\right] \tag{10.2}$$

对应于空间区域 Θ_k 的导向矢量 $\boldsymbol{A}_k$ 可以表示为

$$\boldsymbol{A}_k=\left[\alpha_{k1}\mathrm{e}^{-\mathrm{j}\frac{\omega}{c}R_{k1}}\alpha_{k2}\mathrm{e}^{-\mathrm{j}\frac{\omega}{c}R_{k2}}\cdots\alpha_{km}\mathrm{e}^{-\mathrm{j}\frac{\omega}{c}R_{km}}\cdots\alpha_{kM}\mathrm{e}^{-\mathrm{j}\frac{\omega}{c}R_{kM}}\right]^{\mathrm{T}} \tag{10.3}$$

式中，$\alpha_{km}=1/r_{km}$ 为第 k 个空间区域至第 m 个阵元的幅度衰减系数。根据近场条件下声源平面 S 上各个划分区域与阵列的相对位置关系，$r_{km}=\sqrt{x_k^2+y_s^2+(z_k-z_m')^2}$ 为第 k 个空间区域至第 m 个阵元的距离，$R_{km}=r_{km}-r_{kc}=\sqrt{x_k^2+y_s^2+(z_k-z_m')^2}-\sqrt{x_k^2+y_s^2+(z_k-z_c')^2}$ 为第 k 个空间区域至第 m 个阵元与参考阵元 z_c' 的程差。

2. 矢量阵信号的稀疏表示

进一步得到 M 元三维均匀矢量阵接收信号的稀疏表示为

$$\boldsymbol{y}_v=\boldsymbol{A}_v\boldsymbol{x}+\boldsymbol{n}_v \tag{10.4}$$

可知，$\boldsymbol{A}_v$ 为 $4M\times K$ 矢量阵空间阵列流型矩阵（即矢量阵聚焦导向矢量矩阵），$\boldsymbol{y}_v$ 为 $4M\times L$ 阵列接收的信号波形。将 $\boldsymbol{A}_v$ 表示为

$$\boldsymbol{A}_v=\begin{bmatrix}\boldsymbol{A}\\ \boldsymbol{A}^{(x)}\\ \boldsymbol{A}^{(y)}\\ \boldsymbol{A}^{(z)}\end{bmatrix} \tag{10.5}$$

式中，$\boldsymbol{A}^{(x)}$、$\boldsymbol{A}^{(y)}$ 和 $\boldsymbol{A}^{(z)}$ 分别表示 x 方向、y 方向和 z 方向的振速聚焦导向矢量矩阵，有

$$\boldsymbol{A}^{(x)}=\boldsymbol{a}^{(x)}\odot\boldsymbol{D}^{(v)}\odot\boldsymbol{A} \tag{10.6}$$

$$\boldsymbol{A}^{(y)}=\boldsymbol{a}^{(y)}\odot\boldsymbol{D}^{(v)}\odot\boldsymbol{A} \tag{10.7}$$

$$\boldsymbol{A}^{(z)}=\boldsymbol{a}^{(z)}\odot\boldsymbol{D}^{(v)}\odot\boldsymbol{A} \tag{10.8}$$

式中，$\boldsymbol{a}^{(x)}=[\boldsymbol{a}_1^{(x)}\boldsymbol{a}_2^{(x)}\cdots\boldsymbol{a}_k^{(x)}\cdots\boldsymbol{a}_K^{(x)}]$、$\boldsymbol{a}^{(y)}=[\boldsymbol{a}_1^{(y)}\boldsymbol{a}_2^{(y)}\cdots\boldsymbol{a}_k^{(y)}\cdots\boldsymbol{a}_K^{(y)}]$ 和 $\boldsymbol{a}^{(z)}=[\boldsymbol{a}_1^{(z)}\boldsymbol{a}_2^{(z)}\cdots\boldsymbol{a}_k^{(z)}\cdots\boldsymbol{a}_K^{(z)}]$ 分别为 x 方向、y 方向和 z 方向聚焦单位矢量矩阵，有

$$\boldsymbol{a}_k^{(x)}=\left[\cos\theta_{k1}\cos\varphi_{k1}\cdots\cos\theta_{km}\cos\varphi_{km}\cdots\cos\theta_{kM}\cos\varphi_{kM}\right]^{\mathrm{T}} \tag{10.9}$$

$$\boldsymbol{a}_k^{(y)}=\left[\cos\theta_{k1}\sin\varphi_{k1}\cdots\cos\theta_{km}\sin\varphi_{km}\cdots\cos\theta_{kM}\sin\varphi_{kM}\right]^{\mathrm{T}} \tag{10.10}$$

$$\boldsymbol{a}_k^{(z)}=\left[\sin\theta_{k1}\cdots\sin\theta_{km}\cdots\sin\theta_{kM}\right]^{\mathrm{T}} \tag{10.11}$$

$\theta_{km}\in[-\pi/2,\pi/2]$为第$k$个空间区域对应第$m$个阵元的俯仰角，$\varphi_{km}\in[0,2\pi]$为方位角，有

$$\theta_{km}=\arctan\left(\frac{z_k-z'_m}{\sqrt{x_k^2+y_s^2}}\right) \tag{10.12}$$

$$\varphi_{km}=\arctan\left(\frac{y_s}{x_k-x'_m}\right) \tag{10.13}$$

$\boldsymbol{D}^{(v)}=[\boldsymbol{D}_1^{(v)}\boldsymbol{D}_2^{(v)}\cdots\boldsymbol{D}_k^{(v)}]$为复阻抗矩阵，$\boldsymbol{D}_k^{(v)}$为对应于第$k$个空间区域的复阻抗矢量：

$$\boldsymbol{D}_k^{(v)}=\left[\mathrm{e}^{-\mathrm{j}\varphi(r_{k1})}\mathrm{e}^{-\mathrm{j}\varphi(r_{k2})}\cdots\mathrm{e}^{-\mathrm{j}\varphi(r_{km})}\cdots\mathrm{e}^{-\mathrm{j}\varphi(r_{km})}\right]^{\mathrm{T}} \tag{10.14}$$

式中，$\varphi(r_{km})$表示第m个矢量水听器对应于第k个空间区域的声压、振速通道间的相位差。构建适当的稀疏投影测量矩阵，即具有适当稀疏性的聚焦导向矢量矩阵$\boldsymbol{A}$和$\boldsymbol{A}_v$，得到了声压阵信号$\boldsymbol{y}$和矢量阵信号$\boldsymbol{y}_v$的稀疏表示，如式（10.1）和式（10.4）所示。接着将介绍通过阵列接收到的声压阵信号$\boldsymbol{y}$和矢量阵信号$\boldsymbol{y}_v$，以及构建的固定的过完备阵列流型矩阵$\boldsymbol{A}$和$\boldsymbol{A}_v$，利用重构算法来重构稀疏信号$\boldsymbol{x}$的实现过程。

10.1.2 基于空间稀疏信号重构的声源定位算法

10.11 节得到了声压阵信号和矢量阵信号的稀疏表示，其对应的是一个欠定方程，可以从声压阵或矢量阵数据中恢复源信号波形。而解决这一稀疏线性回归问题的有效算法是使用低阶模对普通的二阶误差进行正则化，即求解优化问题：

$$\min\|\boldsymbol{x}\|_l,\quad \text{s.t.}\|\boldsymbol{y}-\boldsymbol{A}\boldsymbol{x}\|_2\leqslant\delta \tag{10.15}$$

$$\min\|\boldsymbol{x}\|_l,\quad \text{s.t.}\|\boldsymbol{y}_v-\boldsymbol{A}_v\boldsymbol{x}\|_2\leqslant\delta \tag{10.16}$$

式中，s.t.表示约束条件；l表示某范数。

针对式（10.15）和式（10.16），传统算法是采用最小能量约束的思想，即将其转化成最小l_2范数的形式：

$$\min\|\boldsymbol{x}\|_2,\quad \text{s.t.}\|\boldsymbol{y}-\boldsymbol{A}\boldsymbol{x}\|_2\leqslant\delta \tag{10.17}$$

$$\min\|\boldsymbol{x}\|_2,\quad \text{s.t.}\|\boldsymbol{y}_v-\boldsymbol{A}_v\boldsymbol{x}\|_2\leqslant\delta \tag{10.18}$$

式中，$\|\ \|_2$表示l_2范数。进一步，式（10.17）和式（10.18）具有解析解：

$$\boldsymbol{x}=\boldsymbol{A}^{\mathrm{T}}(\boldsymbol{A}\boldsymbol{A}^{\mathrm{T}})^{-1}\boldsymbol{y} \tag{10.19}$$

$$\boldsymbol{x}=\boldsymbol{A}_v^{\mathrm{T}}\left(\boldsymbol{A}_v\boldsymbol{A}_v^{\mathrm{T}}\right)^{-1}\boldsymbol{y}_v \tag{10.20}$$

然而，l_2范数代表信号的能量而非稀疏性。因此，式（10.19）和式（10.20）

无法得到稀疏解。相比之下，信号稀疏性的理想测度是考察该信号中非零元素的个数，在数学上称为l_0范数。因此，为了得到稀疏解，将l_0范数取代式（10.17）和式（10.18）中的l_2范数，可得

$$\min\|\boldsymbol{x}\|_0, \quad \text{s.t.}\|\boldsymbol{y}-\boldsymbol{A}\boldsymbol{x}\|_2 \leqslant \delta \tag{10.21}$$

$$\min\|\boldsymbol{x}\|_0, \quad \text{s.t.}\|\boldsymbol{y}_v-\boldsymbol{A}_v\boldsymbol{x}\|_2 \leqslant \delta \tag{10.22}$$

求解式（10.21）和式（10.22），典型算法包括贪婪算法、l_1范数正则法及l_p（$0<p<1$）范数正则法等。就l_1范数正则法而言，在信号相对于感知矩阵足够稀疏的条件下，式（10.21）和式（10.22）等价于

$$\min\|\boldsymbol{x}\|_1, \quad \text{s.t.}\|\boldsymbol{y}-\boldsymbol{A}\boldsymbol{x}\|_2 \leqslant \delta \tag{10.23}$$

$$\min\|\boldsymbol{x}\|_1, \quad \text{s.t.}\|\boldsymbol{y}_v-\boldsymbol{A}_v\boldsymbol{x}\|_2 \leqslant \delta \tag{10.24}$$

本质上，式（10.23）和式（10.24）是一个凸优化问题，可以通过线性规划理论进行求解[12]，具体包括l_1-MAGIC 数据包、SeDuMi 软件及 CVX 工具箱等。CVX 工具箱可方便有效地解决l_1范数优化问题[13]。

在获得包含声源位置信息的空间稀疏信号$\boldsymbol{x}$的估计结果后，对数据进行简单的功率计算，即可获得对应于平面S上$\{\Theta_1,\Theta_2,\cdots,\Theta_k,\cdots,\Theta_K\}$范围内的空间谱估计结果。由于该估计结果是在波形恢复的基础上得到的，由此基础进而获得能量信息，因此可以在获得定位结果的同时获得声源强度相对大小。

1. 信噪比对定位误差的影响。

声源面上的单频单声源位置坐标为$(x_{s_1},z_{s_1})=(5\text{m},-0.5\text{m})$，声源频率为 1kHz。声源面$S$距垂直阵的距离$y_s=4\text{m}$，阵元个数为 11 个，阵元间距为 0.75m。常规聚焦波束形成算法的快拍数为 1024，压缩感知聚焦波束形成的快拍数为 10，设置空间区域Θ在x方向的坐标为 5m，z方向的扫描步长为 0.01m，扫描范围为−5～5m。如图 10.2 所示，分别给出声压阵常规聚焦波束形成（CBF_p）、矢量阵常规聚焦波束形成（CBF_v）、声压阵压缩感知聚焦波束形成（CS_p）及矢量阵压缩感知聚焦波束形成（CS_v）四种算法在不同信噪比下的定位结果。

信噪比条件的改变对于常规算法的影响不明显，而压缩感知聚焦波束形成算法通过改变约束参数δ可以适应不同的信噪比情况，总体规律上，信噪比越大，设置的约束参数越小。反之，信噪比越小，需要的约束参数越大。在相同信噪比、相同约束参数的条件下，矢量阵算法的谱峰更为尖锐，背景起伏更小，定位结果也更为准确，说明矢量阵综合了声压和振速通道的信息，其重构性能更优。

2. 约束参数δ对定位误差的影响。

声源面上的同频双相干声源位置坐标为$(x_{s_1},z_{s_1})=(5\text{m},-0.5\text{m})$和$(x_{s_2},z_{s_2})=$

(5 m,0.5 m)，声源频率为 1kHz。声源面 S 距垂直阵的距离 $y_s = 10\text{m}$，阵元个数为 9 个，阵元间距固定为 0.75m，信噪比 SNR = 20dB，多快拍点数为 30 个。图 10.3 为不同约束参数 δ 下同频双相干声源的定位精度。

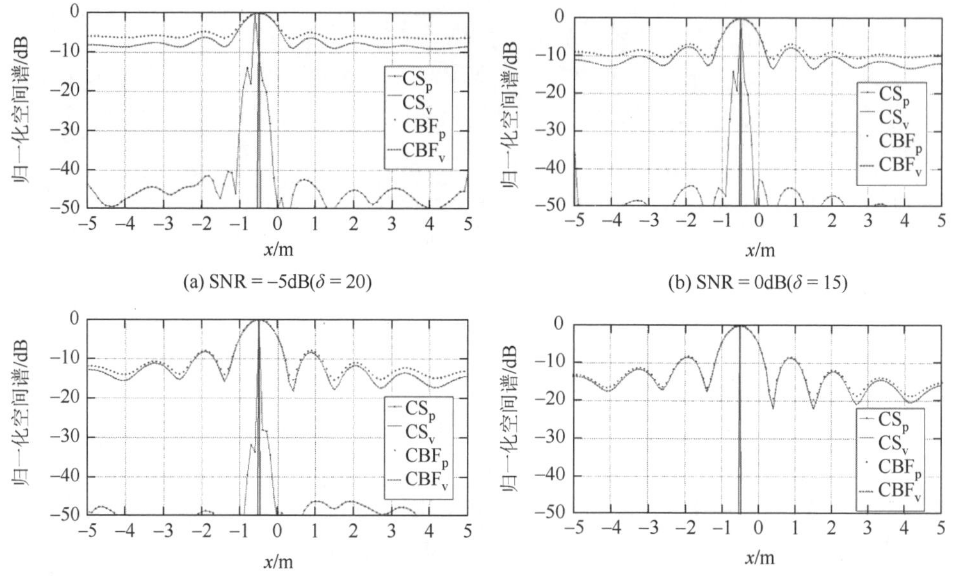

(a) SNR = −5dB(δ = 20)　(b) SNR = 0dB(δ = 15)

(c) SNR = 5dB(δ = 15)　(b) SNR = 10dB(δ = 10)

图 10.2　不同信噪比的定位结果

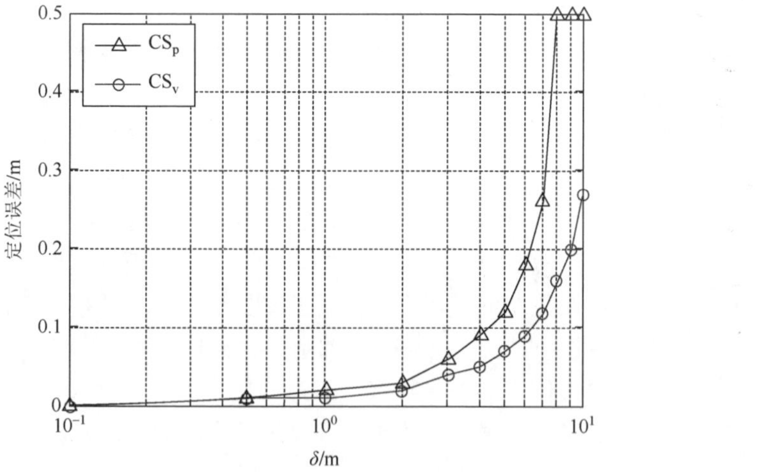

图 10.3　不同约束参数 δ 下同频双相干声源的定位精度

约束参数δ体现了在一定信噪比条件下，阵列与空间稀疏性之间的关系，当约束参数δ的选取适当的情况下，双声源的定位精度较高，同时对相干声源的分辨能力较强；反之，当约束参数δ选取失当时，会产生明显的定位误差甚至丢失目标。仿真结果表明，在近场聚焦定位情况下，当满足较高信噪比条件时，约束参数δ选取越大，对误差的约束越弱，越偏离真实情况，因此会随之产生定位误差。此外，由于矢量阵对声压和振速通道数据的联合处理改善了欠定方程的求解条件，其定位精度在相同约束参数下均优于声压阵。

10.2　运动声源稳健聚焦波束形成

本节介绍运动声源稳健聚焦波束形成算法，该算法综合采用多种优化手段，通过矢量最大似然算法生成虚拟阵列坐标及数据矩阵，利用基于最差性能最优的稀疏虚拟阵列聚焦算法获取稳健的高分辨定位识别效果。该算法对于非匀速运动及与基阵存在运动倾角的复杂情况具有较强的适用性，聚焦空间谱表现出更大的动态范围、更为尖锐的聚焦峰尺度及更强的背景噪声起伏压制能力。

10.2.1　运动声源辐射特性

考虑与介质做相对运动的点声源辐射问题。有一个沿着由分量$x_s(t)$，$y_s(t)$和$z_s(t)$的位矢$r_s(t)$所规定的路径运动着的点声源，观察点O相对于介质静止，其在坐标为(x，y，z)的位置r上，如图 10.4 所示。在r处时刻t观察到的声压是由声源在$t_e=t-(R/c)$时发出的，此时，声源是在$r_s(t_e)$处，即在发射点E处。E与观察点O之间的距离$R=r-r_s(t_e)$由式（10.25）确定：

$$R^2=\left[x-x_s\left(t-\frac{R}{c}\right)\right]^2+\left[y-y_s\left(t-\frac{R}{c}\right)\right]^2+\left[z-z_s\left(t-\frac{R}{c}\right)\right]^2 \tag{10.25}$$

声源以小于声速的恒定速率V沿x轴运动的情况，这时马赫数$Ma=V/c<1$。若令声源在时刻$t=0$时通过坐标原点，则有$x_s(t)=Vt$，　$y_s=z_s=0$。式（10.25）可以简化为

$$R^2=\left[x-V\left(t-\frac{R}{c}\right)\right]^2+y^2+z^2=\left[(x-Vt)^2+MaR\right]^2+y^2+z^2 \tag{10.26}$$

式（10.26）的解为

$$R=\frac{Ma(x-Vt)\pm\sqrt{(x-Vt)^2+(1-Ma^2)(y^2+z^2)}}{1-Ma^2} \tag{10.27}$$

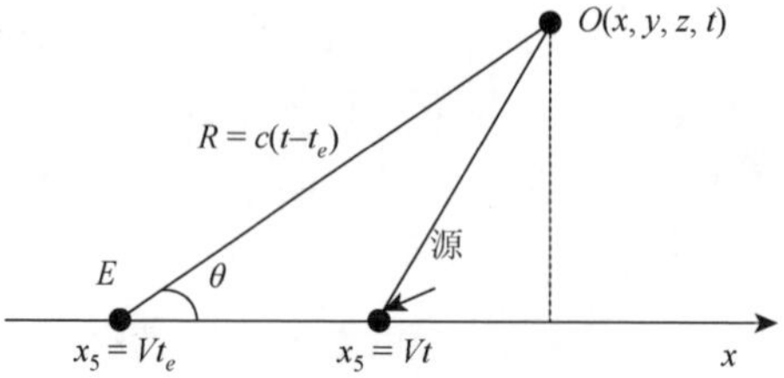

图 10.4　均匀亚声速运动的声源

考虑一个单极子点声源以匀速 V 相对于周围流体介质运动。一个单极子点声源可以假设为强度由 q 的脉动球源，q 表示流出声源的质量总流率。源的分布密度可以表示为

$$Q(r,t)=q(t)\delta(x-Vt)\delta(y)\delta(z) \tag{10.28}$$

运动声源所产生的声压场的波动方程的形式为

$$\nabla^2 p-\frac{1}{c^2}\frac{\partial^2 p}{\partial t^2}=-\frac{\partial}{\partial t}q(t)\delta(x-Vt)\delta(y)\delta(z) \tag{10.29}$$

由 $p=\dfrac{\partial\phi}{\partial t}$，可得

$$\nabla^2\phi-\frac{1}{c^2}\frac{\partial^2\phi}{\partial t^2}=-q(t)\delta(x-Vt)\delta(y)\delta(z) \tag{10.30}$$

式（10.30）可以采用不同算法求解，具体过程可以参考莫尔斯运动声源理论[14]，最后可得

$$p(t)=\frac{1}{4\pi}\frac{q'[t-(R(t)/c)]}{R(t)(1-M_a\cos\theta(t))^2}+\frac{q}{4\pi}\frac{(\cos\theta(t)-M_a)V}{R^2(t)(1-M_a\cos\theta(t))^2} \tag{10.31}$$

此时时间项 $t-(R(t)/c)$ 随时间非线性变化，因此 $p(t)$ 显示的频率是与时间有关的变量；幅度上出现 $1/\left(4\pi R(t)(1-M\cos\theta(t))^2\right)$ 项，$\theta(t)$ 表示与时间有关的运动方向夹角，即幅度也随时间发生改变。这种由于声源和测量系统的相对运动造成接收信号发生改变的现象，称为多普勒效应。有关多普勒补偿算法可以参考文献[15]。

10.2.2　运动声源矢量阵近场测量模型

以垂直阵测试系统为例，基于被动合成孔径原理的运动声源定位识别过程可以简单描述为[16]：各声源分布于声源面 S 上，并随该声源面一起以相同的速度运动。根据运动的相对性，可假设该声源面静止，垂直阵距离声源面一定距离，以相同速度向相反方向，由远及近接近声源并由近及远通过声源做直线运动。如图 10.5 所示，声源面上共分布 Q 个相干声源，目标以速度 v 从位置①（$\varsigma=-L/2$）匀速运动到位置③（$\varsigma=L/2$），运动距离为 L 。由 M_z 个水听器组成的均匀垂直阵竖立不动，

基阵孔径为D，阵元间距$\Delta z = D/(M_z - 1)$，声源面与测量面之间的距离为y_s，垂直阵 1 个阵元（设为参考阵元）位于xOz坐标系原点。对于观测时刻t，若声波是从声源面S上由第i个声源$Q_i(\varsigma_i, \eta_i)$发出的，则基阵中第m个水听器测量到的第i个声源的声压信号$p_i^{(m)}(t)$可以表示为

$$p_i^{(m)}(t) = \frac{1}{4\pi}\frac{q'[t - R_i^{(m)}(t)/c]}{R_i^{(m)}(t)(1 - M_a\cos\theta_i^{(m)}(t))^2} = \frac{1}{4\pi}\frac{\mathrm{j}\omega_0 q_i\,\mathrm{e}^{\mathrm{j}[\omega_0 t - k_0 R_i^{(m)}(t)]}}{R_i^{(m)}(t)(1 - M_a\cos\theta_i^{(m)}(t))^2} \tag{10.32}$$

式中，k_0为波数；q_i为第i个声源辐射强度。

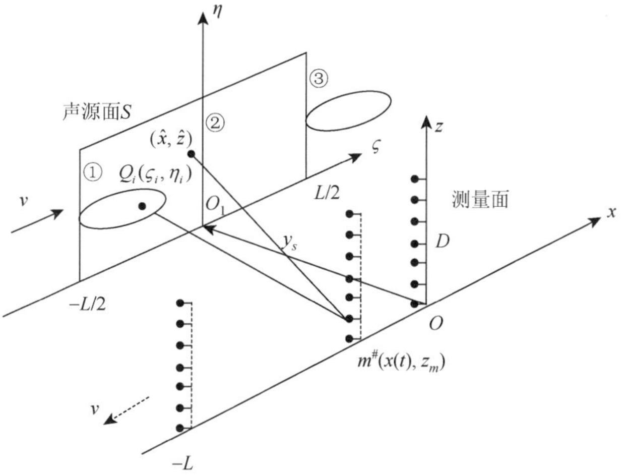

图 10.5　基于被动合成孔径原理的运动声源定位识别过程示意图

利用运动的相对性，上述测量过程可以假定声源面在图 10.5 所示位置①不动，而垂直阵则相对声源以匀速v从$x=0$反向运动到$x=-L$处，此时第m个阵元接收到的信号仍可以用式（10.32）表示。式中的$R_i^{(m)}(t)$及$\cos\theta_i^{(m)}(t)$可以表示为

$$R_i^{(m)}(t) = \frac{Ma\left[x(t) - \varsigma_i\right] + \sqrt{\left[x(t) - \varsigma_i\right]^2 + (1 - Ma^2)\left[{y_s}^2 + \left(z_m - \eta_i\right)^2\right]}}{1 - Ma^2} \tag{10.33}$$

$$\cos\theta_i^{(m)}(t) = \left[x(t) - \varsigma_i\right]\Big/R_i^{(m)}(t) \tag{10.34}$$

式中，$\left(x(t), y_s, z_m\right)$为第$m$个阵元在$t$时刻的位置坐标，$x(t) = -vt$，$z_m = (m-1)\cdot\Delta z$。

进一步得到振速信号为

$$\begin{cases} v_{xi}^{(m)}(t) = p_i^{(m)}(t)\cos\theta_{m,i}(t)\cos\varphi_{m,i}(t)\mathrm{e}^{-\mathrm{j}\psi(R_{m,i}(t))} \\ v_{yi}^{(m)}(t) = p_i^{(m)}(t)\cos\theta_{m,i}(t)\sin\varphi_{m,i}(t)\mathrm{e}^{-\mathrm{j}\psi(R_{m,i}(t))} \\ v_{zi}^{(m)}(t) = p_i^{(m)}(t)\sin\theta_{m,i}(t)\mathrm{e}^{-\mathrm{j}\psi(R_{m,i}(t))} \end{cases} \tag{10.35}$$

式中，$\theta_{m,i}(t)$、$\varphi_{m,i}(t)$和$R_{m,i}(t)$分别为对应于时刻t的瞬时俯仰角、瞬时方位角和瞬时距离；$\mathrm{e}^{-\mathrm{j}\psi(R_{m,i}(t))}$为瞬时复阻抗值。根据空间几何关系得到

$$\begin{cases}\theta_{m,i}(t)=\arctan\left(\dfrac{\eta_i-z_m}{\sqrt{(x(t)-\varsigma_i)^2+y_s^2}}\right)\\ \varphi_{m,i}(t)=\arctan\left(\dfrac{y_s}{x(t)-\varsigma_i}\right)\\ R_{m,i}(t)=\sqrt{(x(t)-\varsigma_i)^2+y_s^2+(\eta_i-z_m)^2}\end{cases} \tag{10.36}$$

令$n_p^{(m)}(t)$、$n_{v_x}^{(m)}(t)$、$n_{v_y}^{(m)}(t)$及$n_{v_z}^{(m)}(t)$分别为声压及振速通道的噪声。第m个阵元接收到的Q个声源的总声压及振速可以表示为

$$\begin{cases}p^{(m)}(t)=\sum\limits_{i=1}^{Q}p_i^{(m)}(t)+n_p^{(m)}(t)\\ v_x^{(m)}(t)=\sum\limits_{i=1}^{Q}v_{xi}^{(m)}(t)+n_{v_x}^{(m)}(t)\\ v_y^{(m)}(t)=\sum\limits_{i=1}^{Q}v_{yi}^{(m)}(t)+n_{v_y}^{(m)}(t)\\ v_z^{(m)}(t)=\sum\limits_{i=1}^{Q}v_{zi}^{(m)}(t)+n_{v_z}^{(m)}(t)\end{cases} \tag{10.37}$$

10.2.3 基于最大似然聚焦算法的运动参数估计

针对非匀速运动情况，需要首先对数据进行运动参数估计，获取各不同时间段下的声源位置、速度和倾角等信息。最大似然（maximum-likelihood，ML）[17, 18]估计算法是在已知白噪声情况下的贝叶斯最优估计，该算法的估计性能优良，小快拍数条件下仍具有良好的稳健性。同时，该算法在相干源情况下仍能有效，无须辅助相应的解相干算法，适用于近场测试条件下由于波前曲率非线性变化而引起的阵型畸变问题。设共将数据等时间间隔分为M_x段，每段数据长度为T_x，则第n $(n=1,2,\cdots,M_x)$段声压及三维振速数据可以表示为

$$\begin{cases}p^{(m,n)}(t')=p^{(m)}((n-1)T_x+t')\\ v_x^{(m,n)}(t')=v_x^{(m)}((n-1)T_x+t')\\ v_y^{(m,n)}(t')=v_y^{(m)}((n-1)T_x+t')\\ v_z^{(m,n)}(t')=v_z^{(m)}((n-1)T_x+t')\end{cases} \tag{10.38}$$

理论上，对应于每个不同的瞬时时刻t'，各矢量水听器均存在不同的声压、振速相位差，且振速信号的大小不仅与距离有关，还与瞬时俯仰角、瞬时方位角

及瞬时复阻抗值有关。仅当处理数据快拍 L_s 较小时，可近似认为运动带来的瞬时方位角、瞬时俯仰角及瞬时距离变化不大。令 $\boldsymbol{p}^{(n)}$、$\boldsymbol{V}_x^{(n)}$、$\boldsymbol{V}_y^{(n)}$ 和 $\boldsymbol{V}_z^{(n)}$ 分别为第 n 段矢量阵数据对应的 $M_x \times L_s$ 声压矩阵和振速矩阵，可将 $4M_x \times L_s$ 矢量阵数据矩阵表示为

$$\boldsymbol{S}_v^{(n)} = \left[(\boldsymbol{p}^{(n)})^{\mathrm{T}} \quad (\boldsymbol{V}_x^{(n)})^{\mathrm{T}} \quad (\boldsymbol{V}_y^{(n)})^{\mathrm{T}} \quad (\boldsymbol{V}_z^{(n)})^{\mathrm{T}} \right]^{\mathrm{T}} \tag{10.39}$$

根据第 n 段数据定位出该时刻对应的声源真实位置。为了提高运算效率，产生较快的收敛速度，采用交替投影迭代（alternating projection，AP）算法求解似然函数的最优解。

步骤 1：获取第 1 个声源定位坐标初值。

设在声源平面上的任意扫描点为 $(\hat{x}, \hat{z})$，根据该点几何关系，可以分别得到该扫描点至接收基阵的 $M_z \times 1$ 聚焦距离矢量 $\hat{\boldsymbol{R}}$、俯仰角矢量 $\hat{\boldsymbol{\theta}}$ 及方位角矢量 $\hat{\boldsymbol{\varphi}}$。其中，扫描点至第 m 个阵元的俯仰角 $\hat{\theta}_m$、方位角 $\hat{\varphi}_m$ 和距离 $\hat{R}_m$ 可以分别表示为

$$\begin{cases} \hat{\theta}_m = \arctan\left(\dfrac{\hat{z} - z_m}{\sqrt{\hat{x}^2 + y_s^2}} \right) \\ \hat{\varphi}_m = \arctan\left(\dfrac{y_s}{\hat{x} - x_a} \right) \\ \hat{R}_m = \sqrt{\hat{x}^2 + y_s^2 + \left(\hat{z} - z_m \right)^2} \end{cases} \tag{10.40}$$

该扫描点对应的复阻抗矢量为

$$\hat{\boldsymbol{D}}^{(v)}(\hat{\boldsymbol{R}}) = \left[\mathrm{e}^{-\mathrm{j}\psi(\hat{R}_1)} \mathrm{e}^{-\mathrm{j}\psi(\hat{R}_2)} \cdots \mathrm{e}^{-\mathrm{j}\psi(\hat{R}_{M_z})} \right]^{\mathrm{T}} \tag{10.41}$$

扫描点对应三个方向的聚焦单位方向矢量分别为

$$\begin{cases} \hat{a}^{(x)}(\hat{\boldsymbol{\theta}}, \hat{\boldsymbol{\varphi}}) = \left[\cos\hat{\theta}_1 \cos\hat{\varphi}_1 \cdots \cos\hat{\theta}_m \cos\hat{\varphi}_m \cdots \cos\hat{\theta}_M \cos\hat{\varphi}_M \right]^{\mathrm{T}} \\ \hat{a}^{(y)}(\hat{\boldsymbol{\theta}}, \hat{\boldsymbol{\varphi}}) = \left[\cos\hat{\theta}_1 \sin\hat{\varphi}_1 \cdots \cos\hat{\theta}_m \sin\hat{\varphi}_m \cdots \cos\hat{\theta}_M \sin\hat{\varphi}_M \right]^{\mathrm{T}} \\ \hat{a}^{(z)}(\hat{\boldsymbol{\theta}}, \hat{\boldsymbol{\varphi}}) = \left[\sin\hat{\theta}_1 \cdots \sin\hat{\theta}_m \cdots \sin\hat{\theta}_M \right]^{\mathrm{T}} \end{cases} \tag{10.42}$$

则该扫描点处的声压和振速聚焦方向矢量分别表示为

$$\hat{\boldsymbol{A}}^{(p)}(\hat{\boldsymbol{R}}) = \left[\mathrm{e}^{-\mathrm{j}k_0(\hat{R}_1 - \hat{R}_1)} \mathrm{e}^{-\mathrm{j}k_0(\hat{R}_2 - \hat{R}_1)} \cdots \mathrm{e}^{-\mathrm{j}k_0(\hat{R}_m - \hat{R}_1)} \cdots \mathrm{e}^{-\mathrm{j}k_0(\hat{R}_{M_z} - \hat{R}_1)} \right]^{\mathrm{T}} \tag{10.43}$$

$$\begin{cases} \hat{\boldsymbol{A}}^{(x)}(\hat{\boldsymbol{R}}, \hat{\boldsymbol{\theta}}, \hat{\boldsymbol{\varphi}}) = \hat{a}^{(x)}(\hat{\boldsymbol{\theta}}, \hat{\boldsymbol{\varphi}}) \odot \hat{\boldsymbol{D}}^{(v)}(\hat{\boldsymbol{R}}) \odot \hat{\boldsymbol{A}}^{(p)}(\hat{\boldsymbol{R}}) \\ \hat{\boldsymbol{A}}^{(y)}(\hat{\boldsymbol{R}}, \hat{\boldsymbol{\theta}}, \hat{\boldsymbol{\varphi}}) = \hat{a}^{(y)}(\hat{\boldsymbol{\theta}}, \hat{\boldsymbol{\varphi}}) \odot \hat{\boldsymbol{D}}^{(v)}(\hat{\boldsymbol{R}}) \odot \hat{\boldsymbol{A}}^{(p)}(\hat{\boldsymbol{R}}) \\ \hat{\boldsymbol{A}}^{(z)}(\hat{\boldsymbol{R}}, \hat{\boldsymbol{\theta}}, \hat{\boldsymbol{\varphi}}) = \hat{a}^{(z)}(\hat{\boldsymbol{\theta}}, \hat{\boldsymbol{\varphi}}) \odot \hat{\boldsymbol{D}}^{(v)}(\hat{\boldsymbol{R}}) \odot \hat{\boldsymbol{A}}^{(p)}(\hat{\boldsymbol{R}}) \end{cases} \tag{10.44}$$

则该扫描点对应的$4M_z \times 1$矢量阵聚焦方向矢量为

$$\hat{\boldsymbol{A}}_1^{0(v)}(\hat{\boldsymbol{R}},\hat{\boldsymbol{\theta}},\hat{\boldsymbol{\varphi}})=\begin{bmatrix}\hat{\boldsymbol{A}}^{(p)}(\hat{\boldsymbol{R}})\\ \hat{\boldsymbol{A}}^{(x)}(\hat{\boldsymbol{R}},\hat{\boldsymbol{\theta}},\hat{\boldsymbol{\varphi}})\\ \hat{\boldsymbol{A}}^{(y)}(\hat{\boldsymbol{R}},\hat{\boldsymbol{\theta}},\hat{\boldsymbol{\varphi}})\\ \hat{\boldsymbol{A}}^{(z)}(\hat{\boldsymbol{R}},\hat{\boldsymbol{\theta}},\hat{\boldsymbol{\varphi}})\end{bmatrix} \tag{10.45}$$

求其正交投影矩阵为

$$\boldsymbol{P}_{\hat{A}_1^{0(v)}}=\hat{\boldsymbol{A}}_1^{0(v)}\left((\hat{\boldsymbol{A}}_1^{0(v)})^{\mathrm{H}}\hat{\boldsymbol{A}}_1^{0(v)}\right)^{-1}(\hat{\boldsymbol{A}}_1^{0(v)})^{\mathrm{H}} \tag{10.46}$$

则寻遍完整的扫描平面，可得到第 1 个声源的定位坐标：

$$\left(\hat{x}_{1n}^0,\hat{z}_{1n}^0\right)=\max_{\hat{A}_1^{0(v)}}\mathrm{tr}\left(\boldsymbol{P}_{\hat{A}_1^{0(v)}}\hat{\boldsymbol{R}}^{(v)}\right) \tag{10.47}$$

步骤 2：依次根据已估计出的第$i-1$个声源坐标初值，估计第i个声源的坐标初值。

仍根据式（10.45）获取矢量阵聚焦方向矢量的算法，可将$i-1$个坐标初值及扫描点$(\hat{x},\hat{z})$共同生成的$4M_z \times i$矢量阵聚焦方向矢量写为

$$\hat{\boldsymbol{A}}_i^{0(v)}=\left[\hat{\boldsymbol{A}}_1^{0(v)}(\hat{\boldsymbol{R}}_1^0,\hat{\boldsymbol{\theta}}_1^0,\hat{\boldsymbol{\varphi}}_1^0)\hat{\boldsymbol{A}}_2^{0(v)}(\hat{\boldsymbol{R}}_2^0,\hat{\boldsymbol{\theta}}_2^0,\hat{\boldsymbol{\varphi}}_2^0)\cdots\hat{\boldsymbol{A}}_{i-1}^{0(v)}(\hat{\boldsymbol{R}}_{i-1}^0,\hat{\boldsymbol{\theta}}_{i-1}^0,\hat{\boldsymbol{\varphi}}_{i-1}^0)\hat{\boldsymbol{A}}^{(v)}(\hat{\boldsymbol{R}},\hat{\boldsymbol{\theta}},\hat{\boldsymbol{\varphi}})\right] \tag{10.48}$$

此时的正交投影矩阵写为

$$\boldsymbol{P}_{\hat{A}_i^{0(v)}}=\hat{\boldsymbol{A}}_i^{0(v)}\left((\hat{\boldsymbol{A}}_i^{0(v)})^{\mathrm{H}}\hat{\boldsymbol{A}}_i^{0(v)}\right)^{-1}(\hat{\boldsymbol{A}}_i^{0(v)})^{\mathrm{H}} \tag{10.49}$$

则寻遍完整的扫描平面，可以得到第i个声源的定位初值：

$$\left(\hat{x}_{in}^0,\hat{z}_{in}^0\right)=\max_{\hat{A}_i^{0(v)}}\mathrm{tr}\left(\boldsymbol{P}_{\hat{A}_i^{0(v)}}\hat{\boldsymbol{R}}^{(v)}\right) \tag{10.50}$$

式中，$\hat{\boldsymbol{R}}^{(v)}=\dfrac{1}{L_s}\boldsymbol{S}_v^{(n)}(\boldsymbol{S}_v^{(n)})^{\mathrm{H}}$即为$4M_z \times 4M_z$采样数据协方差矩阵；tr 表示矩阵求迹。

当获取全部Q个定位坐标初始后，循环执行步骤 2 进行p次迭代寻优操作，直到满足坐标收敛条件$\sqrt{(\hat{x}_i^p-\hat{x}_i^{p-1})^2+(\hat{z}_i^p-\hat{z}_i^{p-1})^2}<\varepsilon$（$\varepsilon$为任意小的整数），则迭代停止。

步骤 3：将第$p-1$次迭代得到的第$i+1,\cdots,Q$个声源及第p次迭代得到的第$1,\cdots,i-1$个声源的坐标保持不变，将该$Q-1$个迭代坐标值及扫描点$(\hat{x},\hat{z})$联合生成的$4M_z \times Q$矢量阵聚焦方向矢量写为

$$\begin{aligned}\hat{\boldsymbol{A}}_i^{p(v)}=[&\hat{\boldsymbol{A}}_1^{p(v)}(\hat{\boldsymbol{R}}_1^p,\hat{\boldsymbol{\theta}}_1^p,\hat{\boldsymbol{\varphi}}_1^p)\cdots\hat{\boldsymbol{A}}_{i-1}^{p(v)}(\hat{\boldsymbol{R}}_{i-1}^p,\hat{\boldsymbol{\theta}}_{i-1}^p,\hat{\boldsymbol{\varphi}}_{i-1}^p)\\&\hat{\boldsymbol{A}}_{i+1}^{p-1(v)}(\hat{\boldsymbol{R}}_{i+1}^{p-1},\hat{\boldsymbol{\theta}}_{i+1}^{p-1},\hat{\boldsymbol{\varphi}}_{i+1}^{p-1})\cdots\hat{\boldsymbol{A}}_Q^{p-1(v)}(\hat{\boldsymbol{R}}_Q^{p-1},\hat{\boldsymbol{\theta}}_Q^{p-1},\hat{\boldsymbol{\varphi}}_Q^{p-1})\hat{\boldsymbol{A}}^{(v)}(\hat{\boldsymbol{R}},\hat{\boldsymbol{\theta}},\hat{\boldsymbol{\varphi}})]\end{aligned} \tag{10.51}$$

此时的正交投影矩阵写为

$$\boldsymbol{P}_{\hat{\boldsymbol{A}}_i^{p(v)}} = \hat{\boldsymbol{A}}_i^{p(v)}\left(\left(\hat{\boldsymbol{A}}_i^{p(v)}\right)^{\mathrm{H}}\hat{\boldsymbol{A}}_i^{p(v)}\right)^{-1}\left(\hat{\boldsymbol{A}}_i^{p(v)}\right)^{\mathrm{H}} \tag{10.52}$$

则寻遍完整的扫描平面，最终得到第 i 个声源的定位坐标：

$$(\hat{x}_{in}, \hat{z}_{in}) = \max_{\hat{A}_i^{p(v)}} \mathrm{tr}\left(\boldsymbol{P}_{\hat{\boldsymbol{A}}_i^{p(v)}} \hat{\boldsymbol{R}}^{(v)}\right) \tag{10.53}$$

10.2.4　稀疏虚拟阵列参数及信号的获取

如图 10.6 所示，假设声源于初始位置 (ς_i, η_i) 不动，垂直矢量阵以相同的速度 v 由 $x=0$ 处反向运动到 $x=-L$ 处，即在空间上形成了一个快拍数为 1 的连续面阵，虚拟阵列孔径在运动方向扩展为 L。

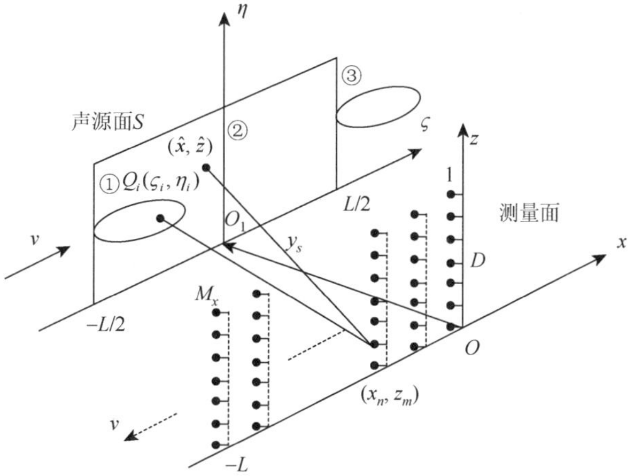

图 10.6　运动声源虚拟阵列示意图

对该连续面阵进行空间采样，根据数据分段算法来生成对应于虚拟垂直阵的接收信号。即共将数据分为 M_x 段，每段数据长度为 L_s，则虚拟面阵的 x 方向的阵元个数为 M_x，理想条件下声源做水平匀速运动时，x 方向阵元间距为 $\Delta x = L/(M_x - 1)$。虚拟面阵在 z 方向保持原有垂直阵参数，z 方向阵元个数仍为 M_z，阵元间距为 Δz。然而在非匀速及运动方向与基阵存在倾角的条件下，虚拟阵列坐标的获取则需要重新考虑，此时产生的虚拟阵列必然是稀疏的，通过坐标估计，可以生成虚拟阵列坐标，以保证后续聚焦处理器能具有良好的匹配性能。

设 $\boldsymbol{x}_a$ 与 $\boldsymbol{z}_a$ 分别为 $M_z \times 1$ 垂直阵 x 方向坐标向量和 z 方向坐标向量，$\boldsymbol{X}_a$ 和 $\boldsymbol{Z}_a$ 分别为 $(M_x \cdot M_z) \times 1$ 的虚拟阵列 x 方向坐标向量和 z 方向坐标向量。$\boldsymbol{X}_a$ 与 $\boldsymbol{Z}_a$ 的第

1～M_z 行为实际垂直阵的 x 方向坐标和 z 方向坐标。第 $(n-1)M_z+1$～nM_z 行为第 n 个虚拟垂直阵的坐标，表示为

$$\begin{cases} \boldsymbol{X}_a\big|_{1:M_z} = \boldsymbol{x}_a \\ \quad\vdots \\ \boldsymbol{X}_a\big|_{(n-1)M_z+1:nM_z} = \boldsymbol{x}_a - (\hat{x}_{i_n} - \hat{x}_{i_1}) \\ \quad\vdots \\ \boldsymbol{X}_a\big|_{(M_x-1)M_z+1:M_xM_z} = \boldsymbol{x}_a - (\hat{x}_{i_n} - \hat{x}_{i_1}) \end{cases} \tag{10.54}$$

$$\begin{cases} \boldsymbol{Z}_a\big|_{1:M_z} = \boldsymbol{z}_a \\ \quad\vdots \\ \boldsymbol{Z}_a\big|_{(n-1)M_z+1:nM_z} = \boldsymbol{z}_a - (\hat{z}_{i_n} - \hat{z}_{i_1}) \\ \quad\vdots \\ \boldsymbol{Z}_a\big|_{(M_x-1)M_z+1:M_xM_z} = \boldsymbol{z}_a - (\hat{z}_{i_n} - \hat{z}_{i_1}) \end{cases} \tag{10.55}$$

令 $\boldsymbol{P}'$ 为 $(M_x \cdot M_z)\times T_x$ 虚拟阵列数据的矩阵形式，则有 $\boldsymbol{P}'\big|_{(n-1)M_z+1:nM_z} = \boldsymbol{p}^{(n)}$。$\hat{\boldsymbol{R}} = \boldsymbol{P}'(\boldsymbol{P}')^{\mathrm{H}} / L_s$ 为 $(M_x \cdot M_z)\times(M_x \cdot M_z)$ 虚拟阵列采样数据协方差矩阵。

10.2.5 基于最差性能最优的稀疏虚拟阵列聚焦算法

仍在声源所在平面 S 上进行聚焦扫描，设某一扫描点坐标 $(\hat{x},\hat{z})$，$\hat{\boldsymbol{r}} = [\hat{\boldsymbol{r}}^{(1)} \hat{\boldsymbol{r}}^{(2)} \cdots \hat{\boldsymbol{r}}^{(n)} \cdots \hat{\boldsymbol{r}}^{(M_x)}]$ 为该扫描点至接收基阵的 $(M_x \cdot M_z)\times 1$ 聚焦距离矢量，$\hat{\boldsymbol{r}}^{(n)} = [\hat{r}^{(1,n)} \hat{r}^{(2,n)} \cdots \hat{r}^{(m,n)} \cdots \hat{r}^{(M_z,n)}]^{\mathrm{T}}$ 为扫描点至第 n 个虚拟垂直阵的 $M_z \times 1$ 聚焦距离矢量，$\hat{r}^{(m,n)}$ 为扫描点至第 (m,n) 个阵元的距离：

$$\hat{r}^{(m,n)} = \sqrt{\left(\hat{x} - \boldsymbol{X}_a((n-1)M_z+m)\right)^2 + y_s^2 + \left(\hat{z} - \boldsymbol{Z}_a((n-1)M_z+m)\right)^2} \tag{10.56}$$

则该扫描点处的 $(M_x \cdot M_z)\times 1$ 虚拟聚焦导向矢量为

$$\hat{\boldsymbol{A}}(\hat{\boldsymbol{r}}) = \left[\hat{\boldsymbol{A}}(\hat{\boldsymbol{r}}^{(1)})\hat{\boldsymbol{A}}(\hat{\boldsymbol{r}}^{(2)})\cdots\hat{\boldsymbol{A}}(\hat{\boldsymbol{r}}^{(n)})\cdots\hat{\boldsymbol{A}}(\hat{\boldsymbol{r}}^{(M_x)})\right] \tag{10.57}$$

$$\hat{\boldsymbol{A}}(\hat{\boldsymbol{r}}^{(n)}) = \left[\mathrm{e}^{-\mathrm{j}k_0(\hat{r}^{(1,n)}-\hat{r}^{(1,1)})}\cdots\mathrm{e}^{-\mathrm{j}k_0(\hat{r}^{(m,n)}-\hat{r}^{(1,1)})}\cdots\mathrm{e}^{-\mathrm{j}k_0(\hat{r}^{(M_z,n)}-\hat{r}^{(1,1)})}\right]^{\mathrm{T}} \tag{10.58}$$

最终分别得到常规聚焦算法（MCFB）和 MVDR 聚焦算法（MMVDRFB）的空间谱：

$$P_{\mathrm{MCFB}}(\hat{\boldsymbol{r}}) = \left(\hat{\boldsymbol{A}}(\hat{\boldsymbol{r}})\right)^{\mathrm{H}} \hat{\boldsymbol{R}} \left(\hat{\boldsymbol{A}}(\hat{\boldsymbol{r}})\right) \tag{10.59}$$

$$P_{\mathrm{MMVDRFB}}(\hat{\boldsymbol{r}})=\frac{1}{\left(\hat{\boldsymbol{A}}(\hat{\boldsymbol{r}})\right)^{\mathrm{H}}\left(\hat{\boldsymbol{R}}\right)^{-1}\left(\hat{\boldsymbol{A}}(\hat{\boldsymbol{r}})\right)} \tag{10.60}$$

对虚拟聚焦导向矢量误差 $\Delta\boldsymbol{A}$ 的范数可以由常数 $\varepsilon'>0$ 进行约束：

$$\|\Delta\boldsymbol{A}\|\leqslant\varepsilon' \tag{10.61}$$

实际的虚拟聚焦导向矢量 $\boldsymbol{A}_{\mathrm{true}}$ 将属于下面的集合：

$$\boldsymbol{A}(\varepsilon')=\left\{\boldsymbol{A}_{\mathrm{true}}\mid\boldsymbol{A}_{\mathrm{true}}=\boldsymbol{A}_s+\Delta\boldsymbol{A},\|\Delta\boldsymbol{A}\|\leqslant\varepsilon'\right\} \tag{10.62}$$

式中，$\boldsymbol{A}_s$ 表示假设的信号导向矢量。对所有属于集合 $\boldsymbol{A}(\varepsilon')$ 的导向矢量进行约束，即阵列响应的绝对值不小于 1：

$$\left|\boldsymbol{w}^{\mathrm{H}}\boldsymbol{A}_{\mathrm{true}}\right|\geqslant 1,\quad \boldsymbol{A}_{\mathrm{true}}\in\boldsymbol{A}(\varepsilon') \tag{10.63}$$

稳健聚焦算法可以表示成约束最优问题，可以等价为具有单一非线性约束的二次最小化问题：

$$\begin{cases}\min\limits_{\boldsymbol{w}}\boldsymbol{w}^{\mathrm{H}}\hat{\boldsymbol{R}}\boldsymbol{w}\\ \text{s.t.}\quad\left|\boldsymbol{w}^{\mathrm{H}}\boldsymbol{A}_{\mathrm{true}}\right|\geqslant 1,\qquad \boldsymbol{A}_{\mathrm{true}}\in\boldsymbol{A}(\varepsilon')\end{cases}\Leftrightarrow\begin{cases}\min\limits_{\boldsymbol{w}}\boldsymbol{w}^{\mathrm{H}}\hat{\boldsymbol{R}}\boldsymbol{w}\\ \text{s.t.}\quad\boldsymbol{w}^{\mathrm{H}}\boldsymbol{A}_s\geqslant\varepsilon'\|\boldsymbol{w}\|+1,\quad\mathrm{Im}\left\{\boldsymbol{w}^{\mathrm{H}}\boldsymbol{A}_s\right\}=0\end{cases} \tag{10.64}$$

进而利用二阶锥规划进行求解。对虚拟阵列采样数据协方差矩阵 $\hat{\boldsymbol{R}}$ 进行 Cholesky 分解：

$$\hat{\boldsymbol{R}}=\boldsymbol{U}^{\mathrm{H}}\boldsymbol{U} \tag{10.65}$$

则目标函数可以转化为

$$\min_{\boldsymbol{w}}\boldsymbol{w}^{\mathrm{H}}\boldsymbol{R}\boldsymbol{w}=\min_{\boldsymbol{w}}(\boldsymbol{U}\boldsymbol{w})^{\mathrm{H}}(\boldsymbol{U}\boldsymbol{w})=\min_{\boldsymbol{w}}\|\boldsymbol{U}\boldsymbol{w}\|^2 \tag{10.66}$$

引进一个非负标量 τ，并构造一个新的约束 $\|\boldsymbol{U}\boldsymbol{w}\|\leqslant\tau$，则式（10.64）可转化成

$$\begin{cases}\min\limits_{\tau,\boldsymbol{w}}\tau\\ \text{s.t.}\quad\varepsilon'\|\boldsymbol{w}\|\leqslant\boldsymbol{w}^{\mathrm{H}}\boldsymbol{A}_s-1,\quad\mathrm{Im}\left\{\boldsymbol{w}^{\mathrm{H}}\boldsymbol{A}_s\right\}=0,\quad\|\boldsymbol{U}\boldsymbol{w}\|\leqslant\tau\end{cases} \tag{10.67}$$

令

$$\begin{cases}\breve{\boldsymbol{w}}\triangleq[\mathrm{Re}\{\boldsymbol{w}\}^{\mathrm{T}},\mathrm{Im}\{\boldsymbol{w}\}^{\mathrm{T}}]^{\mathrm{T}}\\ \breve{\boldsymbol{A}}_s\triangleq[\mathrm{Re}\{\boldsymbol{A}_s\}^{\mathrm{T}},\mathrm{Im}\{\boldsymbol{A}_s\}^{\mathrm{T}}]^{\mathrm{T}}\\ \bar{\boldsymbol{A}}_s\triangleq[\mathrm{Im}\{\boldsymbol{A}_s\}^{\mathrm{T}},-\mathrm{Re}\{\boldsymbol{A}_s\}^{\mathrm{T}}]^{\mathrm{T}}\\ \breve{\boldsymbol{U}}\triangleq\begin{bmatrix}\mathrm{Re}\{\boldsymbol{U}\} & -\mathrm{Im}\{\boldsymbol{U}\}\\ \mathrm{Im}\{\boldsymbol{U}\} & \mathrm{Re}\{\boldsymbol{U}\}\end{bmatrix}\end{cases} \tag{10.68}$$

可将式（10.67）转化为实值形式：

$$\begin{cases}\min\limits_{\tau,\boldsymbol{w}} \tau \\ \text{s.t.} \quad \varepsilon'\|\breve{\boldsymbol{w}}\| \leqslant \breve{\boldsymbol{w}}^{\mathrm{T}}\breve{\boldsymbol{A}}_s - 1, \quad \breve{\boldsymbol{w}}^{\mathrm{T}}\bar{\boldsymbol{A}}_s = 0, \quad \|\breve{\boldsymbol{U}}\breve{\boldsymbol{w}}\| \leqslant \tau\end{cases} \tag{10.69}$$

令

$$\begin{cases}\boldsymbol{d} \triangleq [1, \boldsymbol{0}^{\mathrm{T}}] \in R^{(2M_x \cdot M_z+1)\times 1} \\ \boldsymbol{y} \triangleq [\tau, \breve{\boldsymbol{w}}^{\mathrm{T}}]^{\mathrm{T}} \in R^{(2M_x \cdot M_z+1)\times 1} \\ \boldsymbol{f} \triangleq [\boldsymbol{0}^{\mathrm{T}}, -1, \boldsymbol{0}^{\mathrm{T}}]^{\mathrm{T}} \in R^{(4M_x \cdot M_z+1)\times 1} \\ \boldsymbol{F}^{\mathrm{T}} \triangleq \begin{bmatrix} 1 & \boldsymbol{0}^{\mathrm{T}} \\ 0 & \breve{\boldsymbol{U}} \\ 0 & \breve{\boldsymbol{A}}_s^{\mathrm{T}} \\ 0 & \varepsilon'\boldsymbol{I} \\ 0 & \bar{\boldsymbol{A}}_s^{\mathrm{T}} \end{bmatrix} \in R^{(4M_x \cdot M_z+3)\times(2M_x \cdot M_z+1)}\end{cases} \tag{10.70}$$

则式（10.69）可以表达为

$$\begin{cases}\min\limits_{\boldsymbol{y}} \boldsymbol{d}^{\mathrm{T}}\boldsymbol{y} \\ \text{s.t.} \quad \boldsymbol{f} + \boldsymbol{F}^{\mathrm{T}}\boldsymbol{y} \in \mathrm{SOC}_1^{2M_x \cdot M_z+1} \times \mathrm{SOC}_2^{2M_x \cdot M_z+1} \times \{0\}\end{cases} \tag{10.71}$$

最优化权矢量可以表示为

$$\boldsymbol{w}_{\mathrm{opt}} = \left[\breve{w}_1, \cdots, \breve{w}_{M_x \cdot M_z}\right]^{\mathrm{T}} + \mathrm{j}\left[\breve{w}_{M_x \cdot M_z+1}, \cdots, \breve{w}_{2M_x \cdot M_z}\right]^{\mathrm{T}} \tag{10.72}$$

则基于最差性能最优的 MVDR 聚焦算法（RMMVDRFB）的空间谱为

$$P_{\mathrm{RMMVDRFB}}^{(v)}(\hat{\boldsymbol{r}}, \hat{\boldsymbol{\theta}}, \hat{\boldsymbol{\varphi}}) = \boldsymbol{w}_{\mathrm{opt}}^{\mathrm{H}}\hat{\boldsymbol{R}}\boldsymbol{w}_{\mathrm{opt}} \tag{10.73}$$

图 10.7 为运动声源聚焦波束形成信号处理流程图。

考虑 $M_z = 7$ 的均匀垂直矢量阵，阵元间距 $\Delta z = 0.75\mathrm{m}$，基阵垂直方向尺度 $D = 4.5\mathrm{m}$，中心阵元所在位置设为坐标原点。单声源频率 $f = 1\mathrm{kHz}$，采样率 $f_s = 32.768\mathrm{kHz}$，设水中声速为 1500m/s。点声源在水平方向做非匀速直线运动，如图 10.8 所示在 1.3～1.8m/s 产生随机数作为各个时间段声源的运动速度，平均运动速度约为 1.57m/s，运动倾角为 11.3°。当虚拟阵元间距 $\Delta x \approx 2\mathrm{m}$，处理数据总长为 8s 时，虚拟孔径尺度达到 15m。共处理 8s 长数据，每隔 1s 对数据分段，取各分段数据前 0.016s（约 512 个快拍）进行处理。声源距离基阵的正横距离 $y_s = 8\mathrm{m}$，预设声源坐标为（–7.5m，8m，–0.5m）。信噪比为 10dB。

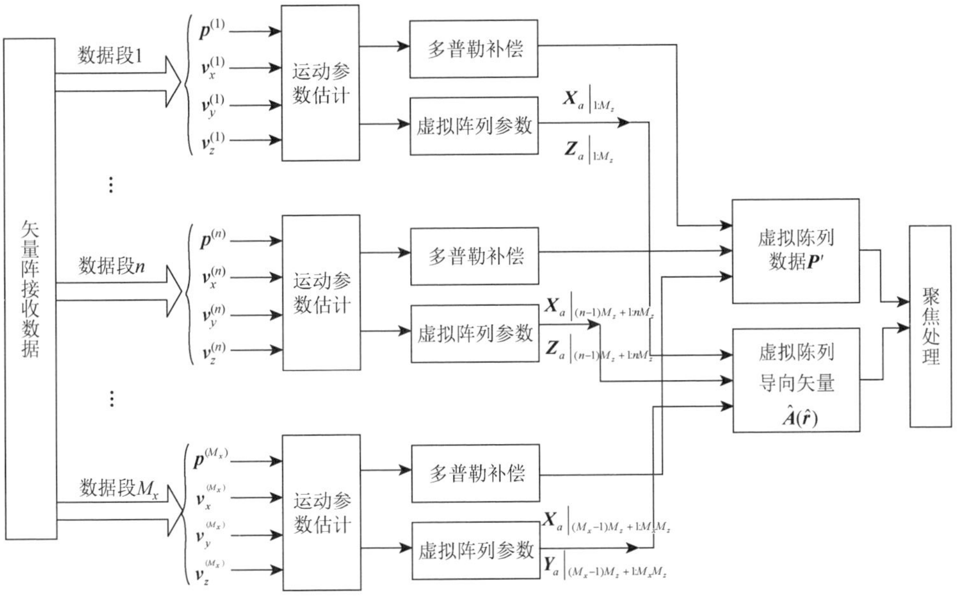

图 10.7　运动声源聚焦波束形成信号处理流程图

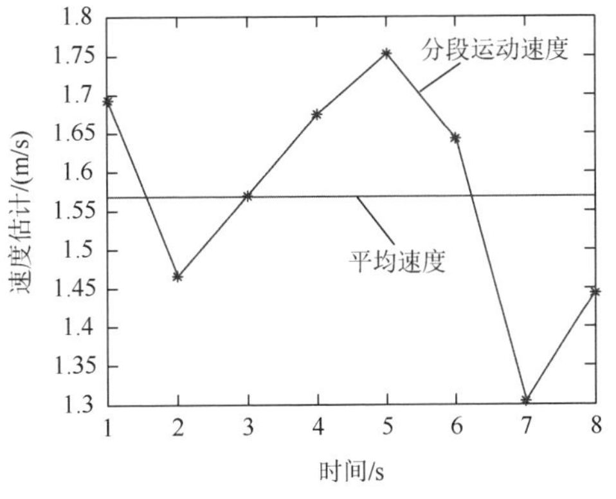

图 10.8　各个时间段声源的运动速度

图 10.9 为基于矢量最大似然聚焦算法的分段数据定位结果，图 10.10 为根据该定位结果生成的虚拟阵列坐标。可以看出，在运动方向上，基阵虚拟孔径得到了扩展，同时由于声源在运动过程中并非匀速，在对运动数据等时间间隔采样后生成的虚拟阵列形式不再规则，而是有一定的稀疏度。如图 10.11 所示，以 0.1m 为步长，分别沿 x 方向和 z 方向在声源所在位置等步长间隔绘制聚焦空间谱切片。可以明显地看出，RMMVDRFB 算法的聚焦峰更为尖锐，且背景噪声级更低，同时具有较大的动态范围。

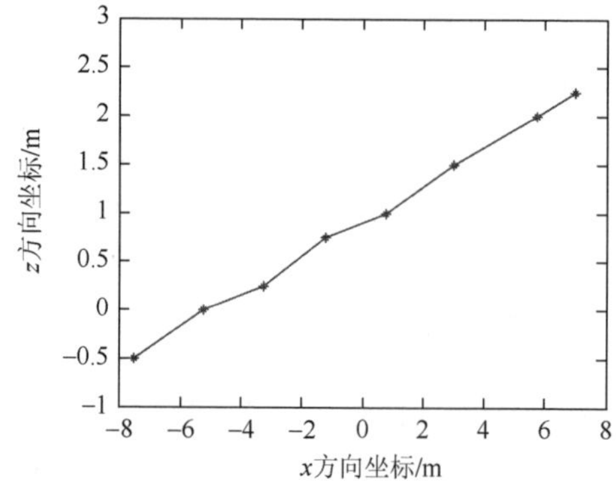

图 10.9　基于矢量最大似然聚焦算法的分段数据定位结果

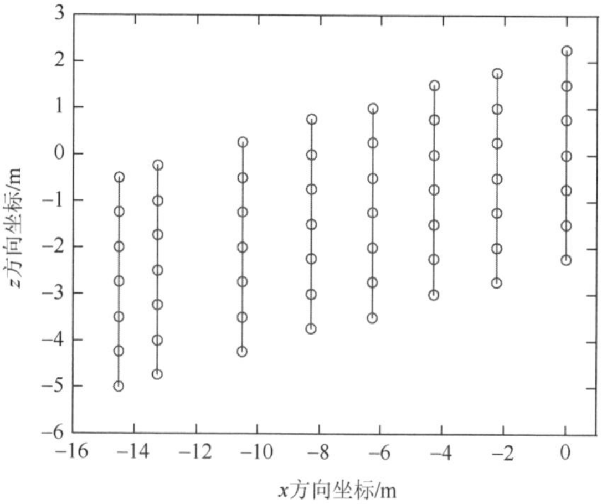

图 10.10　根据图 10.9 定位结果生成的虚拟阵列坐标

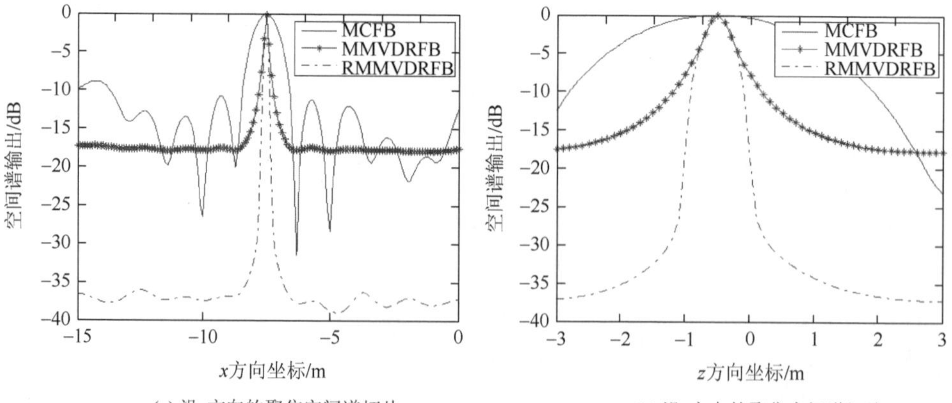

(a) 沿x方向的聚焦空间谱切片　　(b) 沿z方向的聚焦空间谱切片

图 10.11　稀疏虚拟阵列聚焦空间谱切片

对比图 10.12 所示的三种算法的聚焦空间谱结果可知，三种算法的定位结果均正确，但在空间谱中表现出不同的特性：MCFB 采用常规聚焦波束形成处理器，聚焦空间分辨率低，旁瓣起伏较大，容易在声源识别中与弱目标发生混淆、RMMVDRFB 算法在 MMVDRFB 算法处理器的基础之上，利用最差性能最优的稳健波束形成优化思想，并采用二阶锥规划求解最优权，改善了 MMVDRFB 算法的稳健性，空间谱表现出更大的动态范围、更为尖锐的聚焦峰尺度及更强的背景噪声起伏压制能力。

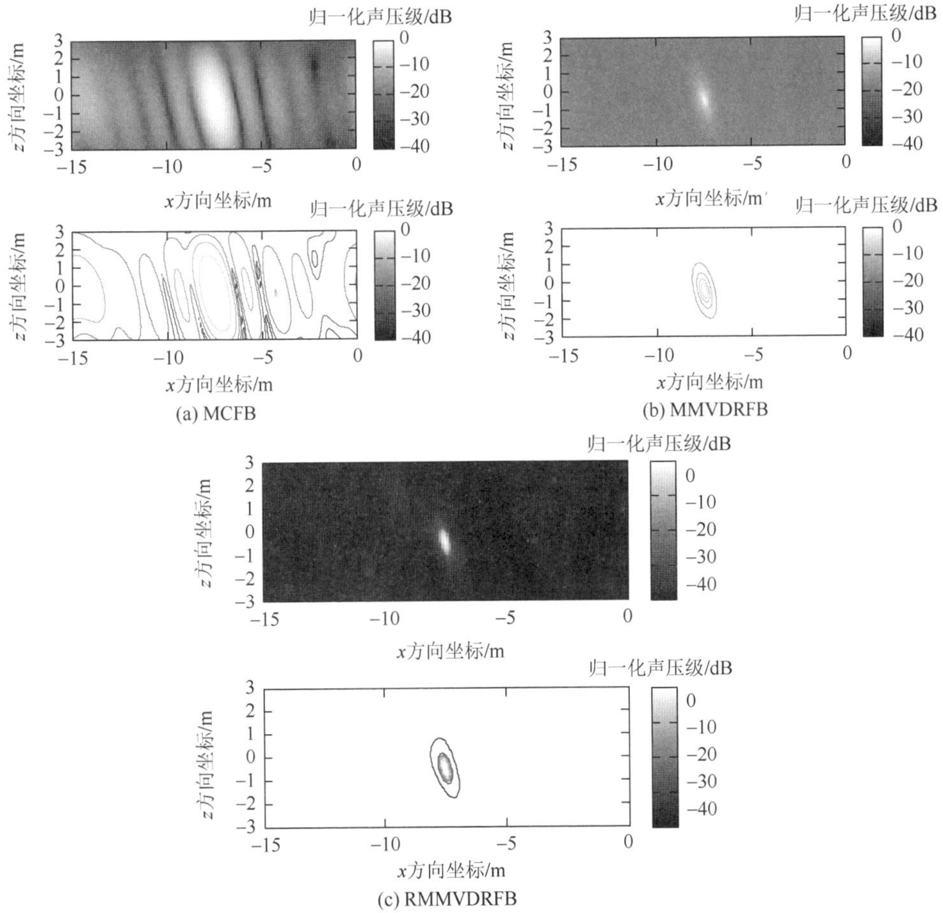

图 10.12　稀疏虚拟阵列聚焦空间谱

参 考 文 献

[1] Candès E J，Wakin M B. An introduction to compressive sampling. IEEE Signal Processing Magazine，2008，25（2）：21-30.

[2] Karystinos G N. Optimal Algorithms for Binary，Sparse，and L1-Norm Principal Component Analysis. New York：Springer，2014.

[3] Gorodnitsky I F，Rao B D. Sparse signal reconstruction from limited data using FOCUSS：A reweighted minimum norm algorithm. IEEE Transactions on Signal Processing，1997，45（3）：600-616.

[4] Malioutov D，Cetin M，Willsky A S. A sparse signal reconstruction perspective for source localization with sensor arrays. IEEE Transactions on Signal Processing，2005，53（8）：3010-3022.

[5] Li X，Ma X C，Yan S，et al. Single snapshot DOA estimation by compressive sampling. Applied Acoustics，2013，74（7）：926-930.

[6] Zhong S，Wei Q，Huang X. Compressive sensing beamforming based on covariance for acoustic imaging with noisy measurements. The Journal of the Acoustical Society of America，2013，134（5）：445-451.

[7] Lei Z，Yang K，Duan R，et al. Localization of low-frequency coherent sound sources with compressive beamforming-based passive synthetic aperture. The Journal of the Acoustical Society of America，2015，137（4）：255-260.

[8] Simard P，Antoni J. Acoustic source identification：Experimenting the ℓ1 minimization approach. Applied Acoustics，2013，74（7）：974-986.

[9] Chu N，Picheral J，Mohammad-Djafari A，et al. A robust super-resolution approach with sparsity constraint in acoustic imaging. Applied Acoustics，2014，76：197-208.

[10] Edelmann G F，Gaumond C F. Beamforming using compressive sensing. The Journal of the Acoustical Society of America，2011，130（4）：232-237.

[11] Xenaki A，Gerstoft P，Mosegaard K. Compressive beamforming. The Journal of the Acoustical Society of America，2014，136（1）：260-271.

[12] Boyd S，Boyd S P，Vandenberghe L. Convex Optimization. Cambridge：Cambridge University Press，2004.

[13] Grant M，Boyd S. CVX：Matlab software for disciplined convex programming，version 2.1. 2014. http://cvxr.com/cvx [2015-06-31].

[14] Morse P M，Ingard K U. Theoretical Acoustics. New York：McGraw-Hill，1968.

[15] 罗禹贡，杨殿阁，郑四发，等. 基于运动声源的声全息识别方法. 声学学报，2004，29（3）：226-230.

[16] 杨殿阁，郑四发，罗禹贡，等. 运动声源的声全息识别方法. 声学学报，2002，27（4）：357-362.

[17] Pesavento M，Gershman A B. Maximum-likelihood direction-of-arrival estimation in the presence of unknown nonuniform noise. IEEE Transactions on Signal Processing，2001，49（7）：1310-1324.

[18] Chen J C，Hudson R E，Yao K. Maximum-likelihood source localization and unknown sensor location estimation for wideband signals in the near-field. IEEE Transactions on Signal Processing，2002，50（8）：1843-1854.

第 11 章　水下噪声源声全息与聚焦测试实例

本章主要介绍声全息与聚焦在水下噪声源测试中的几个实例。

11.1　水下近场声全息测量

11.1.1　测量系统

本节介绍水下近场声全息测量实验。一般来说，实验都选择在消声水池内进行。消声水池的四周覆盖吸声尖劈，可六面消声，实验时可以保证本底噪声足够低，使测试结果不受环境的影响。本实验中水池的尺寸为 25m×15m×10m，截止频率≥3kHz，整个实验系统由机械扫描系统（由步进电机、扫描架、小车、水听器基阵组成）、发射系统和数据采集系统三部分组成，如图 11.1 所示。

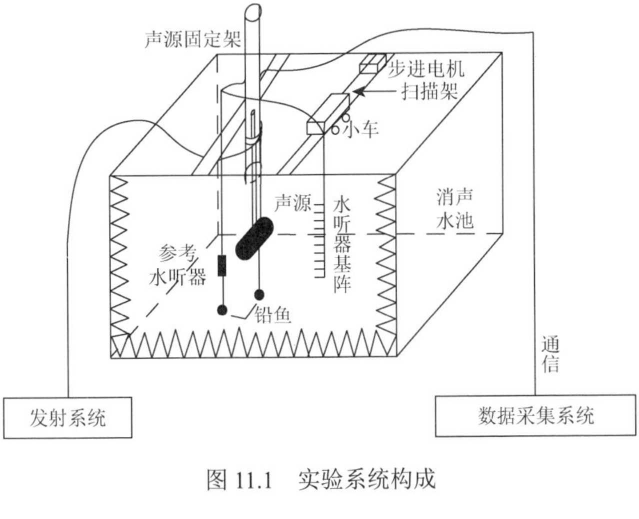

图 11.1　实验系统构成

水池中装配的多自由度自动控制机械扫描系统如图 11.2 所示，机械系统分为 A、B 两个行车，每个行车可以在步进电机的控制下进行四自由度移动，移动范围为长＜3m，宽＜2m，深＜1.4m，平动扫描精度小于 0.5mm，旋转扫描精度小于 0.2°。实验时矢量阵和发射换能器分别通过钢管固定于 A、B 两车的支臂下端，为了减少池壁反射，使两车尽量位于水池中央区域，为了保证测量的准确度，钢管与矢量阵、发射换能器及机械直臂要做到刚性连接，以防止进行运动测量时水中实验设备的晃动，这样发射换能器与矢量阵在微机的控制下就可以实现平面内任意路径的插补运动，并且这种运动可以是连续的，也可以是离散的。

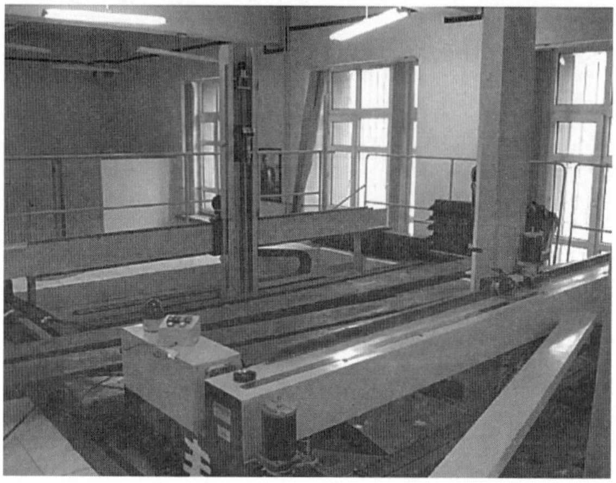

图 11.2　水池中装配的多自由度自动控制机械扫描系统

测量使用的八只矢量水听器由哈尔滨工程大学水声工程学院制作而成，形状为两端是半球中间是圆柱的胶囊形，无硬性电缆头，外壳尺寸为 $\phi 44\text{mm}\times 86\text{mm}$，每只矢量水听器的测量频率为 200Hz～8kHz。将水听器安装在自制阵架中，随后八只阵架首尾连接形成直线阵，整个阵列长度为 1.75m，阵元的间隔为 0.25m。需要说明的是，阵架要在机械臂的带动下实现连续运动和离散运动，由于需要克服水的阻力及矢量水听器自身的安装特点，因此实验对整个阵架的要求很高，包括阵元间的间距和位置、水听器的方向一致性、直线阵的垂直度、机械强度和加工精度、阵架表面的光洁度、阵架本身的稳定性、走线及测量的方便程度等其他测量因素。综合考虑以上因素，阵架采用优质不锈钢材质，严格控制其加工的一致性，连接后进行微调，保证成阵后整个阵架的尺寸和形状满足要求。整个测量系统示意图如图 11.3 所示。

矢量水听器是由质点振速传感器和声压传感器复合而成的，声压传感器测量空间声压，每一个振速传感器测量水下声速矢量场（质点振速）的一个笛卡儿坐标分量，一个四元矢量水听器可以测量由三个笛卡儿坐标组成的声速矢量场，加上声压标量信息，构成水下完整的矢量信息。矢量水听器同步测量声场中一点处的声压 $p(\boldsymbol{r},t)$ 和质点振速 $v(\boldsymbol{r},t)$ 的三个正交分量 $v_x(\boldsymbol{r},t)$、$v_y(\boldsymbol{r},t)$ 和 $v_z(\boldsymbol{r},t)$，可以用式（11.1）表示：

$$
\begin{cases}
p(\boldsymbol{r},t)=\rho c k v(\boldsymbol{r},t) \\
v_x(\boldsymbol{r},t)=v(\boldsymbol{r},t)\cos\phi\sin\theta \\
v_y(\boldsymbol{r},t)=v(\boldsymbol{r},t)\sin\phi\sin\theta \\
v_z(\boldsymbol{r},t)=v(\boldsymbol{r},t)\cos\theta
\end{cases}
\tag{11.1}
$$

式中，$\phi\in[0,2\pi)$ 为入射声波的水平方位角；$\theta\in[0,\pi)$ 为入射声波与 z 轴的夹角。

(a) 矢量水听器

(b) 矢量水听器固定框架

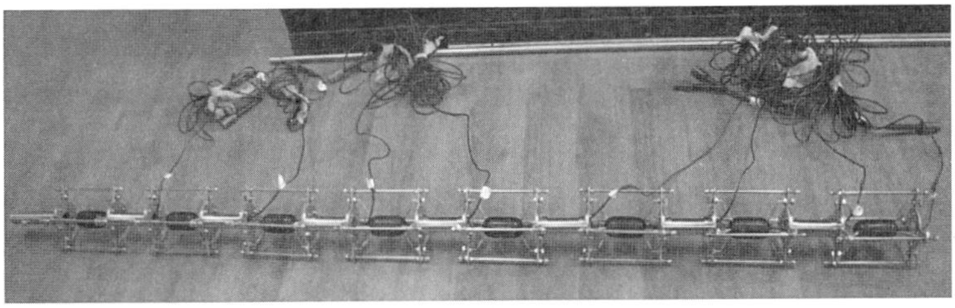

(c) 矢量水听器阵列

图 11.3　整个测量系统示意图

由于矢量水听器和自制框架需要用八只弹簧连接，考虑到实验测量的要求，阵架的结构也十分复杂，这就使得在近场测量时，阵架及水听器之间的反射和弱声散射现象可能会使测量值与真实信号间产生失真，影响全息重构结果和精度，因此在近场测量之前有必要对矢量阵的弱声散射影响进行检测，以减小声散射的影响。其具体算法是首先采用标准水听器逐点测量，得到水池中真实的球面波衰减规律，理想情况下在球面波声场中，各水听器的输出信号幅度应当满足随距离增大成反比衰减的规律，即距离每增加一倍，声压级减少 6dB。然后，采用矢量阵进行重复测量，观察各水听器在声场移动时输出的幅度是否偏离之前得到的水池真实衰减曲线，如果水听器所在点受到各种散射声场的影响，则由各个阵元输出信号幅度相对球面波传播衰减规律偏离的大小，便可以判断基阵架散射场对水听器阵元测量的误差大小。

根据以上算法，发射频率为 5kHz 的脉冲信号，本节进行了矢量阵的声散射检测实验。实验时矢量阵垂直放入水中保持不动，把 5 号水听器正对发射换能器，并与它保持同一深度，每次测量只移动发射换能器，测量范围为 0.05～1.5m。进而得到 5～8 号阵元测得的声压传播衰减曲线（图 11.4），测得的每倍距离传播衰减量见表 11.1。明显地，与声源深度相差不大的水听器的测量曲线满足水池真实球面波衰减规律，阵列两端的水听器的传播衰减直线的倍距离衰减量与理论值相差稍大，达到−7dB/倍距离，分析造成这种现象的原因，有可能是水面及池壁反射较强，消声效果不好的影响，因此线阵两端声场分布偏差较大。由 NAH 原理可知，要求全息面的声压在全息面的周边要有足够大的衰减，对于存在误差较大问

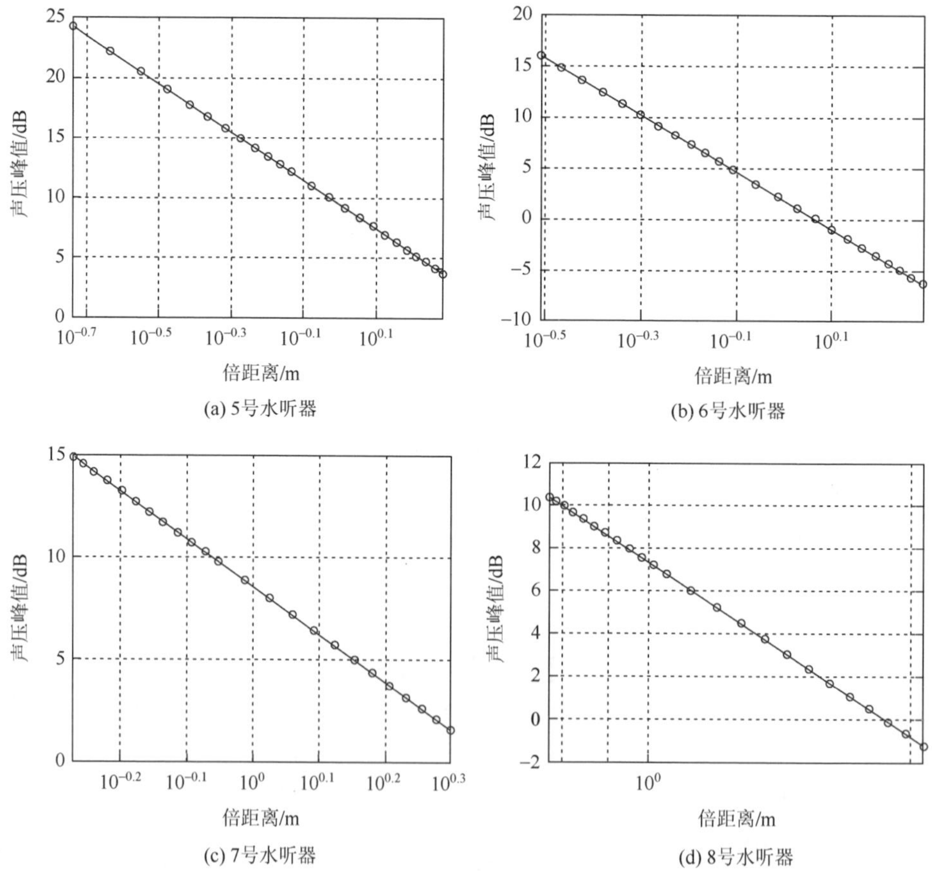

图 11.4　5～8 号水听器声压传播衰减曲线

题的边缘处，其实对全息重构的精度影响很小，而全息面的中间部分则是我们真正感兴趣的区域，只要将该区域的相位误差控制在一定的范围内，就能保证最终的全息重构精度。因此在进行数据处理时，可以采用滤波处理或只取全息面的中间部分进行计算。

表 11.1　各水听器测得声传播每倍距离的衰减量

水听器序号	衰减量/(dB/倍距离)
1 号	−6.8
2 号	−5.7
3 号	−6.5
4 号	−6.5
5 号	−6
6 号	−6.4
7 号	−6.6
8 号	−7

11.1.2　测量算法

一般来说，实验室中测量的全息面都比较小，因此可以采用逐点扫描进行测量，但对于大型水下航行器中噪声源识别问题，由于体积特别大，因此需要的全息面孔径也要增大，如果应用逐点扫描法，势必会带来耗时长、测量复杂、费用高等一系列问题，应用起来也很不现实。因此人们自然希望能有一种快速、准确且行之有效的近场声全息测量算法来实现对潜艇的快速测量。

连续扫描法的出现使得以上问题得到了解决，该算法是采用单个传声器或一个线性传声器阵列连续对全息面上各个测量点进行测量的算法。根据测量系统中各装置移动形式不同，该算法可以分为传声器扫描、声源扫描和传声器声源同时扫描三种形式。与逐点式测量算法相比，连续扫描法具有测量速度快、操作简便等优点，已被广泛地应用在工程测量中，而对于测量精度问题，已有多篇文献对这两种测量算法进行了比较，结果表明在近场测量的条件下，只要声源或接收阵列移动，如速度小于 0.1m/s，扫描式测量算法和定点式测量算法具有相似的随机测量误差，两种测量算法获得的结果相同。因此为了真实地反映出外场测量过程，同时也是探索全新快速全息测量算法的一次尝试，本实验采用线阵扫描算法进行测量。测量时整个扫描系统由步进电机来控制，扫描速度恒定不变，并且非常小，仅为 0.05m/s。

水池实验中，测量阵列 1～8 号矢量水听器的排列顺序如图 11.5（a）所示，每个矢量水听器的振速 x 方向指向发射换能器，y 方向垂直指向池壁，z 方向垂直指向水面。测量时，矢量阵保持垂直不动，发射换能器在机械臂的带动下以矢量阵位置为中心由左至右进行匀速运动，如图 11.5（b）所示。根据相对运动原理，这一过程相当于声源不动，矢量阵沿由右向左的方向对声源的辐射声场进行连续扫描，扫描形成一个水下全息面。在这里之所以选取声源平面扫描的方式，主要考虑到矢量阵长度达到 1.75m，重量达到 15kg，体积大重量沉，移动扫描不便，即使可以移动，也会因为阻力的作用在水下摆动，带来很大的位置测量误差。同时，以往的研究表明，在众多变换模型中当全息面为平面时的误差最小，重构声场信息的吻合程度最高，同时耗时少一次扫描可以得到多个声压数据，更便于工程实现，因此对这种平面移动全息测量算法的研究具有很高的实用价值。

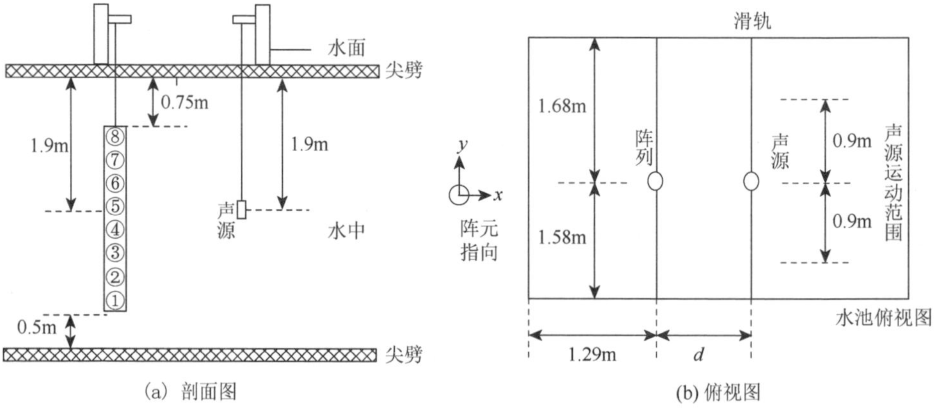

图 11.5　实验系统布置

11.1.3　数据预处理

水中近场声全息测量实验的数据处理流程大致可以分为信号测量、信号降噪、数据长度确定、多普勒频移校正、灵敏度校准、测量面信息构造和声源识别七个步骤。以下就其中的数据长度确定、多普勒频移校正、灵敏度校准、测量面信息构造这几个重要的数据预处理部分进行研究。

在进行水中近场声全息实验时，采用运动扫描法进行测量，因此数据的采集时间一定会大于声源的运动时间，为此需要截取有效的信号数据段进行分析处理。在八元矢量阵中，5 号矢量水听器与声源的位置处于一个平面内，声源移动时时域波形变化应最为明显，因此可以利用 5 号水听器 4 个测量通道的接收特性，结合移动距离、移动速度、移动时间和记录时间来确定数据段长度。图 11.6 是 5 号矢量水听器截取的 4 个通道数据时域波形图。显然，截取后的信号波形左右对称，基本满足声源静止测量阵移动扫描时的点声源声辐射规律。在计算的过程中要注意，因为我们的重构算法基于二维快速傅里叶变换，因此选取数据的长度一般为 2^n，以提高计算速度。

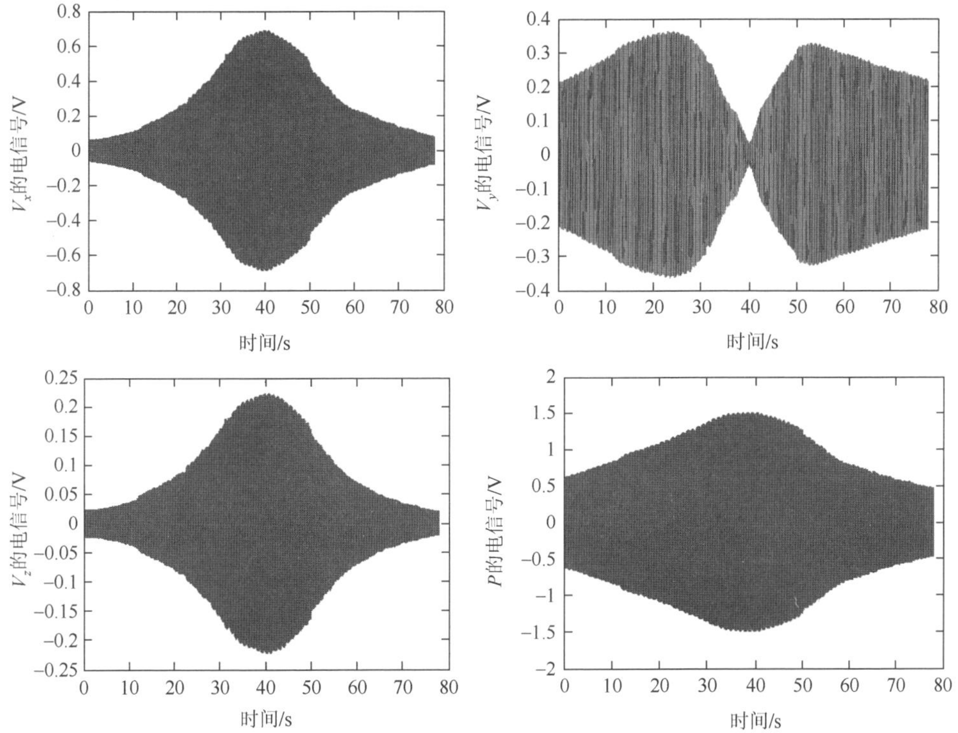

图 11.6　5 号矢量水听器截取的 4 个通道数据时域波形图

11.2　声全息声场重构

11.2.1　基于声压和振速测量的近场声全息声场重构

本节基于矢量阵进行了水中平面近场声全息测量与重构实验。在重构距离 $d = 0.1\lambda$，重构面孔径为 $L_z \times L_y = 0.7\text{m} \times 0.8\text{m}$ 的条件下，对基于声压和质点振速重构的平面近场声全息重构结果进行分析。在这里点声源位置可以看成位于原点，图 11.7 给出了两种重构算法的全息重构结果对比图。

由图 11.7 可以看到：利用声压法和振速法能够对重构面上的声场信息进行重构，可以识别出声源的位置和声辐射的大小，能够达到预期的声源识别目的；比较两者的重构结果，声压法重构的声压效果要好于振速法的重构效果，振速法重构的质点振速结果要明显地好于声压法，这不仅体现在其结果分布基本符合点源声场的声辐射特性，同时在边缘处振速法的衰减速度更快，不连续性较小；由于存在水面反射，所以在重构图的边缘处存在一定误差，但这对重构面的中心区域不会产生影响，若提高 z 方向分辨率则会减小这类误差。以上结论充分地证明了两种重构算法的优势所在。

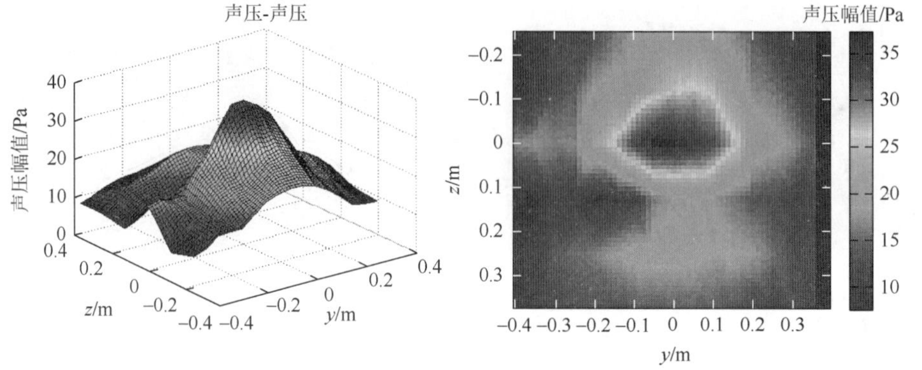

(a) 声压法重构的声压结果

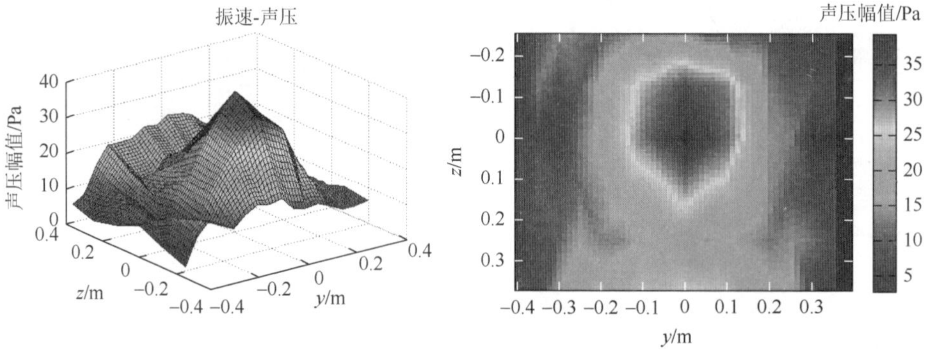

(b) 振速法重构的声压结果

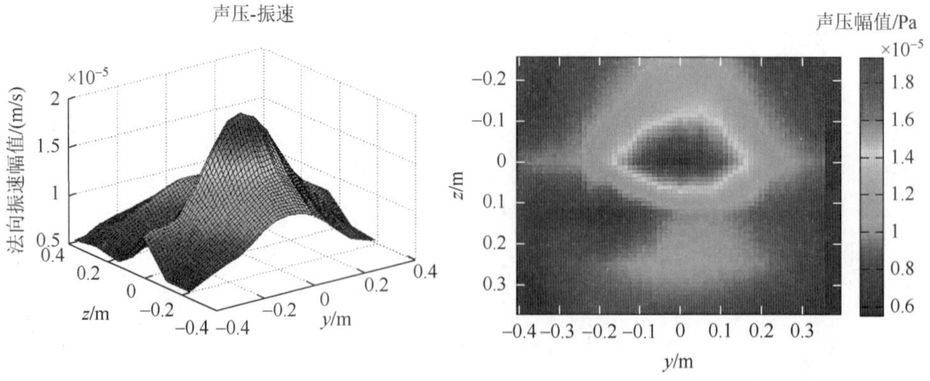

(c) 声压法重构的法向振速结果

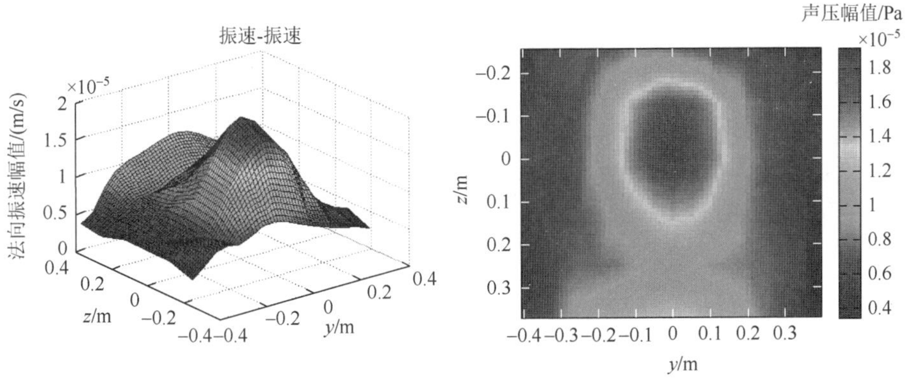

(d) 振速法重构的法向振速结果

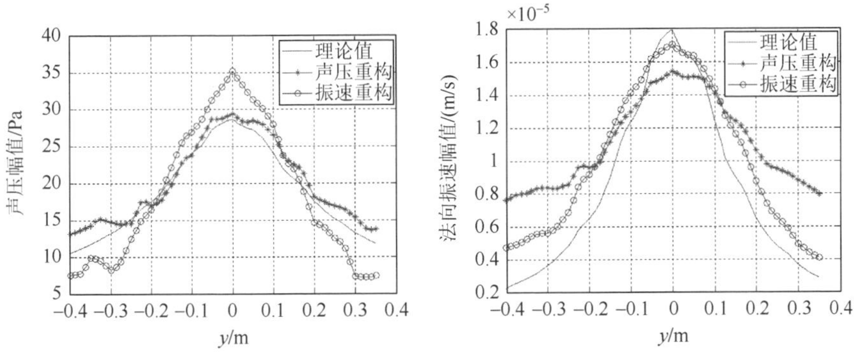

(e) $z=0$时剖面图

图 11.7　两种重构算法的全息重构结果对比图

为了观察重构距离对重构结果的影响，利用声压-声压法，选择四组重构距离，波长$\lambda \approx 0.5\text{m}$，在不同重构距离的条件下比较重构效果的变化。图 11.8 给出 4 种重构距离时的重构结果。

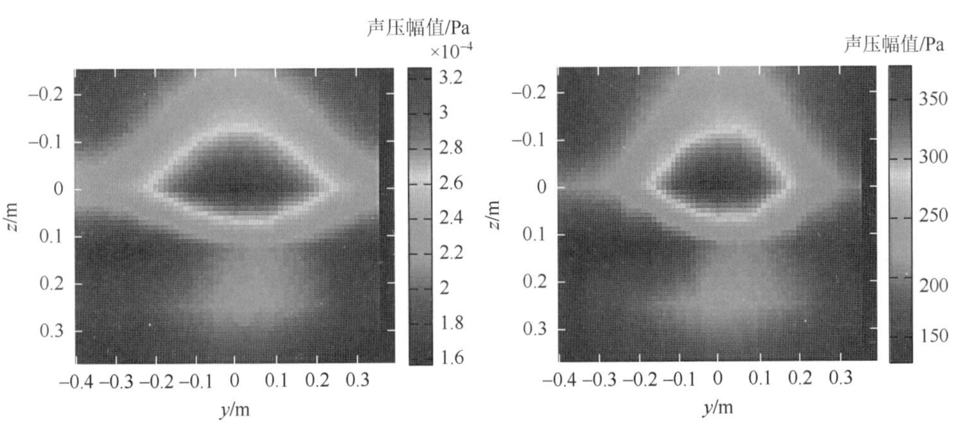

(a) $d_1 = 0.5\lambda$　　(b) $d_2 = 0.2\lambda$

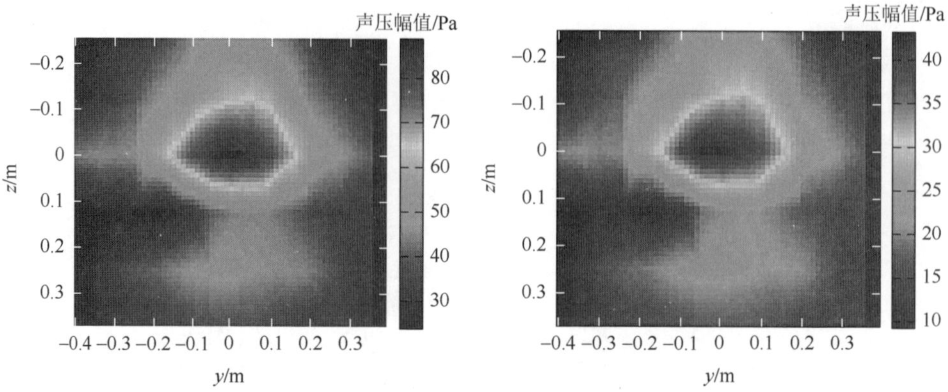

(c) $d_3 = 0.1\lambda$　　(d) $d_4 = 0.02\lambda$

图 11.8　4 种重构距离时的重构结果

可以看出，随着重构距离的不断减小，重构效果还是会越来越好，投影图上声源的位置越来越清晰，本实验中声源位置可以看成位于原点，通过逆向重构能够准确地辨识出声源的位置，可以假设，如果阵列的阵元间距能够减小，重构结果中的 z 方向的分辨效果还会更清晰。对比重构距离 $d_2 = 0.2\lambda$ 和 $d_3 = 0.1\lambda$ 的重构结果发现，尽管 d / λ 的比值减小了一半，但重构结果并没有太大的变化，当 $d_4 = 0.02\lambda$ 时，重构效果的变化也不是十分明显，重构声源的分布规律与 d_3 基本相同。因此，在保证重构精度和降低实验复杂程度的前提条件下，当 $L_z \times L_y = 3.6\lambda \times 3.6\lambda$，$\varDelta = 0.05\lambda$ 时，重构距离取 0.1λ～0.2λ 就可以满足实验要求。

11.2.2　基于声强测量的柱面近场声全息声场重构

本节采用矢量阵进行扫描，共点同时测量声强分量，使得全息测量效率大大提高。一个工况的测量时间大约需要 2h，而传统算法采用单只声强探头进行逐点测量，不仅测量点数多，而且至少还需要三个声强探头分别测量声强分量，一个工况的测量时间需要 8h 甚至更多，在如此长的时间内，声源的辐射声场有可能发生变化，因此采用矢量阵更适用于对瞬态或辐射特性变化较快的声源进行全息测量。

当发射换能器的发射频率为 $f = 3.15\text{kHz}$ 时，选择重构距离 $d = 0.1\lambda$，$\Delta z = 0.13\lambda$，$L_z = 3\lambda$，图 11.9 给出全息柱面上复声压相位的理论值、实验值及重构得到的相位误差。可以看出由实验得到的复声压相位与理论值有较好的一致性，基本符合点声源位于原点时复声压相位的分布规律，相位误差在中间部位较小，中心区域相位误差基本可以控制在 6°以内，边缘处误差较大，最大误差达到 20°，在靠近水面及池底的地方，因反射的影响最大，整体呈振荡波动。同时，实验得到的重构复声压的实部和虚部与理论值非常接近，具有很高的精度。

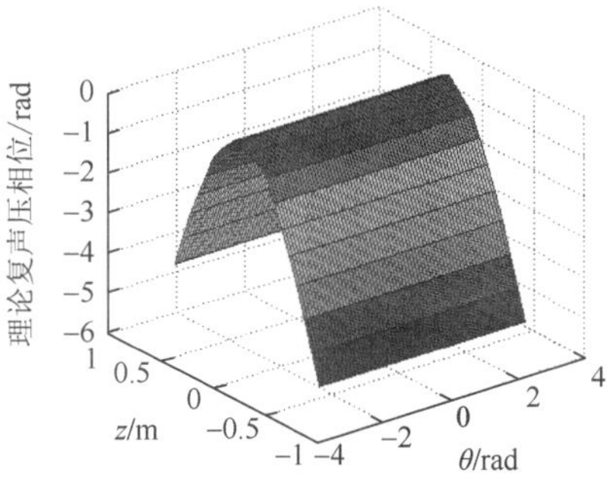

(a) 复声压相位理论值

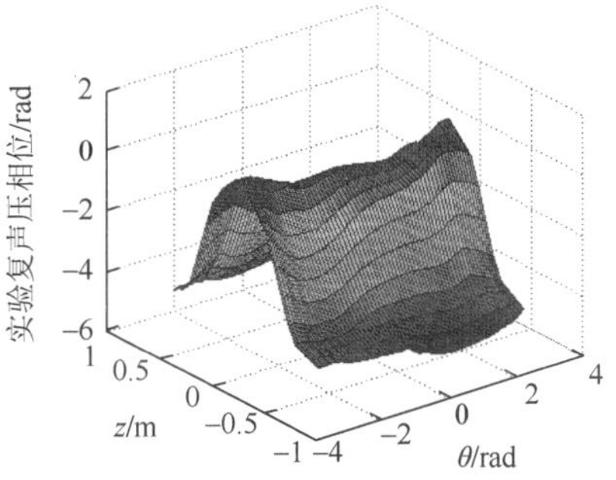

(b) 复声压实验重构值

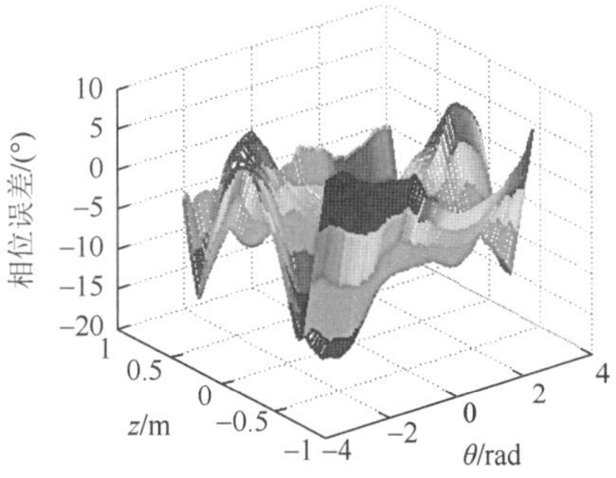

(c) 相位误差分布

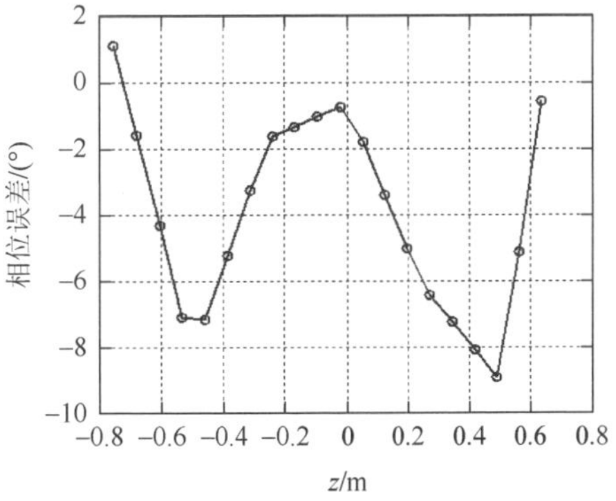

(d) $\theta=0$rad时轴向误差分布

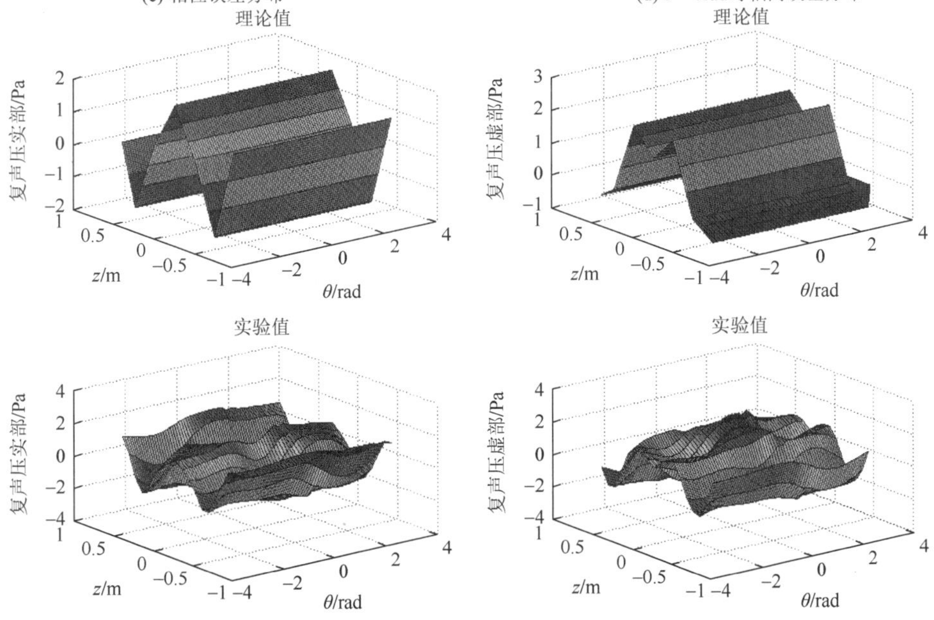

(e) 复声压实部和虚部对比分布

图 11.9　$f=3.15$kHz 时全息柱面上复声压相位的理论值、实验值及重构得到的相位误差

改变声源频率为 $f = 4\text{kHz}$ ，图 11.10 给出全息柱面上复声压相位的理论值、通过 BAHIM 技术得到的实验值及重构得到的相位误差。可以看出，实验得到的结果与理论值有很好的一致性，与图 11.9 中结果比较发现，声源频率作用结果导致相位误差增加了一倍，尤其是边缘处的变化十分明显，最大相位误差达到 30°。

为了验证采样间隔对重构误差的影响，使图 11.9 中采样间隔增大到 $\Delta z = 0.26\lambda$ ，其他参数不变，观察重构误差的变化，图 11.11 给出对比结果。可以看出，采样间隔增大了一倍，使重构效果发生了明显的变化，重构面中心处的相位误差增大了一倍，同时边缘处的误差急剧增加。值得注意的是，由于测量条件和系统复杂

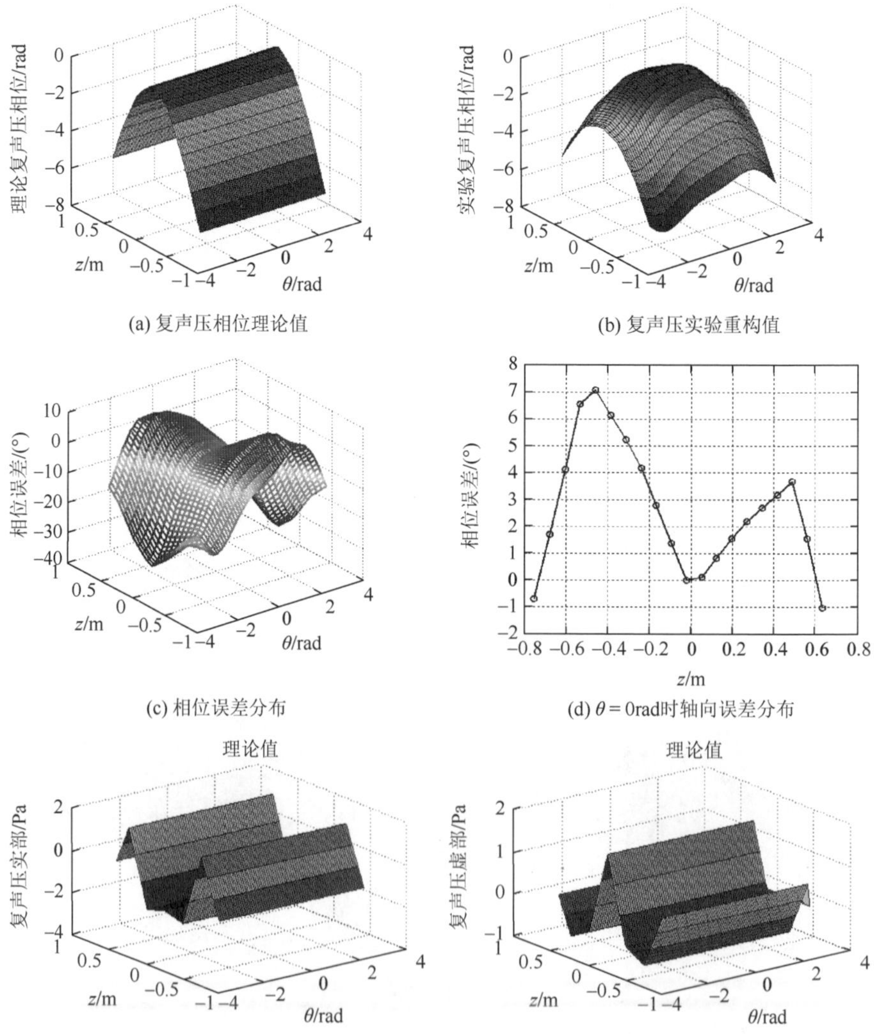

(a) 复声压相位理论值

(b) 复声压实验重构值

(c) 相位误差分布

(d) $\theta = 0$rad时轴向误差分布

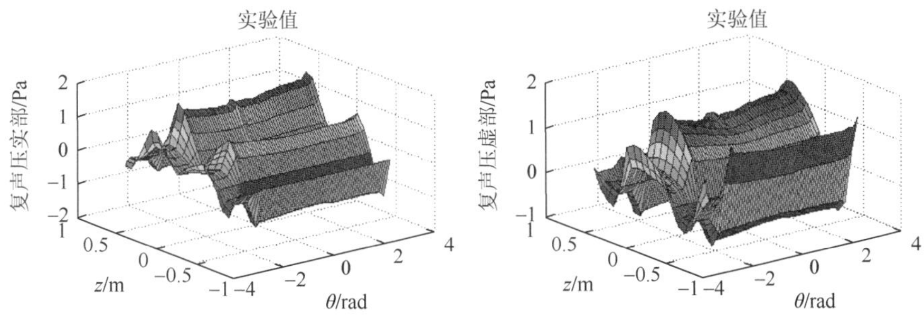

(e) 复声压实部和虚部对比分布

图 11.10　$f = 4\text{kHz}$ 时全息柱面上复声压相位的理论值、通过 BAHIM 技术得到的实验值及重构得到的相位误差

程度的限制，本实验的采样间隔只取到 $\Delta z = 0.13\lambda$，如果测量条件允许，在阵长不变的条件下再增加阵元个数或减小测量移位的距离，相信重构复声压相位面上，无论中心处还是边缘处的重构误差还会进一步减小。

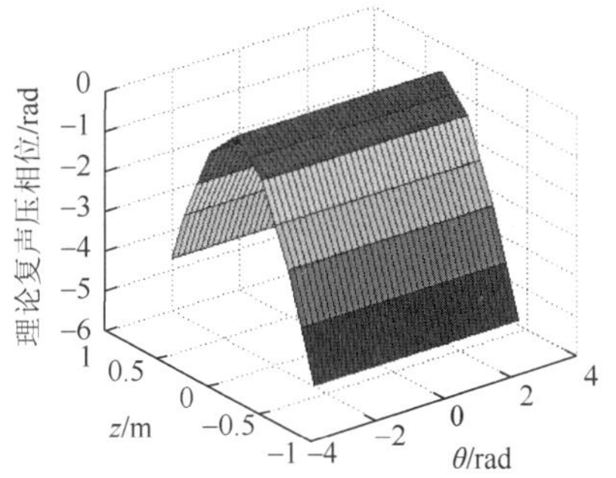

(a) 复声压相位理论值

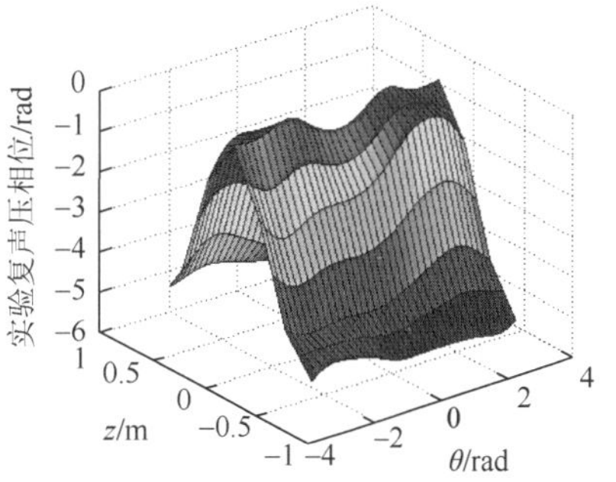

(b) 复声压实验重构值

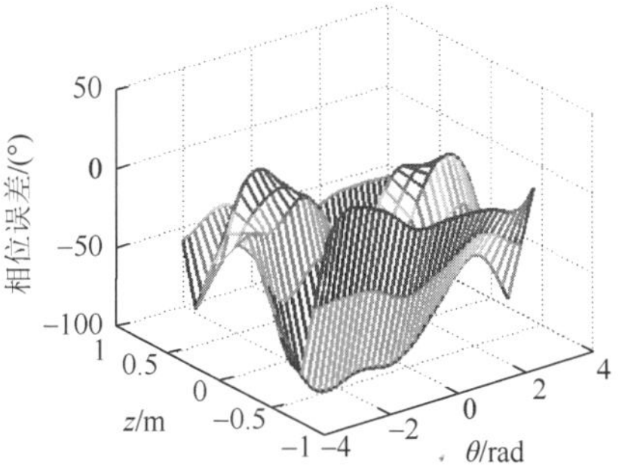

(c) 相位误差分布

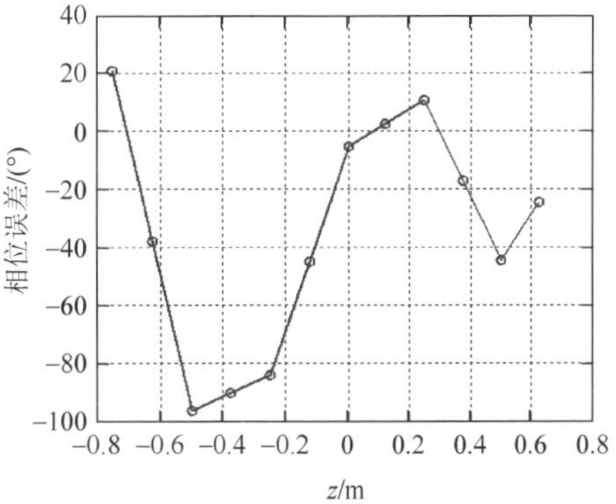

(d) $\theta = 0\text{rad}$ 时轴向误差分布

图 11.11　$\Delta z = 0.26\lambda$ 时复声压相位的理论值、实验值及重构得到的相位误差

以上基于矢量水听器阵列对柱体 BAHIM 进行了实验研究，处理结果表明：柱体 BAHIM 技术是可靠而有效的，对于低频声源，在较小的重构距离范围内，该技术能够获得较高的重构精度，完全可以用于水中柱体的噪声源识别过程中。与传统的声压测量 NAH 技术相比，BAHIM 技术还具有更大的优势：①由于获得的测量结果是平方量，它们彼此相互独立的，因此这种算法无须采用大的传声器阵列，也无须与源有关的参考信号，这就使得测量系统更加易于操作，实际应用也变得更加切实可行，而不只局限于实验室的研究工作。②实际工程中遇到的大部分辐射噪声源具有一定的带宽，且多个辐射噪声源各不相关，在这种情况下，BAHIM 法只需要全息面上的声强信息，而无须参考声压信号就可以由测得的二维声强阵列重构出全息复声压的相位分布，因此这种技术不仅限于在源激励可控的实验室内使用，它可以用于辐射噪声是宽带、稳态的声源的全息测量。③本实验中使用的矢量阵技术，已在国内外广泛地应用于研究及实际应用领域，由于它可以同时共点获得声压、质点振速和声强信息及数据获取方面的优势，使得传统算法需要多次测量得到的有功声强和复声压信息在使用矢量阵后只需一次测量就能得到，不仅测量的效率和精度提高，而且还省时省力，大大降低了测量的复杂程度。

11.2.3 统计最优近场声全息声场重构

本节采用柱面 SONAH 进行声场重构，研究柱体声源的辐射特性及重构面声压径向振速分布情况。为了突出该算法的特点，增大重构柱面的高度，使全息面与重构面尺寸相同，分别利用三种重构算法的柱体 SONAH 技术对获取数据进行重构，三种统计最优算法的重构结果比较如图 11.12 所示。

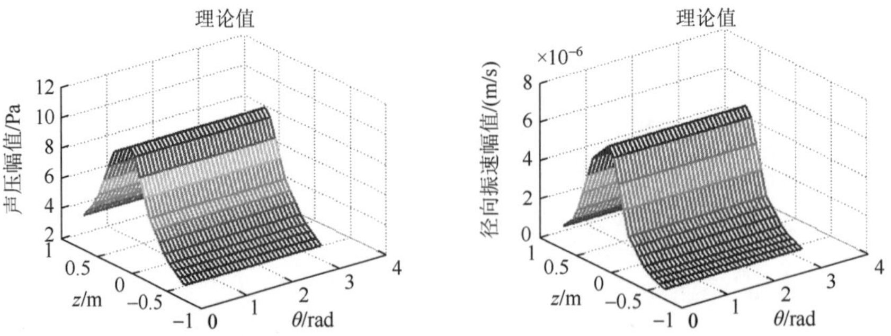

(a) 重构面声压和径向振速理论值

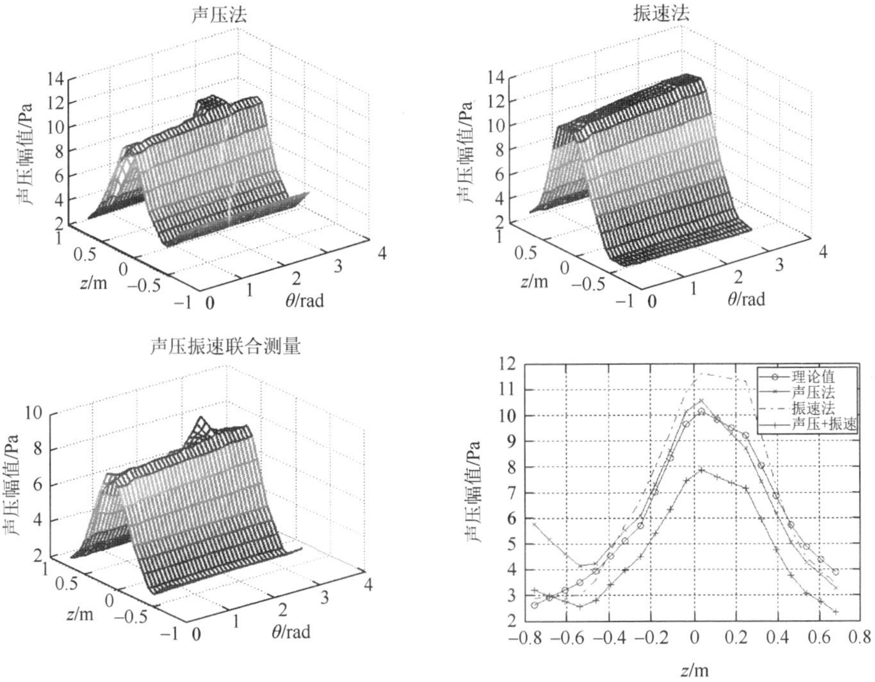

(b) 重构声压对比结果

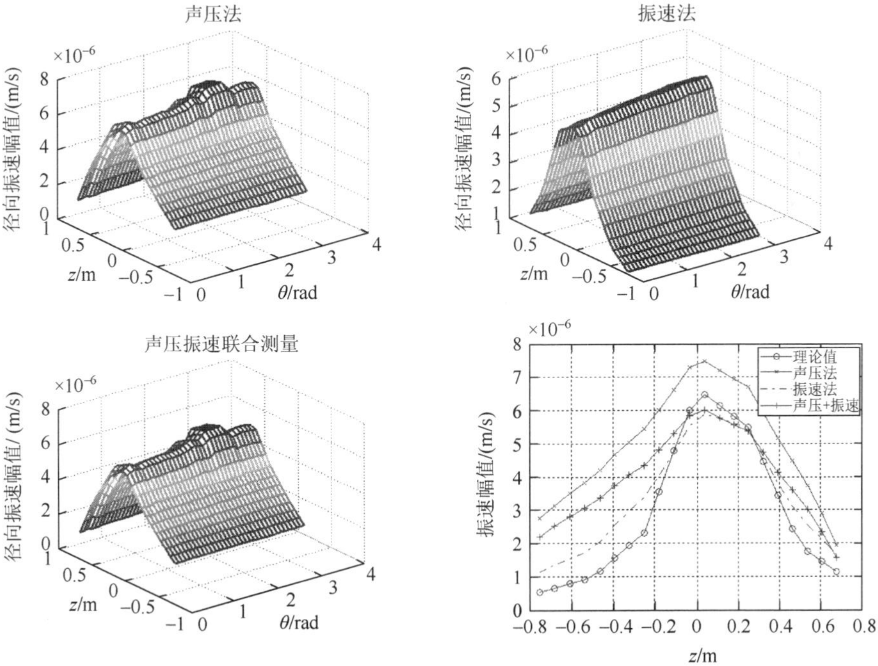

(c) 重构径向振速结果

图 11.12　三种统计最优算法的重构结果比较

由图 11.12 可知，由于声源位于原点，因此重构柱面的声场分布应该是对称的，在这里只给出了 $0 \leqslant \theta \leqslant \pi$ 面的重构结果。对比发现：在全息面与重构面孔径相同的情况下，SONAH 技术同样能获得理想的重构效果，其重构的声场结果依然很好地延续全息面声场信息的分布趋势，在边缘处的振荡误差很小，能够实现声源的准确定位，这说明它的可信度还是很高的；对于重构声压和径向振速结果，声压法和振速法仍然具有比较明显的优势，其处理结果与点声源辐射声场分布非常吻合，其中声压-声压的重构误差为–15.98dB，振速-振速的重构误差为–15.42dB。在 $2.4\text{rad} \leqslant \theta \leqslant 3\text{rad}$ 内，重构的声场分布会出现一个突出点，这可能是由测量位置误差或柱形发射换能器的表面振动不均匀产生的，具体原因还有待进一步研究。

进一步比较重构效果，改变重构距离，增加到 $d = 0.3\lambda$，图 11.13 为全息数据变换到重构柱面的声压、径向振速分布对比图。

对比图 11.12 发现，在改变重构距离的情况下，虽然三种算法能够获得一定的重构结果，但距离的变化对重构结果的影响还是比较明显的，声压-声压的重构误差增大到–12.22dB，振速-振速的重构误差变化很大，增大到–6.32dB。考虑到测量条件和环境噪声的影响，实验得到的重构误差随重构距离变化的整体趋势与仿真结果的吻合程度还是很高的。

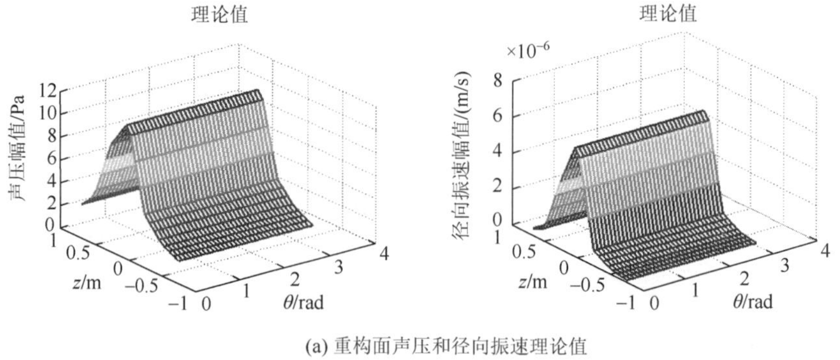

(a) 重构面声压和径向振速理论值

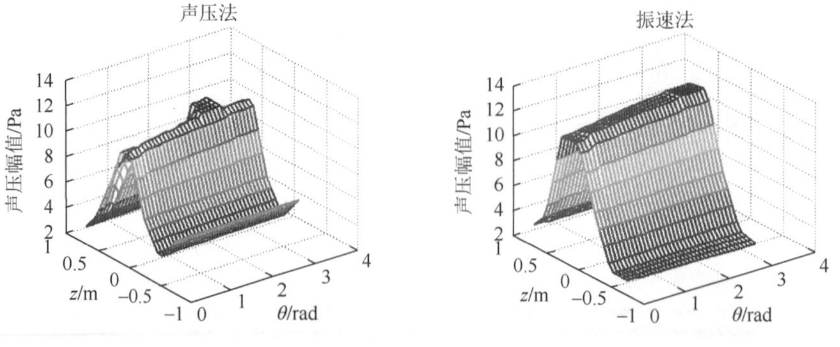

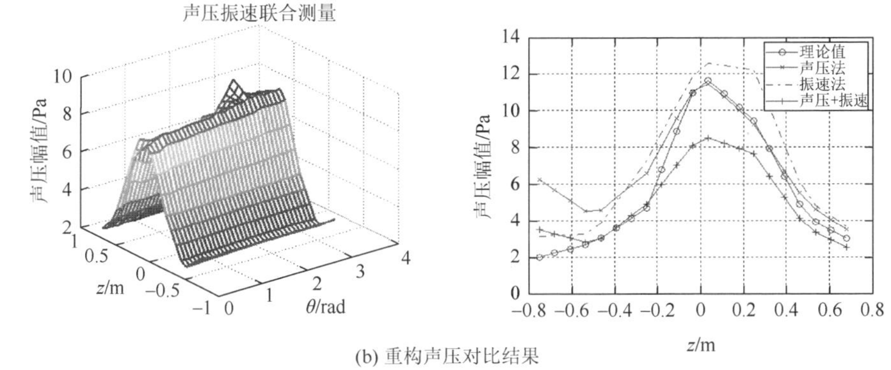

(b) 重构声压对比结果

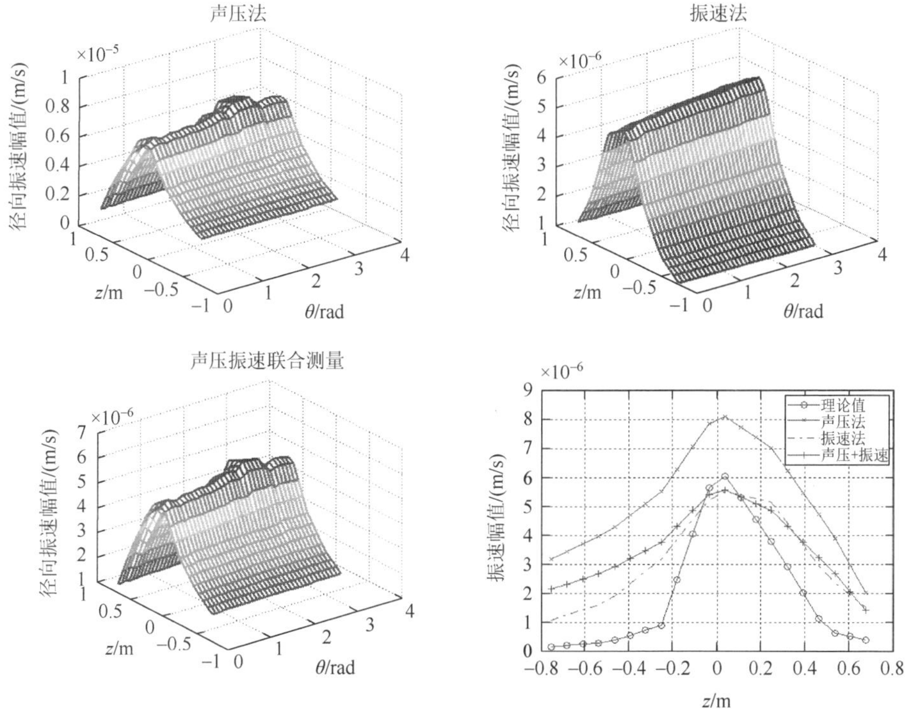

(c) 重构径向振速结果

图 11.13　全息数据变换到重构柱面的声压、径向振速分布对比图

11.2.4　水中运动声源近场声全息声场重构

本节介绍构建水平矢量阵测试系统进行运动声源定位识别的湖试试验。如图 11.14 所示，水平矢量阵测量系统由八只三维矢量水听器构成，编号为 0～7。矢量水听器两端为半球形中间为圆柱形，整体形状为胶囊形，无硬性电缆头，外

壳尺寸为$\phi 44\text{mm}\times 86\text{mm}$。工作频率为20Hz～5kHz。振速通道的自由场灵敏度约为–184dB，声压通道的自由场灵敏度约为–198dB（0dBref：1V/μPa）。基阵阵元间距为0.75m，基阵孔径为5.25m。矢量阵水平吊放于距离测量船约120m处的开阔水域，基阵中心入水深度为9m，试验水域水深约为30m。试验中以小船辐射噪声为声源，小船由水平阵一侧正横方向约100m处起始，垂直穿过基阵至另一侧约100m处停止。

图11.15为八元矢量水听器阵列。

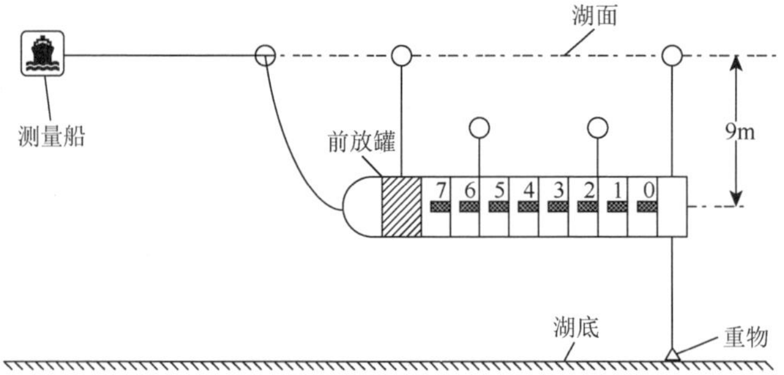

图11.14　水平矢量阵布放示意图

图11.15　八元矢量水听器阵列

在水池试验中，我们已经对柱状声源的全息重构问题进行了相关的研究，并取得很好的结果。而对于外场试验，由于受到研究经费、被测目标外形、测量复杂程度、测量条件及测量环境的限制，试验中既要验证算法和测量算法的可行性，又要反映项目研究真实性的条件很难满足，因此本试验只能采用水中简单运动声源，初步地对部分全息算法和测量算法进行验证。

实艇测试中，如果采用矢量阵运动、舰艇不动的连续扫描法，试验难度将大大增加，而采取舰艇运动矢量阵不动的连续扫描法就方便得多。根据相对运动原理，这一过程相当于声源不动，矢量阵对声源的辐射声场进行连续扫描，从而形成一个水下全息面。此算法耗时少，声源运动一次即可完成一次测量面数据采集，便于工程实现，因此对这种平面移动全息测量算法的研究具有很高的实用价值。

以往的研究也表明，对于分辨率要求不是很高的噪声源识别，或者当测试环境的背景噪声较低时，可以将全息面置于相对较远的近场进行测量，这样，对于不适合进行进场测试的环境，不但可以保证测试的安全，同时也能捕获到足够的倏逝波信息。因此，为了真实地反映实际测量情况，同时保证测量仪器不被损坏，测量时，矢量水听器阵水平放置于水下 9m 处静止不动，每次小船沿矢量阵中垂线方向以 2m/s 的速度匀速穿过矢量阵上方，形成一个等效的阵列扫描效果。目标小船由西向东方向，以约 2m/s 的速度匀速垂直行驶过阵列上方。当小船开始穿越矢量阵时开始采集试验数据，穿越矢量阵结束后停止记录。试验测量算法示意图如图 11.16 所示。

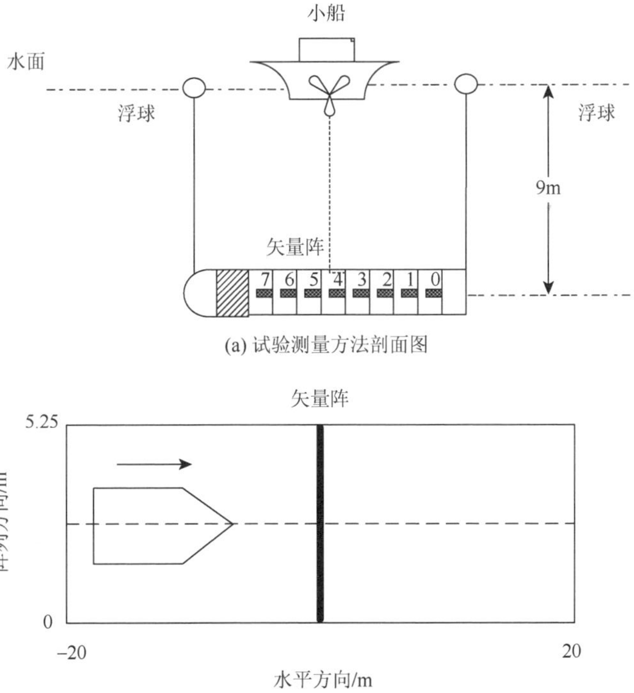

(a) 试验测量方法剖面图

(b) 试验测量方法俯视图

图 11.16　试验测量算法示意图

根据实际测量方法和试验目的分析确定近场声全息的试验参数。小船噪声各频率位移与速度随时间的变换关系如图 11.17 所示，矢量阵长度为 5.25m，阵元间隔为 0.75m，为了减少水反射，使阵列位于水下深度 9m 处。小船长 15m，宽 3m，吃水深度为 1m，发动机、变速箱和螺旋桨分别位于船的尾部。测量时，当船在水面航行通过固定的测量基阵时，由计算机控制数据采集器将连续信号分段离散，形成 40m×5.25m 的测量面。

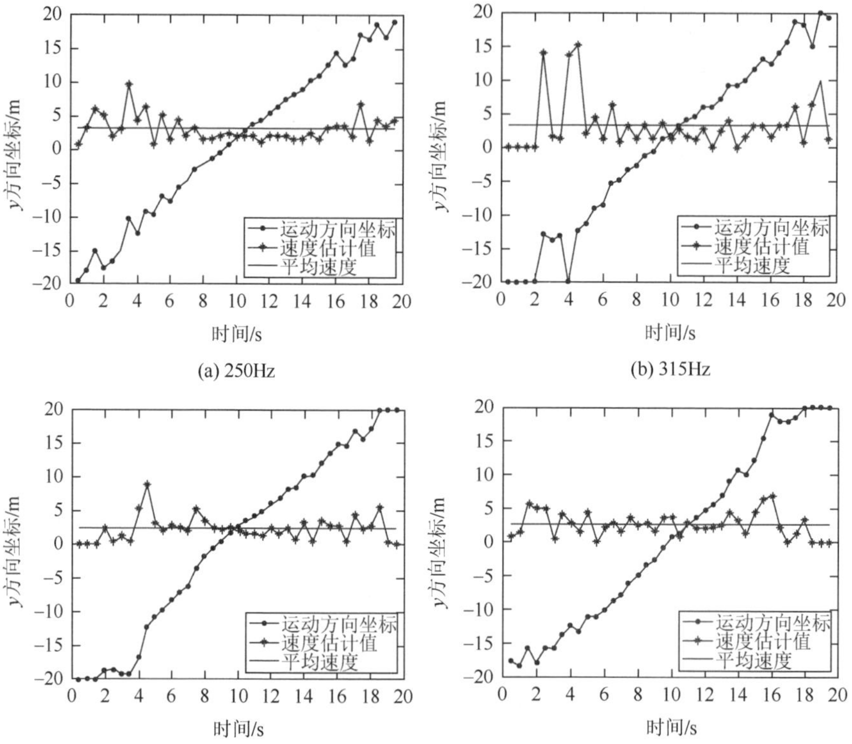

(a) 250Hz　(b) 315Hz　(c) 400Hz　(d) 500Hz

图 11.17　小船噪声各频率位移与速度随时间的变换关系

由于数据长度是基于阵列位置对称截取的，同时小船垂直穿过阵列上方，采用近场声全息算法对试验数据进行分析。图 11.18 给出了不同频率时的全息重构结果图。

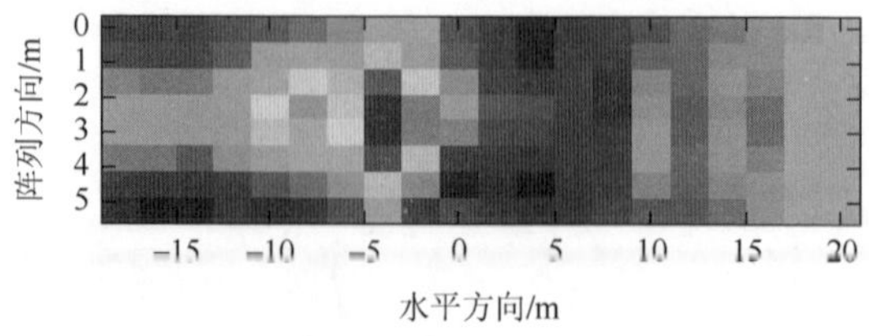

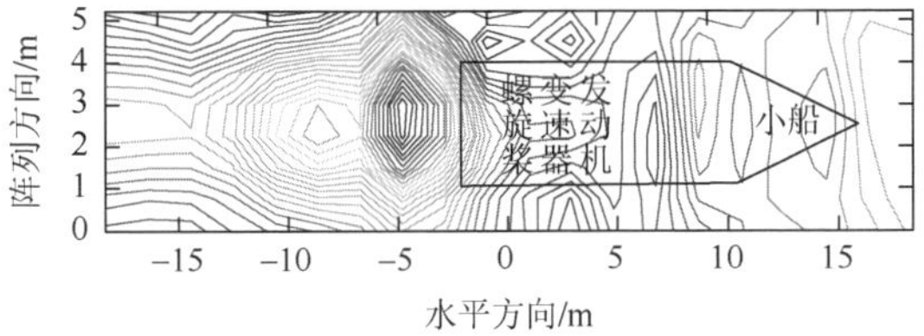

(a) 250Hz时声源重构结果

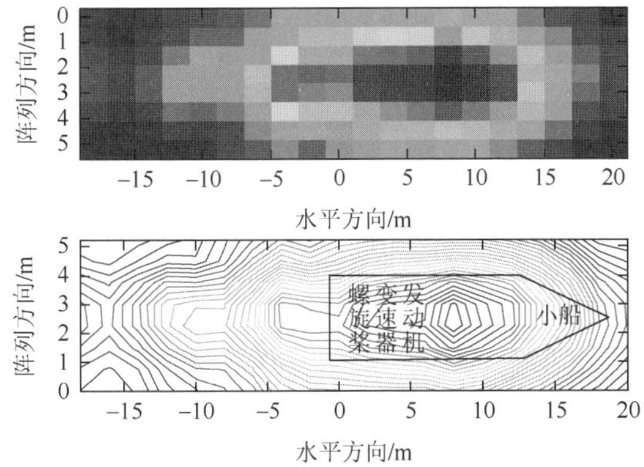

(b) 315Hz时声源重构结果

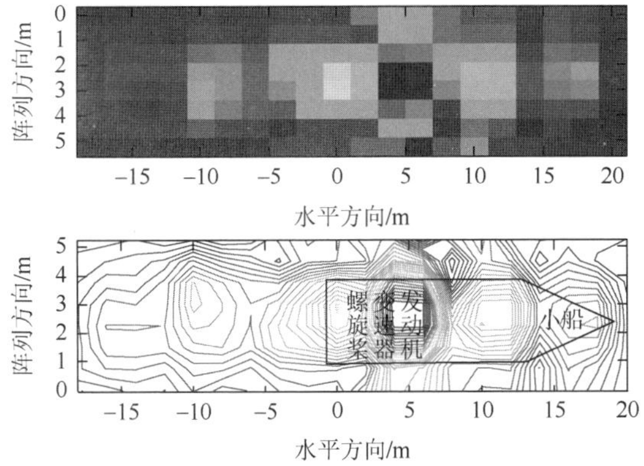

(c) 400Hz时声源重构结果

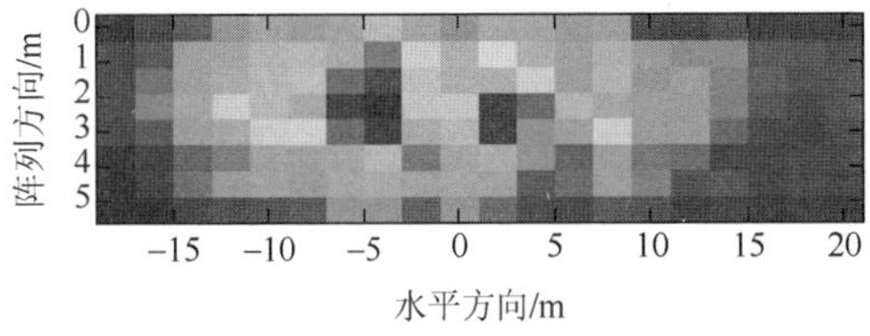

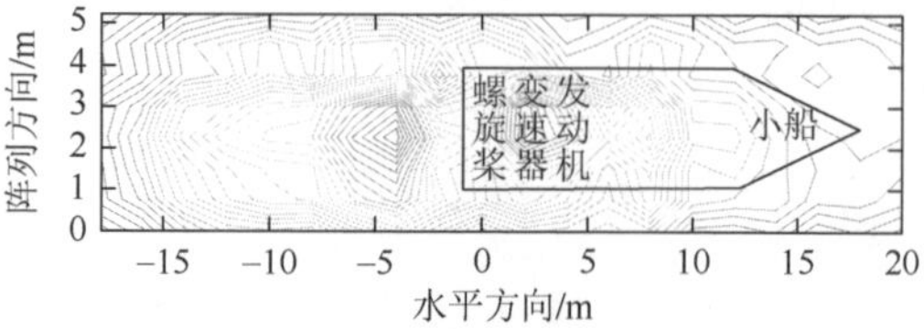

(d) 500Hz时声源重构结果

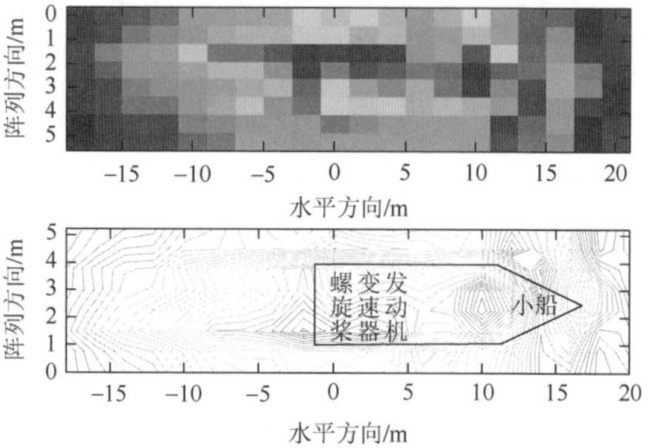

(e) 630Hz时声源重构结果

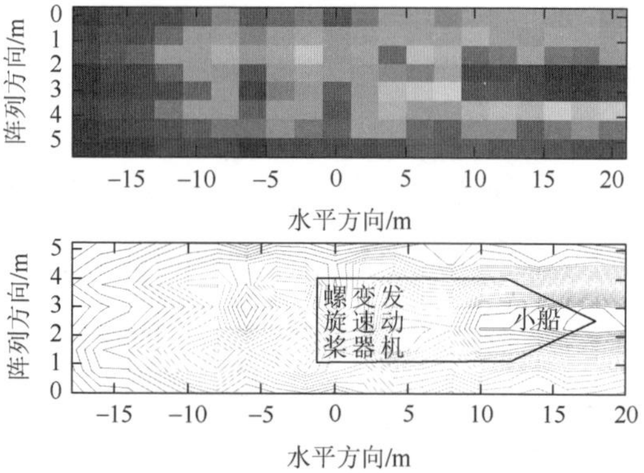

(f) 800Hz时声源重构结果

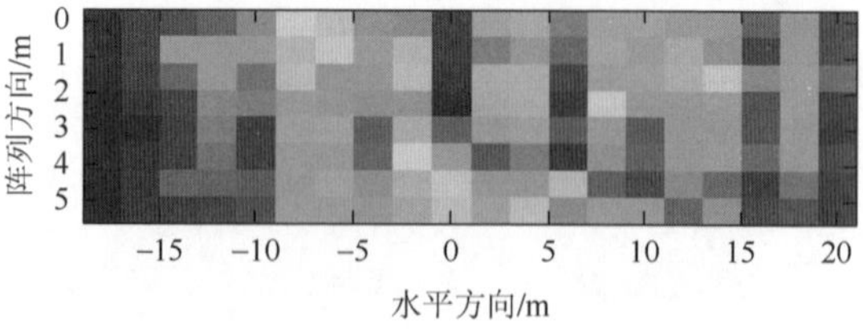

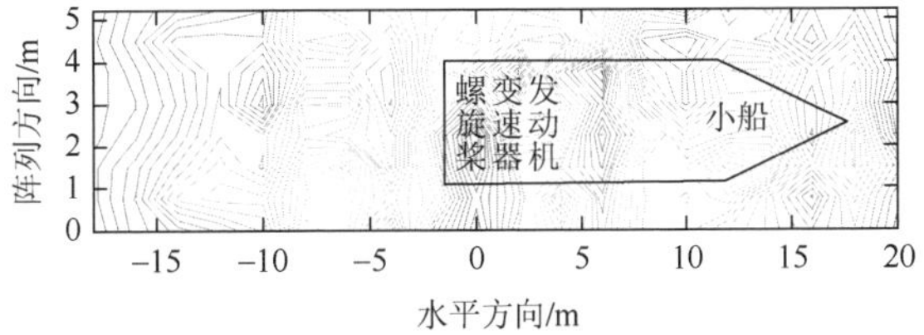

(g) 1kHz时声源重构结果

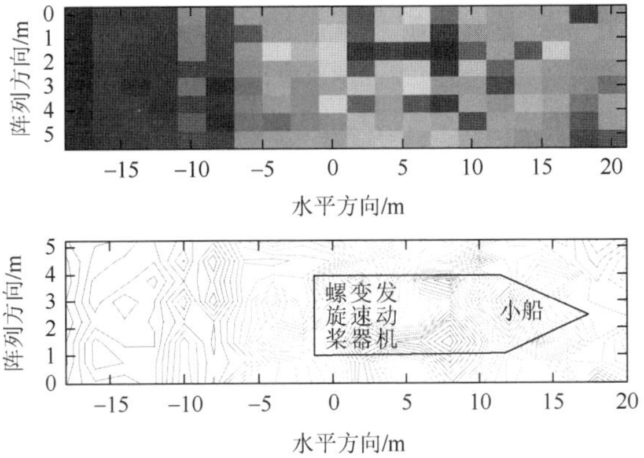

(h) 1.25kHz时声源重构结果

图 11.18　不同频率时的全息重构结果图

由于被测小船在水下噪声频谱较宽，图 11.18 给出了当频率为 250Hz、315Hz、400Hz、500Hz、630Hz、800Hz、1kHz 和 1.25kHz 时声源重构结果。可以看到，当频率较低，为 250Hz 时，噪声源主要集中在船的尾部，这可能是由螺旋桨产生的水流或波浪引起的；当频率为 315Hz 时，噪声源位置主要集中在船体的中心位置，同时发动机的振动使得船底壳均成为辐射声源；当频率升高至 400Hz 时，小船的中心部位及整个船体周围的亮度区域增大，这个中心区域是小船的发动机位置，这一性质表明了该发动机振动发声情况；当频率为 500Hz 时，声源位置发生了改变，噪声源位置主要集中在距船尾 5m 处及小船的螺旋桨和变速箱位置；当频率为 630Hz 时，声源位置逐渐前移，当频率为 800Hz 时，小船发动机位置亮度不明显，而船首区域亮度增强；当频率为 1kHz 和 1.25kHz 时，声源的亮度区域比较分散，但都主要分布在船体周围。由图 11.18 可以清楚地看出声源位置，声源位置与发动机、变速箱、螺旋桨及船底壳的实际位置完全吻合，能正确地识别水中运动声源的位置和大小，结果和测量算法是可靠且有效的。

由本节试验数据结果可知，重构值也存在不小的误差，尤其是阵列方向，声压幅值分布并不平滑，总结原因如下：一是当进行外场试验时，由于全息成像条件并没有严格地得到满足，如重构距离过大、小船运动速度不稳定及其运动方向的不确定等问题使得重构结果和清晰度并不是很理想；二是由于无法严格满足全息成像所需条件，测量的精确度和准确性很难保证，当小船在矢量阵上方通过时，会产生船运动方向与阵列不垂直、水听器阵列的位置不完全水平、发射换能器不沿阵列的中线方向穿过等一系列的不确定因素；三是因为在外场试验过程中，布放后的水听器阵列的位置不可移动，同样是测量条件的限制使得在全息面的 z 方向上测量点的个数只能为 8 个，测量间隔为水听器之间的间隔，通过这样测量得到的试验数据，在声全息重构过程中势必会对重构面上声源位置的判断、分辨率及重构频率的上下限产生影响。

11.3　运动声源聚焦定位实例

11.3.1　标准声源聚焦定位实例

作者团队于吉林松花湖构建水平矢量阵测试系统并开展噪声源定位识别验证试验。水平矢量阵由 7 只三维矢量水听器构成，阵元间距为 0.75m，基阵孔径为 4.5m。水平矢量阵吊放于测量船尾部，基阵中心入水深度为 11.3m，试验水域水深约为 30m。在测量船船尾设置了刚性支架，基阵入水前测量基阵中心至刚性支架间的距离为 0.85m，此距离即为声源面距离基阵之间的正横距离。声源经由缆绳与刚性支架通过滑轮连接，试验前在缆绳上标记刻度，方便试验时了解声源的入水深度。图 11.19 为水平矢量阵测量系统侧视图。图 11.20 为水平矢量阵测量系统俯视图。图 11.21 为水平矢量阵坐标系定义示意图，基阵中心 4 号阵元位于坐标系原点。选取单声源试验工况，标记声源入水深度为 13.6m，即声源在图 11.19～图 11.21

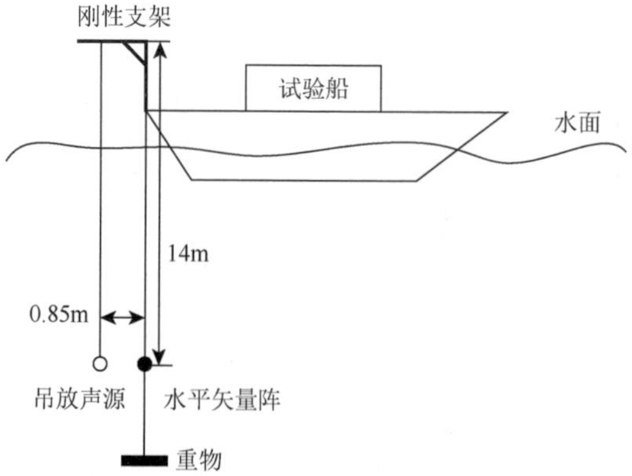

图 11.19　水平矢量阵测量系统侧视图

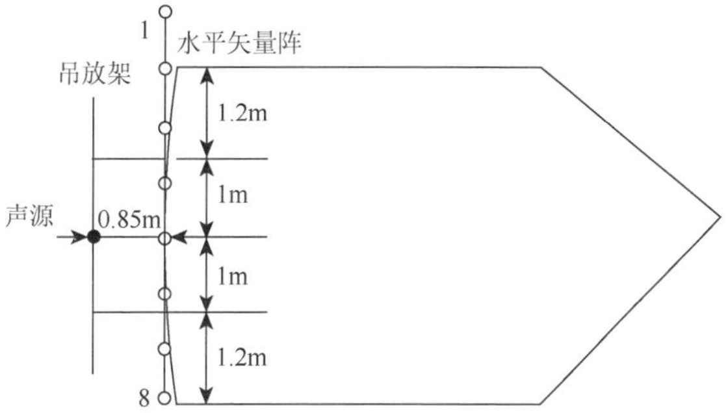

图 11.20　水平矢量阵测量系统俯视图

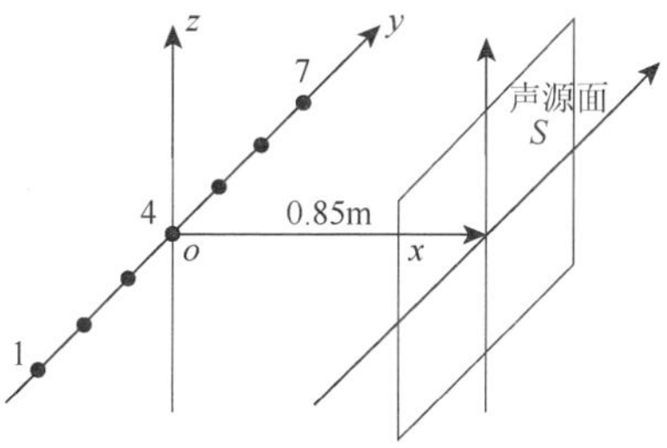

图 11.21　水平矢量阵坐标系定义示意图

所示坐标系下的坐标为(–0.5m, –2.3m)，声源频率 $f = 1\text{kHz}$，采样率 $f_s = 32.768\text{kHz}$，扫描区域为 y 方向坐标范围为–1～1m、z 方向坐标范围为–5～5m 的平面。可以处理 2048 个数据快拍。

当基阵布放时，入水深度及姿态由两端连接的缆绳控制，实际布放时很难保证水平。由于基阵各个阵元之间采用刚性支架连接，对阵元位置扰动的影响较小，同时，在相位误差、振速指向误差等不是十分严重的条件下，聚焦算法对误差具有良好的适应能力，可以采用聚焦算法对分段数据进行定位。下面对几组不同频率声源在垂直方向自上而下运动的数据进行处理，每隔 1s 给出一个定位点。以下均是在假设基阵与大地保持水平的条件下获得的聚焦定位轨迹（图 11.22）。

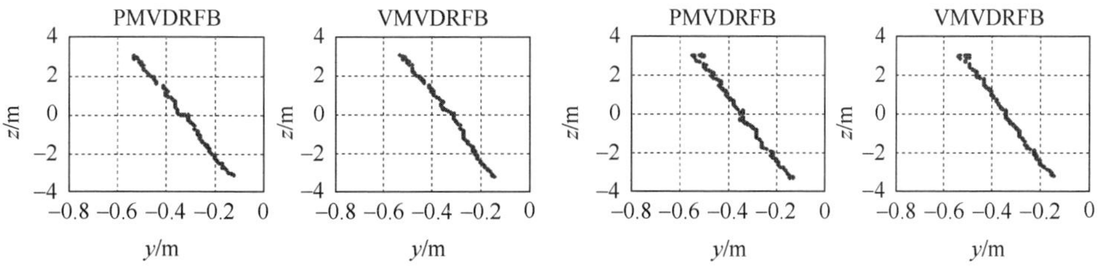

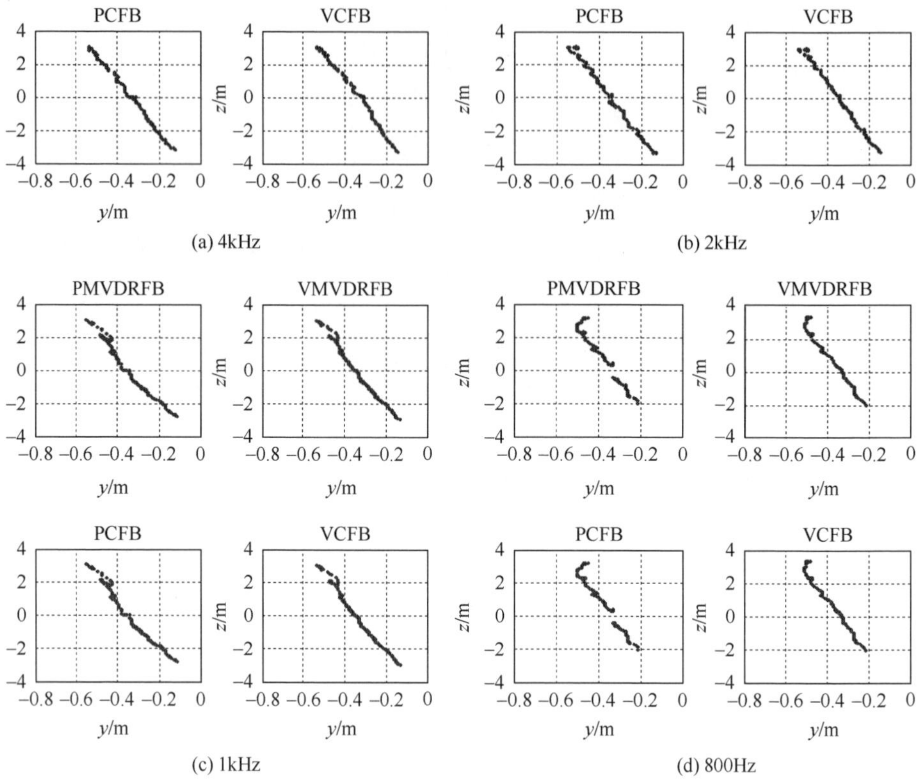

图 11.22　不同频率运动声源聚焦定位轨迹

以上聚焦处理时均认为基阵与大地保持水平，四组运动轨迹均显示出基阵姿态有略微倾斜的趋势，倾斜角度可以由初始运动轨迹节点和结束轨迹节点的横纵坐标差值之比进行估计，计算得到倾斜角度 $\alpha \approx 3.91°$，基阵向 y 正向一侧倾斜。在对声源实施定位识别之前，需要对基阵姿态进行修正。图 11.23 为坐标系变换示意图。yoz 为参考坐标系，$y'oz'$ 为变换坐标系。坐标旋转变换公式可由向量法求得，这里直接给出变换后的坐标表示式。绕 z 轴的旋转矩阵可以表示为

$$\boldsymbol{R}_z(\gamma)=\begin{bmatrix}1 & 0 & 0\\ 0 & \cos\gamma & \sin\gamma\\ 0 & -\sin\gamma & \cos\gamma\end{bmatrix} \tag{11.2}$$

将 γ 定义为 yoz 按右手系规则旋转的角度，有 $\gamma=-\alpha$。设 (x_0,y_0,z_0) 为参考坐标系 yoz 下的扫描点坐标，则 (x_0',y_0',z_0') 为在变换坐标系 $y'oz'$ 下的坐标，有

$$\begin{bmatrix}x_0' & y_0' & z_0'\end{bmatrix}=\boldsymbol{R}_z(\gamma)\begin{bmatrix}x_0 & y_0 & z_0\end{bmatrix}^{\mathrm{T}} \tag{11.3}$$

由图 11.24 可知，经过基阵姿态校正后的运动声源聚焦定位轨迹已基本保持垂直，此后进行的声源定位识别试验均是在坐标变换后实现的。

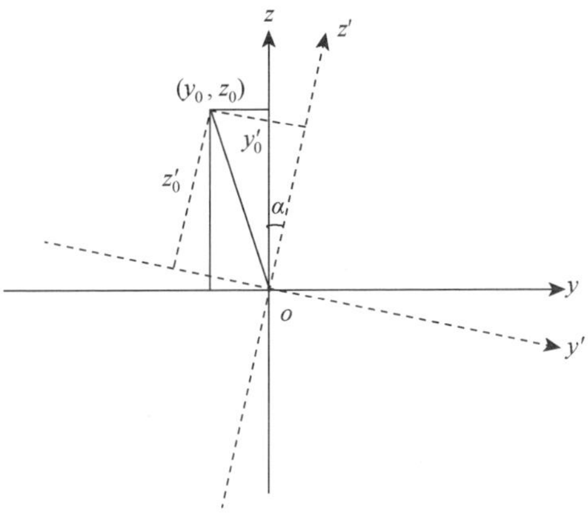

图 11.23　坐标系变换示意图

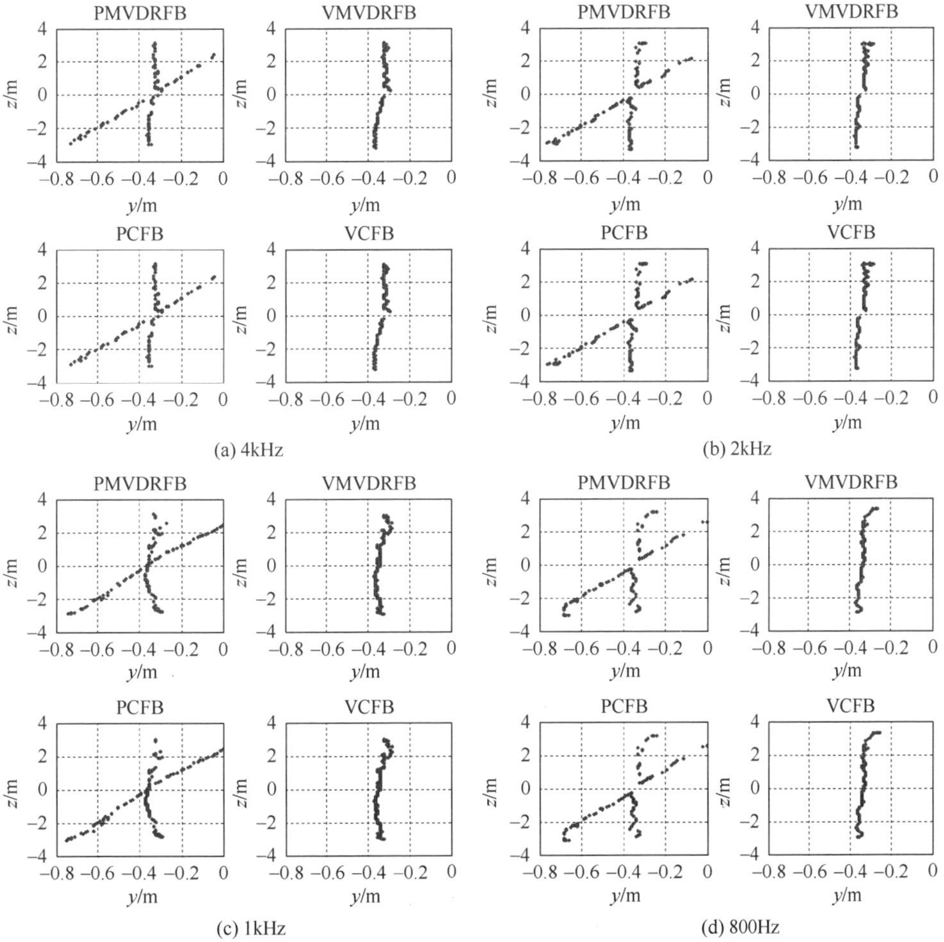

图 11.24　经基阵姿态校正后不同频率运动声源聚焦定位轨迹

由于试验中声源运动速度较慢，每隔 10s 对数据进行分段，进而生成虚拟阵列坐标，由此得到的虚拟阵元数为 49 个。图 11.25 为稀疏虚拟阵列聚焦空间谱切片。图 11.26 为稀疏虚拟阵列聚焦空间谱。定位结果为（–1.9m, –0.5m），与声源布放情况吻合。对比可知，MCFB 算法的聚焦分辨率不足，在空间谱中出现大片的亮区，并存在严重的旁瓣起伏；同时，由于湖试试验容易受到基阵布放误差及水流的影响，同时基阵本身各通道之间的幅相不一致性的存在使 MMVDRFB 算法出现严重的性能退化，动态范围减小至只有 3.5dB，无法满足噪声源定位识别的要求。RMMVDRFB 算法在试验数据处理中表现十分稳健，具有尖锐的聚焦峰尺度，并能有效地压制背景级，动态范围大于 50dB。

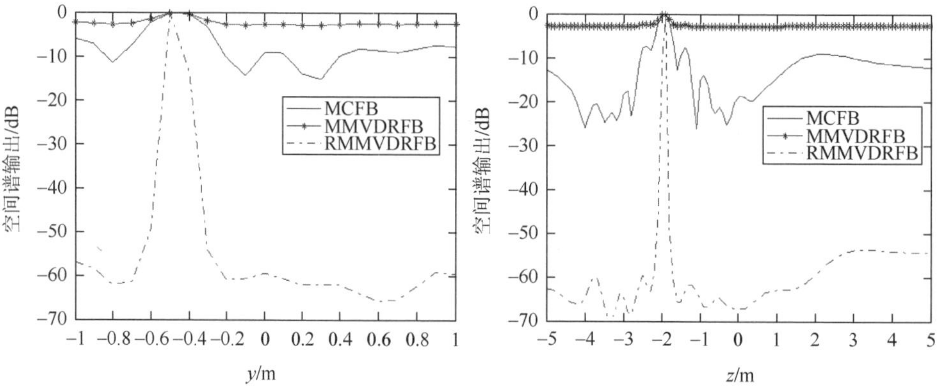

(a) 沿x方向的聚焦空间谱切片　　(b) 沿z方向的聚焦空间谱切片

图 11.25　稀疏虚拟阵列聚焦空间谱切片

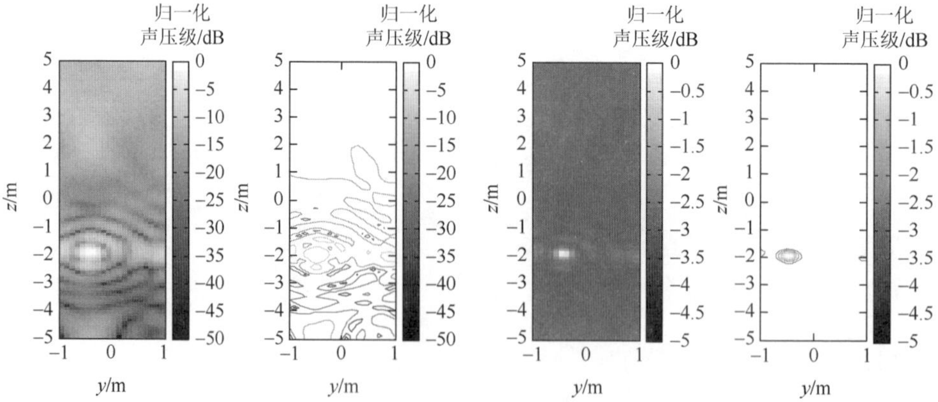

(a) MCFB　　(b) MMVDRFB

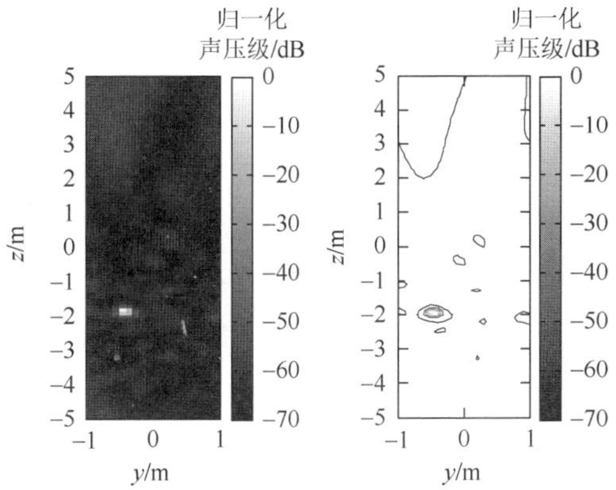

(c) RMMVDRFB

图 11.26　稀疏虚拟阵列聚焦空间谱

11.3.2　运动舱段模型噪声源柱面聚焦定位实例

根据声源辐射面的不同，可以选择柱面聚焦或平面聚焦的方式，真实地反映噪声源的空间分布情况。本节介绍运动舱段模型噪声源柱面聚焦定位试验，给出了舱段模型噪声源定位结果。

1. 运动声源矢量阵近场柱面聚焦试验

在开阔水池中开展舱段模型噪声源测试试验，利用聚焦波束形成获得舱段模型声源定位结果。完整硬件系统包括激振机及隔振装置、舱段结构振动测量系统及水下矢量阵测试系统。其中，舱段结构振动测量系统包括加速度计、电荷放大器、数据采集器等（置于舱段内部）。水下矢量阵测量系统包括矢量阵、前置放大器、信号传输电缆、信号调理器、滤波放大器、数据采集器和计算机数据存储与分析处理系统（置于岸上）。振动测量系统与声辐射测量系统采用同时基工作方式。舱段模型由水池岸边的卷扬机牵引在水池中进行往复运动，并控制舱段模型做匀速直线运动，试验中运动速度约为 0.35m/s。为了便于对噪声源的定位精度进行分析，在模型外表面中心底部加装标准声源，发射 4kHz 频率的单频信号，将其定位结果作为参考，即可获得舱段上的噪声源相对于该标准声源的位置。矢量阵放置于水池中心，阵元个数为 10 个，阵元间距为 0.75m，基阵孔径为 6.75m，基阵中心入水深度约为 9m。

根据试验测试过程，可以建立运动舱段模型声源测试模型，如图 11.27 所示。各声源分布于柱面 S 上，并随该声源面一起以相同的速度运动。根据第 10 章介绍的运动声源测试过程和阵列接收信号模型，水平阵由 M_z 个水听器组成，阵元间距为Δz，令中心阵元位于坐标系原点O，柱面中轴线与基阵之间的距离$\overline{OO'}=x_s$，水平阵在整个测量过程中保持静止。根据运动的相对性，可以假设该声源面静止，水平阵距离声源面一定的距离，以相同速度向相反方向，由远及近接近声源并由近及远远离声源做匀速直线运动。舱段柱面半径为r_0，若声源面上共分布了Q个相干声源，第i个声源的空间位置为$s_i(y_i,\theta_i)$；声源以速度v从$y=L/2$处匀速运动到位置$y=-L/2$处，运动距离为L；相对地，认为声源不动，矢量阵以相同的速度v由$y=0$处反向运动到$y=L$处。采集并记录舱段模型完整运动过程中的矢量阵数据。

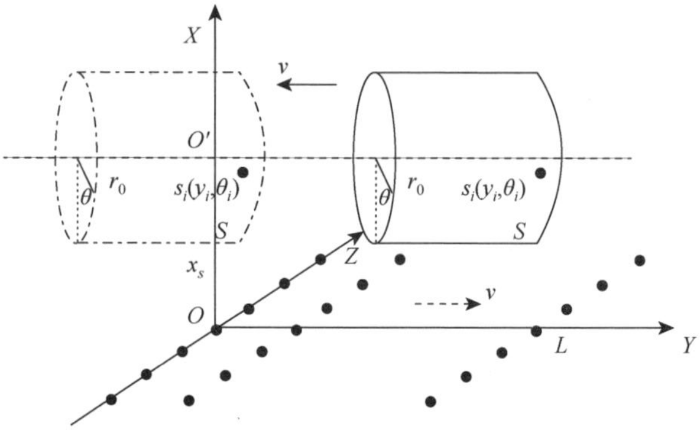

图 11.27　运动舱段模型声源测试模型

2. 虚拟阵列数据矩阵的获取

将数据分为M_y段，每段数据长度为L_s，虚拟面阵的y方向的阵元个数为M_y，设$\boldsymbol{y}_a$和$\boldsymbol{z}_a$分别为水平阵$M_y\times 1$ y方向和$M_z\times 1$ z方向坐标向量，$\boldsymbol{Y}_a$和$\boldsymbol{Z}_a$分别为$(M_y\cdot M_z)\times 1$的虚拟阵列y方向和z方向坐标向量。对每个分段数据均在声源所在柱面S上进行聚焦扫描，设某一扫描点坐标为$(\hat{y},\hat{\boldsymbol{\theta}})$，则转化至直角坐标系下的坐标为$(x_s-\cos\hat{\boldsymbol{\theta}},\hat{y},\sin\hat{\boldsymbol{\theta}})$，$\hat{\boldsymbol{r}}$、$\hat{\boldsymbol{\theta}}$和$\hat{\boldsymbol{\varphi}}$分别为该扫描点至接收基阵的$(M_y\cdot M_z)\times 1$聚焦距离、方位角和俯仰角矢量。$\hat{\boldsymbol{A}}(\hat{\boldsymbol{r}},\hat{\boldsymbol{\theta}},\hat{\boldsymbol{\varphi}})$为$(4M_y\cdot M_z)\times 1$虚拟矢量阵聚焦导向矢量，$\hat{\boldsymbol{R}}_v$为$(4M_y\cdot M_z)\times(4M_y\cdot M_z)$虚拟阵列采样数据协方差矩阵，基于 Bartlett 处理器的柱面聚焦（MCBFB）算法空间谱可以写为

$$P_{\mathrm{MCBFB}}(\hat{\boldsymbol{r}},\hat{\boldsymbol{\theta}},\hat{\boldsymbol{\varphi}})=\left(\hat{\boldsymbol{A}}(\hat{\boldsymbol{r}},\hat{\boldsymbol{\theta}},\hat{\boldsymbol{\varphi}})\right)^{\mathrm{H}}\hat{\boldsymbol{R}}_v\left(\hat{\boldsymbol{A}}(\hat{\boldsymbol{r}},\hat{\boldsymbol{\theta}},\hat{\boldsymbol{\varphi}})\right) \tag{11.4}$$

利用舱段模型外表面正下方安装的 4kHz 标准声源，得到舱段通过矢量阵的真实时刻，选取标准声源的位置为原点建立坐标系并选取适当的扫描范围。截取经过正横对称两侧共 40s 的辐射噪声数据进行分析。每隔 0.5s 利用 MCBFB 算法对标准声源发出的 4kHz 单频信号进行定位，得到运动声源定位轨迹如图 11.28 所示，由运动轨迹可以估算舱段的运动速度约为 0.35m/s。

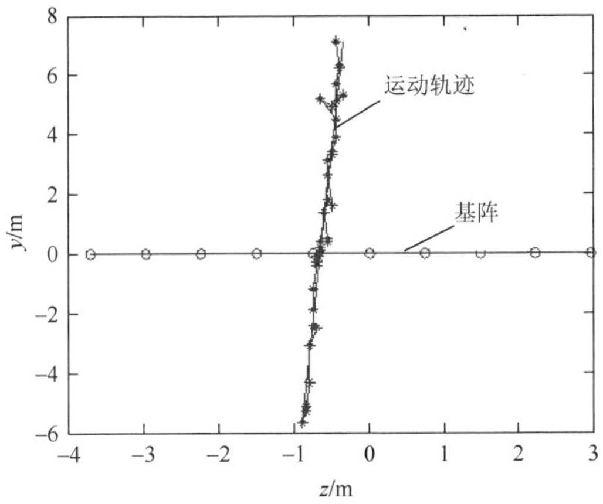

图 11.28　运动声源定位轨迹

3. 宽带信号虚拟阵列柱面聚焦算法

对舱段模型声源宽带连续谱信号进行处理。令 $\boldsymbol{P}'_{\text{band}}$、$\boldsymbol{V}'^{(x)}_{\text{band}}$、$\boldsymbol{V}'^{(y)}_{\text{band}}$ 和 $\boldsymbol{V}'^{(z)}_{\text{band}}$ 分别为利用虚拟阵列数据获取算法得到的 $(M_yM_z)\times T_0$ 虚拟矢量阵声压及振速数据矩阵。可知每个虚拟通道接收信号的序列长度为 T_0，将其分为 U 段，每一段序列长度为 ΔT，每一段接收信号经 FFT 后，在信号频带 $f_l \sim f_h$ 内可以划分为 K 个互不重叠的子带，即频点数为 K，同时在每个频点上有 U 个频域快拍。则频域分解后在 f_k 上的 $(M_yM_z)\times U$ 声压及三维振速数据矩阵可以写为 $\boldsymbol{P}'(f_k\,|\,\boldsymbol{r})$、$\boldsymbol{V}'^{(x)}(f_k\,|\,\boldsymbol{r},\boldsymbol{\theta},\boldsymbol{\varphi})$、$\boldsymbol{V}'^{(y)}(f_k\,|\,\boldsymbol{r},\boldsymbol{\theta},\boldsymbol{\varphi})$ 和 $\boldsymbol{V}'^{(z)}(f_k\,|\,\boldsymbol{r},\boldsymbol{\theta},\boldsymbol{\varphi})$。得到 f_k 上的 $(4M_yM_z)\times U$ 矢量阵数据矩阵 $\boldsymbol{X}_v(f_k\,|\,\boldsymbol{r},\boldsymbol{\theta},\boldsymbol{\varphi})$。得到第 k 个子带的矢量互谱密度矩阵分别为 $\boldsymbol{R}^{(v)}(f_k)$ 和 $\boldsymbol{R}_N^{(v)}(f_k)$，以及该扫描点对应的 $(4M_yM_z)\times 1$ 矢量阵聚焦方向矢量 $\hat{\boldsymbol{A}}'^{(v)}(f_k\,|\,\hat{\boldsymbol{r}},\hat{\boldsymbol{\theta}},\hat{\boldsymbol{\varphi}})$。

选取 f_0 为聚焦参考频率点，得到在扫描位置 $(\hat{y},\hat{\boldsymbol{\theta}})$ 处的声压聚焦方向矢量 $\hat{\boldsymbol{A}}'^{(p)}_{\text{CSS}}(f_0\,|\,\hat{\boldsymbol{r}})$ 和三个方向的振速聚焦方向矢量 $\hat{\boldsymbol{A}}'^{(x)}_{\text{CSS}}(f_0\,|\,\hat{\boldsymbol{r}},\hat{\boldsymbol{\theta}},\hat{\boldsymbol{\varphi}})$、$\hat{\boldsymbol{A}}'^{(y)}_{\text{CSS}}(f_0\,|\,\hat{\boldsymbol{r}},\hat{\boldsymbol{\theta}},\hat{\boldsymbol{\varphi}})$ 和 $\hat{\boldsymbol{A}}'^{(z)}_{\text{CSS}}(f_0\,|\,\hat{\boldsymbol{r}},\hat{\boldsymbol{\theta}},\hat{\boldsymbol{\varphi}})$，以及矢量聚焦方向矢量 $\hat{\boldsymbol{A}}'^{(v)}_{\text{CSS}}(f_0\,|\,\hat{\boldsymbol{r}},\hat{\boldsymbol{\theta}},\hat{\boldsymbol{\varphi}})$。利用第 8 章中 CSS 聚焦变换算法，分别得到 f_k 上的声压聚焦变换矩阵 $\boldsymbol{T}^{(p)}(f_k\,|\,\hat{\boldsymbol{r}})$、矢量阵聚焦变换矩阵 $\boldsymbol{T}^{(v)}(f_k\,|\,\hat{\boldsymbol{r}})$。得到扫描位置 $\hat{\boldsymbol{r}}$ 处频率 f_k 上聚焦变换后的协方差矩阵 $\boldsymbol{R}^{(v)}_{\text{focus}}(f_k\,|\,\hat{\boldsymbol{r}},\hat{\boldsymbol{\theta}},\hat{\boldsymbol{\varphi}})$：

$$\boldsymbol{R}^{(v)}_{\text{focus}}(f_k\,|\,\hat{\boldsymbol{r}},\hat{\boldsymbol{\theta}},\hat{\boldsymbol{\varphi}})=\boldsymbol{T}^{(v)}(f_k\,|\,\hat{\boldsymbol{r}},\hat{\boldsymbol{\theta}},\hat{\boldsymbol{\varphi}})\boldsymbol{R}^{(v)}(f_k)\left(\boldsymbol{T}^{(v)}(f_k\,|\,\hat{\boldsymbol{r}},\hat{\boldsymbol{\theta}},\hat{\boldsymbol{\varphi}})\right)^{\text{H}} \tag{11.5}$$

将总共 K 个频带的 $\boldsymbol{R}^{(v)}_{\text{focus}}(f_k\,|\,\hat{\boldsymbol{r}},\hat{\boldsymbol{\theta}},\hat{\boldsymbol{\varphi}})$ 进行累加后得到宽带聚焦协方差矩阵 $\boldsymbol{R}^{(v)}_{\text{focus}}(\hat{\boldsymbol{r}},\hat{\boldsymbol{\theta}},\hat{\boldsymbol{\varphi}})$，可得

$$\boldsymbol{R}^{(v)}_{\text{focus}}(\hat{\boldsymbol{r}},\hat{\boldsymbol{\theta}},\hat{\boldsymbol{\varphi}})=\frac{1}{K}\sum_{k=l}^{h}\boldsymbol{R}^{(v)}_{\text{focus}}(f_k\,|\,\hat{\boldsymbol{r}},\hat{\boldsymbol{\theta}},\hat{\boldsymbol{\varphi}}) \tag{11.6}$$

在扫描点 $(\hat{y},\hat{\theta})$ 处，得到可应用于运动声源柱面聚焦定位的 CSS-MCBFB 空间谱：

$$P'^{(v)}_{\text{CSS-MCBFB}}(\hat{\boldsymbol{r}},\hat{\boldsymbol{\theta}},\hat{\boldsymbol{\varphi}})=\left(\hat{\boldsymbol{A}}'^{(v)}_{\text{CSS}}(f_0\mid\hat{\boldsymbol{r}},\hat{\boldsymbol{\theta}},\hat{\boldsymbol{\varphi}})\right)^{\text{H}}\boldsymbol{R}^{(v)}_{\text{focus}}(\hat{\boldsymbol{r}},\hat{\boldsymbol{\theta}},\hat{\boldsymbol{\varphi}})\left(\hat{\boldsymbol{A}}'^{(v)}_{\text{CSS}}(f_0\mid\hat{\boldsymbol{r}},\hat{\boldsymbol{\theta}},\hat{\boldsymbol{\varphi}})\right)\quad(11.7)$$

按照以上运动声源宽带柱面聚焦算法，对舱段模型噪声信号从 200Hz 至 5kHz 每隔 1/3oct 划分频带，并给出柱面聚焦定位处理结果，如图 11.29 所示。

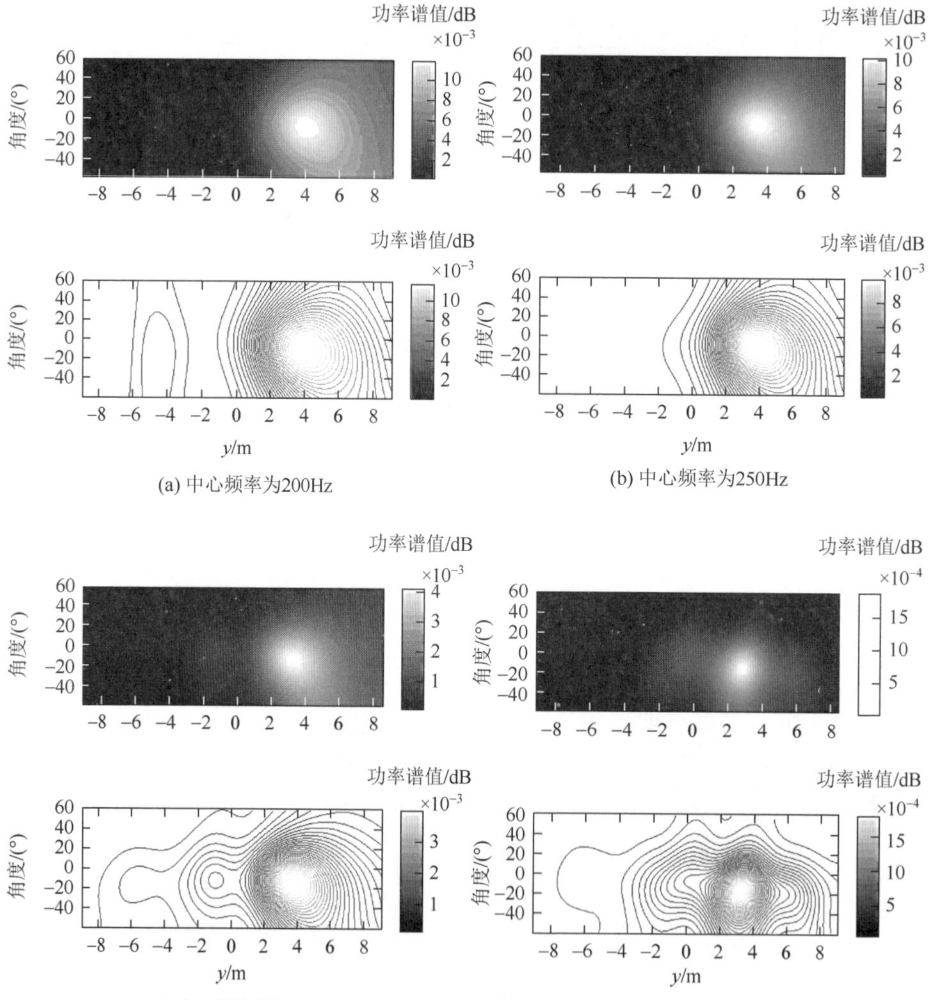

(a) 中心频率为200Hz

(b) 中心频率为250Hz

(c) 中心频率为315Hz

(d) 中心频率为400Hz

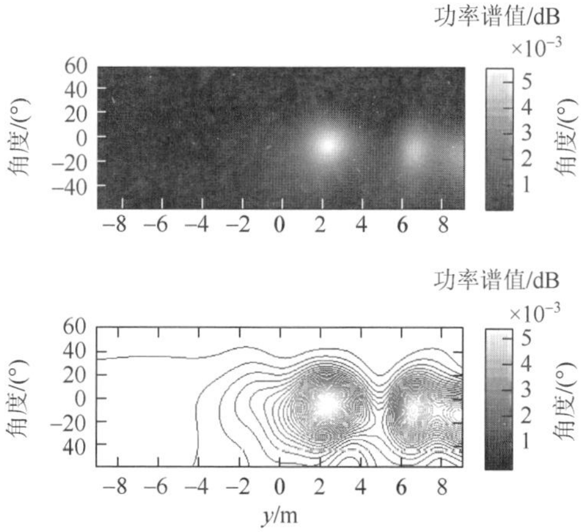

(e) 中心频率为500Hz

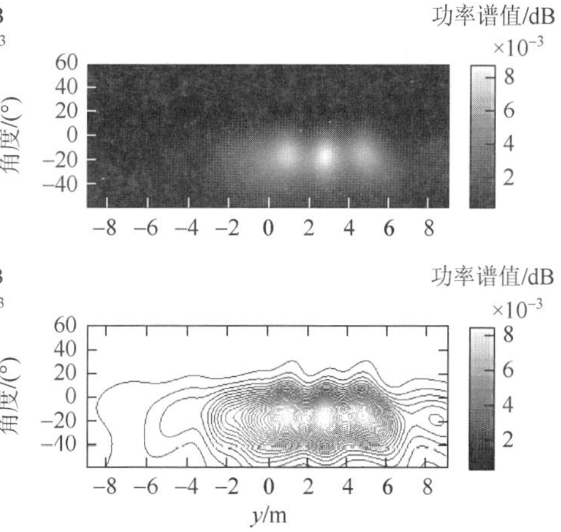

(f) 中心频率为630Hz

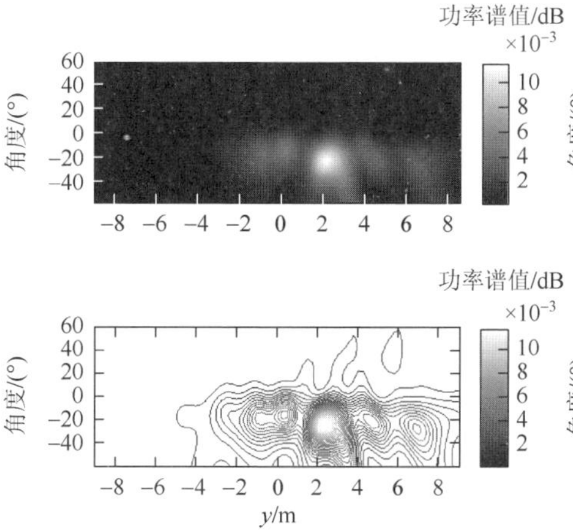

(g) 中心频率为800Hz

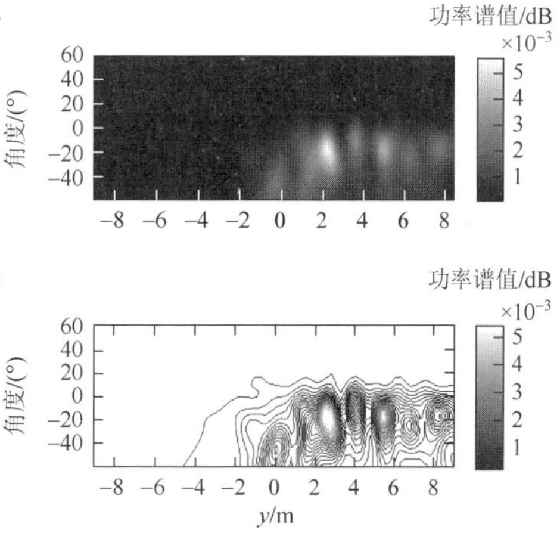

(h) 中心频率为1kHz

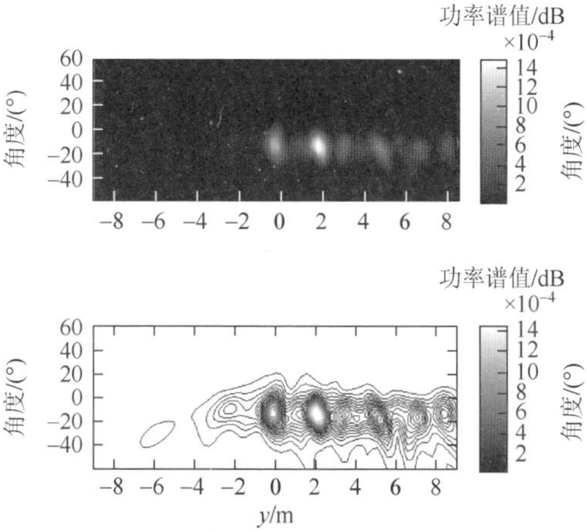

(i) 中心频率为1.25kHz

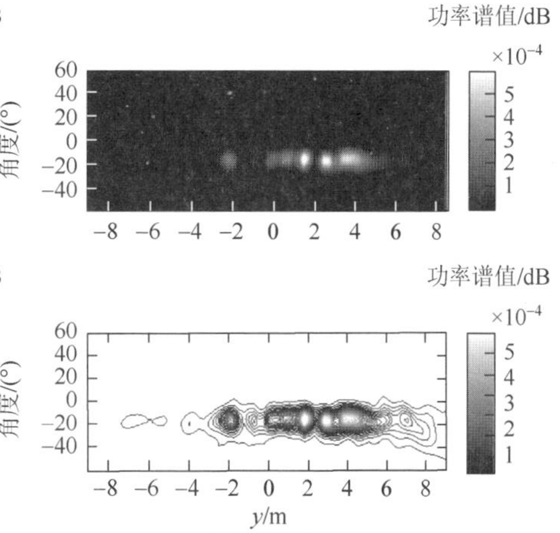

(j) 中心频率为1.6kHz

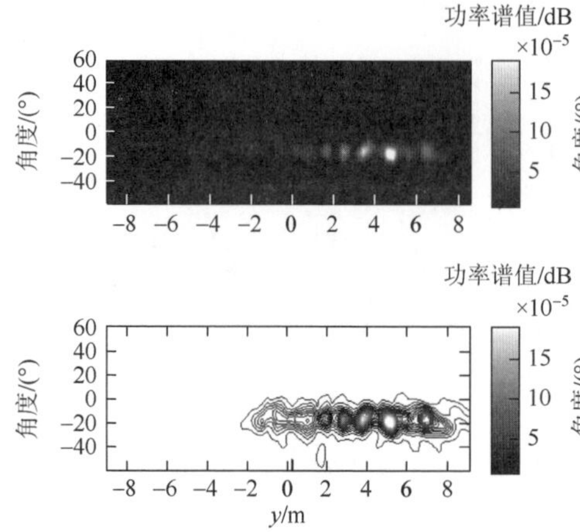

(k) 中心频率为2kHz

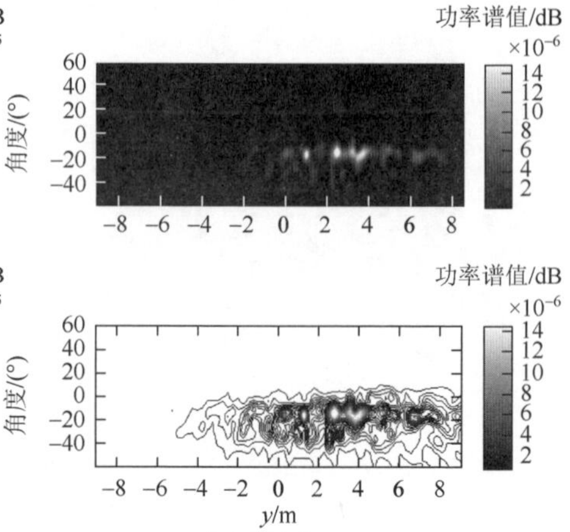

(l) 中心频率为2.5kHz

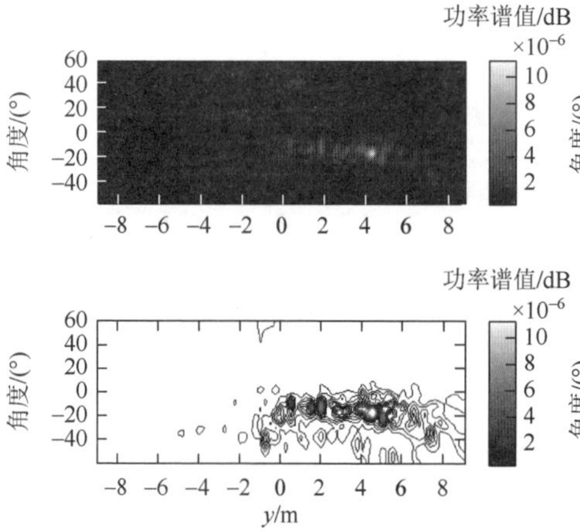

(m) 中心频率为3.15kHz

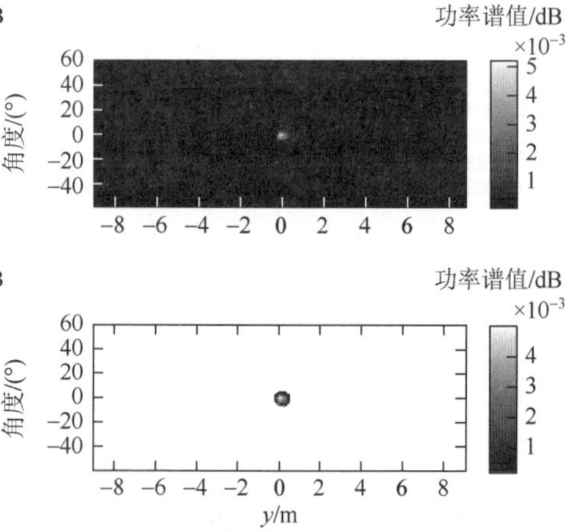

(n) 中心频率为4kHz

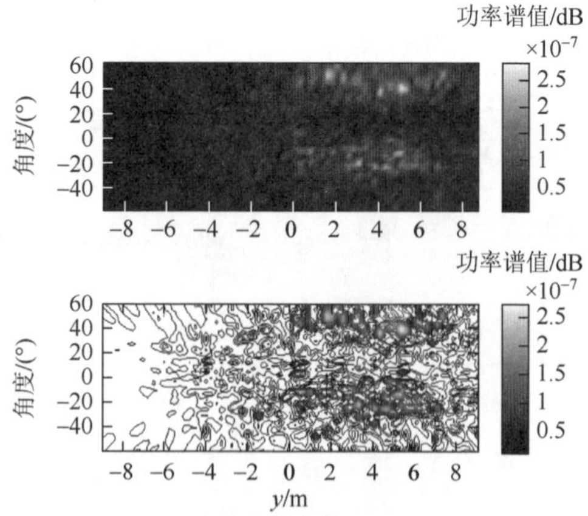

(o) 中心频率为5kHz

图 11.29　运动声源柱面聚焦定位结果

综合分析可知：①由不同频段内的振动测点功率谱计算结果可知，激振机工作的主要能量集中在沿母线方向 3～3.6m，周向角度为–45°左右的区域，由于测点布放较为稀疏，无法细致地反映能量分布情况，但基本可以指示出主要能量的分布区域。②对柱面聚焦定位结果进行分析可知，不同 1/3oct 频带内的定位结果均分布在 2～4m，能量分布较为集中。③随着频率的增加，舱段被激发的模态增加，能量分布范围沿舱体方向向两端扩大，能量分布范围有一定的扩大，空间分布特征更为复杂。在小于 500Hz 的低频段，定位识别结果主要反映最强声源位置；当分析频率大于 500Hz 时，由于聚焦分辨力的提高，能够较为细致地反映出主要声源的能量分布情况。测试数据分析结果说明聚焦波束形成算法不仅能真实地反映声源位置信息，而且能通过不同频带聚焦空间谱输出的相对大小反映声源能量分布的相对大小，具有良好的定位效果。

索　引

M

N

O

P

Q

R

S